综合管廊风险预警识别关键技术与应用

宫大庆　张真继　刘世峰　欧阳康淼　刘忠良　编著

清華大學出版社
北 京

内容简介

本书根据“以数据为中心、以知识库为支撑、以技术集成为依托、面向应用服务”的宗旨，借助先进的物联网、人工智能、大数据等手段，论述涵盖风险识别、风险度量和风险应对多维度全生命周期一体化的综合管廊的综合监控、巡检维护、隐患排查、运维管理、应急处置等方面的关键技术，解决综合管廊的集中监管、常态监控、智慧预警和协同应急中的关键问题，实现综合管廊的安全、高效运行，为全国地下城市级综合管廊的“驾驶舱”式协同监管提供保障。

本书适用于综合管廊运维管理的人员，能为综合管廊建设及后期协同管理提供依据，为运营提供指导，可以节约管理人力成本；能够确保综合管廊实现高效、便捷的城市级统一管理，大幅度降低综合管廊协调管理总成本。

图书在版编目(CIP)数据

综合管廊风险预警识别关键技术与应用/宫大庆等编著. —北京：清华大学出版社，2022.8
ISBN 978-7-302-60895-0

Ⅰ. ①综… Ⅱ. ①宫… Ⅲ. ①市政工程－地下管道－管道工程－安全管理－风险管理－研究
Ⅳ. ①TU990.3

中国版本图书馆 CIP 数据核字(2022)第 083313 号

责任编辑：刘一琳 王 华
封面设计：陈国熙
责任校对：王淑云
责任印制：朱雨萌

出版发行：清华大学出版社
网　　址：http://www.tup.com.cn，http://www.wqbook.com
地　　址：北京清华大学学研大厦 A 座　　**邮　　编**：100084
社 总 机：010-83470000　　**邮　　购**：010-62786544
投稿与读者服务：010-62776969，c-service@tup.tsinghua.edu.cn
质量反馈：010-62772015，zhiliang@tup.tsinghua.edu.cn
印 装 者：三河市铭诚印务有限公司
经　　销：全国新华书店
开　　本：185mm×260mm　　**印　　张**：20.5　　**字　　数**：498 千字
版　　次：2022 年 9 月第 1 版　　**印　　次**：2022 年 9 月第 1 次印刷
定　　价：98.80 元

产品编号：089602-01

序言一
FOREWORD

城市综合管廊(简称综合管廊)是将电力、通信、燃气、供热、给排水等各种工程管线集于一体,设有检修、吊装和监测等设施,实施统一的规划、统一的设计、统一的建设、统一的管理的地下隧道空间,其运营管理对"城市生命线系统"的安全运行至关重要。随着综合管廊建设规模的增大,管廊内管线主体的增多,如何有效提高综合管廊管理能力、保障管廊投入使用后常年安全稳定运行是综合管廊投入使用后迫切需要面对和解决的一个重要问题。

目前,综合管廊分散化监管所带来的问题越来越突出,比如数据难以二次利用、管廊主体责任不清、政府监管难度大以及应急管理难以统一等。鉴于综合管廊分散化管理存在的问题,这部专著系统地探索了城市级综合管廊集中化监管的应用模式。集中化监管在带来好处的同时,同样也会存在一些亟待解决的问题:

①主体多样,监管要求更高。综合管廊涉及多家管线单位,各综合管廊运营公司、各管线单位管理的体制机制多样,导致数据不统一、信息不互通、综合协调难度大。②因素众多,日常管控难度大。管廊内部系统多、入廊管线种类多、进入人员多,其危险数据源也较为复杂,一条管线的问题很可能影响其他管线的安全,会产生"蝴蝶效应"。③环境复杂,风险管理需求迫切。综合管廊内管线类型复杂、环境复杂,其安全形势也较为复杂,往往需要各系统之间实现应急联动,以应对各类复杂耦合突发事件。

现有针对城市管线安全风险的研究大多聚焦于单一管线的事故风险或单一风险研究,已经不能满足目前对于综合管廊多维数据源管理及耦合风险预测和处置的需要,特别是智慧运营管理背景下的安全处置方面的要求。随着人工智能技术、数据传输技术和大数据分析技术的发展,对于综合管廊内外部的多源数据采集和分析成为可能。有鉴于此,本专著系统研究了适用于多源数据管理、综合管廊隐患的风险防控和突发耦合事件应急技术,以解决日常运维过程中集中化设备管理、人员管理以及耦合应急和决策等方面的难题,实现综合管廊的多层级集中化管理、城市精细化管理、智慧化管理以及协同化应急联动。

本专著首次突破综合管廊的多层级协同监管的技术壁垒,从政府治理和技术实现的角度深入研究了综合管廊协同监管的管理技术和数据处理技术;形成基于大数据、物联网、传感技术的多层级协同监管统一技术架构标准,以利于今后综合管廊行业的稳健快速发展;首次为综合管廊智慧协同监管及应急预警的关键技术环节提供了整体协同的解决方案,强化监管,提升城市综合管理运行效率。

本专著的研究成果有助于解决综合管廊的集中监管、常态监控、智慧预警和协同应急中的关键问题,实现综合管廊的安全、高效运行,为全国城市级综合管廊的"驾驶舱"式协同监管提供理论依据和方法支撑。本专著的出版将有助于其研究成果推广到全国综合管廊,形成覆盖城市的“政府-管线单位-管廊运营单位”多层级协同的监督管理体系，实现正常状态下，主管部门科学监督、有效考核，管廊各参与单位职责明确、各司其职、协作顺畅，全市管廊资源统一调度、高效节约，确保管廊正常安全运行；在应急状态下，各单位能够按照各自承担的职责、措施和程序迅速协同处置突发事件，确保将对管廊的危害降到最低，切实保障管廊安全。

发展中国家科学院院士、国际系统与控制科学院院士

中国科学院杰出研究员

2022年初夏于北京

序言二
FOREWORD

随着数字经济时代的到来，网络已成为数字基础资源。新基建的蓬勃发展，更需要完善稳定的网络支撑。地下综合管廊承载水、电、燃气、热、通信等城市基础设施，是城市的生命线。同时，地下综合管廊在解决大城市市容环境问题、统筹集约利用空间资源、维修维护设施等方面发挥巨大作用，是大城市基础设施发展方向。

由于地下综合管廊的结构设计和民用通信敷设成本，目前国内地下综合管廊没有电信运营商公用网络覆盖，需要建设地下局域网，实现传感器数据上传，风机、水泵等设备控制。地下综合管廊作为重要空间设施，需要运维人员进行日常巡检、故障排查、应急处置等相关工作。同时，相关入廊人员需要进行管线维护和施工等工作。

地下综合管廊一般具有距离长、空间封闭等特点，这使得廊内相关巡检、维修等工作风险性提高。为保证巡检、维修人员工作便捷性，需要突破局域网束缚，实现廊内与廊外自由通话。为保证巡检、维护人员工作高效性，需要实现远程故障诊断、故障协同处置。为保证巡检、维修人员工作安全性，需要实现人员摔倒检测、自动报警、人员定位。为保证巡检、维修人员工作协作性，需要实现建立不同群组，集群对讲；中心与单兵直接协同、中心结合单兵区域位置实现广播。为保证巡检、维护人员应急处置能力，需要实现处置状态实时回传进行会商。

近几年国内地下综合管廊为解决上述问题，也出现一些相关通信产品。但是存在成本高、功能不完备或不适用地下综合管廊场景等问题。

本书提出的融合通信平台是基于公有云或私有云平台的全 IP 构架系统，与 4G/5G、有线网以及各类专网技术完美融合后，完成统一通信指挥、全员协同通信、实时视频指挥、人员定位、集群对讲、资源 GIS 管控和图形化任务交互；同时，系统具有良好的兼容性、实用性、安全性和可靠性，在异地异网情况下实现全部功能的统一部署和管理；系统实现了平战结合，为应急指挥提供了最广泛的通信能力、最丰富的基础决策信息、最有力的执行手段。

该平台在北京世园会地下综合管廊、北京冬奥会地下综合管廊、北京大兴机场地下综合管廊进行了部署和应用，达到预期效果。

中国工程院院士

2021 年 12 月于北京

前言
PREFACE

综合管廊是将电力、通信，燃气、供热、给排水等各种工程管线集于一体，设有检修、吊装和监测等设施，实施统一规划、统一设计、统一建设、统一管理的地下隧道空间，其运营管理对“城市生命线系统”的安全运行至关重要。习近平总书记在 2016 年 7 月布置防汛抗洪抢险救灾工作时指出，要加快综合管廊建设，提升防汛抗洪和减灾救灾能力。中共中央和国务院正式批复的《关于加强城市地下综合管廊建设管理的实施意见》(京政办发〔2018〕12 号)、住房和城乡建设部发布的《城市地下综合管廊运行维护及安全技术标准》均对综合管廊的建设和发展给出了重要的指导意见。中共中央国务院和北京市政府接连出台关于“综合管廊”的规划和实施意见，将构建“一核一主一副、两轴多点一区”城市空间布局，涵盖首都核心区、中心城、城市副中心、冬奥会、新机场、怀柔科学城等城市发展重点区域。

随着综合管廊建设规模的增大，管廊内管线主体的增多，如何有效提高综合管廊管理能力、保障管廊投入使用后常年安全稳定的运行，是综合管廊投入使用后迫切需要面对和解决的问题。目前综合管廊分散化监管所带来的问题越来越突出，比如，**数据难以二次利用、管廊主体责任不清、政府监管难度大以及应急管理难以统一等**。鉴于综合管廊分散化监管存在的问题，本书将探索城市级综合管廊集中化监管的应用模式。采用集中化管理，廊内数据的统一管理，可实现综合管廊行业数据共享。**从政府层面看**，集中化管理由于统一组织、统一监管，有利于节省政府监管成本。可以保证不同粒度数据信息的有效层级传递和统一的协作模式，提高政府处理大量日常事件效率、提高政府应急指挥效率，从而提高政府的监管水平和监管效率。**从企业层面看**，将运营管理数据纳入统一监管平台，打破由单一层级、多通道数据传输产生的信息孤岛，提升管理效率，节省运营成本。**从技术层面看**，集中化管理由于统一管理综合管廊行业内的各种数据，数据信息共享互通，有利于对数据的重复使用和深度分析，从而有助于耦合危险源的识别预测以及风险分析，有助于多灾种耦合事故的演化分析以及模拟仿真推演，有利于统一应急指挥调度；集中化管理有助于建立一套标准化、权威化的数据确权管理方法，有利于事故发生后，责任主体的确权。集中化监管在带来好处的同时，同样存在主体多样、环境复杂、因素众多等难题亟待解决。

本书的主要内容具体包括：

1. 数据管理

数据管理的主要任务是研究数据清洗、数据应用技术，解决综合管廊集中化管理过程中的数据管理问题。

2. 场景应用

场景应用的主要任务是研究人员管理、设备管理、环境监测、预案准备、辅助决策制定、监控执行的关键技术，满足综合管廊集中化管理过程中的日常运维和应急协同需求。

3. 监管平台

监管平台的主要任务是按照"技术研究——技术示范—技术优化——技术应用"周期理论，进行综合管廊集中化管理的具体应用。

总之，本书**首次突破综合管廊的多层级协同监管的技术壁垒**，从政府治理和技术实现的角度深入研究综合管廊协同监管的管理技术和数据处理技术；形成基于**大数据**、**物联网**、**传感技术的多层级协同监管统一技术架构标准**，以利于今后综合管廊行业的稳健快速发展；**首次为综合管廊智慧协同监管及应急预警的关键技术环节提供了整体协同的解决方案**，强化监管，提升城市综合管理运行效率。

本书的编写人员如下：第 1 章(常丹、马翼萱、闫晓杰、海楠)；第 2 章、第 3 章和第 4 章(常丹、冯伟鑫、闫晓杰、沈吉仁)；第 5 章、第 6 章、第 7 章和第 8 章(常丹、孙春香、海楠、马翼萱)；第 9 章、第 10 章、第 11 章、第 12 章和第 13 章(王儒、薛刚、康来松、沈吉仁)；第 14 章和第 15 章(高松、姚运梅、彭怀军、沈吉仁、肖鹏)。

同时，特别感谢清华大学出版社有限公司在专著出版过程中的大力支持，感谢北京京投城市管廊投资有限公司在资料收集和成果应用过程中的无私帮助，感谢国家社会科学基金"后期资助"——城市综合管廊智慧监管关键技术及应用(项目编号：21FGLB059)的大力支持。

本书将不断完善风险管理体系和智慧监管平台，并将成果逐步推广到全国综合管廊，达到正常状态下主管部门科学监督、有效考核，管廊各参与单位职责明确、各司其职、协作顺畅，全市管廊资源统一调度、高效节约，确保管廊正常安全运行；在应急状态下，各单位能够按照各自承担的职责、措施和程序迅速协同处置突发事件，确保对管廊的危害降到最低，切实保障管廊安全。

目录
CONTENTS

第1章

绪　论

1.1　研究意义和存在的问题

随着经济的快速发展和人口数量的增加，我国城市化进程逐步推进，城市面貌发生了翻天覆地的变化。城市地上高楼林立，车水马龙，但在“地上”建设飞速发展的同时“地下”工程的建设却一直停留在传统模式上。地下工程建设严重滞后，与西方发达国家存在较大差距。近年来，随着中国人口城镇化率的提升与经济的不断发展，城市人口对于水、电、气等资源需求量的增加和地面上设施越来越拥堵的情况，导致各种管线交织在一起形成的线路网络变得无比的复杂，一旦地上设施运行出现问题，需要耗费大量的人力、物力和财力来修复。资源消耗的增加推动了智慧城市和地下空间可持续发展的建设，在这种背景下，综合管廊应运而生。

综合管廊(utility tunnel)又叫“共同沟”，是将电力、通信，燃气、供热、给排水等各种工程管线集于一体[1]，设有检修、吊装和监测等设施，实施统一规划、统一设计、统一建设、统一管理的地下隧道空间，取代了传统敷设管线时直接将管线埋于地下的做法，是城市基础设施现代化建设的重要组成部分。它将城市基础设施中的地下管线部分进行集中铺设并管理，为传统管线铺设过程中带来的“马路拉链”“空中蛛网”等“城市病”提供了有效的解决措施；此外，还有效减少了国家在管线维修中多次翻修路面的费用，维护了路面的完整；也有利于各类管线的铺设、维修以及管理，对满足民生基本需求和提高城市综合承载力发挥着重要作用。首先，综合管廊的使用使城市合理利用了地下空间，不再一味地开采地上空间，过度使用土地资源，有利于人类以及整个自然环境的可持续发展。其次，综合管廊的建设节省了管线维护和维修需要的人力、物力和财力。综合管廊的维护和维修工作在地下进行，不干扰地上运输系统的正常运行，相比于未建设综合管廊之前的情况，管线维修时，政府不需要对该路段封路来保证维修工作的正常进行。再者，建于城市的地下空间，综合管廊无须遭受自然环境如风吹、日晒、雨淋的侵蚀。综合管廊的运营管理对“城市生命线”的安全运行至关重要，其结构如图1-1所示。

综合管廊最早在法国巴黎兴起，随后西班牙、俄罗斯、瑞典、英国、美国、德国、日本等也开始修建综合管廊[2-3]。我国综合管廊建设起步较晚，始建于20世纪90年代，第一条综合

图 1-1 综合管廊的典型结构

管廊是从 1958 年在天安门广场下敷设的长 1076m 的综合管廊开始[4]。目前仍处于局部区域的试点建设阶段。综合管廊这个概念在国内首次由徐思淑提出[5]。近年来随着国家对城市基础设施建设的不断投入,综合管廊在一些试点城市开始大规模兴建,1994 年底,全长 11.125km 的综合管廊在浦东新区建成,并配套了相对完善的安全管理设施和计算机管理系统,成为国内第一条相对“智能化”的综合管廊。广州大学城已建成容纳了供电、供水、电信、有线电视等 5 种管线的综合管廊[6]。2015 年,李克强总理在国务院常务会议上提出要推进综合管廊建设,各省市纷纷响应号召,为建成较为完善的管廊体系而努力。习近平总书记在 2016 年 7 月布置防汛抗洪抢险救灾工作时指出,要加快城市地下管廊建设,提升防汛抗洪和减灾救灾能力。中共中央、国务院正式批复的《关于加强城市地下综合管廊建设管理的实施意见》(京政办发〔2018〕12 号)、住房和城乡建设部发布国家标准《城市地下综合管廊运行维护及安全技术标准》均对综合管廊的建设和发展给出了重要的指导意见。中共中央、国务院和北京市政府接连出台关于“综合管廊”规划和实施意见,将构建“一核一主一副、两轴多点一区”城市空间布局,涵盖首都核心区、中心城、城市副中心、冬奥会、新机场、怀柔科学城等城市发展重点区域①。

在国家政策鼓励和城市管理升级的双重驱动下,我国综合管廊已在 31 个省、自治区和直辖市的 167 个城市中建设或投入运营。截至 2019 年,新开工项目超过百个,总投资超 1400 亿元。以北京为例,目前北京综合管廊里程已达到 100km,到 2035 年,北京综合管廊将达到 450km 左右,反复开挖地面的“马路拉链”现象将显著减少,管线运行可靠性和防灾抗灾能力会明显提升。未来我国主要城市将建成包括重大赛事举办、重大活动保障、旧城改造、与轨道交通共建、与地下空间共建等多种形式的综合管廊,综合管廊骨干系统和重点区域综合管廊系统将更加完善,综合管廊规模效应也将进一步显现。

相较于各管线独立建设的传统模式,综合管廊的建设模式可以有效提高军民融合发展的程度。作为“城市生命线”的综合管廊的安全运行在军民融合的建设目标中扮演着至关重要角色。但随着综合管廊建设规模的增大,管廊内管线主体的增多,如何有效提高综合管廊管理能力、保障管廊投入使用后常年安全稳定地运行,是综合管廊投入使用后迫切需要面对

① http://www.beijing.gov.cn/zhengce/zhengcefagui/201905/t20190522_61137.html

和解决的问题。目前综合管廊分散化监管所带来的问题越来越突出，包括数据难以二次利用、管廊主体责任不清、政府监管难度大以及应急管理难以统一等。鉴于综合管廊分散化管理存在的问题，本书将探索城市级综合管廊集中化监管的应用模式。采用集中化管理，廊内数据的统一管理，可实现管廊行业数据共享。集中化监管在带来好处的同时，同样存在一些管理和技术上的难题亟待解决：

1. 主体多样，监管要求更高

随着综合管廊大规模建成并投入使用，综合管廊的运营主体逐渐增多、相关设备也逐渐增多，其管理模式差异较大；综合管廊涉及多家管线单位，各综合管廊运营公司、各管线单位管理的体制机制多样，导致数据不统一、信息不互通、综合协调难度大；综合管廊对数据存证、数据确权的要求更高；综合管廊对不同项目、不同单位和不同层级之间的跨级通信和调度要求更高。亟待探索多元复合式的综合管廊集中化监管体系。

2. 因素众多，日常管控难度大

综合管廊在空间上往往区域跨度大，服务的面积覆盖较广，内外部环境复杂多样；同时管廊内部系统多、入廊管线种类多、进入人员多，因此其危险源也较为复杂；综合管廊集多种管线于一体，一条管线的问题很可能影响其他管线的安全，会产生"蝴蝶效应"，给管廊的运行、城市安全带来巨大隐患；廊内管线施工主体单位多样，形成多主体单位并行施工、交叉作业、协同管理的局面，对施工过程的风险管控提出了严格要求；管廊空间密闭环境恶劣，廊体及管线监测设备种类多，入廊巡检、维护维修任务重，安全隐患探测难度大、设备财物管控难度大等问题。亟待突破日常运维过程中的设备管理、环境监测及管控技术难题。

3. 环境复杂，应急管理需求迫切

综合管廊内附属设施各系统基本都是独立运行的，但综合管廊内管线类型复杂、环境复杂，其安全形势也较为复杂，往往需要各系统之间实现应急联动，以应对各类复杂耦合突发事件。管线入廊后，其风险处置方法与直埋不同，随着高速公路、地铁、地下商业街等地下空间建设类型的增多，新的风险和隐患不断增加(如供水爆管、燃气泄漏、电缆火灾等)，应急响应涉及的部门越来越多，应急响应和调度问题突出，应急联动复杂，加上管廊自身的实践积累少，应急管理难度不断在增大。亟须研究多元复合式的综合管廊突发事件应急抢险智能辅助支持技术和应急管理体系。

鉴于此，本书将研究适用于多元复合式的综合管廊隐患的风险防控和突发耦合事件应急技术，以解决日常运维过程中集中化设备管理、环境监测、事故确权、管控技术和耦合应急和决策等方面的难题，实现综合管廊的多层级集中化管理、城市精细化管理、智慧化管理以及协同化应急联动，进而提高综合管廊运营管理效率、加强综合管廊应急管理水平、提升城市智慧化管理水平。

1.2 国内外研究现状述评

按照研究对象的区别，对于综合管廊的研究现状可以从综合管廊运维管理模式、政策及

行业标准、综合管廊理论研究以及算法模型与系统设计四个方面进行。

1.2.1 综合管廊运维管理模式

不同国家和地区由于综合管廊建设运营的经济、政治、社会等方面的背景不同，其管理模式也不尽相同。从综合管廊管理组织结构出发，总结国内外典型管理模式如下。

1. 国外综合管廊运维管理模式

1）法国

1832年，法国巴黎发生了霍乱，专家学者们通过研究发现，霍乱爆发除了城市管理者及居民对传染病防控意识不足外，也存在着城市的公共卫生系统建设不够完善的原因，于是巴黎于1833年开始建设市区下水道系统网络，同时管道中还收容了其他五种管线，包括电信电缆、压缩空气管、交通信号电缆以及饮用水和清洗用的两种自来水管线。这是历史上最早规划建设的综合管廊形式。此后，巴黎不断完善对于综合管廊的规划建设，规划了一套完整的综合管廊系统，其中涵盖了自来水、电力、电信、冷热水管及集尘配管等管线，同时将综合管廊的断面形式更改为矩形以适应现代对于综合管廊的高敷设要求。迄今为止，巴黎市区及郊区的综合管廊总长已达2100km，堪称世界城市里程之首，也为综合管廊在全世界的推广树立了良好的榜样。

2012年5月，法国颁布了《燃气、碳氢化工类公共事业管道的申报、审批及安全法令》，对综合管廊的设计、建设、施工、运维、监管等各个方面做出了明确规定[7]。除立法外，还设立了专职部门帮助施工单位掌握管线网络的确切位置，并建立了观察机构负责管理信息的传递以及宣传活动等，以达到积极推进相关项目机构整合力度和增强机构之间的协调关系，进而实施更有效的政府监管活动的目的。此外，由于法国发生过多起燃气泄漏大型事故且法国雨水堆积较多，所以对气体管制、雨水和清淤较为重视，针对这些方面采取了信息化的管理手段，如针对雨水堆积设置了专门的水处理技术部门，利用传感器监测水位并自动预警等。

2）日本

日本东京早在20世纪20年代就修建了综合管廊，将电力和电话线路、供水和煤气管道集中在一起。而后日本于1963年出台并颁布了《关于建设共同沟的特别措施法》[8]，要求交通道路管理部门在交通流量大、车辆拥堵或预计将来会产生拥堵的主要干线道路地下，建设可以同时容纳多种市政公益事业设施的共同沟，有效解决了综合管廊建设中城市道路范围及地下管线单位入廊的关键性问题。与此同时通过立法明确了国会、政府和社会三方的责任[9]，国会和政府全面参与管理地下空间的开发利用管理，由政府相关部门全面负责，同时借助专家委员会力量咨询，专业性高、分工明确、决策透明。

众所周知，日本是一个地震频发的国家，所以在建设综合管廊时，对于管廊内各个组成部分的抗震性要求更为严格，对于管廊后续的运维管理也有着更严格的要求，如定期进行耐震性检查、老旧管廊的大修管理等，同时随着科技进步也对其进行了信息化管理，如在管廊内壁埋设多点位移计、倾斜仪等传感器，实时监测管廊内部的变形。

3）新加坡

20世纪90年代末，新加坡在滨海湾首次推行了综合管廊的建设，这是亚洲的第一条“有人在廊内”的综合管廊，但与其他地区不同之处在于，滨海湾综合管廊自2004年投入运维至今，全程由新加坡CPG集团FM团队（简称CPG FM）提供服务。综合管廊内部风险因素错综复杂，包括火灾、爆炸、水灾、有毒气体等致灾风险，甚至还可能发生恐怖袭击、地下空间犯罪等，那么对于当时的CPG FM来说，综合管廊的安全成了一个至关重要的问题。为了对综合管廊的安全性做出保障措施，CPG FM编写了亚洲第一份安保严密及在有人操作的管廊内安全施工的标准作业流程手册[10]，同时以此为基础建立了一支执行团队，负责综合管廊的项目管理、运营、安保、全生命周期维护。

CPG FM对于综合管廊的运维管理甚至涉及管廊周围土地的开发建设，由于管廊内部的稳定性经常受到周边施工的影响，CPG FM要求管廊周边施工的相关单位要提供图纸，由专家分析后才能开始施工。此外，CPG FM也着手打造了智慧运维的管理平台，对管廊内部的空气质量、环境等重要因素进行持续监测。

4）德国

德国对于综合管廊的建设以1945年于耶拿市建设了第一条综合管廊为开端，迄今为止，耶拿市共有11条综合管廊，可容纳水、气、电、通信、供暖等多种管线，通常在地下2m深处，最深的一条位于地下30m处。

德国相较于其他国家更加重视城市的整洁程度，所以为了减少路面破坏，选择使用一次性挖掘共用市政管廊的方式，且建设过程中运用先进的信息管理手段，如三维显示资料、先期数值仿真、三维动态管理等，对管廊的施工及运维管理进行大数据统计和分析。德国大多数城市的地下管道系统采用由多家企业参股的市场化方式共同经营，但较大的地下管线工程，必须经由城市规划专家、政府官员、执法人员及市民等组成的“公共工程部”审议，同时还借助非政府的行业性组织实施管道的运维管理，实现公共利益。

5）捷克

捷克布拉格综合管廊为二级管理模式——城市级、公司级合建+项目级。城市级、公司级合建为中心区监控中心，项目级为西部区和东部区监控中心。中心区监控中心由KolektoryPraha公司负责综合管廊运维管理，兼顾公司级、城市级运维管理职能，统筹全区综合管廊的安全与应急管理工作，对重要区段的安全隐患和重大事件进行监控管理，对重大突发事件的应急响应进行决策指挥；西部区监控中心和东部区监控中心，分别承担对应的项目级运维管理职能，监督考核全区综合管廊运维工作，对管廊运维、安全、应急、资产、入廊等管理方案提出建设性意见，实现可持续运营。

2. 国内综合管廊运维管理模式

1）江苏省南京市

在规划建设方面，截至2020年中，南京市已建成综合管廊20.2km，在建综合管廊67km，全市共规划监控中心31座，分为3个等级，其中市级总监控中心2座、市级监控中心8座、区级监控中心21座。市级总监控中心分别为江北总监控中心和江南总监控中心，各自负责江北、江南综合管廊监控与维护；市级监控中心主要负责主干管廊的监控与维护，每20km干线管廊范围内设置一座市级监控中心，全市共规划8座，市级监控中心可兼具对独立片区管廊监控的作用，8座市级监控中心中有4座与区级监控中心合建。每座市级监控中心建筑面积为900～1000m^2，区级监控中心设置于管廊中心地区，主要负责所在区域管廊的监控与维护。

在运营政策方面，2019年南京市政府发布《市政府办公厅关于进一步加强南京市地下综合管廊规划建设管理的实施意见》（宁政办发〔2019〕23号）提出“统一运维”“智慧管理”等一系列要求。

2）陕西省西安市

西安市已初步建成市、公司、片区的综合管廊三级运维监管体系。在《西安市城乡建设委员会关于西安市综合管廊智慧管理平台方案设计的复函》中，对智慧管廊平台的层级架构、功能、性能等要求做出规定：综合管廊监控中心整体按三级架构设置，即市级总控中心、项目公司区域分控中心、维护站。设市级总控中心1座、项目公司区域分控中心2座、维护站13座。市级总控中心智慧管理平台主要包括全市管廊运维运营情况展示、应急指挥、大数据分析及可视化功能等；项目公司区域分控中心管理平台主要包括公司范围内所有管廊的综合管控、运维管理、运营服务、应急指挥、大数据分析等功能；维护站管理平台主要包括管理范围内管廊的综合管控、运维管理、移动巡检、数据采集存储等功能。

市级运维监管的主体为西安市综合管廊和海绵城市建设领导小组。该小组由市长兼任组长，主管副市长兼任副组长，财政、规划、建设等市级部门及各区县政府、开发区管委会为成员单位，办公室设在市建委，具体负责全市综合管廊的统筹推进工作，实施统一领导、统一规划、统一建设、统一管理。市级总控中心也计划设置于市建委所在的西安建设大厦内。西安市管廊运维管理体系架构如图1-2所示。

3）云南省滇中新区嵩明空港片区

滇中新区嵩明空港片区构建了片区、项目两级运维监管体系，云南滇中管廊建设管理有限公司为滇中新区嵩明空港片区综合管廊的运维监管的主体，滇中新区智慧管廊控制中心为滇中新区嵩明空港片区的总监控中心。随着新区其他各片区内综合管廊的建设与运营，距滇中新区智慧管廊控制中心较远的片区将建设本区域的分控中心或维护站，项目级运维监管的主体将逐步增加。目前，小哨片区的滇中新区智慧控制中心于2019年建成并投入使用，建筑占地面积771.14m^2，建筑面积1927.83m^2，一层为智慧管廊展厅（面积423m^2）、会议室、办公室等，二层为智慧管廊监控中心（面积216.23m^2）、办公室、值班室、档案室等，园区内还设有职工食堂、高压配电室、备品备件仓库、停车场等设施。

智慧管廊监控中心部署全生命周期一体化智慧管控平台，平台功能全面，涵盖运行管理、运维管理、入廊管理、应急管理、资产管理等，目前，哨关大道、嵩昆大道综合管廊已接入平台统一管控，纵一路等6条综合管廊也将于年内与平台对接。

4）台湾省台北市

台北市截至目前已投入运营的综合管廊有98km，分布建设在南港、东西向、洲美、地铁东延、基隆河5个区域，由台北市工务局共同管道科管理，具体运维工作通过招标由专业的物业公司负责。综合管廊为二级管理模式：城市级、公司级合建和项目级。建立城市级、公司级合建监控中心基隆河监控站，承担城市级运维管理职能；建立项目级监控中心四个，分别为南港监控站、东西向监控站、洲美监控站、地铁东延监控站，由专业的物业公司负责具体的运维工作，执行项目级运维管理职能，主要对综合管廊进行综合监控、维护管理、入廊管理、安全管理、应急管理、物料管理、信息数据管理等。

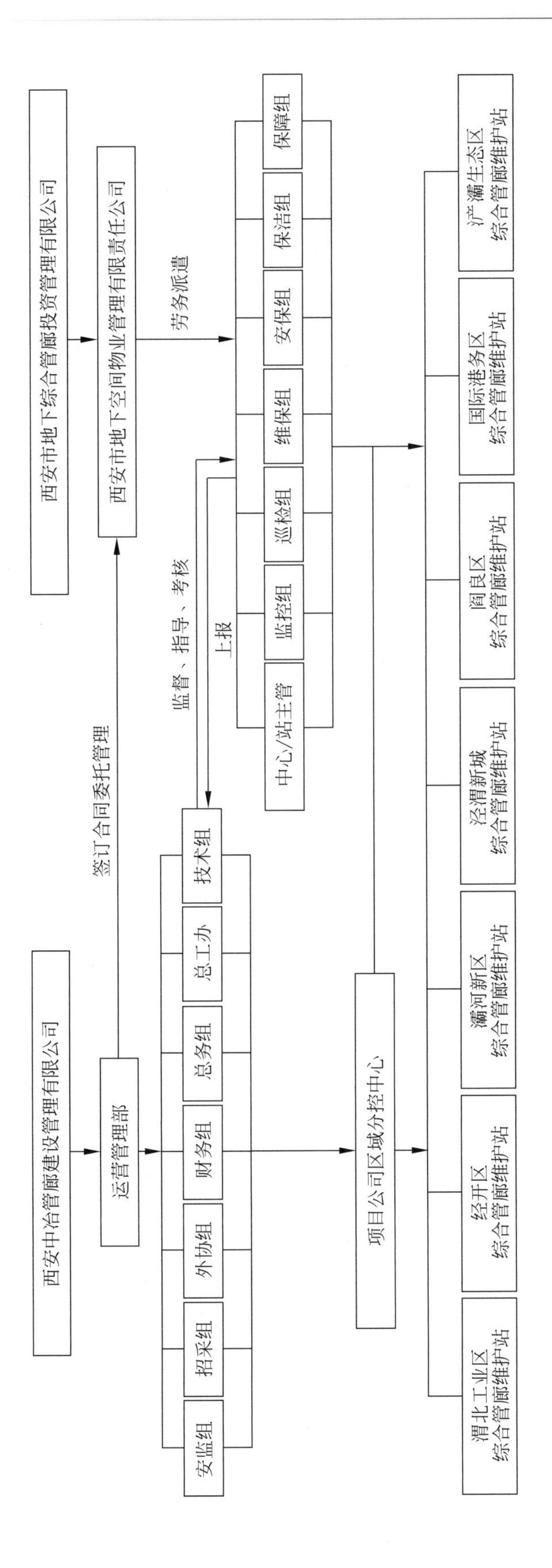

图 1-2 西安市管廊运维管理体系架构

5）福建省厦门市

厦门市自2005年开始建设综合管廊至今，已投入使用干、支线综合管廊43.81km、缆线管廊约150km。厦门综合管廊为二级管理模式：城市级、公司级合建和项目级。厦门市依托管廊项目建设片区级监控中心，2018年在厦门市政管廊投资管理有限公司设置了城市级监控中心兼顾公司级管理职能，对全市综合管廊的整体情况进行监控、指挥和应急管理。

6）湖南省长沙市

长沙市综合管廊试点项目总长度61.4km，包括22条管廊、4个监控中心，共计26个项目。截至目前，国家试点工作建设任务已基本完成。已建成的4座综合管廊监控中心分别为高铁新城片区综合管廊监控中心、湘府西路分控中心、京港澳高速东西辅道分控中心和梅溪湖控制中心。长沙市综合管廊为二级管理模式：城市级和区域级、项目级合建。高铁新城总监控中心为城市级监控中心，统筹全公司或区域综合管廊的安全与应急管理工作，对重要区段的安全隐患和重大事件进行监控管理，对突发事件的应急响应进行监控、指挥、协调、调度；其余三座湘府西路分控中心、京港澳高速东西辅道分控中心和梅溪湖控制中心为区域级和项目级监控中心。

7）贵州省六盘水市

六盘水综合管廊全长39.8km，其管理模式为二级管理模式：城市级、公司级合建和项目级。为了确保管廊正常运行，为其配套建设了相应的监控指挥系统，监控指挥系统含一个总控中心和三个分控中心，承担着管廊运营期间的监控重任。总控中心位于黄土坡，承担城市级和公司级职能；三个分控中心分别位于天湖路高中教育城附近、凉都大道中段的凉都印象城附近和凉都大道东段红桥隧道附近，承担项目级职能，对综合管廊的日常巡检、保养、维修、清洁等工作进行周期计划制定、任务派发、执行监管、成效核查、流程审批、信息记录、定期总结、方案优化等。

8）四川省成都市

成都市综合管廊规划建设1084km，其管理模式为二级管理模式：城市级、公司级合建＋项目级。总控中心设置于城投集团园区内，具备全域监控、指挥调度、运营监管、信息发布、数据管理与服务、展示参观等功能，同时在IT大道及日月大道管廊片区监控中心设立二级分控中心。此外，由于天府新区是成都的双核之一，综合管廊量大，还计划在天府新区设立一个二级分控中心。

9）江西省景德镇市

2016年4月22日，经竞争性评审，景德镇市作为江西唯一推荐城市，成功入选2016年中央财政支持综合管廊建设第二批试点城市。为全力推进管廊建设，景德镇市建立了市委、市政府牵头，市住建局统筹负责，管廊项目公司具体实施的三级组织管理机构，其管理模式为二级管理模式：总控中心（城市级、公司级、项目级合建）＋分控中心（其他项目级）。同时，成立了市地下管线（管廊）领导小组，组建了以市长为总指挥、常务副市长为常务副总指挥、市人大常委会副主任挂点的指挥部，加强组织领导，明确分工，高位推动，协调推进项目落实。景德镇通过科学统筹“新老城区、地上地下、功能布局、绿色发展”四个关系，在规划设计、项目融资、管廊运维等方面探索实践，为中小城市推进基础设施建设积累了宝贵经验。

1.2.2 政策及行业标准

近几年来，随着对于综合管廊建设认识的加深和重视，国务院、住建部以及财务部等部门先后颁布了政策规范和行业标准，具体可分为国家政策、地方政策和行业标准三部分。

1. 国家政策

国务院先后颁布了《国务院关于加强城市基础设施建设的意见》(国发〔2013〕36 号)、《国务院办公厅关于加强城市地下管线建设管理的指导意见》(国办发〔2014〕27 号)、《国务院办公厅关于推进城市地下综合管廊建设的指导意见》(国办发〔2015〕61 号)和《国务院关于深入推进新型城镇化建设的若干意见》(国发〔2016〕08 号)。其中《国务院关于加强城市基础设施建设的意见》明确提出要开展综合管廊试点，用 3 年左右时间，在全国 36 个大中城市全面启动综合管廊试点工程，中小城市因地制宜建设一批综合管廊项目。《国务院办公厅关于加强城市地下管线建设管理的指导意见》强调把综合管廊建设作为履行政府职能的重要内容，统筹地下管线规划建设、管理维护、应急防灾等全过程，综合运用各项政策措施，提高创新能力，全面加强城市地下管线建设管理。《国务院办公厅关于推进城市地下综合管廊建设的指导意见》强调把综合管廊建设作为履行政府职能、完善城市基础设施的重要内容，在继续做好试点工程的基础上，总结国内外先进经验和有效做法，逐步提高城市道路配建综合管廊的比例，全面推动综合管廊建设。2016 年国务院颁布的《关于深入推进新型城镇化建设的若干意见》强调推动城市新区、各类园区、成片开发区的新建道路同步建设综合管廊，并鼓励社会资本投资运营综合管廊。同年 2 月 6 日，中共中央、国务院发布了《关于进一步加强城市规划建设管理工作的若干意见》，提出完善城市公共服务要建设地下管廊，认真总结推广试点城市经验，逐步推开综合管廊建设，统筹各类管线敷设，综合利用地下空间资源，提高城市综合承载能力。十三届全国人大一次会议《政府工作报告》，建议 2018 年政府工作要提高新型城镇化质量，加强综合管廊建设。

财政部也紧跟中共中央、国务院的步伐，对综合管廊的建设进行资金支持，同国家住建部一起颁布了《关于开展中央财政支持地下综合管廊试点工作的通知》(财建〔2014〕839 号)、《关于组织申报 2015 年地下综合管廊试点城市的通知》(财办建〔2015〕1 号)、《关于开展 2016 年中央财政支持地下综合管廊试点工作的通知》(财办建〔2016〕21 号)、《城市管网专项资金管理暂行办法》(财建〔2015〕201 号)。《关于开展中央财政支持地下综合管廊试点工作的通知》要求省级财政、住建部门联合申报试点城市，并明确中央财政对综合管廊试点城市给予专项资金鼓励。《关于组织申报 2015 年地下综合管廊试点城市的通知》和《关于开展 2016 年中央财政支持地下综合管廊试点工作的通知》对于试点申报评审流程、评审内容、实施方案的编制等做出了明确规定。此外，还发布了 2015 年综合管廊试点城市名单和 2016 年中央财政支持综合管廊试点城市名单。要求试点城市应在城市重点区域建设综合管廊，将电力、通信、燃气、排水等管线集中铺设，统一规划、设计、施工和维护，解决“马路拉链”问题，促进城市空间集约化利用，采取竞争性评审方式选择试点城市，并对试点工作开展绩效评价。在《城市管网专项资金管理暂行办法》中提到专项资金实行专款专用、专项管理，支持事项包括综合管廊建设试点，通过竞争评审等方式确定支持范围，在支持期内安排奖补资金。

国家住房和城乡建设部自2015年起逐步颁布了《城市地下综合管廊工程规划编制指引》、《城市综合管廊工程投资估算指标(试行)》(建标〔2015〕85号)、《关于做好城市地下综合管廊建设项目信息上报工作的通知》(建城市函〔2015〕234号)、《关于印发城市综合管廊和海绵城市建设国家建筑标准设计体系的通知》(建质函〔2016〕18号)、《关于建立全国城市地下综合管廊建设信息周报制度的通知》(建城〔2016〕69号)和《关于提高城市排水防涝能力推进城市地下综合管廊建设的通知》(建城〔2016〕174号)。其中《城市地下综合管廊工程规划编制指引》对综合管廊工程规划编制工作起到了指导作用,2015年7月住建部编制了该编制指引的解读文件,针对综合管廊的现状与问题,文件编制目的、原则和依据,编制的要求、内容和成果进行了详细介绍。《城市综合管廊工程投资估算指标》由综合指标和分项指标两部分组成。综合指标可应用于项目建议书阶段与可行性研究阶段,作为编制投资估算、确定项目投资额、多方案比选和优化设计的参考依据。分项指标可应用于可行性研究阶段后,当设计建设相关条件进一步明确时,作为估算某一标准段或特殊段费用的参考依据。其中管廊本体按照断面和舱数组合,给出17个综合指标区间,基本涵盖所有管廊工程。入廊专业管线指标共39项,包括电力、通信、燃气、热力4个专业,给排水指标可参照已发布的市政工程投资估算指标,基本涵盖了所有入廊管线。《关于做好城市地下综合管廊建设项目信息上报工作的通知》提出为贯彻落实国家关于建立综合管廊建设项目储备制度的要求,开发了全国综合管廊建设项目信息系统,建立全国综合管廊项目储备库,为中央财政、专项金融债以及国家开发银行、中国农业发展银行等支持综合管廊建设提供符合条件的备选项目。而为了进一步推进综合管廊和海绵城市建设工作,住建部在2016年1月22日发布了《城市综合管廊国家建筑标准设计体系》和《海绵城市建设国家建筑标准设计体系》。同年4月14日《关于建立全国城市地下综合管廊建设信息周报制度的通知》对综合管廊的施工管理做出了进一步要求,建立了全国综合管廊建设进展周报制度,对管廊建设进展信息报送的内容、范围、主体以及方式做出了明确规定,规定各城市、县城住房城乡建设主管部门将管廊建设规划和工程建设情况通过所设立的进展信息报送平台,实行部省市分级汇总、授权管理和使用。为加快综合管廊建设,补齐城市防洪排涝能力不足短板,住建部于2016年8月16日印发了《关于提高城市排水防涝能力推进城市地下综合管廊建设的通知》。此外,国家住建部同国家能源局共同出台了《关于推进电力管线纳入城市地下综合管廊的意见》,鼓励电网企业参与投资建设运营综合管廊,共同做好电力管线入廊工作。

财政方面,发改委于2015年发布了《城市地下综合管廊建设专项债券发行指引》(发改办财金〔2015〕755号),鼓励各类企业发行企业债券、项目收益债券、可续期债券等专项债券,募集资金用于综合管廊建设。同年11月,同国家住建部共同发布了《国家发展改革委、住房和城乡建设部关于城市地下综合管廊实行有偿使用制度的指导意见》(发改价格〔2015〕2754号),指导各地建立健全综合管廊有偿使用制度,形成合理收费机制,调动社会资本投入积极性,促进综合管廊建设发展。2016年6月12日,财政部发布了《2016年第二批城市管网专项资金预算的通知》(财建〔2016〕337号),强调专项资金要做到专款专用,督促试点城市加快工作落实,并将进度报财政部和相关行业主管部门备案。

国家层面政策文件以及相关信息如表1-1所示。

表 1-1　国家层面政策

发文单位	文件名称	文件编号	发布日期
中共中央 国务院	《关于进一步加强城市规划建设管理工作的若干意见》	—	2016 年 2 月 6 日
国务院	《国务院关于加强城市基础设施建设的意见》	国发〔2013〕36 号	2013 年 9 月 6 日
	《国务院办公厅关于加强城市地下管线建设管理的指导意见》	国办发〔2014〕27 号	2014 年 6 月 3 日
	《国务院办公厅关于推进城市地下综合管廊建设的指导意见》	国办发〔2015〕61 号	2015 年 8 月 3 日
	《国务院关于深入推进新型城镇化建设的若干意见》	国发〔2016〕08 号	2016 年 2 月 2 日
财政部 住建部	《关于开展中央财政支持地下综合管廊试点工作的通知》	财建〔2014〕839 号	2014 年 12 月 26 日
	《关于组织申报 2015 年地下综合管廊试点城市的通知》	财办建〔2015〕1 号	2015 年 1 月 4 日
	2015 年地下综合管廊试点城市名单	—	2015 年 4 月 10 日
	《城市管网专项资金管理暂行办法》	财建〔2015〕201 号	2015 年 6 月 1 日
	《关于开展 2016 年中央财政支持地下综合管廊试点工作的通知》	财办建〔2016〕21 号	2016 年 2 月 16 日
	2016 年中央财政支持地下综合管廊试点城市名单	—	2016 年 4 月 25 日
住建部	《城市地下综合管廊工程规划编制指引》	—	2015 年 5 月 26 日
	《城市综合管廊工程投资估算指标(试行)》	建标〔2015〕85 号	2015 年 6 月 15 日
	《关于做好城市地下综合管廊建设项目信息上报工作的通知》	建城市函〔2015〕234 号	2015 年 11 月 4 日
	《关于印发城市综合管廊和海绵城市建设国家建筑标准设计体系的通知》	建质函〔2016〕18 号	2016 年 1 月 22 日
	《关于建立全国城市地下综合管廊建设信息周报制度的通知》	建城〔2016〕69 号	2016 年 4 月 14 日
	《关于提高城市排水防涝能力推进城市地下综合管廊建设的通知》	建城〔2016〕174 号	2016 年 8 月 16 日
发改委	《城市地下综合管廊建设专项债券发行指引》	发改办财金〔2015〕755 号	2015 年 3 月 31 日
发改委 住建部	《国家发展改革委、住房和城乡建设部关于城市地下综合管廊实行有偿使用制度的指导意见》	发改价格〔2015〕2754 号	2015 年 11 月 26 日
住建部 国家能源局	《关于推进电力管线纳入城市地下综合管廊的意见》	城建〔2016〕98 号	2016 年 5 月 26 日
财政部	《2016 年第二批城市管网专项资金预算的通知》	财建〔2016〕337 号	2016 年 6 月 12 日

2. 地方政策

继国家相关部门颁发城市综合管廊相关政策后，各省市也相继出台了许多地方性政策。2017年中共北京市委和北京市人民政府正式批复的《北京城市总体规划(2016—2035年)》，成为北京未来城市发展的法定蓝图，明确提出要提高基础设施建设质量，集成应用综合管廊、智慧城市等新技术新理念，实现城市功能良性发展和配套完善。北京市政府办公厅印发了《关于加强城市地下综合管廊建设管理的实施意见》(京政办发〔2018〕12号)，涉及总体要求、统筹规划、有序建设、严格管理、工作保障共五方面的具体内容，涵盖了综合管廊规划、投资、建设、运营管理及政策支持等相关工作，并明确了部门任务分工。其中，总体要求明确了综合管廊建设工作目标："2035年，综合管廊达到450公里左右，中心城区综合管廊骨干系统和重点区域综合管廊系统初步构建完成，综合管廊规模效应进一步显现。"统筹规划要求"城市新区、各类园区、成片开发区域要根据功能需求，同步建设综合管廊；土地一级开发、保障性住房建设、老城更新等项目，要因地制宜、统筹安排综合管廊建设；在交通流量较大、地下管线密集的城市道路、轨道交通等地段，主要道路交叉口、道路与铁路或河流的交叉处，要优先建设综合管廊。结合架空线入地等项目同步推动缆线管廊建设。暂时不具备同步建设条件的区域，应当为综合管廊预留规划通道。"有序建设方面，首先，实施主体除市有关部门以外，鼓励社会资本和入廊管线单位参与投资建设运营综合管廊。其次，细化了建设责任，行政主管部门牵头建立推进协调机制，道路主管部门、轨道交通建设协调部门分别负责统筹做好城市道路、轨道交通与综合管廊同步规划建设工作。最后，强调制定完善综合管廊和入廊管线勘察、设计、施工、监理、竣工验收等标准规范，加强工程规划建设全过程质量安全监管。严格管理方面，要求除技术条件无法实现入廊要求外，所有管线必须入廊，且入廊管线单位应向综合管廊建设运营单位支付管廊有偿使用费。此外，还强调要制定完善综合管廊和入廊管线运行维护规范以及研究制定综合管廊智慧管理相关技术规范及标准。工作保障方面，提出建立市综合管廊联席会议制度，负责协调指导全市综合管廊建设管理工作，同时要求市、区两级政府加大综合管廊资金投入，在年度预算和建设计划中合理安排综合管廊项目，统筹用好政府投资基金和各类政策性、开发性金融资金，加大对综合管廊建设的支持力度，促进综合管廊的可持续发展。

此外，《江苏省城市地下综合管廊建设指南》重点围绕内容的系统性、规范性、全面性和先进性等展开研究，全面覆盖规划、设计、施工、运营和管理各环节，同时充实了当前综合管廊建设中热点难点问题，如大口径管道入廊、综合管廊与地下空间的协同建设等，还结合成功经验，深化完善相关内容，如建筑信息模型(building information modeling，BIM)技术、运维管理等。《江苏省城市综合管廊与地下工程协同建设指南》(苏建城〔2018〕52号)强调要优化城市地下空间布局，集约高效利用空间资源，协调解决综合管廊与地铁、轻轨、地下道路、人防工程、地下综合体等其他地下工程在规划、设计、施工、运营与维护阶段的技术问题，科学指导地下工程有序建设，提高地下工程协同建设水平。《江苏省城市地下综合管廊运行维护指南(试行)》(苏建城〔2019〕429号)规定了综合管廊的运行管理、日常巡检、维护管理和智慧运维平台的基本要求，制定了综合管廊本体和附属设施的巡检和维护的项目、内容、方法和周期要求。

《福建省城市综合管廊建设指南(2017修编)》强调了综合管廊应实行科学规划、统筹建设、协调管理、资源共享的原则,分阶段分区域推进实施,同时对福建省省内综合管廊的规划、设计、建设和运行管理做出了指导性的规定。

部分地方政府政策文件以及相关信息如表1-2所示。

表1-2　地方政府政策

发文单位	文件名称	发布日期
中共北京市委北京市人民政府	《北京城市总体规划(2016—2035年)》	2017年9月29日
北京市人民政府办公厅	《关于加强城市地下综合管廊建设管理的实施意见》	2018年3月22日
江苏省住房和城乡建设厅	《江苏省城市地下综合管廊建设指南》 《江苏省城市综合管廊与地下工程协同建设指南》	2018年2月5日
	《江苏省城市地下综合管廊运行维护指南(试行)》	2020年1月
福建省住房和城乡建设厅	《福建省城市综合管廊建设指南(2017修编)》	2017年10月19日

3. 行业标准

随着综合管廊建设行业的逐步发展,国家和地区分别出台了有关综合管廊建设的行业标准。

国家层面,住房和城乡建设部发布了《城市地下综合管廊建设规划技术导则》(建办城函〔2019〕363号),强调各地要因地制宜推进综合管廊建设,形成干、支、缆线综合管廊建设体系;《城市工程管线综合规划规范》(GB 50289—2016)强调城市工程管线综合规划应近远期结合,考虑远景发展的需要,并应结合城市的发展合理布置,充分利用地上、地下空间,与城市用地、城市交通、城市景观、综合防灾和城市地下空间利用等规划相协调;《城市地下综合管廊运行维护及安全技术标准》(GB 51354—2019)总结了城市地下综合运行维护及安全管理的实践经验,同时参考了国外先进技术法规、技术标准,针对综合管廊的运维管理编制了技术标准,包括基本规定(运行管理、维护管理、安全管理、信息管理)以及对管廊本体、附属设施、入廊管线的技术标准,该标准作为我国综合管廊建设标准体系的重要组成部分,其实施将为保障我国综合管廊的安全稳定运行,提升综合管廊的运营管理水平提供重要技术指导,同时也弥补了我国综合管廊运营管理期国家技术标准的空白。此外,同国家质检总局共同发布了《城市综合管廊工程技术规范》(GB 50838—2015)和《城镇综合管廊监控与报警系统工程技术标准》(GB/T 51274—2017),《城市综合管廊工程技术规范》(GB 50838—2015)介绍了我国建设综合管廊工程发展的背景,解释了综合管廊工程的防水技术要求和确定原则,简要阐述了综合管廊附属配套设施的排水,消防等技术要求。适用于新建、扩建、改建综合管廊工程的规划、设计、施工、验收和维护管理;《城镇综合管廊监控与报警系统工程技术标准》(GB/T 51274—2017)强调规范综合管廊监控与报警系统工程的建设与管理,提高综合管廊监控与报警系统工程建设与管理水平,做到安全可靠、经济适用、技术先进。

综合管廊国家行业标准文件以及相关信息如表1-3所示。

表 1-3 国家行业标准

发文单位	文件名称	文件编号	发布日期
国家住建部	《城市地下综合管廊建设规划技术导则》	建办城函〔2019〕363 号	2019 年 06 月 13 日
	《城市工程管线综合规划规范》	GB 50289—2016	2016 年 04 月 15 日
	《城市地下综合管廊运行维护及安全技术标准》	GB 51354—2019	2019 年 2 月 13 日
国家住建部 国家质检总局	《城市综合管廊工程技术规范》	GB 50838—2015	2015 年 5 月 22 日
	《城镇综合管廊监控与报警系统工程技术标准》	GB/T 51274—2017	2017 年 12 月 12 日

地方层面，北京市市场监管局发布了《城市综合管廊智慧运营管理系统技术规范》(DB11/T 1669—2019)，规定了综合管廊智慧运营管理系统的架构、功能、性能、接口、数据以及系统安全的相关要求；北京市规划和国土资源管理委员会与北京市质量技术监督局联合发布了《城市综合管廊工程设计规范》(DB11/ 1505-2017)强调要建设高标准的综合管廊，规范综合管廊工程的规划设计，统一综合管廊工程设计主要技术指标，确保综合管廊工程建设做到安全适用、经济合理、技术先进、智慧管理、便于施工和维护；北京市质量技术监督局发布了《城市综合管廊运行维护规范》(DB11T 1576—2018)规定综合管廊本体、入廊管线、附属设施和智慧管理系统的运行维护以及应急管理和资料管理的相关要求。除北京市外，福建省住建部发布了《福建省城市综合管廊建设指南(2017 年修编)》，强调优化福建省城市市政管线建设，集约利用与优化城市地下空间资源，指导综合管廊的规划、设计、建设和运行管理，推动新技术的应用，促进地下管线行业技术进步和智能化网络运行管理。吉林省住建部发布了《吉林省城市地下综合管廊建设技术导则(试行)》，强调综合管廊建设应遵循“规划先行、适度超前、统筹兼顾”的原则，充分发挥综合管廊的综合效益的原则；工程建设做到技术先进、安全可靠、适用耐久、经济合理、便于施工和维护；体现市场导向、统一规划、分步建设、为综合管廊产业化提供支撑的原则；体现增强城市防灾减灾能力，保障城市运行安全的原则。河北省、贵州省和内蒙古自治区分别发布了《河北省城市地下综合管廊建设技术导则》、《贵州省城市地下综合管廊建设技术导则(试行)》以及《内蒙古自治区城市地下综合管廊建设技术导则》，对本省的综合管廊规划、设计、建设、管理工作起到了指导性的作用，强调要推进综合管廊建设工作，科学合理地开发利用城市地下空间。

综合管廊地方行业标准文件以及相关信息如表 1-4 所示。

表 1-4 地方行业标准

发文单位	文件名称	文件编号	发布日期
北京市市场监管局	《城市综合管廊智慧运营管理系统技术规范》	DB11/T 1669—2019	2019 年 12 月 25 日
北京市规划和国土资源管理委员会 北京市质量技术监督局	《城市综合管廊工程设计规范》	DB11/ 1505—2017	2017 年 12 月 15 日
北京市质量技术监督局	《城市综合管廊运行维护规范》	DB11T 1576—2018	2018 年 9 月 29 日

续表

发文单位	文件名称	文件编号	发布日期
福建省住建厅	《福建省城市综合管廊建设指南(2017年修编)》	—	2017年10月19日
吉林省住建厅	《吉林省城市地下综合管廊建设技术导则(试行)》	—	2015年5月
贵州省住建厅	《贵州省城市地下综合管廊建设技术导则(试行)》	—	2015年12月
内蒙古自治区住建厅	《内蒙古自治区城市地下综合管廊建设技术导则》	—	2013年3月
河北省住建厅	《河北省城市地下综合管廊建设技术导则》	—	2011年10月

以上政策和标准均对综合管廊的建设和发展给出了重要的指导意见。

1.2.3 综合管廊理论研究

综合管廊自身发展方面，Trckova等从经济和社会效益、安全、监控技术、维修维护、可视化发展、设备设施等多个方面，构建了综合管廊综合分析体系，综合分析了综合管廊对于城市发展的重要作用[11]。Klepikov等的研究，认为卫生、舒适、安全的综合管廊是现代社会的目标，在综合管廊建设过程中，要综合考虑人体健康、心理、安全等各方面因素，在保证这些因素的基础上，提高综合管廊利用率[12]，Fco等提出从管廊设计阶段就要考虑后期运营所面临的问题，进而保证运维的安全性和完整性[13]。

风险管理方面，国外对于综合管廊的运营管理研究起步较早，Hiromitsu等针对综合管廊安全和灾害事故进行了长时间调研，在收集了大量数据的基础上，分析确定了综合管廊存在的危险源和风险类别，并针对不同的危险源和风险提出了预防措施和办法[14]；Farhad等在综合管廊安全事故大量案例的基础上进行分类、总结，得出了综合管廊灾害为火灾、洪水、毒气、停电、爆炸、缺氧共六大类，并针对不同的灾害类型设计不同的应对措施和预防办法[15]；Bhalla等将研究重点集中在地下空间工程结构上，在地下空间建设和运营过程，提出了利用实时监控，减少工程结构风险的技术措施[16]；Canto-Perello关注的是人员进入隧道后的风险评估，分析潜在风险，并认为便捷的访问性和可维护性是隧道区别于其他公共设施所关注的重点[17]；Shahrour等提出了一种能够解决城市综合管廊面临的主要挑战的智能解决方案，分析了综合管廊的火灾风险并对多重风险进行风险评估[18]；Canto-Perello和Curiel-Esparza对工人进入综合管廊进行了风险分析，得出了电力、燃气、排水等设施的潜在危险，并对这些潜在危险给予了应对措施的建议[19]。而国内关于综合管廊的风险研究大多集中在PPP模式下综合管廊的投融资经济风险、设计和施工风险等。如晋雅芳针对综合管廊PPP项目特点，总结了12种风险因素[20]；赵佳等对综合管廊PPP模式融资风险因素进行过滤，提出风险防范和风险规避的相关建议[21]；王银辉通过分析综合管廊可能遇到的火灾风险的特点和潜在影响因素，同时根据燃烧的三要素分析综合管廊火灾的潜在影响因素，给出了综合管廊运维火灾预警设定范围并提出相应的应对措施[22]。此外，国内关于综合管廊的风险研究也多集中于点上的研究，如关于综合管廊内火灾发生，林俊等进行了“基于

CFD 模拟分析的综合管廊火灾特性研究”，详细分析了在设定火灾规模条件下不同防火分区长度及不同的通风风速对火灾特性的影响，并在此基础上，提出该类设施最优防火分区设计长度和烟气控制通风风速[23]；Zhang 等分析了综合管廊的火灾风险类型和特点，并提出了综合管廊减少火灾风险的措施[24]；王秋翠和魏立明把综合管廊中的火灾事故因素的识别和早期预警当作重点，对综合管廊内部环境进行了分析，并针对目前综合管廊火灾预警系统的不足，把分布式光纤测温技术应用于综合管廊火灾危险识别和事故预警[25]；Jang 和 Kim(2016)研究了综合管廊内由燃气泄漏及未知点火引起瓦斯爆炸的情况[26]；此外，对于综合管廊结构与地址变形或地震的研究，岳庆霞从地震反应分析方法与抗震可靠性方面对综合管廊做了系统性研究[27]；涂圣文等对综合管廊的各项风险评估指标进行赋权并使用了后悔理论对综合管廊运维总体风险进行了评估[28]；郭佳奇等通过分析以往的综合管廊灾害事故和其他隧道灾害事故，对灾害类型进行了划分，提出防灾的基本原则[29]。

安全管理方面，端木祥玲等进行了管线与结构的安全因素研究，因为每种管线的使用性质、介质等不同，影响范围不同，极容易发生相互间的干扰，电力电缆与热力管线、电力电缆与燃气管线等之间易产生爆炸或火灾，具有潜在危险[30]；Dove 在对综合管廊安全问题和预防措施研究的基础上，更进一步研究了环境问题和心理问题，并提出了安全监测和安全管理在综合管廊的重要性，在综合管廊太阳光引入、火灾自动报警、自动灭火装置、综合管廊救援装置和设备等方面开展了大量的研究工作，取得了一定的成果[31]；Curiel-Esparza 等在对综合管廊的安全问题进行研究中，归纳总结了其存在的问题，包括经济问题、发展问题、成本问题、环境问题、监管问题等，并且着重提出当前缺乏成功的综合管廊管理经验[32]；王恒栋从综合管廊结构安全性、防淹、防火、防人为破坏等角度，提出综合管廊的保障措施[33]；陈超从综合管廊监管的盲点、难点、特点方面，阐述综合管廊运营管理的需求[34]。

1.2.4 算法模型与系统设计

在综合管廊的建设与运维管理过程中，除理论研究外，还存在着系统、模型和算法的设计与应用。

1. 系统设计与应用

国外研究成果比较丰富，以新加坡为例，其针对综合管廊的运维管理设计开发了智慧运维平台，保证综合管廊安全运行；并且将综合管廊内部环境监测分为环境监测、空气质量监测、施工条件监测等，同时也对综合管廊进行系统化、精细化管控[35]。Rogers 重点设计开发了城市公路隧道通风系统，并对隧道的通风、空气污染物的扩散、汽车尾气以及新鲜空气等，构建了标准体系[36]。Yoo 等研究开发基于信息技术(information technology，IT)的隧道风险评估系统，该系统在地理信息系统(geographic information system，GIS)环境中开发，利用 GIS 及 AI 技术分析隧道潜在的风险[37]。

国内关于综合管廊系统应用的研究主要集中在综合管廊安全监测、报警系统等方面。朱雪明研究了上海世博园内的综合管廊监控系统，根据世博园区综合管廊监控系统的运营管理需求、附属设备监控需求、安全防灾需求分别设置了各自监控子系统，以全面实现综合管廊内环境监测、附属设备监控、灾害报警和安全防范[38]。周亮设计了一种综合管廊安全监测与报警系统，该系统通过传感器对综合管廊内的环境、综合管廊自身变形进行实时化、自动化、智能化的监测；为了解决综合管廊内干扰性强、使用单位多以及协调管理难度大等问题，为了提高系统的可靠性、维护性，季文献等主要从以下四个方面对系统进行设计：①传感器数据采集；②通信网络系统架构；③智能联动控制；④综合数据服务[39-40]。此外，罗家木等设计出基于5G无线传感网络的智慧管廊综合监控系统，该系统可实现对综合管廊的全面实时监控，有效降低综合管廊的安全隐患[41]。童丽闺等设计出一种基于物联网、地理信息系统技术的综合管廊环境监测系统，通过在综合管廊内部部署多种环境监测传感器，获取海量温度、湿度、水位、氧气等数据，并与地理信息数据关联，实现综合管廊环境监测和预警[42]。虞昌彬等设计了基于大数据的传感器网络，使其实现了综合管廊数据的自动采集、智能传输和信息管理，从而实现基于可视化平台对综合管廊进行风险分析和预警[43]。

Bhatia应用机器学习技术构建了预测风险感知的计算技术，使得参与者的风险评级的映射更加准确，对新的风险进行定量预测，量化了风险源与大量文本之间的关联度，可以用来识别认知和情感因素[44]。Delage等证明了对于任何满足弱连续性的模糊规避风险度量，都存在随机决策优于确定性决策的情况[45]。Chen等通过对系统中各个主体和自然场景结果的同时分析提出了一个公理化框架，这个框架是用作系统风险度量和管理的[46]。

在风险分析判断方面Chao和Franck提出了一个用于项目风险和风险交互建模和管理的决策支持系统（decision support system，DSS），以方便支持项目经理做出有关风险应对措施的决策[47]。

2. 模型设计

杨林等用肯特法对综合管廊风险进行了归类研究，分析了综合管廊事故的特点并创建了事故树模型[48]。为了克服传统危险识别方法的不足，设计了能量传递理论-初步危险分析-演化树模型（energy transfer theory-preliminary hazard analysis-evolutionary tree model，EPE），基于该模型提出了一系列有序的被测单元危险源清单，包括综合管廊的共同危害、特定危害和多种危害的28类189种危害，涵盖了常见危险源、特殊危险源和多重危险源，用于建立更安全、更协调、更高效的风险架构，促进城市生活[49]。Ouyang等设计了综合管廊最坏情况脆弱性评估与缓解模型，采用基于列约束生成的分解算法得到了模型的精确解，并以中国天津生态城电力和水系统相互依赖的综合管廊为例验证了所提出的方法[50]。综合管廊在建设过程中存在多种风险，且致灾因素复杂，灾害之间关联度较高，如果仅对单一灾种进行评估，其结果不够准确，因此，王述红等建立了综合管廊单一灾种的危险评价指标，应用模糊数学方法和耦合度模型研究了多灾种之间的耦合关系，并提出了综合管廊多灾耦合致灾的风险评价方法[51]。

朱嘉首先建立了完整的综合管廊系统架构，再基于演化机理和风险矩阵，提出"风险矩阵-图论-AHP标度"的安全事故风险值模型，最后运用灰色聚类分析评价方法和综合管廊技术规范，构建了综合管廊尺寸设计安全和结构设计安全评价体系[52]。杨宗海则通过引入全生命周期理论，以模糊综合评判法以及层次分析法为主要评价手段，建立综合管廊全生命周期风险评判模型，为确定综合管廊全生命周期各个阶段的风险大小及项目综合风险等级提供依据[53]。孙芳构建了由风险评估模型和事故风险评估模型组成的综合管廊综合风险评价模型，该模型分为三个层面：风险识别、风险分析、风险评价[54]。

Xia 基于熵风险模型的基础上，引入了效用理论，提出一种风险决策模型，该模型可为复杂的系统工程评估和决策提供参考[55]。

蒋录珍等以横向有接头综合管廊非一致激励振动台试验为基础，建立了综合管廊结构数值模型[56]。赵永昌等通过对综合管廊模型内火灾模拟试验温度数据进行分析，得出了综合管廊电力舱室内火灾初期温度场特征[57]。Choi 等研究了设计对地下项目施工阶段风险的影响，建立了风险评估模型[58]。

端木祥玲等基于层次分析(analytic hierarchy process，AHP)法和模糊综合评价法(fuzzy composite evaluation method，FCEM)，判断了综合管廊火灾风险，建立综合管廊火灾风险评价模型[30]。在针对风险事故的仿真方面，陆秋琴、王金花构建了系统动力学模型，选取宁夏弘德物流包装有限公司的物流仓库对模型进行运行分析和验证，结果表明，增加安全投入或改变子系统的安全投入比例，均可以提高仓库火灾事故的安全水平以及安全水平的变化速度[59]。罗帆等使用 Vensim 软件对空管安全风险预测及预控策略优选过程进行模拟仿真，模拟结果验证了当前空中交通运输流量增长这一情景下的风险预警决策过程，有利于空管安全风险管理过程中提高预警效能[60]。

3. 算法应用与改进

Julian 等认为综合管廊参与主体众多，融资和所有权关系复杂，安全管理是综合管廊管理面临的关键问题，并提出基于专家系统和颜色编码相结合的方法，利用层次分析法分析了综合管廊潜在的关键风险因素[61-62]。Zhou 等设计了基于贝叶斯网络的综合管廊下水管道风险评估模型，对管道事故场景进行贝叶斯网络推理及敏感性分析，建立了污水管线的风险评估架构以识别综合管廊下水道管道的严重威胁[63]。风险应对方面，针对综合管廊天然气管道泄漏的问题，Hu 等将蝴蝶结(Bow-Tie，BT)模型、贝叶斯网络(Bayesian network，BN)和模糊集理论(fuzzy set theory，FST)与监测数据相结合，提出了天然气管道泄漏动态安全风险分析的系统框架[64]。刘玉梅等在此基础上通过专家调查和文献分析等方法构建综合管廊项目运营风险评价指标体系，运用 AHP 法和熵权法组合计算风险指标权重，采用灰色聚类法对其运营风险进行评价分析[65]。Fang 等提出了一种动态定量风险分析方法来研究综合管廊的天然气管道：通过案例分析和专家经验识别并实施了天然气管道的潜在事故；建立了贝叶斯网络得出了关键的影响因素；预测并分析了综合管廊中的天然气管道的关键挑战[66]。

胡联粤等基于 XGBoost 算法提出了综合管廊的安全状况评估方法，这种评估方法与其他算法相比有更高的准确率[67]。邱实等提出了一种基于耦合度模型(coupling model，CM)和信息熵的风险耦合评价方法来判断综合管廊施工风险，该评价方法中量化各种指标权重的方法是通过信息熵来完成，并基于 CM 来构建综合管廊风险耦合模型，依据实例验证后证明该模型是有效的[68]。

李芊等(2019)通过文献分析、因果分析及专家调研等方法，全面分析我国综合管廊运维管理过程中的风险因素，运用 DEMATEL 方法对识别出的 22 个风险因素进行影响程度和重要程度排序[1]。Julian 等提出了一种结合色标法、德尔菲法和层次分析法的专家系统，分析综合管廊的临界性和威胁性，用来支持城市地下设施安全政策的规划[62]。

1.3 研究内容

本书主要研究内容可概括为"1＋2＋N＋3",即"1 套监管体系、2 个职能作用(日常和应急)、多项关键技术、一站式监管平台、3 级应用示范"(图 1-3)。

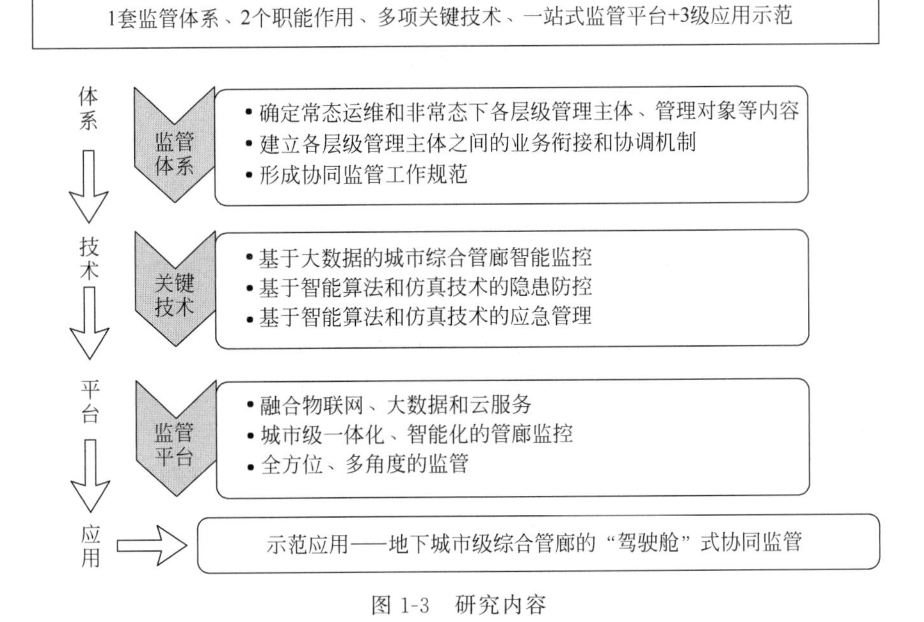

图 1-3 研究内容

1. 基于圈层和协同理论的综合管廊智慧监管体系研究

主要任务是构建综合管廊多层级协同监管技术监管体系,完成综合管廊集中化管理过程中的顶层设计。

针对综合管廊运行管理的多元主体、多重要素的特点,以目标协同为前提、组织协同为保障并以主体互动、要素整合为发展策略,确定常态运维和非常态(应急预警)下各层级的管理主体、管理对象、功能定位、管理职责、工作流程等内容,建立各层级管理主体之间的业务衔接和协调机制,形成协同监管工作规范。综合管廊多层级协同监管旨在通过完善信息共享机制,创新监管手段,推动形成"多方合作、各司其职"的治理格局,从而确保综合管廊安全运行,提高运行管理水平。

2. 基于大数据的综合管廊智能监控及关键技术研究

主要任务是依据 1 的研究成果,研究数据存储、数据清洗、数据应用技术,解决综合管廊集中化管理过程中的数据管理问题。

设计高效的数据存取、调度、渲染机制,并行化的管廊建模技术和处理算法,实现大规模虚拟管廊的实时化模拟和仿真;研究综合管廊运维信息在监管部门、运维单位和管线单位之间的多级传递机制,实现不同单位的信息精准汇集和分发机制;研发稳定高效的智能传感设备和基于物联网的融合通信技术，满足廊内人员的通信、巡检、定位等业务需要以及各类管线设备数据和环境参数的实时采集和传输。

3. 基于智能算法和仿真技术的综合管廊隐患防控和应急管理关键技术研究

主要任务是基于1和2的研究成果，研究人员管理、设备管理、环境监测、预案准备、辅助决策制定等风险管控技术，满足综合管廊集中化管理过程中的日常运维和应急协同需求。

建立综合管廊风险评估模型，研究综合管廊风险分布规律和特点，实现风险分布透明化展示和精准管控；揭示综合管廊内部多种危险源在链式耦合致灾演化关键环节中的作用和机理，利用仿真技术，获得基础数据和模型；利用集中化数据管理平台、模型库与推演技术，用以实现应急状态下的可视化调度与处置、模拟演练、指挥部署、态势展现和推演等。

4. 综合管廊智慧监管应用示范

主要任务是基于前面的研究成果，按照“技术研究-技术示范-技术优化-技术应用”周期理论，进行综合管廊集中化管理的应用示范。

以综合管廊运维数据、监测数据、管理数据为基础，构建“以数据为中心、以知识库为支撑、面向应用服务”的综合管廊智慧协同技术集成体系，实现制度、技术、流程、资源的协同，实现地下城市级综合管廊的“驾驶舱”式协同监管。明确各示范工程的管理主体、管理对象、功能定位、管理职责、工作流程，制定对应的组织架构和管理体系及协调机制，有计划地开展城市级、公司级、项目级的技术示范应用。

1.4 待解决的问题与重难点分析

在大批量的综合管廊投入运营后，综合管廊的运维管理日益受到重视，综合管廊综合了电力、通信、给水、热水、制冷、燃气等多种管线，加之运行环境相对封闭，导致其运营管理存在较大的风险。作者通过持续两周对多个综合管廊的实地调研，对综合管廊运行维护管理信息系统现状有了深入的了解。在调研过程中，发现各企业及信息系统均存在类似的问题。例如，综合管廊内热水管线内的水温高达80～130℃，其泄漏将造成重大的安全隐患，需要对管线运行状态进行单独监控；综合管廊内电力电缆损坏时泄漏电流易发热，存在火灾隐患，一旦发生火灾，极易蔓延，需要进行火灾监测；综合管廊内天然气管道泄漏及沼气的汇聚，容易造成燃爆事故及缺氧事故，需要进行甲烷及氧气含量的监测；综合管廊需要高频率的通风，保障通风设备正常运行显得尤为重要，需要对其运行状态进行监测；综合管廊结构的损坏会对内部管线产生不利的影响，因此需要对廊体结构进行监测。

1.4.1 待解决的问题

针对综合管廊运营维护的风险及监控需求，需要研究相应的监控技术及应对措施，以提高综合管廊运行管理的快速反应和安全防控能力。然而，国内综合管廊的建设起步时间较晚，在其运营维护过程中，暴露出一系列问题，具体表现在：

1. 管理制度不健全

首先，对于国内综合管廊而言，内部的电力、通信、给水、热水、制冷、燃气等管线按照各自的标准进行运行维护，还没有形成统一的标准。而对于廊体结构及廊内设备而言，更是缺少相关运维标准，没有形成有针对性的运维管理指南，增加了运维的难度。其次，由于各项目安全信息由各项目管理平台独自统计和处理，没有数据共享机制，综合管廊运营维护过程中发生的风险安全问题由各个管理平台根据自己的经验进行处理，往往缺乏对应的经验，造成处理不当。最后，应急预案体系也不够完善，分散式的运维管理导致各项目之间的信息相互独立，不利于耦合危险源的识别和风险分析，且不利于耦合事故的应急处置、模拟仿真推演等，增加运维管理风险。

2. 三维可视化程度低

目前综合管廊内的消防、通风、有害气体等监测系统，大多基于二维平台进行开发，而三维模型仅供展示参观用，无法实现监控信息与真实三维模型联动，影响应急决策方案的制定，增加运维管理风险。

3. 监控系统相互独立

视频监控近年来呈现一些明显的变化趋势，例如，视频监控从模拟阶段到数字阶段的历史性转折；标准更加开放；高清视频在安防领域产生重大影响；智能化日益突出，并不断迅猛发展。这些变化推动视频监控系统向更加成熟的阶段迈进。网络视频监控系统将计算机技术、多媒体技术、网络技术与监控技术有机地结合起来，将监控系统和计算机网络系统连接起来，使两个相互独立的系统走向融合，在理念和方式上取得了突破。大量摄像机被安装在综合管廊内部，从而形成一个监控网络。此类摄像机网络每天都会产生海量的视频数据。采用人工监控的方式进行处理不仅需要耗费大量的人力、物力和财力，而且还容易受人为主观因素的影响，从而降低监控的有效性。此外，综合管廊内各个子系统相互独立，信息离散化程度较高，“信息孤岛”“信息断层”等现象严重，信息传递不及时，无法实现各个监控系统的动态联系，影响对综合管廊体结构、廊内环境、管线运营状态的评价。

因此，迫切需要利用大数据技术，高效地获取非结构化数据所蕴含的有效的管廊监测信息，实现对视频监控数据的快速有效处理，同时，保障对监控区域进行长时间、大范围的监控任务。

4. 智慧化程度不高

综合管廊的日常管理需要巡检人员定期进行巡视，尤其对于综合管廊内的管线而言，需要专业人员进行巡检。对于设备及管线维修仍然依靠纸质文档，人工参与度高，增加运维成本。此外，综合管廊整体建于地下，内部空间相对密封，只有少量的投料口、人员出入口和通风口与外界相通。因此，外来人员的非法入侵不仅对廊内基础设施带来威胁，甚至还会造成人员伤亡等灾难性后果，如图 1-4 所示。

图 1-4 综合管廊中的异常示例

5. 设备健康管理仍处于起步阶段

预测与健康管理(prognostics and health management,PHM)作为保障设备安全性和可靠性的一项关键技术,在过去几十年间取得了丰硕的理论成果并且得到了广泛的实际应用[69]。然而,我国对于综合管廊的设备健康管理仍处于起步阶段,数据维度小、算法研究不成熟等问题亟待解决。当前综合管廊对于设备的管理仅依赖于员工巡检发现故障、报修等一系列人工操作,针对简单的项目级、公司级综合管廊的运维尚可正常运转,但在城市级综合管廊监管体系下则暴露出以下严重弊端:一是在城市级超大规模的综合管廊环境下,人工巡检需要耗费巨大的人力物力,管理人员对物资与人员的调度困难;二是巡检人员仅在设备发生故障时才能发现问题,无法防患于未然。

6. 风险耦合评估和度量方法不足

现有对于地下管线安全风险度量的研究并不完善。首先,目前研究大多以单一管线或单一灾害研究为主,对综合管廊的风险耦合评估和度量方法不足。其次,要想提高综合管廊的风险监测和风险预警能力,不仅需要能实现对管线安全运行状态、廊内环境、综合管廊本体结构及综合管廊内人员状态的实时监测,还需要提高对微小风险和潜在风险(如气体含量)的识别能力,度量和识别单风险因素、双风险因素以及多风险因素耦合作用下风险发生的概率以及耦合值。最后,应用现有方法对综合管廊数据的处理得到的准确率不高,因此需要改进数据处理的方法,提高数据处理的准确度,从而提高后续综合管廊风险度量结果的准确性。

针对这些问题,需要从管理制度、管理方法和技术手段等多方面入手,着眼于综合管廊本身(含其中管廊结构和机电设备等构件)和综合管廊内管道管线两种不同类型的对象,面向不同种类入廊管线对管理方式及技术的需求,从综合管廊多源运维信息分类方法、运维信息管理、综合决策技术、智能运维管理体系、动态监控及故障处置可视化技术等不同方面出发,开展相关理论、模型、算法和技术等研究以及基于信息技术集成的软硬件平台系统的研发工作,从而为综合管廊基础设施的全生命周期动态管理和信息化管理提供理论方法和技术手段。

1.4.2 重难点分析

综合管廊的安全与降低突发事件带来的影响是运营管理的重中之重。目前综合管廊的突发事件处理虽然有较为完善的体系结构,但是,由于相关流程均需要消耗一定的时间,在面对严重突发事件时不管是在对事件严重性的评估还是在处理问题的效率上都存在许多问题。按照风险管理处理突发事件的一般步骤,以下将分别从**数据存储与管理**、**风险分析与技术**、**应急处置与方法**等几个方面依次展开,对本书的重难点进行介绍(图 1-5)。

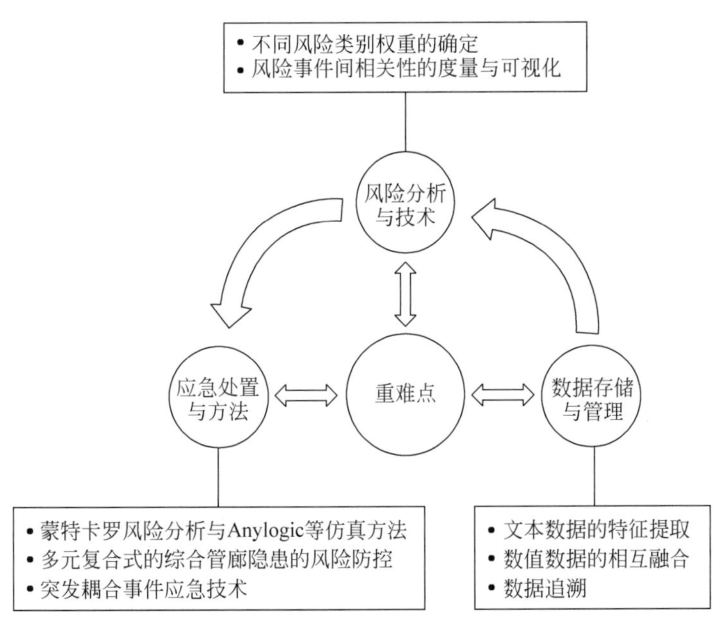

图 1-5 本书重点难点

1. 数据存储与管理

首先在数据管理方面，风险类别的界定依据主要来自于两方面，即与管廊相关行业管理人员的主观访谈和历史数据聚类分析。通过主观经验与客观事实的结合判定风险来源的主要类别，这其中涉及**文本数据的特征提取**，以及与**数值数据的相互融合**，实现对管廊本体结构、廊内环境、管线安全运行状态及附属设施的全时段监测。而关于数据运用方面的重点难点在于，如何利用数据分析平台，解决对所有**数据追溯**的问题；如何设计并构造大数据环境下的**多源异构数据融合**技术，用以支持上层业务快速采用深度学习等人工智能技术来智能化的风险识别和预警业务难题。

2. 风险分析与技术

根据集成风险管理的思想，风险度量是指如何在了解各种风险事件发生概率、相应损失与相关性的基础上，将各种风险事件集结为系统面临的总体风险。根据相关定义，在风险度量方面，两个算法难点在于不同**风险类别权重的确定**和**风险事件间相关性的度量与可视化**。在不同风险类别的权重确定方面，不同风险类别对于系统的影响不同，其中重要一步在于确定不同风险类别的权重，由于管廊事件安全事关重大，需要征求多位专家的意见，其中可能面临信息缺失以及多次采集的问题。对于风险分析技术重点难点在于，如何基于多维度风险隐患大数据，挖掘出综合管廊运维风险辨识、预警预报和响应处置技术；如何结合机器学习算法、深度卷积生成对抗网络算法、设备故障率调控算法、特征提取和对应的损失函数算法以及协同过滤的推荐算法等，有效解决分析过程的异常样本少、重要节点异常判别、设备故障率降低、视频监控的异常检测以及应急决策推送等一系列问题。

3. 应急处置与方法

当风险事件发生后,需要立即对风险事件采取措施以降低事件的经济与社会影响。下一个风险管理的关键步骤为风险措施。首先,根据前期数据积累,将风险事件发生概率与损失额度绘制概率-损失二维图,将风险事件按照**高频-高损失**、**低频-高损失**、**高频-低损失以及低频-低损失**的四象限进行划分。其中应重点关注低频-高损失与高频-低损失的风险事件(表 1-5)。

表 1-5 风险事件矩阵

	低频率	高频率
低损失	低频-低损风险事件	高频-低损风险事件
高损失	低频-高损风险事件	高频-高损风险事件

而涉及的方法难点在于,如何基于蒙特卡罗风险分析与 Anylogic 等仿真方法,提出突发事件影响范围预测的模型,能够解决综合管廊巡检人员安插、巡检线路整合优化及抢险最优调度等问题;运用多元复合式的综合管廊隐患的风险防控和突发耦合事件应急技术,解决日常运维过程中集中化设备管理、环境监测、事故确权、管控技术、耦合应急和决策等方面的难题。

1.5 研究价值与主要创新点

本书的研究价值与主要创新点如图 1-6 所示。

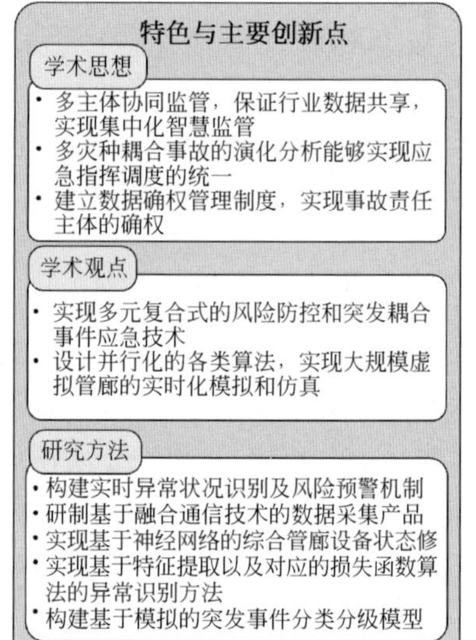

图 1-6 研究价值与主要创新点

1.5.1 理论价值

本书是综合管廊行业基于大数据智慧监管研究的研究成果。深入研究了基于大数据的智慧运营管理以及对综合管廊发展新型问题的作用机理。本书既包含了一般意义上的大数据智慧运营管理的理论性分析，又有典型意义上基于业务场景的综合管廊大数据具体分析。

本书构建"层级清晰、数据共享、协同监管"的综合管廊多层级协同监管体系模型。本书运用圈层结构理论和系统科学的方法研究综合管廊常态运维预警和非常态管理情况下，政府和管廊企业之间、各政府部门之间、管廊企业与业主单位之间、不同管廊业主单位之间的相互配合、协作、协调关系，以及系统中的相互干扰和制约等，以保障综合管廊运行安全为基本原则，架构"层级清晰、数据共享、协同监管"的综合管廊多层级协同监管体系模型，满足各层级、各类管理主体对综合管廊的不同管理需求，从制度协同、技术协同、流程协同和资源协同四个方面促进综合管廊协同监管模式的建设及应用。

1.5.2 应用价值

研究将基于全内存多源异构大数据管理平台的多层级综合管廊协同管理方案，借助先进的数据清洗、异常情况识别、决策处置、资源配置与调度等方面的关键技术，形成城市级综合管廊智慧监管系统，并加以示范应用。成果有助于实现城市管廊的多层级集中管理、常态化监控、智慧化预警和协同化应急响应。研究研发的系统将具有完全的自主知识产权，具有重要的推广价值和广阔的市场前景，可产生较大的经济效益、社会效益。

1. 经济效益

研究具有较大的经济效益：①研究编制的规范、标准水平，能为综合管廊建设及后期协同管理提供依据，为后期运营提供指导，可以节约管理人力成本。②研究成果能够确保综合管廊实现高效、便捷的城市级统一管理，大幅度降低综合管廊协调管理总成本。

2. 社会效益

研究并解决综合管廊多层级智慧协同监管模式与机制，搭建城市级"驾驶舱"式的管廊智慧监控、应急预警及监管一体化协同管理平台，研发具有稳定、高效的传感装备，自上而下地建设科学、节约、高效、集约化的综合管廊智慧协同管理的关键技术，探索实现综合管廊的统一运维管理的智慧协同模式，保障综合管廊安全运行，为城市发展提供能源保障，并为全国的地下城市级综合管廊的"一站式"协同监管提供典范。

3. 成果推广方案

本书将不断完善监管体系和智慧监管平台，并将成果逐步推广到全国综合管廊，最终形成覆盖城市的"政府-管线单位-管廊公司"多层级协同的监督管理体系。达到正常状态下，主管部门科学监督、有效考核，管廊各参与单位职责明确、各司其职、协作顺畅，全市管廊资源统一调度、高效节约，确保管廊正常安全运行；应急状态下，各单位能够按照各自承担的职责、措施和程序迅速协同处置突发事件，确保将对管廊的危害降到最低，切实保障管廊安全。

1.5.3 主要创新点

本书基于理论和案例的研究，构建多层级的综合管廊协同管理体系架构，借助先进的数据传输与存储、人工智能等技术，基于公司级平台的基础之上搭建一体化的城市级智慧监管云平台，从风险识别、风险度量和风险应对角度，实现城市管廊的多层级集中管理、常态化监控、智慧化预警和协同化应急响应。在学术思想、学术观点、研究方法等方面的特色和创新包括：

1. 学术思想

（1）综合管廊涉及多家管线单位，各综合管廊运营公司、各管线单位管理的体制机制多样，要做好数据统一、信息互通的综合协调工作，保证管廊行业数据共享，实现综合管廊集中化智慧监管。

（2）综合管廊的运营主体逐渐增多、相关设备也逐渐增多，在运营管理过程中注意管理模式的差异性。

（3）综合管廊内管线施工主体单位多样，形成多主体单位并行施工、交叉作业、协同管理的局面，要对施工过程的风险管控提出严格要求。

（4）综合管廊在空间上往往区域跨度大，服务的面积覆盖较广，内外部环境复杂多样，应做好联动管控。

（5）综合管廊集多种管线于一体，一条管线的问题很可能影响其他管线的安全，注意产生的“蝴蝶效应”对管廊的运行、城市安全可能带来的巨大隐患。

（6）综合管廊内附属设施各系统基本都是独立运行的，但综合管廊内管线类型复杂、环境复杂，其安全形势也较为复杂，需要各系统之间实现应急联动，以应对各类复杂耦合突发事件。

（7）管线入综合管廊后，其风险处置方法与直埋不同，应急响应涉及的部门应该包括供水爆管、燃气泄漏、电缆火灾等，做好应急联动响应。

（8）综合管廊空间密闭环境恶劣，廊体及管线监测设备种类多，入廊巡检、维护维修任务重，需要做好安全隐患探测和设备财物管控措施。

（9）综合管廊的集中化智慧监管由于统一组织、统一监管，有利于节省政府监管成本，可以保证不同粒度数据信息的有效层级传递；统一的协作模式，提高政府处理大量日常事件效率、提高政府应急指挥效率，从而提高政府的监管水平和监管效率。

（10）综合管廊的集中化智慧监管将运营管理数据纳入统一监管平台，打破由单一层级、多通道数据传输产生的信息孤岛，提升企业管理效率，节省运营成本。

（11）综合管廊的集中化智慧监管由于统一管理管廊内的各种数据，数据信息共享互通，有利于对数据的重用和深度分析，从而有助于耦合危险源的识别预测以及风险分析，有助于多灾种耦合事故的演化分析以及模拟仿真推演，有利于统一应急指挥调度。

（12）综合管廊的集中化智慧监管有助于建立一套标准化、权威化的数据确权管理方法，有利于事故发生后，责任主体的确权。

2. 学术观点

（1）多元复合式的综合管廊隐患的风险防控和突发耦合事件应急技术，可以有效解决日常运维过程中集中化设备管理、环境监测、事故确权、管控技术和耦合应急和决策等方面的难题。

(2) 设计并构造大数据环境下的多源异构数据融合技术,可支持上层业务快速采用深度学习等人工智能技术来智能化地进行风险识别和预警业务。

(3) 一种基于深度卷积生成对抗网络的综合管廊重要节点的异常情况智能识别算法,能够对视频数据实时判别出管廊内重要节点所定义的异常情况。

(4) 基于设备故障率的综合管廊环境智能调控算法,可通过对环境的智能调控,有效降低设备发生故障的概率,提升综合管廊的安全性与经济性。

(5) 基于特征提取以及对应的损失函数算法,可以实现基于视频监控的综合管廊异常检测实现。

(6) 基于蒙特卡罗风险分析等仿真方法,提出突发事件影响范围预测的模型能够解决综合管廊巡检人员安插、巡检线路整合优化及抢险最优调度等问题。

3. 研究方法

1) 基于智能传感器数据构建实时异常状况识别及风险预警机制

本研究构建智能传感网络对综合管廊全域内环境参数和状态进行监控,包含气体含量、温湿、水位、流量、位移、承重、震动、倾斜角度等进行智能传感,基于传感网络数据实时检测实际运营环境数据,结合异常情况判定模型进行实时异常情况识别,快速预警和报警。应用本书提出的方法能够连续测量管廊内部的管廊数据,定位管廊内部的故障点,排除故障隐患,提高综合管廊的运行质量和效率。

2) 基于融合通信技术的综合管廊数据采集产品研制与应用

本研究提出了应用 WiFi 构建的数据网进行无线通信的技术,解决廊内有线通信不便利的问题,同时利用了廊内数据无线网络设备,降低了建设成本,并将固定语音通信、无线通信、广播应用进行融合,还提供了室内外定位技术,结合巡检 APP 应用,满足廊内人员的通信、巡检、定位等业务需要,以及各类管线设备数据和环境参数的实时采集和传输。

3) 基于神经网络的综合管廊设备状态修

为了降低由设备问题引起的安全隐患,本研究提出了一套基于神经网络算法的设备寿命预测与预警方法,主要依托于设备全寿命周期的各项历史指标数据,应用神经网络算法对其进行训练,分析设备全寿命周期指标的特点,可以提前预测出设备可能发生的故障,在发生安全事故前进行维修或更换,起到防患于未然的作用。

4) 基于特征提取以及对应的损失函数算法的综合管廊异常情况智能识别的方法与实现

本研究提出了一种基于特征提取以及对应的损失函数算法的综合管廊重要节点的异常情况智能识别算法,该算法体系应用适合样本量有限情况下的无监督深度学习,能够对视频数据实时判别出管廊内重要节点所定义的异常情况,与管道数据的数据挖掘智能预警一起为综合管廊的安全运营提供双保险,为提升管廊的安全管理提供了强有力的技术支持。

5) 基于模拟的综合管廊突发事件分类分级模型构建与范围预测

本研究分析应急管理指标体系中评价因素关系,结合管廊行业特点和参考我国突发公共事件应急预案,得到诸如事件性质、事件严重程度、影响地区人口、影响地区面积、影响地区行政重要性等评价因素,同时结合层次分析法、回归分析法等,计算得出评价因素和评价指标间的相关系数等参数，形成指标体系，并基于蒙特卡罗风险分析与 Anylogic 等仿真方法，提出了突发事件影响范围的预测模型，可以在第一时间判断出该突发事件的精准严重性分级与对不同区域的影响级别。

总之，研究**首次突破综合管廊的多层级协同监管的技术壁垒**，从政府治理和技术实现的角度深入研究综合管廊协同监管的管理技术和数据处理技术；形成**基于大数据、物联网、传感技术的多层级协同监管统一技术架构标准**，以利于今后综合管廊行业的稳健快速发展；**首次为综合管廊智慧协同监管及应急预警的关键技术环节提供了整体协同的解决方案**，强化监管，提升城市综合管理运行效率。

参考文献

[1] 李芊，段雯，许高强. 基于 DEMATEL 的综合管廊运维管理风险因素研究[J]. 隧道建设(中英文)，2019，39(1)：31-39.

[2] 崔国静，周庆国，宋战平. 城市地下综合管廊建设与发展探析[J]. 西安建筑科技大学学报(自然科学版)，2020，52(5)：660-666.

[3] 钱七虎，陈晓强. 国内外地下综合管线廊道发展的现状、问题及对策[J]. 民防苑，2006(S1)：8-10.

[4] 李大伟，赵程. 浅谈综合监控系统运营维护模式[J]. 城市建筑，2013(2)：284，286.

[5] 徐思淑. 城市地下公用管网系统设计的新途径[J]. 地下空间，1984(4)：13-16.

[6] 于笑飞. 青岛高新区综合管廊维护运营管理模式研究[D]. 青岛：中国海洋大学，2013.

[7] 尚秋谨，刘鹏澄. 城市地下管线运行管理的英法经验[J]. 城市管理与科技，2014(3)：76-78.

[8] 束昱. 日本的共同沟[J]. 中国人民防空，2003(6)：40-41.

[9] 刘春彦，沈燕红. 日本城市地下空间开发利用法律研究[J]. 地下空间与工程学报，2007，3(4)：587-591.

[10] 梁忠恕. 全生命周期管理：地下综合管廊的新加坡模式[J]. 深圳土木与建筑，2016(2)：14-23.

[11] TRCKOVA J. Experimental assessment of rock mass behaviour in surrounding of utility tunnels [C]//11th ISRM Congress. International Society for Rock Mechanics，2007.

[12] KLEPIKOV S N，ROZENVASSER G R，DUBYANSKII I S，et al. Calculation of utility tunnels for unilateral loads[J]. Soil Mechanics and Foundation Engineering，1979，16(5)：283-288.

[13] FLOC A R，MENESE A S，COBO E P. Lezkairu utilities tunnel[J]. Practice Periodical on Structural Design and Construction，2011(16)：73.

[14] HIROMITSU I，KAWAMURA K，ONO T，et al. A fire detection system using optical fibres for utility tunnels[J]. Fire Safety Journal，1997，29(2-3)：87-98.

[15] FARHAD N，GHAFARI H，DIANATI A. New model for environmental impact assessment of tunneling projects[J]. Journal of Environmental Protection，2014，5(6)：530-550.

[16] BHALLA S，MOHAMED Y，LEE S. Construction research congress 2010：innovation for reshaping construction practice[C]//ASCE，Innovation for Reshaping Construction Practice. Banff，Canada，2010：91-101.

[17] CURIEL-ESPARZA J，CANTO-PERELLO J. Indoor atmosphere hazard identification in person entry urban utility tunnels [J]. Tunnelling and Underground Space Technology，2005，20(5)：426-434.

[18] SHAHROUR I，BIAN H，XIE X，et al. Use of smart technology to improve management of utility tunnels [J]. Applied Sciences，2020，10(2)：711.

[19] CANTO-PERELLO J, CURIEL-ESPARZA J. Risks and potential hazards in utility tunnels for urban areas[J]. Proceedings of the Institution of Civil Engineers. Municipal engineer, 2003, 156(1): 51-56.
[20] 晋雅芳. 地下综合管廊 PPP 项目风险分担与收益分配研究[D]. 郑州：郑州大学，2017.
[21] 赵佳，覃英豪，王建波，等. 城市地下综合管廊 PPP 模式融资风险管理研究[J]. 地下空间与工程学报，2018，14(2)：315-322，331.
[22] 王银辉. 城市地下综合管廊运维火灾风险因素研究[J]. 价值工程，2019，38(5)：57-60.
[23] 林俊，丛北华，韩新. 基于 CFD 模拟分析的城市综合管廊火灾特性研究[J]. 灾害学，2010，25(S)：374.
[24] ZHANG X, GUAN Y, FANG Z, et al. Fire risk analysis and prevention of urban comprehensive pipeline corridor[J]. Procedia Engineering, 2016, 135: 463-468.
[25] 王秋翠，魏立明. 城市地下管廊的火灾危险识别与预警系统研究[J]. 吉林建筑大学学报，2019，36(1)：82-86.
[26] JANG Y, KIM J H. Quantitative risk assessment for gas-explosion at buried common utility tunnel [J]. Journal of the Korean Institute of Gas. 2016, 20(5): 89-95.
[27] 岳庆霞. 地下综合管廊地震反应分析与抗震可靠性研究[D]. 上海：同济大学，2007.
[28] 涂圣文，赵振华，邓梦雪，等. 基于组合赋权-后悔理论的城市综合管廊运维总体风险评估[J]. 安全与环境工程，2020，27(6)：160-167.
[29] 郭佳奇，钱源，王珍珍，等. 城市地下综合管廊常见运维灾害及对策研究[J]. 灾害学，2019，34(1)：27-33.
[30] 端木祥玲，白振鹏，李炎锋. 基于 AHP-FCEM 的综合管廊火灾风险评价[J]. 中国科技信息，2019，599(Z1)：116-119.
[31] DOVE L. Feasibility of utility tunnels in urban streets[C]//Meeting of the AASHO/ARWA Joint Liaison Committee During the 56th Annual AASHO Meeting, 1974, 13.
[32] CURIEL-ESPARZA J, CANTO-PERELLO J, CALVO M A. Use agreements and liability considerations in utility tunnels[C]//Proceedings of the VII International Congress on Project Engineering. 8th October. Pamplona, 2003, 1: 08-17.
[33] 王恒栋. 城市市政综合管廊安全保障措施[J]. 城市道桥与防洪，2014(2)：157-159+162+14-15.
[34] 陈超. 加强城市地下综合管廊安全管理的思考[J]. 城乡建设，2015(12)：49-50.
[35] 王曦，许淑惠，徐荣吉，等. 国外地下综合管廊运维管理对比[J]. 科技资讯，2018，16(16)：115-118.
[36] ROGERS C D F, HUNT D V L. Sustainable utility infrastructure via multi-utility tunnels[C]//Proceedings of the Canadian Society of Civil Engineering 2006 conference, Towards a sustainable future, Calgary, 2006.
[37] YOO C, JEON Y W, CHOI B S. IT-based tunnelling risk management system (IT-TURISK) - Development and implementation[J]. Tunnelling and Underground Space Technology, 2006, 21(2): 190-202.
[38] 朱雪明. 世博园区综合管廊监控系统的设计[J]. 现代建筑电气，2011，2(4)：21-25.
[39] 周亮. 城市地下综合管廊安全监测系统建设关键技术研究[J]. 现代测绘，2016，39(6)：39-41.
[40] 季文献，蒋雄红. 综合管廊智能监控系统设计[J]. 信息系统工程，2014(12)：103-105.
[41] 罗家木，陈雍君，陈渝江，等. 基于 5G 无线传感网络的智慧管廊综合监控系统设计[J]. 电子测量技术，2017，40(4)：127-132.
[42] 童丽闺，杨浩. 基于物联网与 GIS 的地下综合管廊环境监测系统[J]. 测绘与空间地理信息，2017，40(11)：151-152，156.
[43] 虞昌彬，薛涛，柳婷，等. 基于 BIM 和大数据的地下综合管廊的建模方法. CN 109308398A[P]. 2019.
[44] BHATIA S. Predicting Risk Perception: New Insights from Data Science[J]. Management Science,

2019,65(8)：3800-3823.

[45] DELAGE, KUHN D,WIESAMANN W. Decision-Making Under Uncertainty：When Can a Random Decision Reduce Risk? [J]. Management Science,2019,65(7)：3282-3301.

[46] CHEN C,IYENGAR G,MOALLEMI C C. An axiomatic spproach to dystemic risk[J]. Management Science,2013,59(6)：1373-1388.

[47] CHAO F,FRANCK. A Simulation-Based Risk Network Model for Decision Support in Project Risk Management[J]. Decision Support Systems,2012,52(3)：635-644.

[48] 杨林,朱嘉,李春娥,等.基于肯特法的城市综合管廊安全风险辨识分析[J].城市发展研究,2018,25(8)：19-25.

[49] YB A,RUI Z.JW A. Hazard identification and analysis of urban utility tunnels in China[J]. Tunnelling and Underground Space Technology,2020,106：103584.

[50] OUYANG M,LIU C,WU S Y. Worst-case vulnerability assessment and mitigation model of urban utility tunnels[J]. Reliability Engineering and System Safety,2020,197：106856.

[51] 王述红,张泽,侯文帅,等.综合管廊多灾种耦合致灾风险评价方法[J].东北大学学报(自然科学版),2018,39(6)：902-906.

[52] 朱嘉.城市综合管廊安全风险辨识及评价体系研究[D].重庆：重庆交通大学,2017.

[53] 杨宗海.城市地下综合管廊全生命周期风险评估体系研究[D].成都：西南交通大学,2017.

[54] 孙芳.基于固有风险和事故风险的城市地下综合管廊运行安全风险评估方法研究[D].合肥：安徽建筑大学,2020.

[55] XIA Y,XIONG Z,DONG X, et al. Risk Assessment and Decision-Making under Uncertainty in Tunnel and Underground Engineering[J]. Entropy,2017,19(10)：549.

[56] 蒋录珍,李杰,陈隽.非一致地震激励下综合管廊接头响应数值模拟[J].世界地震工程,2015,31(2)：101-107.

[57] 赵永昌,朱国庆,高云骥.城市地下综合管廊火灾烟气温度场研究[J].消防科学与技术,2017,36(1)：37-40.

[58] CHOI H H,CHO H N,SEO J W. Risk Assessment Methodology for Underground Construction Projects[J]. Journal of Construction Engineering & Management,2004,130(2)：258-272.

[59] 陆秋琴,王金花.基于系统动力学的仓库火灾事故影响因素分析[J].安全与环境学报,2018(5)：1767-1773.

[60] 罗帆,刘小平,杨智.基于系统动力学的空管安全风险情景预警决策模型仿真[J].系统工程,2014,032(1)：139-145.

[61] JULIAN C P,JORGE C E. Assessing governance issues of urban utility tunnels[J]. Tunnelling and Underground Space Technology (Incorporating Trenchless Technology Research),2013(33)：82.

[62] JULIAN C P,JORGE C E,VICENTE C. Criticality and threat analysis of utility tunnels for planning security policies of utilities in urban underground space[J]. Expert Systems with Applications,2013(40)：4707.

[63] ZHOU R,FANG W P,WU J. A risk assessment model of a sewer pipeline in an underground utility tunnel based on a Bayesian network[J]. Tunnelling and Underground Space Technology incorporating Trenchless Technology Research,2020,103：103473.

[64] HU J Q,TANG S,HE P L, et al. Novel Approach for Dynamic Safety Analysis of Natural Gas Leakage in Utility Tunnel[J]. Journal of Pipeline Systems Engineering and Practice, 2021,12(1)：06020002.

[65] 刘玉梅,郭海滨,张程城,等.基于灰色聚类的地下综合管廊项目运营风险评价研究[J].价值工程,2018,37(26)：121-125.

[66] FANG W,WU J,BAI Y, et al. Quantitative risk assessment of a natural gas pipeline in an underground utility tunnel [J]. Process Safety Progress,2019,38(4). DOI：101002/Prs.12051.

[67] 胡联粤,岑健,许文凯,等.基于XGBoost算法的地下综合管廊安全状况评估方法[J].计算机应用,2020,40(S1):264-268.
[68] 邱实,黄正德,魏中华,等.基于CM和信息熵的综合管廊施工安全风险耦合评价研究[J].工业安全与环保,2019,45(5):17-22.
[69] 裴洪,胡昌华,司小胜,等.基于机器学习的设备剩余寿命预测方法综述[J/OL].机械工程学报,2019,55(8):1-13.

第2章

基于故障模式与影响分析的综合管廊风险识别

2.1 评估方法

故障模式与影响分析(failure mode and effect analysis,FMEA)是一种系统的和前瞻性的风险管理技术,用于评估系统、设计、过程或服务,以识别其可能在何处以及如何失效,并评估不同故障模式的影响,以便找到最重要的故障模式,并采取行动消除或减轻它们。它允许组织或机构主动预防失败,而不是对失败做出反应。因此,FMEA被广泛认为是实现持续质量改进的有用且强大的工具,具有广泛的应用,包括航空航天、汽车、核能和医疗行业[1-2]。在FMEA的过程中,首先需列出每种潜在故障模式的故障影响、故障原因和检测措施;然后通过评估确定相应故障模式的风险因素发生率、严重性和监测难度进而获得其风险优先级,由此确定是立即采取必要的预防和改进措施还是忽略该风险因素,以达到减少风险因素发生的可能性来降低风险发生的危害程度。

综合管廊的日常监管是持续性的活动,风险管理贯穿于日常监管的整个过程,而FMEA是一种持续性的动态分析方法,可以对综合管廊日常监管过程中的各种风险进行管理,通过风险评估准则并采取措施,可以降低综合管廊日常监管中风险发生的可能性,所以在综合管廊日常监管过程中应用FMEA进行风险管理是十分必要的。但由于实际的复杂性和多样性,风险管理人员通常很难定量地使用精确值进行评估。因此,一些不确定性理论,如模糊集[3]、直觉模糊集[4]和粗糙集[5]等方法已在FMEA中应用,用以操作语言术语进行风险评估。因为风险管理人员通常来自不同部门,并且可能在知识结构、实践经验等方面存在许多差异,所以对于相同故障模式的风险因素,他们可能会有各种评估方法。Atanassov和Gargov引入的区间值直觉模糊集,在考虑给定集合元素的隶属关系与非隶属关系的同时,允许这些隶属关系和非隶属函数成为一个间隔,非常适合描述FMEA风险管理人员主观判断的不确定性和模糊性[6]。同时,区间值直觉模糊集因其在模糊性和不确定性等方面的灵活性和实用性[7-8],在复杂决策领域也被广泛关注研究。因此,本部分使用基于区间直觉模糊集的FMEA构建和分析综合管廊的日常监管风险,并使用区间直觉模糊数表示风险因子的评估值。

2.2 综合管廊日常监管风险因素分析

根据综合管廊风险研究现状的分析可知，由于综合管廊在实际运行中涉及单位协同管理、智能化水平以及管理制度等多方面的影响，而这些影响都会在一定程度上导致综合管廊产生风险因素。因此现有研究也更多地考虑综合管廊的经济、设计、施工以及运维风险，而综合管廊的实际运行安全更多地依托于对综合管廊的日常监管，所以本部分考虑分析综合管廊日常监管的风险因素。由于综合管廊日常监管的对象主要为管廊本体、入廊管线、廊内环境和附属设施，这与综合管廊的设计、运维等过程存在部分交叉，所以考虑通过文献收集，分析现有综合管廊运行及维护风险中与日常监管风险相交叉的风险因素，借鉴各地区综合管廊的运维标准，先综合整理出综合管廊日常监管的风险因素。在此文献分析的基础上，通过专家访谈，结合综合管廊日常监管的实际内容，对整理出的风险因素进行完善修改，从而对目前我国综合管廊日常监管中存在的问题进行分析归纳。

2.2.1 文献分析法

综合管廊日常监管的对象主要为管廊本体、入廊管线、廊内环境和附属设施，所以综合管廊日常监管风险也主要来自于这四方面。因此，从研究综合管廊日常监管的对象出发，重点整理管廊主体结构损伤、管线安全事故、管廊火灾和水灾等廊内环境异常事故以及管廊设施损坏等易发和已发事故的致因。而综合管廊的运行管理和维护管理等过程的风险因素也部分涉及管廊的日常监管对象，所以可通过整理上述文献资料以及各省市综合管廊运行维护及安全技术标准规范，对综合管廊日常监管的风险因素进行收集。通过对相关文献中涉及管廊本体、入廊管线、廊内环境和附属设施对象的风险因素整理，收集到综合管廊日常监管风险因素，如表 2-1 所示。

表 2-1　综合管廊日常监管过程主要风险因素文献收集

序　号	风 险 因 素	文 献 出 处
1	管廊不均匀沉降	文献[9,10]
2	地震、雨水倒灌等自然灾害	文献[9]
3	管廊设计施工不符合运维要求	文献[11]
4	管线的老化	文献[12]
5	管线管道壁受损	文献[12]
6	管道腐蚀与结垢	文献[13]
7	已损坏管线导致相连接管线受损	文献[12]
8	管线养护维修不及时	文献[14]
9	管线人为破坏(城市修建、道路开挖等第三方施工)	文献[12]
10	电缆过载	文献[15,16]
11	电缆漏电	文献[13,16]
12	燃气泄漏	文献[13,17]
13	污水管可燃气体泄漏	文献[14]
14	故意的火点投放	文献[12,14]
15	给水管泄漏	文献[16,17]
16	污水管泄漏	文献[14,16,17]

续表

序　号	风 险 因 素	文 献 出 处
17	热力管泄漏	文献[13,16]
18	热力管压力过载	文献[16,17]
19	气体含量异常(有害气体浓度增大、氧气浓度过低)	文献[18,19]
20	设备清理、除尘等养护不及时	文献[20]
21	设备检修制度不合理	文献[21]
22	设备操作不符合操作规范	文献[21]
23	人员入侵、偷盗	文献[13]
24	地下通信信号不畅	文献[22]
25	地上地下信息不联动	文献[23]

2.2.2 综合管廊日常监管风险因素修正

由分析可知，基于文献分析所收集到表 2-1 中的 25 个风险因素都归属于综合管廊日常监管的四个主要对象。所以对表 2-1 中的所有风险因素按照管廊本体、入廊管线、廊内环境和附属设施四个监管过程进行汇总归纳，同时走访综合管廊运维单位、设计单位、施工单位、政府主管部门等部门单位，咨询管线电力、给排水、天然气等部门的相关专业人员，对综合管廊日常监管风险因素进行修改完善，最终确定综合管廊日常监管过程中的各风险因素的故障模式与影响分析，如表 2-2 所示。

表 2-2　综合管廊日常监管过程中的故障模式与影响分析

序　号	日常监管对象	故 障 模 式	影 响 分 析
1	管廊本体	管廊不均匀沉降	引起主体结构不稳定、造成管廊主体损伤
2		地震、雨水倒灌等自然灾害	
3		管廊设计施工不符合运维要求	管廊坍塌、泄漏
4		管廊养护过程不当	减少管廊使用寿命
5	入廊管线	管线的老化	减少管线使用寿命，影响管线使用安全
6		管道壁受损	
7		管道腐蚀与结垢	导致完好管线受到损伤
8		人为破坏(城市修建、道路开挖等第三方施工)	
9		已损坏管线导致相连接管线受损	
10	廊内环境	廊内导线短路	造成停电、触电，引起廊内火灾、爆炸
11		电缆过载、漏电	
12		燃气泄漏	火灾、爆炸
13		污水管可燃气体泄漏	引起廊内水灾、对设备等造成损坏
14		故意的火点投放	
15		排水系统失效	热力管道灼烫、灼热，引起廊内热力事故
16		给水管泄漏	
17		污水管泄漏	造成窒息、中毒甚至引起火灾、爆炸
18		热力管泄漏	
19		热力管压力过载	
20		气体含量异常(有害气体浓度增大、氧气浓度过低)	

续表

序　号	日常监管对象	故 障 模 式	影 响 分 析
21	附属设施	消防、供电、照明、通风、排水设施不完善(如电力舱、综合舱易发火灾需配备自动灭火系统)	影响管廊运维,无法有效应急突发事件
22		耗材、老化配件更换不及时	影响廊内设备正常运转
23		设备清理、除尘等养护不及时	减少设备使用寿命
24		设备操作不符合操作规范	偷盗、设备损坏
25		人员入侵	廊内突发事件不能立即联动处理,以减轻危害
26		地下通信信号不畅	
27		地上地下信息不联动	

2.3 基于改进 FMEA 的综合管廊日常监管风险因素分析

FMEA 在确定每种潜在故障模式以及影响分析后,风险管理人员必须确定相应故障模式的风险因素发生率、严重性和监测难度的评估。传统的 FMEA 风险管理人员使用数字排名系统估算每种故障模式的风险因素,即采用 10 分制对每个风险因素进行评分,其中 10 分是最常见、最严重或最不易检测的。因为实际情况下将评估准确量化为 10 分制的困难性,这种打分模式让专家难以合理准确评价各因素间的影响关系,造成评价结果的不理想。为了解决风险管理人员主观判断的犹豫性和不确定性,运用区间直觉模糊数实现语言变量的量化计算,使风险管理人员表达其风险评估更加合理和方便。

2.3.1 区间值直觉模糊集理论

模糊集理论核心思想是把取值仅为 0 或 1 的特征函数扩展到可在区间[0,1]中任意取值的隶属函数,取值称为元素 x 对集合 F 的隶属度。该隶属度既包含了支持 x 的证据,也包含了不支持 x 的证据,不能精确表明该模糊集合支持或反对元素 x 的程度,更不可能同时表示支持和反对 x 的证据,于是提出了直觉模糊集的概念。

定义 1[24]　设 X 为给定的有限论域,则 X 上的一个直觉模糊集表示为

$$A=\{(x,\mu_A(x),v_A(x))\mid x\in X\} \tag{2-1}$$

其中:隶属函数 $\mu_A(x)$: $X\to[0,1]$表示元素 x 对集合 A 的隶属度;非隶属函数 $v_A(x)$: $X\to[0,1]$表示元素 x 对集合 A 的非隶属度,满足 $0\leqslant\mu_A(x)+v_A(x)\leqslant1$。同时,称 $\pi_A(x)=1-\mu_A(x)-v_A(x)$为 x 在直觉模糊集 A 中的直觉指数,表示 x 关于 A 的犹豫度,显然 $0\leqslant\pi_A(x)\leqslant1$。为简单起见,将直觉模糊数定义为 $\alpha=(\mu_\alpha,v_\alpha)$,其中 μ_α 和 v_α 是元素 α 对集合 A 的隶属度和非隶属度,且 $U_\alpha\in X$,$V_\alpha\in X$。

在实际中,以清晰的数值来量化隶属度和非隶属度可能并不完全合理。因此,引入区间直觉模糊集的概念,以更好地表达决策信息,其特征是隶属函数和非隶属函数的值是间隔而不是确切的数字。

定义 2[25]　设 X 为给定的有限论域,则 X 上的一个区间直觉模糊集表示为

$$\widetilde{A}=\{(x,\widetilde{\mu}_{\widetilde{A}}(x),\widetilde{v}_{\widetilde{A}}(x))\mid x\in X\} \tag{2-2}$$

其中：$\widetilde{\mu}_{\widetilde{A}}(x)=[\mu_{\widetilde{A}L}(x),\mu_{\widetilde{A}R}(x)]\subseteq[0,1]$和$\widetilde{v}_{\widetilde{A}}(x)=[v_{\widetilde{A}L}(x),v_{\widetilde{A}R}(x)]\subseteq[0,1]$分别为元素$x\in X$对集合$A$的隶属度和非隶属度区间，对所有的$x\in X$有$\mu_{\widetilde{A}R}(x)+v_{\widetilde{A}R}(x)\leqslant 1$。同时，元素$x$对于区间直觉模糊集$\widetilde{A}$的区间值犹豫度表示为

$$\widetilde{\pi}_{\widetilde{A}}(x)=[\pi_{\widetilde{A}L}(x),\pi_{\widetilde{A}R}(x)]=[1-\mu_{\widetilde{A}R}(x)-v_{\widetilde{A}R}(x),1-\mu_{\widetilde{A}L}(x)-v_{\widetilde{A}L}(x)] \tag{2-3}$$

类似地，每个区间模糊数$\widetilde{\alpha}=(\mu_{\widetilde{\alpha}},\widetilde{v}_{\widetilde{\alpha}})$可以简单地表示为$\widetilde{\alpha}=([a,b],[c,d])$，且$[a,b]\subseteq[0,1]$，$[c,d]\subseteq[0,1]$，$b+d\leqslant 1$。

2.3.2 基于区间值直觉模糊集的 FMEA

根据已识别的风险因素，基于区间值直觉模糊集理论改进的 FMEA 对潜在风险因素进行分析评价，确定需要及时采取改进措施的潜在风险。改进的模糊 FMEA 工作流程如图 2-1 所示。

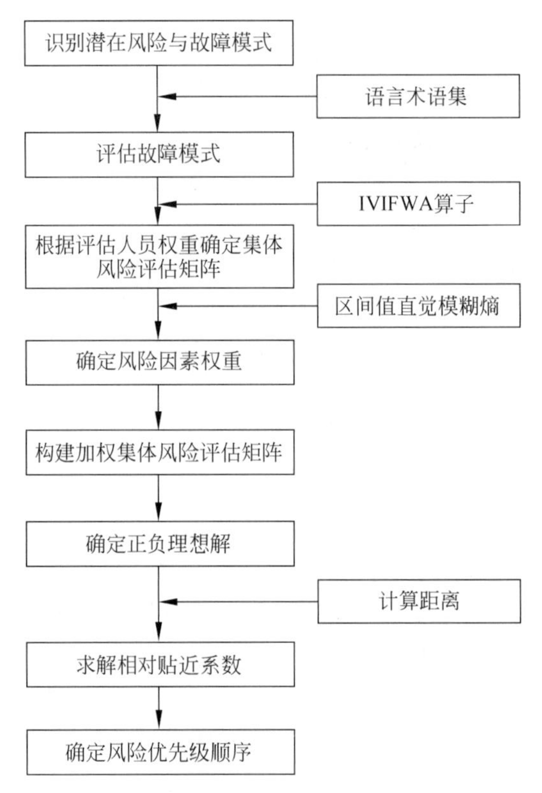

图 2-1 综合管廊日常监管风险评估模型

步骤一：FMEA 需要风险管理人员首先根据已建立的风险因素评估每种故障模式的风险。在许多实际的风险分析问题中，风险管理人员倾向于使用语言术语对故障模式进行评估。针对风险评估难以使用语言表达的问题，使用区间值直觉模糊数进行表征以解决语言评估的模糊性。语言术语所对应的区间值直觉模糊数如表 2-3 所示。将风险评估结果转换为相应的区间值直觉模糊数后，对于k个风险管理人员组成的 FMEA 团中第DM_k个专家

对第 i 个故障模式的第 j 个风险因素的语言评分可以表示为$\tilde{\boldsymbol{x}}_{ij}^{k}=([a_{ij}^{k},b_{ij}^{k}],[c_{ij}^{k},d_{ij}^{k}])$，所以对于 FMEA 团队中的每位专家，将区间值直觉模糊矩阵构造为$\tilde{\boldsymbol{x}}^{k}=[\tilde{x}_{ij}^{k}]_{m\times n}(k=1,2,\cdots,l)$。

表 2-3　语言术语及其对应的区间值直觉模糊数

语言术语	区间值直觉模糊数
特别高(exceptionally high,EXH)	([0.99,0.99],[0.01,0.01])
极高(extremely high,EH)	([0.90,0.90],[0.10,0.10])
很高(very high,VH)	([0.75,0.85],[0.05,0.15])
高(high,H)	([0.60,0.75],[0.10,0.20])
中高(medium high,MH)	([0.45,0.60],[0.15,0.25])
中等(medium,M)	([0.50,0.50],[0.50,0.50])
中低(medium low,ML)	([0.35,0.45],[0.40,0.55])
低(low,L)	([0.25,0.35],[0.50,0.60])
很低(very low,VL)	([0.15,0.20],[0.60,0.75])
非常低(extremely low,EL)	([0.10,0.10],[0.90,0.90])

步骤二：由于组成的 FMEA 中专家专业程度的不同，可根据其专业程度赋予不同权重。在获得 FMEA 团队中每位专家的风险评估及其相对权重后，通过使用加权算术集成算子(IVIFWA)对小组各专家的评价信息进行聚合。即将所有单个风险评估矩阵 $\tilde{\boldsymbol{x}}^{k}(k=1,2,\cdots,l)$汇总到集体风险评估矩阵$\widetilde{\boldsymbol{X}}=(x_{ij})_{m\times n}$。

定义 3[26]

$$\tilde{x}_{ij}=\mathrm{IVIFWA}(\tilde{x}_{ij}^{1},\tilde{x}_{ij}^{2},\cdots,\tilde{x}_{ij}^{l})=\sum_{k=1}^{l}\lambda_{k}\tilde{x}_{ij}^{k} \tag{2-4}$$

其中：$\tilde{x}_{ij}=([a_{ij},b_{ij}],[c_{ij},d_{ij}])(i=1,2,\cdots,m;\ j=1,2,\cdots,n)$，且 $a_{ij}=1-\prod_{k=1}^{l}(1-a_{ij}^{k})^{\lambda_k}$，$b_{ij}=1-\prod_{k=1}^{l}(1-b_{ij}^{k})^{\lambda_k}$，$c_{ij}=1-\prod_{k=1}^{l}(c_{ij}^{k})^{\lambda_k}$，$d_{ij}=1-\prod_{k=1}^{l}(d_{ij}^{k})^{\lambda_k}(i=1,2,\cdots,m;\ j=1,2,\cdots,n)$

步骤三：运用改进的区间直觉模糊熵计算得出风险因子 O、S、D 的权重及相对权重。在区间直觉模糊多属性决策中，考虑为各个区间直觉模糊数表示的属性按照相对重要度赋予权重时，利用直觉模糊熵公式计算权重能够更准确客观地反映属性的重要程度。采用考虑隶属度、非隶属度和犹豫度三个方面的区间直觉模糊熵，可以有效区分隶属度和非隶属度偏差相等的情况。

定义 4[27]　对于任意的区间值直觉模糊集 $\widetilde{A}\in\mathrm{IVIFSs}(X)$，$\forall x\in X$ 其熵为

$$E(\widetilde{A})=\frac{1}{n}\sum_{i=1}^{n}\left[1-\frac{1}{2}(|\mu_{\widetilde{A}L}(x)-v_{\widetilde{A}L}(x)|+|\mu_{\widetilde{A}R}(x)-v_{\widetilde{A}R}(x)|)\right]\times \ln\left[\frac{\pi_{\widetilde{A}L}(x)+\pi_{\widetilde{A}R}(x)}{2}\left(1-\frac{1}{2}(|\mu_{\widetilde{A}L}(x)-v_{\widetilde{A}L}(x)|+|\mu_{\widetilde{A}R}(x)-v_{\widetilde{A}R}(x)|)\right)+e-1\right] \tag{2-5}$$

其中，$\pi_{\underset{\sim}{A}L}(x)=1-\mu_{\underset{\sim}{A}R}(x)-v_{\underset{\sim}{A}R}(x)$，$\pi_{\underset{\sim}{A}R}(x)=1-\mu_{\underset{\sim}{A}L}(x)-v_{\underset{\sim}{A}L}(x)$，运用区间直觉模糊熵公式在群体综合加权区间直觉模糊判断矩阵基础上构建熵矩阵 $\boldsymbol{E}$ 为

$$\boldsymbol{E}=\begin{pmatrix} e_{11} & e_{12} & \cdots & e_{1n} \\ e_{21} & e_{22} & \cdots & e_{2n} \\ \vdots & \vdots & & \vdots \\ e_{m1} & e_{m2} & \cdots & e_{mn} \end{pmatrix}$$

规范化之后构建标准化熵矩阵 $\bar{\boldsymbol{E}}$ 为

$$\bar{\boldsymbol{E}}=\begin{pmatrix} \bar{e}_{11} & \bar{e}_{12} & \cdots & \bar{e}_{1n} \\ \bar{e}_{21} & \bar{e}_{22} & \cdots & \bar{e}_{2n} \\ \vdots & \vdots & & \vdots \\ \bar{e}_{m1} & \bar{e}_{m2} & \cdots & \bar{e}_{mn} \end{pmatrix}$$

其中

$$\bar{e}_{ij}=\frac{e_{ij}}{\max\{e_1,e_2,\cdots,e_{mj}\}} \quad (i=1,2,\cdots,m;\ j=1,2,\cdots,n) \tag{2-6}$$

基于标准化熵矩阵 $\bar{\boldsymbol{E}}$，计算风险因子 O、S、D 的权重为

$$w_i=\frac{1-\sum_{i=1}^{m}\bar{e}_{ij}}{\sum_{j=1}^{n}\left(1-\sum_{i=1}^{m}\bar{e}_{ij}\right)} \tag{2-7}$$

步骤四：构建加权集合区间直觉模糊评估矩阵。在确定风险因子 O、S、D 的权重后，进一步构建基于风险因子加权的区间直觉模糊评估矩阵为

$$\tilde{\boldsymbol{r}}_{ij}=\tilde{\boldsymbol{w}}_i\tilde{x}_{ij}=([1-(1-a_{ij})^{\tilde{w}_i},1-(1-b_{ij})^{\tilde{w}_i}],[c_{ij}^{\tilde{w}_i},d_{ij}^{\tilde{w}_i}]) \tag{2-8}$$

其中，$\tilde{\boldsymbol{r}}_{ij}$ 为加权区间直觉模糊评估矩阵；

$\tilde{x}_{ij}$ 是集体风险评估矩阵$\tilde{\boldsymbol{X}}$ 的元素；

$\tilde{\boldsymbol{w}}_i=(w_1,w_2,w_3)$为风险因子 O、S、D 的权重。

步骤五：构建区间值直觉模糊正理想解(interval intuitionistic fuzzy set positive ideal solution，IVIFPIS)和区间值直觉模糊负理想解(interval intuitionistic fuzzy set negative ideal solution，IVIFNIS)。FMEA 中的区间值直觉模糊正理想解是指所有失效模式关于各风险因素的最优水平。在进行失效模式风险评估分析时，评估分数越小，表示风险越小。所以记区间值直觉模糊集正理想解：

$x^{+}=([\mu_{iL}^{+},\mu_{iU}^{+}],[v_{iL}^{+},v_{iU}^{+}])_{3\times1}=([1,1],[0,0])$。

负理想解：

$x^{-}=([\mu_{iL}^{-},\mu_{iU}^{-}],[v_{iL}^{-},v_{iU}^{-}])_{3\times1}=([0,0],[1,1])$。

则每个风险因素下 x_j 与 x^{+}，x^{-} 的欧几里得距离为

$$D^{+}(x_j,x^{+})=\sqrt{\frac{1}{4}((a'_{ij}-\mu_{iL}^{+})^2+(b'_{ij}-\mu_{iU}^{+})^2+(c'_{ij}-v_{iL}^{+})^2+(b'_{ij}-v_{iU}^{+})^2)} \tag{2-9}$$

$$D^{-}(x_j,x^{-})=\sqrt{\frac{1}{4}((a'_{ij}-\mu_{iL}^{-})^2+(b'_{ij}-\mu_{iU}^{-})^2+(c'_{ij}-v_{iL}^{-})^2+(b'_{ij}-v_{iU}^{-})^2)} \tag{2-10}$$

步骤六：计算每个风险因素下故障模式与区间值直觉模糊正理想解的相对贴近度 R_i^{+} 为

$$R_i^{+}=D^{-}/(D^{+}+D^{-}) \tag{2-11}$$

通过汇总每个风险因素下故障模式与区间值直觉模糊正理想解的相对贴近度 R_i^{+}，获得每种故障模式的风险优先级 RPV 为

$$\mathrm{RPV}_i=\sum_{j}^{n}R_{ij}^{+}\quad(i=1,2,\cdots,m) \tag{2-12}$$

根据计算的 RPV_i 值大小对故障模式风险大小进行排序。RPV_i 越小，表示该故障模式的风险越大，控制顺序越优先，应及时采取预防和改进措施。

2.3.3 综合管廊日常监管过程中关键风险因素分析

根据表 2-2 最终确定的 27 项综合管廊日常监管潜在风险因素，使用基于区间值直觉模糊集理论改进的 FMEA，按照评估流程对综合管廊日常监管的潜在风险因素进行分析评价。现有分别来自政府机关、管廊设计单位、管廊施工单位和管廊运维管理单位的专家组成 FMEA 团队，通过使用表 2-3 中定义的语言术语来评估每个风险因素的故障模式，语言评估结果如表 2-4 所示。

表 2-4 FMEA 团队成员对故障模式的语言评估

团队成员		成员 1			成员 2			成员 3			成员 4		
风险因素		O	S	D	O	S	D	O	S	D	O	S	D
故障模式	1	MH	H	VH	EL	MH	ML	L	EH	MH	VH	VH	ML
	2	L	VH	EH	VL	VH	EL	MH	EH	VH	H	MH	H
	3	L	M	M	VL	VH	ML	VL	ML	VH	EH	VH	EH
	4	L	L	M	M	H	M	M	H	EXH	MH	MH	M
	5	H	VH	VH	L	H	H	ML	EXH	EXH	VH	EH	VH
	6	L	H	H	L	H	ML	MH	L	EH	MH	H	MH
	7	H	VH	ML	L	M	L	L	EH	VH	H	MH	H
	8	H	H	MH	L	H	EL	H	ML	EH	ML	L	L
	9	L	M	M	L	H	MH	M	EXH	EH	H	MH	MH
	10	L	M	M	L	H	L	L	EH	H	MH	H	MH
	11	L	H	L	ML	H	ML	M	EH	EXH	MH	H	H
	12	L	EXH	VH	L	EXH	EL	ML	H	VH	L	L	L
	13	ML	M	MH	L	EXH	EL	ML	EH	EXH	L	L	L
	14	VL	H	L	VL	H	EL	L	MH	VH	ML	L	L
	15	M	M	H	ML	H	EL	M	EH	EH	ML	L	L
	16	L	H	H	L	MH	EL	L	EH	EXH	L	ML	ML
	17	L	MH	H	L	MH	EL	H	EH	EXH	ML	ML	ML
	18	L	H	H	L	H	EL	MH	H	H	ML	ML	L

续表

团队成员		成员 1			成员 2			成员 3			成员 4		
风险因素		O	S	D	O	S	D	O	S	D	O	S	D
故障模式	19	L	H	ML	L	MH	L	ML	EH	EH	ML	L	ML
	20	L	MH	L	VL	EH	VH	L	EXH	EXH	ML	L	ML
	21	ML	MH	H	L	M	M	ML	H	EH	L	ML	L
	22	M	ML	M	L	M	M	L	MH	EH	MH	H	MH
	23	M	L	MH	L	ML	M	MH	MH	MH	L	ML	L
	24	ML	ML	ML	M	MH	MH	L	ML	L	L	ML	L
	25	M	MH	M	ML	M	VL	VL	M	MH	MH	H	M
	26	H	M	MH	H	M	L	H	ML	H	H	MH	MH
	27	M	MH	MH	ML	M	L	ML	H	VH	L	ML	L

首先，根据 4 名专家的语言评估结果按照表 2-3 对应的区间直觉模糊数将评估结果转化为模糊矩阵，根据 FMEA 评估专家身处不同单位对综合管廊日常监管工作的职责或认知、专家的工作年限和经验，确定 4 个 FMEA 团队成员的权重为 $\lambda=(0.21,0.27,0.22,0.3)$。由步骤一、步骤二将每个评估专家的单个风险评估矩阵汇总到集体风险评估矩阵 $\widetilde{\boldsymbol{X}}=(\tilde{x}_{ij})_{27\times 3}$，汇总结果如表 2-5 所示。

表 2-5 集体风险评估矩阵 $\widetilde{X}$

序　号	O	S	D
1	([0.4691,0.5872],[0.2281,0.3675])	([0.7209,0.8010],[0.0906,0.1673])	([0.4874,0.6097],[0.2083,0.3520])
2	([0.3999,0.5361],[0.2487,0.3780])	([0.7411,0.8159],[0.0810,0.1599])	([0.6644,0.7395],[0.1554,0.2436])
3	([0.5643,0.5896],[0.3373,0.3910])	([0.6432,0.7429],[0.1281,0.2571])	([0.7157,0.7571],[0.1750,0.2429])
4	([0.4398,0.5059],[0.3484,0.4220])	([0.4978,0.6482],[0.1583,0.2693])	([0.7886,0.7886],[0.2114,0.2114])
5	([0.5419,0.6698],[0.1702,0.3083])	([0.8938,0.9160],[0.0521,0.0791])	([0.8602,0.9051],[0.0423,0.0893])
6	([0.3617,0.4950],[0.2673,0.3806])	([0.5407,0.6915],[0.1425,0.2547])	([0.6301,0.7089],[0.1642,0.2413])
7	([0.4557,0.6007],[0.2200,0.3426])	([0.6878,0.7451],[0.1508,0.2214])	([0.5267,0.6587],[0.1774,0.3123])
8	([0.4517,0.5901],[0.2341,0.3645])	([0.4625,0.6039],[0.2199,0.3474])	([0.5262,0.5754],[0.3194,0.3755])
9	([0.4319,0.5394],[0.3085,0.4146])	([0.7951,0.8360],[0.0954,0.1341])	([0.6295,0.6910],[0.1767,0.2364])
10	([0.3166,0.4381],[0.3484,0.4614])	([0.6910,0.7636],[0.1402,0.2081])	([0.4535,0.5690],[0.2445,0.3487])
11	([0.3986,0.4930],[0.3281,0.4330])	([0.7051,0.7956],[0.1000,0.1717])	([0.7689,0.8138],[0.1228,0.1712])

续表

序 号	O	S	D
12	([0.2732,0.3735],[0.4760,0.5886])	([0.9178,0.9290],[0.0537,0.0660])	([0.5088,0.6222],[0.2177,0.3688])
13	([0.2948,0.3951],[0.4543,0.5780])	([0.8622,0.8680],[0.1220,0.1289])	([0.7145,0.7442],[0.1924,0.2263])
14	([0.2370,0.3170],[0.5104,0.6506])	([0.4819,0.6307],[0.1772,0.2921])	([0.3813,0.4860],[0.3531,0.4934])
15	([0.4193,0.4721],[0.4403,0.5279])	([0.6269,0.6852],[0.2272,0.2894])	([0.5568,0.6153],[0.2933,0.3583])
16	([0.2500,0.3500],[0.5000,0.6000])	([0.6283,0.7061],[0.1691,0.2470])	([0.7442,0.7795],[0.1653,0.2104])
17	([0.3743,0.4990],[0.3282,0.4590])	([0.6026,0.6756],[0.1841,0.2589])	([0.7442,0.7795],[0.1653,0.2104])
18	([0.3289,0.4444],[0.3588,0.4821])	([0.5373,0.6833],[0.1516,0.2709])	([0.3988,0.5294],[0.2933,0.4174])
19	([0.3038,0.4041],[0.4452,0.5735])	([0.6120,0.6910],[0.1808,0.2536])	([0.5524,0.6046],[0.3132,0.3870])
20	([0.2568,0.3461],[0.4912,0.6208])	([0.8422,0.8586],[0.1063,0.1250])	([0.7934,0.8339],[0.1062,0.1633])
21	([0.2948,0.3951],[0.4543,0.5780])	([0.4746,0.5785],[0.2549,0.3636])	([0.6218,0.6718],[0.2503,0.3058])
22	([0.3724,0.4682],[0.3484,0.4441])	([0.4954,0.6055],[0.2259,0.3327])	([0.6389,0.6718],[0.2445,0.2850])
23	([0.3566,0.4472],[0.3837,0.4763])	([0.3543,0.4689],[0.3378,0.4709])	([0.4117,0.5085],[0.2979,0.3920])
24	([0.3477,0.4153],[0.4771,0.5608])	([0.3787,0.4953],[0.3069,0.4445])	([0.3307,0.4495],[0.3447,0.4651])
25	([0.3793,0.4679],[0.3415,0.4556])	([0.5229,0.6125],[0.2396,0.3284])	([0.4108,0.4595],[0.4030,0.4789])
26	([0.6000,0.7500],[0.1000,0.2000])	([0.4549,0.5225],[0.3317,0.4147])	([0.4424,0.5888],[0.1899,0.3015])
27	([0.3579,0.4332],[0.4482,0.5534])	([0.4746,0.5785],[0.2549,0.3636])	([0.4482,0.5749],[0.2340,0.3680])

根据步骤三使用区间直觉模糊熵对集体评估风险矩阵进行熵值及标准化的构建，在此基础上计算风险因子 O、S、D 的权重为 $\tilde{w}_i=(0.3318,0.3527,0.3155)$，并由步骤四进一步构建加权集合区间直觉模糊评估矩阵 $\tilde{\boldsymbol{r}}_{ij}$，如表 2-6 所示。

表 2-6 加权集合区间直觉模糊评估矩阵 $\tilde{\boldsymbol{r}}_{ij}$

序 号	O	S	D
1	([0.1895,0.2544],[0.6124,0.7174])	([0.3624,0.4341],[0.4287,0.5323])	([0.1901,0.2568],[0.5750,0.6919])
2	([0.1559,0.2250],[0.6302,0.7241])	([0.3791,0.4495],[0.4121,0.5238])	([0.2914,0.3458],[0.5186,0.6077])

续表

序　号	O	S	D
3	([0.2409,0.2558],[0.6973,0.7323])	([0.3048,0.3806],[0.4844,0.6194])	([0.3275,0.3601],[0.5408,0.6071])
4	([0.1749,0.2086],[0.7048,0.7511])	([0.2157,0.3082],[0.5220,0.6296])	([0.3876,0.3876],[0.5780,0.5780])
5	([0.2282,0.3076],[0.5557,0.6768])	([0.5466,0.5826],[0.3527,0.4087])	([0.4625,0.5243],[0.3277,0.4265])
6	([0.1384,0.2028],[0.6455,0.7258])	([0.2400,0.3395],[0.5030,0.6173])	([0.2693,0.3225],[0.5288,0.6057])
7	([0.1828,0.2626],[0.6051,0.7009])	([0.3367,0.3825],[0.5131,0.5875])	([0.2102,0.2876],[0.5434,0.6633])
8	([0.1808,0.2561],[0.6177,0.7154])	([0.1967,0.2787],[0.5861,0.6887])	([0.2100,0.2368],[0.6686,0.7079])
9	([0.1711,0.2268],[0.6769,0.7467])	([0.4283,0.4715],[0.4366,0.4923])	([0.2689,0.3096],[0.5426,0.6013])
10	([0.1187,0.1741],[0.7048,0.7736])	([0.3391,0.3987],[0.5001,0.5749])	([0.1736,0.2332],[0.6085,0.6896])
11	([0.1553,0.2018],[0.6909,0.7575])	([0.3499,0.4288],[0.4439,0.5372])	([0.3701,0.4116],[0.4773,0.5366])
12	([0.1005,0.1437],[0.7817,0.8387])	([0.5857,0.6066],[0.3565,0.3834])	([0.2009,0.2644],[0.5841,0.7034])
13	([0.1094,0.1536],[0.7697,0.8337])	([0.5029,0.5104],[0.4762,0.4855])	([0.3266,0.3496],[0.5592,0.5921])
14	([0.0858,0.1188],[0.8000,0.8671])	([0.2070,0.2963],[0.5432,0.6479])	([0.1406,0.1894],[0.6927,0.7795])
15	([0.1650,0.1910],[0.7617,0.8090])	([0.2937,0.3348],[0.5929,0.6458])	([0.2264,0.2602],[0.6488,0.6963])
16	([0.0910,0.1332],[0.7945,0.8441])	([0.2946,0.3507],[0.5343,0.6107])	([0.3496,0.3794],[0.5300,0.5771])
17	([0.1441,0.2049],[0.6910,0.7723])	([0.2778,0.3277],[0.5505,0.6209])	([0.3496,0.3794],[0.5300,0.5771])
18	([0.1240,0.1772],[0.7117,0.7850])	([0.2380,0.3334],[0.5141,0.6309])	([0.1483,0.2116],[0.6488,0.7348])
19	([0.1132,0.1578],[0.7645,0.8315])	([0.2839,0.3391],[0.5470,0.6164])	([0.2240,0.2538],[0.6640,0.7155])
20	([0.0938,0.1315],[0.7899,0.8537])	([0.4786,0.4984],[0.4536,0.4803])	([0.3920,0.4324],[0.4534,0.5277])
21	([0.1094,0.1536],[0.7697,0.8337])	([0.2031,0.2627],[0.6175,0.6999])	([0.2642,0.2964],[0.6135,0.6584])
22	([0.1432,0.1890],[0.7048,0.7639])	([0.2143,0.2797],[0.5917,0.6783])	([0.2748,0.2964],[0.6085,0.6423])
23	([0.1361,0.1785],[0.7277,0.7818])	([0.1430,0.2000],[0.6820,0.7667])	([0.1541,0.2008],[0.6524,0.7187])

续表

序　号	O	S	D
24	([0.1322,0.1631],[0.7823,0.8254])	([0.1545,0.2143],[0.6593,0.7513])	([0.1190,0.1717],[0.6868,0.7634])
25	([0.1464,0.1889],[0.7001,0.7704])	([0.2297,0.2842],[0.6042,0.6752])	([0.1537,0.1764],[0.7258,0.7713])
26	([0.2622,0.3687],[0.4658,0.5862])	([0.1927,0.2295],[0.6776,0.7331])	([0.1683,0.2445],[0.5566,0.6552])
27	([0.1367,0.1717],[0.7662,0.8218])	([0.2031,0.2627],[0.6175,0.6999])	([0.1710,0.2365],[0.5991,0.7029])

通过步骤五及步骤六，由表2-6加权集合区间直觉模糊评估矩阵计算每个故障模式距离正负理想解的距离以及相对贴进度，最终结果如表2-7所示。

表2-7　风险优先级值和故障模式等级

序　号	R_i^+(O)	R_i^+(S)	R_i^+(D)	RPV_i	排　序
1	0.284	0.4598	0.302	1.0458	19
2	0.2641	0.4738	0.3802	1.1181	24
3	0.2674	0.3979	0.3861	1.0514	20
4	0.2349	0.3491	0.4049	0.9889	16
5	0.3304	0.5915	0.5568	1.4787	27
6	0.2512	0.3696	0.3676	0.9884	15
7	0.2908	0.4058	0.329	1.0256	18
8	0.2816	0.3057	0.2702	0.8575	10
9	0.2476	0.4928	0.3619	1.1023	23
10	0.2111	0.4168	0.2843	0.9122	12
11	0.232	0.4505	0.4427	1.1252	26
12	0.1605	0.6129	0.3003	1.0737	22
13	0.1693	0.5129	0.3823	1.0645	21
14	0.1396	0.3342	0.2205	0.6943	3
15	0.1977	0.3486	0.2877	0.834	9
16	0.1511	0.3771	0.4063	0.9345	13
17	0.2269	0.361	0.4063	0.9942	17
18	0.2076	0.3613	0.2515	0.8204	8
19	0.1732	0.3671	0.2765	0.8168	7
20	0.1503	0.5107	0.4613	1.1223	25
21	0.1693	0.2914	0.3239	0.7846	6
22	0.2211	0.3104	0.3318	0.8633	11
23	0.2059	0.2298	0.2532	0.6889	2
24	0.174	0.2458	0.2189	0.6387	1
25	0.2214	0.3119	0.212	0.7453	4
26	0.3987	0.2558	0.3099	0.9644	14
27	0.1827	0.2914	0.284	0.7581	5

由表2-7风险优先级值排序的结果表明综合管廊日常监管过程中排在前十位的故障模式的序号分别为24、23、14、25、27、21、19、18、15、8。按照综合管廊日常监管对象划分，其中21、23、24、25、27多数潜在风险属于附属设施方面发生故障，廊内环境方面的风险14、15、18、19中多数为易引起廊内火灾事故的风险，而在入廊管线方面更多的风险来自于城市修建、道路开挖等第三方施工造成的人为破坏。

2.3.4 综合管廊日常监管过程中严重风险因素防范

针对风险优先级的排序结果，可以有效指导综合管廊日常监管工作，对于严重风险因素给予特殊关注并制定防范措施，对排名靠前的风险因素引起足够重视，而相对靠后的风险因素暂时不采取预防或改善措施，但进行记录监控，以防情况有变时及时采取行动。

1. 综合管廊附属设施智能化

完善综合管廊附属设施，积极将GIS、VR等技术应用于综合管廊日常监管中，实现综合管廊的智慧监控，将消防、供电、照明、通风、排水等设施一体化、科学化，从而实现智能控制，便于风险发生时的应急决策。同时制定严格制度措施，规范设备使用人员操作，对附属设施定期检修，降低设备损坏风险。

2. 严防廊内火灾等严重事故风险

对于廊内环境中易于引发火灾的严重风险因素热力管泄漏、热力管压力过载等，监管人员需给予高度重视，可适当增加监管频率，以防止火灾等重大事故风险造成严重损伤。同时，结合智能化附属设施，在廊内监管超过阈值时可以第一时间采取控制措施，保证综合管廊运行安全。

3. 加快综合管廊管理标准化的建设步伐

综合管廊的管理工作不仅局限于综合管廊的日常监管，通过完善管理制度，明确管理内容和要求，在标准化的基础上实现综合管廊管理信息化，有助于管理的高效和应急事故的迅速处理，确保综合管廊的高效安全运行。

2.4 结论

对于保证综合管廊安全运行的日常监管工作，从监管过程中管廊本体、入廊管线、廊内环境和附属设施4个监管对象出发，采用改进FMEA对监管过程中的潜在风险因素进行识别和分析，并对故障模式的风险优先级进行排序，有利于日常监管人员制定更具有针对性的风险控制措施，提高监管人员的风险意识，保障综合管廊的运行安全，有助于提升综合管廊日常监管工作的准确性和高效性。

综合管廊的管理涉及众多学科和领域，由于实际投入运营的综合管廊较少，所以对于综合管廊日常监管中风险因素的总结和归纳难免有遗漏或累赘之处，需进一步完善和优化。

此外，虽然使用区间值直觉模糊集能更确切反映人们主观的、模糊性的偏好信息，但并未考虑风险因素之间是否存在影响以及影响程度。因此，如何使评判数据更加客观合理，也需进一步研究。

参考文献

[1] GIANNAKIS M, PAPADOPOULOS T. Supply chain sustainability: a risk management approach[J]. Int. J. Prod. Econ, 2016. 171: 455-470.

[2] KIRKIRE M S, RANE S B, JADHAV J R. Risk management in medical product development process using traditional FMEA and fuzzy linguistic approach: a casestudy[J]. J. Ind. Eng. Int, 2015, 11 (4): 595-611.

[3] PILLAY A, WANG J. Modified failure mode and effects analysis using approximatereasoning[J]. Reliab. Eng. Syst. Safe, 2003, 79 (1): 69-85.

[4] LIU H C, YOU J X, SHAN M M, et al. Failure mode and effects analysis using intuitionistic fuzzy hybrid TOPSIS approach[J]. Soft Compute, 2015, 19(4): 1085-1098.

[5] SONG W, MING X, WU Z, et al. A rough TOPSIS approach for failure mode and effects analysis in uncertain environments[J]. Qual. Reliab. Eng. Int, 2014, 30(4): 473-486.

[6] ATANASSOV K, GARGOV G. Interval valued intuitionistic fuzzy sets[J]. Fuzzy Sets Syst, 1989, 31(3): 343-349.

[7] 徐泽水. 区间直觉模糊信息的集成方法及其在决策中的应用[J]. 控制与决策, 2017, 22(2): 215-219.

[8] 杨洁，李登峰. 基于 Choquet 积分的区间值直觉模糊 SIR 群体决策方法[J]. 统计与决策, 2014(23): 48-51.

[9] 陈雍君，李宏远，汪雯娟，等. 基于贝叶斯网络的综合管廊运维灾害风险分析[J]. 安全与环境学报, 2018, 18(6): 2109-2114.

[10] 吴道云，左明明，吴强，等. 综合管廊工程建设与实践[J]. 科学技术创新, 2017(32): 97.

[11] 李芊，段雯，许高强. 基于 DEMATEL 的综合管廊运维管理风险因素研究[J]. 隧道建设(中英文), 2019, 39(1): 31-39.

[12] 李冠勋. 综合管廊安全运营维护管理思考[J]. 价值工程, 2018, 37(8): 118-120.

[13] 朱嘉. 城市综合管廊安全风险辨识及评价体系研究[D]. 重庆：重庆交通大学, 2017.

[14] 李宏远. 城市地下综合管廊运维安全风险管理研究[D]. 北京：北京建筑大学, 2019.

[15] 刘玉梅. 地下综合管廊项目运营风险评价研究[D]. 青岛：青岛理工大学, 2018.

[16] 杨林，朱嘉，李春娥，等. 基于肯特法的城市综合管廊安全风险辨识分析[J]. 城市发展研究, 2018, 25(8): 19-25.

[17] 周宏波. 含天然气管道公共管廊风险评价技术研究[D]. 成都：西南石油大学, 2018.

[18] 叶张. 城市智慧化地下综合管廊建设探究[J]. 住宅与房地产, 2017(33): 216.

[19] 常剑锋. 市政管线纳入综合管廊的可行性分析[J]. 天津建设科技, 2017, 27(5): 73.

[20] 郭佳奇，钱源，王珍珍，等. 城市地下综合管廊常见运维灾害及对策研究[J]. 灾害学, 2019, 34(1): 27-33.

[21] 张然然. 地下综合管廊全寿命周期风险分析与控制[D]. 西安：西安建筑科技大学, 2019.

[22] 周文，魏瑞娟，潘良波，等. 城市地下管线综合治理[J]. 城市建设理论研究(电子版), 2017(28): 172.

[23] 刘英杰，袁璐. 综合管廊运营阶段协同程度评价研究[J]. 工程经济, 2017, 27(9): 69.

[24] ATANASSOV K. Intuitionistic fuzzy sets[J]. Fuzzy Sets Syst, 1986, 20(1): 87-96.

[25] ATANASSOV K，GARGOV G. Interval valued intuitionistic fuzzy sets[J]. Fuzzy Sets Syst，1989，31(3)：343-349.

[26] XU Z S. Intuitionistic fuzzy aggregation operators. IEEE Trans[J]. Fuzzy Syst，2007，15(6)：1179-1187.

[27] 李慧敏，吉莉，李锋，等. 基于FMEA的调水工程输水渠道运行安全风险评估[J]. 长江科学院院报，2021(2)：24-31.

第3章

考虑正向因素传递的综合管廊风险识别

3.1 研究方法

在我国城市化发展的新需求背景下，推进综合管廊地建设是未来城市发展的必然趋势。综合管廊建成后，如何有效管理运维阶段中的风险成为现阶段的关注重点。层次分析法作为一种成熟的多目标决策方法，有利于我们识别和探究综合管廊运维风险间的关系。同时，通过仿真分析风险间的因果作用关系，管控关键风险和关键风险路径，可以实现对综合管廊运维安全的有效管理，为综合管廊在未来运维阶段的管理提供指导建议。

3.1.1 层次分析法

层次分析(AHP)法，是指将与决策总是有关的元素分解成目标、准则、方案等层次，在此基础之上进行定性和定量分析的决策方法[1]。该方法是美国运筹学家匹茨堡大学教授T. L. 萨蒂(T. L. Saaty)于20世纪70年代初，在为美国国防部研究“根据各个工业部门对国家福利的贡献大小而进行电力分配”课题时，应用网络系统理论和多目标综合评价方法，提出的一种层次权重决策分析方法[2]。

层次分析法将一个复杂的多目标决策问题作为一个系统，将目标分解为多个目标或准则，进而分解为多指标(或准则、约束)的若干层次，通过定性指标模糊量化方法计算出层次单排序(权数)和总排序，以作为目标(多指标)、多方案优化决策的系统方法。

层次分析法将决策问题按总目标、各层子目标、评价准则直至具体的备投方案的顺序分解为不同的层次结构，然后用求解判断矩阵特征向量的办法，求得每一层次的各元素对上一层次某元素的优先权重，最后再加权和的方法递阶归并各备选方案对总目标的最终权重，此最终权重最大者即为最优方案。

层次分析法根据问题的性质和要达到的总目标，将问题分解为不同的组成因素，并按照因素间的相互关联影响以及隶属关系将因素按不同层次聚集组合，形成一个多层次的分析结构模型，从而最终使问题归结为最低层(供决策的方案、措施等)相对于最高层(总目标)的相对重要权值的确定或相对优劣次序的排定。

1. 建立层次结构模型

将决策的目标、考虑的因素(决策准则)和决策对象按它们之间的相互关系分为最高层、中间层和最低层,绘出层次结构图。最高层是指决策的目的、要解决的问题。最低层是指决策时的备选方案。中间层是指考虑的因素、决策的准则。对于相邻的两层,称高层为目标层,低层为因素层。

2. 构造判断(成对比较)矩阵

在确定各层次各因素之间的权重时,如果只是定性的结果,则常常不容易被别人接受,因而 Saaty 等人提出一致矩阵法,即不把所有因素放在一起比较,而是两两相互比较,对此事采用相对尺度,以尽可能减少性质不同的各因素相互比较的困难,提高准确度。如对某一准则,对其下的各方案进行两两对比,并按其重要性程度评定等级。a_{ij} 为要素 i 与要素 j 重要性比较结果,表 3-1 列出 Saaty 给出的 9 个重要性等级及其赋值。按两两比较结果构成的矩阵称作判断矩阵。判断矩阵具有如下性质:

$$a_{ij}=\frac{1}{a_{ji}} \tag{3-1}$$

判断矩阵元素 a_{ij} 的标度方法如表 3-1 所示。

表 3-1 判断矩阵标度

等 级	程 度
1	同等重要
3	稍微重要
5	重要
7	非常重要
9	极其重要
2,4,6,8 对应各个等级的中间程度	

3. 层次单排序及其一致性检验

对应于判断矩阵最大特征根 $\lambda_{\max}$ 的特征向量,经归一化(使向量中各元素之和等于 1)后记为 W。W 的元素为同一层次因素对于上一层次某因素相对重要性的排序权值,这一过程称为层次单排序。能否确认层次单排序,则需要进行一致性检验,所谓一致性检验是指对 $\boldsymbol{A}$ 确定不一致的允许范围。其中,n 阶一致阵的唯一非零特征根为 n; n 阶正互反阵 $\boldsymbol{A}$ 的最大特征根 $\lambda \geqslant n$,当且仅当 $\lambda=n$ 时,$\boldsymbol{A}$ 为一致矩阵。

由于 λ 连续地依赖于 a_{ij},则 λ 比 n 大得越多,$\boldsymbol{A}$ 的不一致性越严重,一致性指标用 CI 计算,CI 越小,说明一致性越大。用最大特征值对应的特征向量作为被比较因素对上层某因素影响程度的权向量,其不一致程度越大,引起的判断误差越大。因而可以用 $\lambda-n$ 数值的大小来衡量 $\boldsymbol{A}$ 的不一致程度。定义一致性指标为

$$\mathrm{CI}=\frac{\lambda-n}{n-1} \tag{3-2}$$

CI=0,有完全的一致性; CI 接近于 0,有满意的一致性; CI 越大,不一致越严重。为衡

量 CI 的大小，引入随机一致性指标 RI

$$RI = \frac{CI_1 + CI_2 + CI_3 + \cdots + CI_n}{n} \tag{3-3}$$

式中，随机一致性指标 RI 和判断矩阵的阶数有关，一般情况下，矩阵阶数越大，则出现一致性随机偏离的可能性也越大。考虑到一致性的偏离可能是由随机原因造成的，因此在检验判断矩阵是否具有满意的一致性时，还需将 CI 和随机一致性指标 RI 进行比较，得出检验系数 CR，公式如下

$$CR = \frac{CI}{RI} \tag{3-4}$$

一般地，如果 CR＜0.1，则认为该判断矩阵通过一致性检验；否则就不具有满意一致性。

3.1.2 风险结构矩阵

识别是确定风险之间因果关系的第一步。Steward 提出的设计结构矩阵 DSM[①](design structure matrix)方法已被证明是一种用于表示和分析系统组件之间的关系和依赖性的实用工具[3]。在我们的研究中，我们在综合管廊运维管理的背景下将 DSM 的概念与风险结合使用[4]。

在两个风险之间可能存在具有不同性质的多个链接。它们表示为风险之间的潜在因果关系。风险交互被认为是两个风险之间可能存在先例关系。我们定义了风险结构矩阵 RSM (risk structure matrix)，当存在 R_j 到 R_i 的链接时，它是 $RSM_{ij}=1$ 或 0 的二进制和平方矩阵。它没有解决有关此交互作用的可能性或影响评估的问题，它的作用仅在于确定 R_j 与 R_i 之间关系的存在与否，是一个定性而非定量的判断。

评估是衡量和评估风险之间联系强度的过程。可以使用两种方法进行估计：直接评估和相对评估。一个或多个专家根据他们的经验和(或)专业知识，对每个潜在的交互作用进行直接评估。相对评估在于比较具有多种相互作用的单一风险的原因(或影响)。这涉及在 Saaty 开发的 AHP 中使用成对比较的原理。Marle 已开发了一种基于 AHP 的评估方法，以获得风险相互作用强度的数值，主要原理在下面几段中介绍。

首先根据现实中的实际情况生成风险的判断稀疏矩阵 RSN，主要是先确定各个风险因素之间的潜在关系是否存在。然后分解单个子问题，对于每个风险 R_i，将与 R_i 列(可能的影响)和 R_i 行内(可能的原因)相关的风险隔离开。这种识别使人们能够生成关于风险 R_i 的二元原因(或效应)向量，分别称为 $BCV|R_i$ 和 $BEV|R_i$，表示某个风险因素 R_i 受到其他风险因素影响和被其他风险因素所影响。

对于一个风险 R_i 评估相对强度(分别为 $CCM|R_i$ 和 $ECM|R_i$)，需要建立两个矩阵(原因或效果比较矩阵)。然后应用 AHP，对风险矩阵进行综合打分，AHP 基于成对比较的使用，这导致了比率比例表的制定。在我们的例子中，我们有两个并行的成对比较过程要运行。第一个是每个项目风险的行排名。评估替代方案所依据的标准是对 R_i 风险输入的贡献。换句话说，对于所比较的每对风险 R_j 和 R_k(因此遵循 $RSM_{ij}=RSM_{ik}=1$)，用户应根

① 本书中多字母表示的矩阵用白正体。

据触发 R_i 的可能性来评估哪个风险对 R_i 更为重要。由于使用了传统的 AHP 量表，这些评估以数值表示。第二个是根据相同原理按列进行的排名。

确定每一个矩阵的权值向量，现在计算每个矩阵 ECM$|R_i$ 和 CCM$|R_i$ 的特征向量。它使人们能够找到对应于最大特征值的主特征向量。它们被称为数值因果矢量，并且相对于一种风险 R_i(NCV$_i$ 和 NEV$_i$)。由于 AHP 一致性指数，应该测试结果的一致性。

汇总特征向量对于每个风险 R_i，将数值因果向量(NCV 和 NEV)分别汇总到数值因果矩阵(NCM 和 NEM)中。NEM 的第 i 行对应于 CCM$|R_i$ 的特征向量，该特征向量与其最大特征值相关联。NCM 的第 j 列对应于 ECM$|R_j$ 的特征向量，该向量与其最大特征值相关联。

汇总前两个矩阵结果到一个风险数字矩阵(RNM)中，其值评估本地交互的相对强度。RNM 由等式中的几何加权运算定义(基于这样的假设：就因果而言，这两种估计都可以视为等效)。我们选择几何平均值而不是算术平均值，因为它倾向于支持平衡值(两次评估之间)。

RNM_{ij} 定义因果互动的强度。RNM 结合了交互的基于原因的愿景和基于结果的愿景，因此可以综合风险之间的局部优先关系的存在和强度。这有助于避免以单一视角查看问题时可能发生的任何偏见或错误评估。在风险网络模型中，RNM 中因果相互作用的数值也可以解释为风险之间的转移概率。例如，如果元素 RNM(4,3)等于 0.25，则在激活了风险 3 的条件下，认为风险 4 源自风险 3 的概率为 25%。

3.2 仿真分析

本章根据相关法律法规、运维管理规范文件和以往综合管廊运维风险研究文献，得到综合管廊的风险因素表，并结合专家意见进行修改、归纳和排序。在此基础上，通过明确风险因素权重与结合改进的层次分析法识别整个风险系统的路径关系，从而为仿真模型的构建奠定基础，用以分析综合管廊运维管理过程中的关键性风险因素。

3.2.1 安全风险因素分析

在研究综合管廊的风险管理之前，首先要明确对综合管廊安全产生影响的风险因素的种类。风险因素是指增加风险事故发生的频率或严重程度的任何事件[5]。构成风险因素的条件越多，发生损失的可能性就越大，损失就会越严重。传统的识别风险因素的方法主要有头脑风暴法、SWOT 分析法、德尔菲法、情景分析法、风险表核对法和文献研究法等。

本部分根据综合管廊运维相关法律法规，相应的运维管理要求文件以及对前人对综合管廊运维中存在的风险研究的文献进行综合研究，得出综合管廊风险因素表。并针对得出的风险因素进行等级的划分。然后对得到的风险因素结果和综合管廊运维专家进行交流，最后经过修改、归纳、整理等操作，得出了以下 5 类一类风险，记作 R_i，以及 20 类二类风险，记作 r_i，以及得出结论的相关依据。

由于目前对于管廊运维风险的研究比较少，对于管廊的风险因素总结的可参考样本也比较少，所以本部分考虑从两类文献着手进行研究，分别为研究综合管廊风险类的文献以及各种大型项目运维管理风险类文献，从中提取出出现频率较高的一级风险因素和二级风险因素。本部分总共统计了含上述领域的各类文献共计 8 篇，其所涵盖频率较高的风险因素以及其频率、所出现的文献如表 3-2 所示。

表 3-2　风险因素表

一级风险	二级风险
管理团队风险 R_1	团队信息化水平 r_1 团队人员水平 r_2 人员安全意识水平 r_3 信息管理水平 r_4 人员心理状态 r_5
环境因素风险 R_2	地质灾害影响 r_6 人员以及动物非法入侵 r_7 第三方施工破坏 r_8 廊内温度湿度以及化学气体浓度 r_9
入廊管线风险 R_3	管道泄漏 r_{10} 阀门、管件等维护不及时 r_{11} 不均匀沉降引起的裂缝、管线偏移、管道滑落等 r_{12} 管道引起的爆炸、火灾 r_{13}
附属设施风险 R_4	照明、通风、排水设施 r_{14} 地上地下信息不联动 r_{15} 廊内风险感应设施 r_{16}
管廊本体风险 R_5	设计施工不符合运维要求 r_{17} 建设问题引起的不均匀沉降引 r_{18} 整体建设设计不合理 r_{19} 管理中心与廊内信息传递 r_{20}

3.2.2　风险系统路径确定

在确定了综合管廊运维过程中的各种风险因素后，就要根据之前提到的改进型层次分析法对各个风险要素进行处理，得出所有因素之间存在的交互关系，为接下来仿真分析做铺垫。

如果要确定 5 个一级风险和 20 个二级风险之间的潜在联系以及相应的路径权值，就要从三方面进行分析，分别为各个一级风险与管廊综合风险的关系；各个一级风险与其对应的二级风险的关系；以及二级风险之间的潜在关系。这个部分总共分成 3 个步骤。

这里以各个一级风险与管廊综合风险的风险关系矩阵的计算为例，其判断矩阵根据对相关专家进行访问，由专家进行综合打分而来。评分等级为数字 1～9，其中 1，3，5，7，9 对应 5 个不同的重要性程度，2，4，6，8 为介于 5 个程度之间的中间值。

以线上问卷的形式对专家进行访问，通过专家对问卷的回答结果进行数据的处理，从而得出各个一级风险与管廊综合风险的判断矩阵。然后对判断矩阵进行计算，计算的原理如前文所述，本部分使用了 R 语言对整个层次分析算法进行了编程，只需要将目标矩阵输入即可获得权数向量以及一致性检验的结果，具体代码如下：

```
##输入:judgeMatrix 判断矩阵;round 结果约分位数
##输出:权重
weight <- function (judgeMatrix,round = 3) {
    n = ncol(judgeMatrix)
cumProd <- vector(length = n)
cumProd <- apply(judgeMatrix,1,prod) ##求每行连乘积
    weight <- cumProd^(1/n) ##开 n 次方(特征向量)
    weight <- weight/sum(weight) ##求权重
round(weight,round)
}

###注:CRtest 调用了 weight 函数
###输入:judgeMatrix
###输出:CI,CR
CRtest <- function (judgeMatrix,round = 3){
    RI <- c(0,0,0.58,0.9,1.12,1.24,1.32,1.41,1.45,1.49,1.51) #随机一致性指标
    Wi <- weight(judgeMatrix) ##计算权重
    n <- length(Wi)
if(n > 11){
        cat("判断矩阵过大,请少于 11 个指标 \n")
    }
    if (n > 2) {
        W <- matrix(Wi,ncol = 1)
judgeW <- judgeMatrix %*% W
JudgeW <- as.vector(judgeW)
la_max <- sum(JudgeW/Wi)/n
        CI = (la_max - n)/(n - 1)
        CR = CI/RI[n]
cat("\n CI = ",round(CI,round),"\n")
cat("\n CR = ",round(CR,round),"\n")
        if (CR <= 0.1) {
            cat(" 通过一致性检验 \n")
cat("\n Wi: ",round(Wi,round),"\n")
        }
        else {
            cat(" 请调整判断矩阵,使 CR < 0.1 \n")
            Wi = NULL
        }
    }
    else if (n <= 2) {
return(Wi)
    }
    consequence <- c(round(CI,round),round(CR,round))
    names(consequence) <- c("CI","CR")
    consequence
}
```

结果为

$$\begin{array}{c|ccccc} & R_1 & R_2 & R_3 & R_4 & R_5 \\ \hline R_1 & 1 & 3 & 3 & 5 & 2 \\ R_2 & 0.3 & 1 & 3 & 4 & 1 \\ R_3 & 0.3 & 0.3 & 1 & 0.25 & 0.3 \\ R_4 & 0.2 & 0.25 & 4 & 1 & 1 \\ R_5 & 0.5 & 1 & 3 & 1 & 1 \end{array}$$

最终根据程序的计算，R_1 至 R_5 对应的权值分别为 0.415，0.218，0.062，0.122 以及 1.183，其一致性指标 CI 为 0.099，满足置信水平（<0.1），随机一致性指标 CR 为 0.089，也满足置信水平，所以可以判定其结果通过了一致性检验，认为得到的权值向量是可用的。从而可以画出管廊综合风险对应的一级风险框架结构图。

使用与上面相同的方法，可以得出各个二级风险和与之对应的一级风险之间的权值向量，其判断矩阵，权值向量以及一致性检验结果如表 3-3 所示。

表 3-3　判断矩阵结果

一级风险类别	判断矩阵	权值向量	CI/CR	是否通过检验
R_1	$\begin{array}{c\|ccccc} & r_1 & r_2 & r_3 & r_4 & r_5 \\ \hline r_1 & 1 & 1 & 3 & 2 & 5 \\ r_2 & 1 & 1 & 2 & 0.3 & 4 \\ r_3 & 0.3 & 0.5 & 1 & 0.5 & 2 \\ r_4 & 0.5 & 3 & 2 & 1 & 3 \\ r_5 & 0.2 & 0.25 & 0.5 & 0.3 & 1 \end{array}$	(0.342 0.206 0.118 0.269 0.065)	0.057　0.051	是
R_2	$\begin{array}{c\|cccc} & r_6 & r_7 & r_8 & r_9 \\ \hline r_6 & 1 & 5 & 6 & 3 \\ r_7 & 0.2 & 1 & 0.2 & 0.3 \\ r_8 & 0.17 & 5 & 1 & 4 \\ r_9 & 0.3 & 3 & 0.25 & 1 \end{array}$	(0.564 0.061 0.249 0.126)	0.172　0.192	否
R_3	$\begin{array}{c\|cccc} & r_{10} & r_{11} & r_{12} & r_{13} \\ \hline r_{10} & 1 & 3 & 4 & 0.5 \\ r_{11} & 0.3 & 1 & 0.3 & 0.2 \\ r_{12} & 0.25 & 3 & 1 & 0.3 \\ r_{13} & 2 & 5 & 3 & 1 \end{array}$	(0.316 0.074 0.139 0.472)	0.043　0.048	是
R_4	$\begin{array}{c\|ccc} & r_{14} & r_{15} & r_{16} \\ \hline r_{14} & 1 & 0.2 & 0.3 \\ r_{15} & 5 & 1 & 2 \\ r_{16} & 3 & 0.5 & 1 \end{array}$	(0.106 0.584 0.310)	−0.014　−0.024	是
R_5	$\begin{array}{c\|cccc} & r_{17} & r_{18} & r_{19} & r_{20} \\ \hline r_{17} & 1 & 0.14 & 6 & 5 \\ r_{18} & 7 & 1 & 0.3 & 5 \\ r_{19} & 0.17 & 3 & 1 & 4 \\ r_{20} & 0.2 & 0.2 & 0.25 & 1 \end{array}$	(0.302 0.380 0.252 0.067)	0.809　0.898	否

根据得出的结果所示，除了 R_2 与 R_5 的判断矩阵，其他判断矩阵都通过了一致性检验。经过分析认，R_2 环境风险因素受到专家主观因素判断影响产生的误差较大；而 R_5 是管廊本体风险，询问的专家主要是从事综合管廊运维管理工作的相关人员，而对于这些运维专家来说，管廊本体的相关风险更多的是关于管廊土木建设的相关问题，因此这并不是他们所擅长的。于是针对 R_2，通过询问多位专家，综合多人意见进行综合打分，重新获得判断矩阵；针对 R_5，通过询问从事综合管廊土木建设的相关专家重新获得判断矩阵。重新获得的两个判断矩阵如表 3-4 所示。

表 3-4 判断矩阵结果修正

一级风险类别	判断矩阵	权值向量	CI/CR	是否通过检验
R_2	$\begin{array}{c} \\ r_6 \\ r_7 \\ r_8 \\ r_9 \end{array}\begin{array}{c} \begin{array}{cccc} r_6 & r_7 & r_8 & r_9 \end{array} \\ \begin{pmatrix} 1 & 5 & 3 & 3 \\ 0.2 & 1 & 0.5 & 0.3 \\ 0.3 & 2 & 1 & 1 \\ 0.3 & 3 & 1 & 1 \end{pmatrix} \end{array}$	(0.533 0.086 0.181 0.200)	−0.011 −0.012	是
R_5	$\begin{array}{c} \\ r_{17} \\ r_{18} \\ r_{19} \\ r_{20} \end{array}\begin{array}{c} \begin{array}{cccc} r_{17} & r_{18} & r_{19} & r_{20} \end{array} \\ \begin{pmatrix} 1 & 0.5 & 1 & 3 \\ 2 & 1 & 1 & 3 \\ 1 & 1 & 1 & 2 \\ 0.3 & 0.5 & 0.5 & 1 \end{pmatrix} \end{array}$	(0.261 0.334 0.281 0.124)	0.033 0.037	是

通过一致性检验的结果显示，经过改进后重新获得的判断矩阵成功通过了一致性检验，所以认为优化工作成功。

在确定了不同阶数风险之间的权重后，接下来就是要确认二级风险之间的相关路径以及其路径系数。确认路径以及确认路径系数的方法和本部分上述所介绍的方法一致，是通过对专家进行访谈，从而确定风险路径的 0，1 构造矩阵，然后根据之前方法中所介绍的计算方法，从而得到 20 个二级风险的路径系数，最终得到的相关路径以及路径系数如图 3-1 所示。计算过程如表 3-5 所示。

表 3-5 计算过程

NCV_i/BCV_i	判断矩阵	权值向量
NCV_1	$\begin{array}{c} \\ r_{15} \\ r_{20} \end{array}\begin{array}{c} \begin{array}{cc} r_{15} & r_{20} \end{array} \\ \begin{pmatrix} 1 & 2 \\ 0.5 & 1 \end{pmatrix} \end{array}$	(0.667 0.333)
NCV_2	$\begin{array}{c} \\ r_3 \\ r_5 \end{array}\begin{array}{c} \begin{array}{cc} r_3 & r_5 \end{array} \\ \begin{pmatrix} 1 & 1 \\ 1 & 1 \end{pmatrix} \end{array}$	(0.5 0.5)
NCV_3	r_5	1
NCV_4	$\begin{array}{c} \\ r_1 \\ r_{20} \end{array}\begin{array}{c} \begin{array}{cc} r_1 & r_{20} \end{array} \\ \begin{pmatrix} 1 & 1 \\ 1 & 1 \end{pmatrix} \end{array}$	(0.5 0.5)
NCV_5	\	\
NCV_6	\	\

续表

NCV_i/BCV_i	判断矩阵	权值向量
NCV_7	R_{19}	1
NCV_8	\	\
NCV_9	$\begin{matrix} & r_4 & r_{10} \\ r_4 & 1 & 0.3 \\ r_{10} & 3 & 1 \end{matrix}$	(0.24　0.76)
NCV_{10}	\	\
NCV_{11}	R_4	1
NCV_{12}	R_6	1
NCV_{13}	$\begin{matrix} & r_{10} & r_{11} \\ r_{10} & 1 & 3 \\ r_{11} & 0.3 & 1 \end{matrix}$	(0.76　0.24)
NCV_{14}	\	\
NCV_{15}	\	\
NCV_{16}	R_{17}	1
NCV_{17}	\	\
NCV_{18}	\	\
NCV_{19}	R_{18}	1
NCV_{20}	R_{16}	1
BCV_1	R_4	1
BCV_2	\	\
BCV_3	R_2	1
BCV_4	$\begin{matrix} & r_9 & r_{11} \\ r_9 & 1 & 2 \\ r_{11} & 0.5 & 1 \end{matrix}$	(0.667　0.333)
BCV_5	$\begin{matrix} & r_2 & r_3 \\ r_2 & 1 & 3 \\ r_3 & 0.3 & 1 \end{matrix}$	(0.76　0.24)
BCV_6	R_{12}	1
BCV_7	\	\
BCV_8	\	\
BCV_9	\	\
BCV_{10}	$\begin{matrix} & r_9 & r_{13} \\ r_9 & 1 & 0.2 \\ r_{13} & 5 & 1 \end{matrix}$	(0.167　0.833)
BCV_{11}	R_{13}	1
BCV_{12}	\	\
BCV_{13}	\	\
BCV_{14}	\	\
BCV_{15}	R_1	1
BCV_{16}	R_{20}	1
BCV_{17}	R_{16}	1
BCV_{18}	R_{19}	1

续表

NCV_i/BCV_i	判断矩阵	权值向量
BCV_{19}	R_7	1
BCV_{20}	$\begin{array}{c} \\ r_1 \\ r_3 \end{array}\begin{array}{c} \begin{array}{cc} r_1 & r_3 \end{array} \\ \begin{pmatrix} 1 & 2 \\ 0.5 & 1 \end{pmatrix} \end{array}$	(0.667　0.333)

	r_1	r_2	r_3	r_4	r_5	r_6	r_7	r_8	r_9	r_{10}	r_{11}	r_{12}	r_{13}	r_{14}	r_{15}	r_{16}	r_{17}	r_{18}	r_{19}	r_{20}
r_1															0.667					0.222
r_2			0.5		0.38															
r_3					0.24															
r_4	0.5																			1
r_5																				
r_6																				
r_7																			1	
r_8																				
r_9				0.16						0.127										
r_{10}																				
r_{11}				0.333																
r_{12}						1														
r_{13}										0.633	0.24									
r_{14}																				
r_{15}																				
r_{16}																	1			
r_{17}																				
r_{18}																				
r_{19}																		1		
r_{20}																1				

图 3-1　风险路径系数

3.2.3　构建动力学模型

系统动力学(system dynamics,SD)是将定性与定量相结合,通过构建接近于现实情况的物理环境,确定各个量之间的关系,再通过计算机进行数据仿真,从而获得模拟真实场景的数据进行系统的描述[6]。系统动力学出现于 1956 年,创始人为美国麻省理工学院的 J. W. 福瑞斯特(J. W. Forrester)教授[7]。系统动力学最早是福瑞斯特教授于 1958 年为分析生产管理及库存管理等企业问题而提出的系统仿真方法,最初叫工业动态学,目前系统动力学的应用已不满足于工业领域,更是应用到了学习型组织、物流与供应链管理、公司管理战略领域等多个方面,是一门分析研究信息反馈系统的学科,也是一门认识系统问题和解决系统问题的交叉综合学科[8]。

建立系统动力学模型首先要确定各个因素的因果回路图,本部分则具体针对管廊综合风险 R,一级风险 R_i 以及二级风险 r_i 进行回路图的构建,其构建过程总共分为三个步骤:

步骤一:确定综合风险和一级风险之间的因果回路。具体为将所有一级风险与综合风险相连接。

步骤二：确定一级风险和二级风险之间的因果回路。具体为将所有一级风险下的二级风险和对应的一级风险相连接。

步骤三：确定二级风险之间的因果回路。具体为根据上一章经过分析得出的风险潜在关系路径进行连接。

经过以上三个步骤将各个风险进行逐一连接从而得到的管廊综合风险的因果回路图，本部分采用 Anylogic 软件进行仿真模型的建立，最终建好的因果回路图如图 3-2 所示。

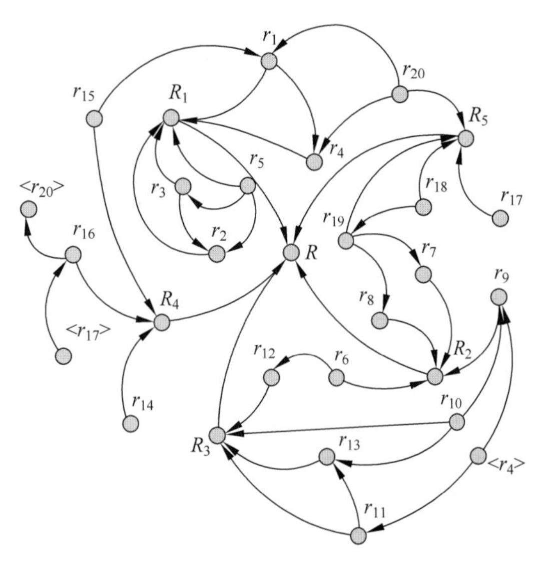

图 3-2　因果回路图

通过得出的因果回路图，可以很清晰地将各个风险的逻辑管理整理清楚，但是对于综合管廊整体风险进行仿真，进行定量分析的话，仅仅得出因果回路图是不够的，还需要通过因果回路图中各个元素的相关关系，再结合各个风险对应的权值向量，进行存量流量图的绘制以及在相关仿真软件中进行物理环境的构建。这样一来就可以通过将各个风险之间的关系进行量化，从而得出更加精确的结果。

构建存量流量图的方法步骤和之前构建因果逻辑图的方法步骤基本一致，只不过在构建存量流量图的时候需要将上一章中通过风险结构矩阵分析得出来的各个风险的权值矩阵给每个风险与风险之间的路径进行赋值。最终得到的综合管廊风险的存量流量图如图 3-3 所示。

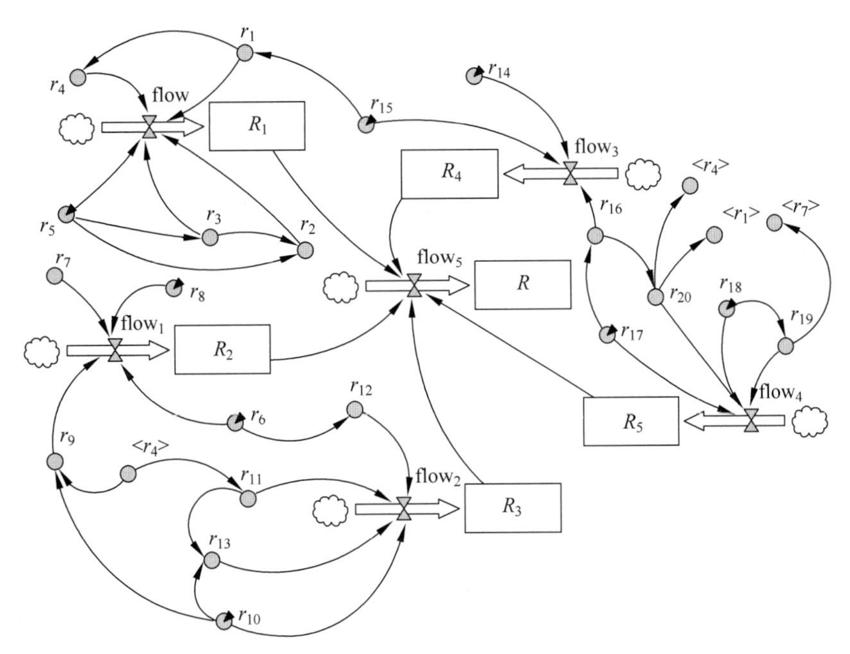

图 3-3　存量流量图

3.3 仿真结果

根据前一章通过理论分析构建出的综合管廊风险仿真模型图，可以看出在模型有限的范围边界上，整个系统共有 r_5，r_6，r_8，r_{10}，r_{14}，r_{15}，r_{17}，r_{18} 一共 8 个参数构成，其余风险都作为动态变量存在于系统中，可以理解为其余风险因素是依据这 8 个风险的程度，通过模型中各种路径进行赋权迭代，从而形成了整个完整的系统。

灵敏度分析是研究与分析一个系统（或模型）的状态或输出变化对系统参数或周围条件变化的敏感程度的方法。通常在解决最优化方法中利用灵敏度分析来研究基础数据的变化对整个研究结果产生的变化，从而了解源数据的上下波动对整个研究结果的影响程度。而在仿真建模的领域中，通过灵敏度分析还可以决定哪些参数对系统或模型有较大的影响。因此，灵敏度分析可以很好地分析系统中基础变量对于整个系统影响的程度。

根据本部分构建的综合管廊风险系统，可以针对构成系统的 8 个参数进行灵敏度分析测试，从而确定这几个基础风险对于整个管廊风险的影响程度。本部分依然采用 Anylogic 软件，在构建出完整的系统存量流量图之后，通过对变量参数进行等步长变化，直接在完整模型的基础上进行几个参数的灵敏度分析。假设每个参数的基础参数为 1，进行灵敏度分析的步长为 1，每次增加一个步长，由于篇幅关系得到的 8 个变量的灵敏度分析结果如图 3-4 所示。通过对几个变量灵敏度分析的结果进行整理，从而得出了 8 个变量步长依次增加两次对于管廊整体综合风险 R 的敏感度折线图，如图 3-5 所示。

根据敏感性分析后的结果显示，经过两次步长变化，r_{15} 对于管廊的综合风险变化率最大，达到了 66.1%，r_{10} 与 r_{14} 的变化最不显著，变化率同为 0.05%，其余几个风险的变化率分别为 r_5：26.5%；r_6：41.7%；r_8：8.3%；r_{17}：57.4%；r_{18}：40.5%。

因为本部分试图通过构建模型进行仿真的方法对综合管廊运维中的风险进行分析，意在探究出对综合管廊总体风险影响最大的风险因素，或是一整条影响线路，所以现在以灵敏度最高的风险 r_{15} 地上地下信息不联动为主要研究对象，分析二级风险 r_{15} 对 R_1～R_5 这 5 个一级风险的影响程度。通过仿真最后得出的影响结果如图 3-6 所示。

通过图上可以看出 r_{15} 地上地下信息不联动风险的变化对一级风险 R_1 管理团队风险以及 R_4 附属设施风险的影响较大，然而 r_{15} 对于 R_2 环境因素风险、R_3 入廊管线风险、R_5 管廊本体风险的影响几乎可以忽略不计。

而根据系统的因果回路图又可以看出地上地下信息不联动风险通过两条风险路径对管理团队风险产生影响。分别为：①r_{15} 地上地下信息不联动风险—r_1 团队信息化水平风险—R_1 管理团队风险；②r_{15} 地上地下信息不联动风险—r_1 团队信息化水平风险—r_4 信息管理水平—R_1 管理团队风险。又通过 r_{15} 地上地下信息不联动风险—r_{20} 管理中心与廊内信息传递风险—R_5 管廊本体风险这条路径对 R_5 产生影响。

通过整个系统的因果回路图也能发现 r_{15} 与 R_4 附属设施风险存在关系路径，可以理解为 r_{15} 直接对 R_4 产生影响。但是根据之前 r_{15} 对 R_4 的灵敏度分析显示，r_{15} 对于 R_4 的影响并不显著。虽然根据定量分析，得出 r_{15} 与 R_4 之间的路径系数为 0.584，同比另外两个直接作用于 R_4 的风险因素，已经属于一个较高的水平，但是可能由于另外几条影响 R_4 水

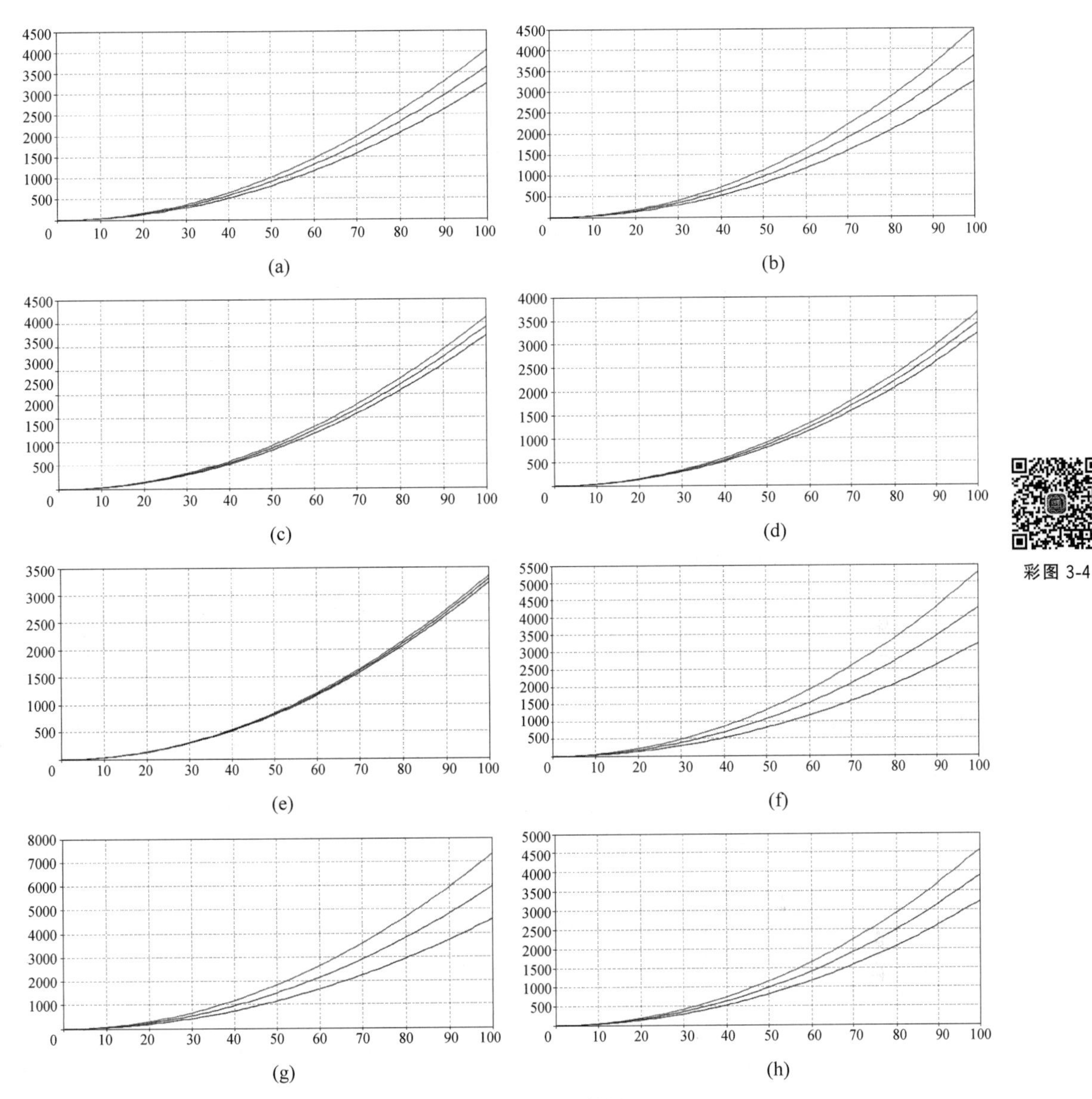

图 3-4　灵敏度分析结果

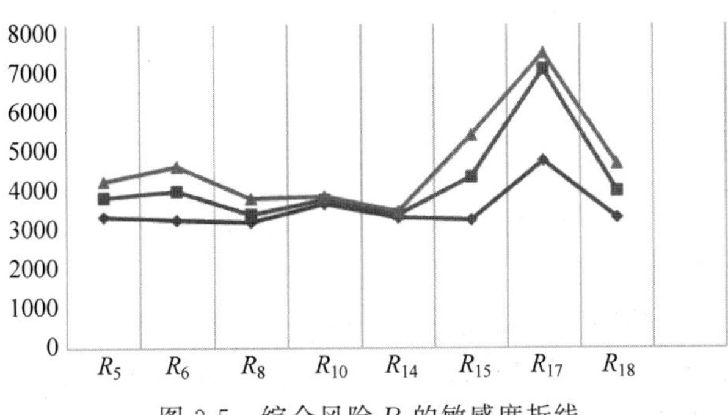

图 3-5　综合风险 R 的敏感度折线

彩图 3-6

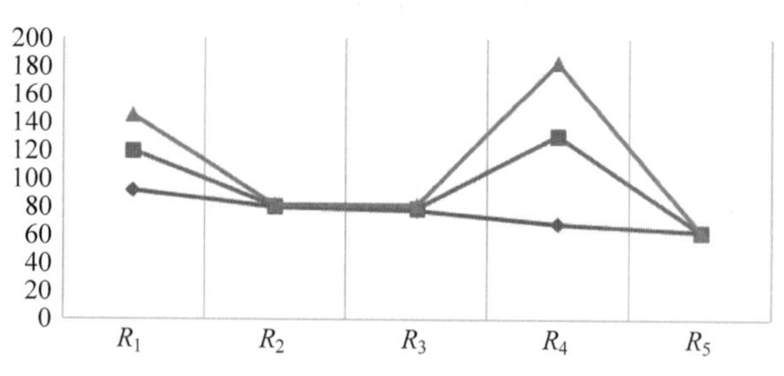

图 3-6 二级风险 r_{15} 对一级风险影响的仿真结果

平高低的风险路径通过耦合作用，产生了比 r_{15} 更加显著的影响效果，所以才导致 r_{15} 对于直接影响 R_4 的效果并不明显。

3.4 结论

首都北京甚至是全国范围内，在数字化信息化为主导的大背景下，实现城市综合管廊化已经成为一种必然趋势。而在将来，这些城市内的综合管廊建设好之后如何进行有效的风险管理，如何提前对风险做到高效率的预测与应对成为目前必要的研究工作。本部分通过对综合管廊的各种典型风险因素进行分析，并综合了目前该领域内前人的研究成果，应用了一种数理分析结合仿真建模的方法对管廊风险进行分析。本部分主要的研究成果如下：

基于文献分析法，对共计 8 篇，包含综合管廊运维风险以及项目风险管理两个领域的文章进行频率统计与分析，初步归纳出包含 5 个一级风险以及 20 个二级风险的综合管廊运维管理中的风险清单，可供之后针对综合管廊运维管理风险的研究作为依据，在整理基础风险因素的时候提供方便。

本部分应用了一种基于层次分析法以及风险结构矩阵法相结合的方法，通过数学分析与推导，得到了一套根据之前风险清单中各个风险的赋权，并根据风险矩阵确定了各个风险之间的风险路径，从而绘制出了风险之间的因果回路图，在能清楚地理清各个风险之间的潜在关系的同时，为接下来的在仿真软件中构建风险的存量流量图进行仿真实验做了准备工作。

本部分通过多种方法相结合的方式，建立了综合管廊风险的系统动力学模型，并对模型进行了仿真实验，通过多次进行参数的灵敏度分析，从而得出了关键性风险因素，以及几条严重影响总风险水平的风险路径，为日后综合管廊的日常运维管理中应对风险处理提供了相关依据。

研究综合管廊的运维风险是一个综合性、复杂性高的工作，尤其是应用诸如系统动力学对整个风险系统进行仿真，所以在一些方面的处理上，可能可以应用更合理的方法，会使得研究结果更加科学合理。

本部分在确定风险判断矩阵的时候，主要应用的是依赖管廊相关专家对几种风险进行综合打分之后，再跟专家进行访谈进行确定，从而得到矩阵，然后再进行下一步的相关分析。然而这种根据专家主观判断的方法太过于依赖专家的主观意识以及专家的相关专业经验，这种不确定的因素可能会对研究结果产生负面影响，本部分在进行这一步的研究时就遇到了这种问题，以后可以通过某些例如机器学习、数据分析、数据挖掘等方式进行打分，这样可以避免人的主观因素产生的负面影响。

本部分在分析影响管廊的风险因素时采用了文献分析法，从之前的文献中进行分析以及因素提取，然而由于专注于写综合管廊运维风险的文献过于少，所以不得已只能通过研究综合管廊风险以及其他大型项目运维风险的文献结合分析，如果以后有其他学者对这一部分进行研究，可以综合他人的意见以及研究思路，对本研究进行不断完善。

参考文献

[1] SAATY T L. Decision-making with the AHP: Why is the principal eigenvector necessary[J]. European Journal of Operational Research, 2003, 145(1): 85-91.

[2] SAATY T L. Decision making: the Analytic Hierarchy and Network Processes (AHP/ANP)[J]. Journal of Systems ence and Systems Engineering, 2004, 13(1): 1-35.

[3] 赵超燮. 结构矩阵分析原理[M]. 北京：高等教育出版社，1982.

[4] FANG C, MARIE F. A Simulation-Based Risk Network Model for Decision Support in Project Risk Management[J]. Decision Support Systems, 2012, 52(3): 635-644.

[5] 李芊，段雯，许高强. 基于DEMATEL的综合管廊运维管理风险因素研究[J]. 隧道建设(中英文)，2019, 39(1): 31-39.

[6] 罗帆，刘小平，杨智. 基于系统动力学的空管安全风险情景预警决策模型仿真[J]. 系统工程，2014, 32(1): 139-145.

[7] 王其藩，宁晓倩，尤炯. 系统动力学方法在项目风险管理中的优势[J]. 复旦学报(自然科学版)，2005(2): 201-206.

[8] 陆秋琴，王金花. 基于系统动力学的仓库火灾事故影响因素分析[J]. 安全与环境学报，2018, 18(5): 1767-1773.

第 4 章

考虑因素回路的综合管廊风险识别

4.1 引言

综合管廊作为集中敷设市政公用管线的公共隧道，能有效解决传统管线敷设造成的道路反复开挖、环境恶化等诸多城市顽疾，并极大改善城市人居环境和提升城市综合承载力，是保障城市可持续发展的市政基础设施重点工程和“生命线”[1]。我国综合管廊建设在政府一系列政策扶持下，于 2015 年后得到了井喷式的发展，国内综合管廊正处于大规模推广建设阶段[2]，建设规模和建设水平已处于世界领先地位。但由于各类高危管线的集中入廊，各种管线集中放置在同一空间内，在内、外部因素联合作用和管线间相互影响下，容易发生电缆破损、管道泄漏，导致中毒、爆炸、火灾等灾害的风险[3]。因此，在我国综合管廊建设高潮下，迎来的是大量综合管廊运维的关键时期，如何保障综合管廊的安全，防控综合管廊的各类运维灾害，维护城市重要“生命线”的运营安全，是一个迫切需要关注的严峻问题。

由于综合管廊纳入的工程管线包括电力电缆、通信电缆、给排水管道、热力管道、燃气管道等，运维管理团队复杂，主管部门难以全面宏观地把握综合管廊的运维状况。因此，本部分对综合管廊运维风险间的作用关系进行分析探讨，研究风险路径对系统运维风险的作用机制，以期为综合管廊的运维管理提出有针对性的参考意见。

4.2 文献综述

综合管廊运维风险评估是综合管廊运维管理的主要方面，也是预防和控制综合管廊事故的基础。综合管廊运维风险评估方法研究主要包括定性和定量两个方面。其中定性风险评估依据专家判断的指标体系进行，因此具有潜在的主观性。层次分析法[4]、模糊综合评判法[5]、灰色关联分析法[6]等方法被广泛应用于综合管廊运维风险评估，使指标权重的确定和指标分配更加科学与客观。而定量风险评估主要是在综合管廊相关物理模型和计算方法基础上，集中于对综合管廊运维风险影响最大的火灾事故特性进行定量风险评估。其中事件树分析法[7]、事故树分析法[8]用于分析和预测综合管廊电缆舱火灾发生的原因及概率，通过计算火灾后果实现火灾风险的定量表达；BILAL 等通过蝴蝶结分析法分析了管道火灾和爆炸事故后果[9]；米红甫等将蝴蝶结分析法与贝叶斯网络相结合，预测分析综合管廊电缆舱失效概率，探究事故致因链条，为综合管廊运维管理中的火灾风险分析和事故防控提供参考[10]。

尽管传统的风险评估方法在识别综合管廊运维风险和维护管廊运行安全方面发挥了重要作用，但由于综合管廊运维风险的不确定性与多源复杂性，需要考虑风险间相互作用关系对管廊风险的影响。因此，王述红等构建了耦合度模型评价综合管廊不均匀沉降、爆炸、火灾、中毒等风险因素之间的耦合关系[11]；王婉等分析了综合管廊在不同危险敏感值情况下，关键影响因素的变化状态[12]；冯大阔等探究揭示了综合管廊运维安全与人为因素之间的关系[13]。但现有文献较少考虑综合管廊运维风险间的连锁反应和循环作用关系，因此将相互依赖的风险当作独立的风险来管理，不可避免地影响风险响应计划决策的有效性。对于风险间关系的分析与判断，Fang 在设计结构矩阵的依赖建模方法和层次分析法成对比较原则相结合的基础上，提出了一个项目风险的决策支持系统，用以实现对风险间的交互作用进行建模和管理，从而方便管理者针对风险做出决策[14]。

系统动力学是一种用于动态系统分析的数学方法，最初由麻省理工学院 Forrester 教授于 20 世纪 50 年代末开发，用于关注系统的因果关系和动态变化，同时表达多因素的相互作用[15]。目前，系统动力学正在逐步应用于灾害系统的演化、模拟和风险评估[16-17]。由于系统动力学在揭示系统行为动态特征方面具有独特的优势，本研究基于系统动力学理论，研究综合管廊运维管理中各种风险因素随时间演变而引起的系统风险动态响应过程。在识别综合管廊运维阶段主要风险因素的基础上，对影响管廊运维安全的风险因素进行系统性划分，构建综合管廊运维风险系统动力学模型，通过模型仿真研究系统形态变化，分析风险路径，为综合管廊的运维安全管理提供帮助。

4.3 综合管廊运维风险路径分析

本部分根据综合管廊运维相关的法律法规、标准规范文件[18-19]以及以往关于综合管廊运维风险研究的文献资料，整理得到综合管廊运维风险因素表。在风险因素分类的基础上，与综合管廊运维专家进行沟通，经过修改、归纳，最终得出以下 5 类一级风险记为 R_i，25 类二级风险记为 r_{ij}。

4.3.1 综合管廊运维风险因素

在进行综合管廊运维风险管理之前，首先要确定影响综合管廊运维安全的风险因素类型。风险因素是指增加了风险事故发生的频率或严重程度的任何事件。因为目前对综合管廊运维风险的研究还存在一定不足，所以本部分不仅结合综合管廊运维标准规范文件，还对公共工程隧道文献与项目运营风险管理文献中的风险因素进行提取及分析，得到综合管廊运维风险因素如表 4-1 所示。

表 4-1 综合管廊运维风险因素表

一级风险	二级风险
管廊本体安全风险 R_1	未定期检测和测量管廊结构 r_{11} 设计施工不合理 r_{12} 结构裂缝 r_{13} 结构锈蚀 r_{14} 不均匀沉降 r_{15}
管线风险 R_2	管道泄漏 r_{21} 管道维护、检查不及时 r_{22} 线缆故障 r_{23} 管道爆炸、火灾 r_{24} 第三方破坏 r_{25}
环境风险 R_3	湿度、温度异常 r_{31} 有毒气体浓度异常 r_{32} 自然灾害破坏 r_{33} 非法入侵 r_{34}
附属设备风险 R_4	通风、排水等设备异常 r_{41} 风险监控与报警设备异常 r_{42} 设备不联动 r_{43} 设备维护、检查不及时 r_{44}
管理风险 R_5	管理团队水平 r_{51} 管理制度水平 r_{52} 信息管理水平 r_{53} 安全意识水平 r_{54} 操作规范及技术水平 r_{55} 日常培训演练水平 r_{56} 应急管理水平 r_{57}

按照综合管廊运维安全隐患核查项目内容，将综合管廊运维风险划分为管廊本体安全风险、管线风险、环境风险、附属设备风险与管理风险五类，二级风险中设计施工不合理风险为管廊本体结构设计、构筑物不满足现行标准规范引起的隐患；不均匀沉降风险包括变形缝、分支口的差异沉降等；第三方破坏风险为城市修建、第三方道路施工等造成的管线风险；非法入侵风险包括人员非法入侵造成的恶意纵火等；设备不联动风险包括但不限于诸如火灾发生后，防火门监测系统检测到火灾后未联动关闭防火门等情况。

4.3.2 综合管廊运维风险路径分析

在确定综合管廊运维过程中的各种风险因素后，需要分析确定风险因素间的路径关系以及相应路径权重，从而为下一步系统动力学模型的建立做准备。根据上述目标，需要从三个方面进行考虑。首先是分析每个一级风险因素与综合管廊运维综合风险之间的关系；其次是各一级风险因素与其对应的二级风险因素之间的关系；最后是二级风险因素之间的关系。

1. 各级风险间作用关系分析

根据综合管廊运维风险因素表的归类整理可知，一级风险因素全部与综合管廊运维综合风险相关联，二级风险因素全部与一级风险因素相关联。因此，针对这两个方面，采用Saaty的层次分析法[20]对相应风险因素进行处理，以得到风险因素的权重。通过以在线问卷的形式对专家进行访谈，并对收集的问卷数据进行处理，形成判断矩阵。

根据上述方法，采用风险强度九级标度表，首先确定一级风险因素与综合管廊运维综合风险之间、一级风险因素与其对应的二级风险因素之间的权重向量、判断矩阵以及一致性检验。这里以一级风险因素与其对应的二级风险因素间关系矩阵计算为例，计算结果如表4-2所示。

表 4-2　一级风险与二级风险权重矩阵

一级风险	判断矩阵	特征向量	一致性指标	一致性比率
R_1	$\begin{bmatrix} 1 & 3 & 5 & 5 & 3 \\ 1/3 & 1 & 3 & 3 & 4 \\ 1/5 & 1/3 & 1 & 1 & 1 \\ 1/5 & 1/3 & 1 & 1 & 2 \\ 1/3 & 1/4 & 1 & 1/2 & 1 \end{bmatrix}$	(0.460　0.257　0.088　0.107　0.088)	0.05	0.05
R_2	$\begin{bmatrix} 1 & 1/5 & 1/3 & 1 & 1/2 \\ 5 & 1 & 1 & 3 & 2 \\ 3 & 1 & 1 & 2 & 1/3 \\ 1 & 1/3 & 1/2 & 1 & 1/2 \\ 2 & 1/2 & 3 & 2 & 1 \end{bmatrix}$	(0.087　0.343　0.210　0.101　0.260)	0.08	0.07
R_3	$\begin{bmatrix} 1 & 2 & 3 & 1/6 \\ 1/2 & 1 & 1/2 & 1/5 \\ 1/3 & 2 & 1 & 1/7 \\ 6 & 5 & 7 & 1 \end{bmatrix}$	(0.175　0.085　0.106　0.634)	0.04	0.05
R_4	$\begin{bmatrix} 1 & 1 & 1 & 2 \\ 1 & 1 & 1/3 & 2 \\ 1 & 3 & 1 & 3 \\ 1/2 & 1/2 & 1/3 & 1 \end{bmatrix}$	(0.273　0.211　0.395　0.121)	0.04	0.04
R_5	$\begin{bmatrix} 1 & 1/2 & 3 & 3 & 2 & 3 & 1 \\ 2 & 1 & 4 & 2 & 3 & 2 & 2 \\ 1/3 & 1/4 & 1 & 1/3 & 1/2 & 1/3 & 1/4 \\ 1/3 & 1/2 & 3 & 1 & 1 & 2 & 1/3 \\ 1/2 & 1/3 & 2 & 1 & 1 & 1/2 & 2 \\ 1/3 & 1/2 & 3 & 1/2 & 2 & 1 & 2 \\ 1 & 1/2 & 4 & 3 & 1/2 & 1/2 & 1 \end{bmatrix}$	(0.198　0.254　0.047　0.114　0.109　0.134　0.145)	0.12	0.09

一致性比率小于0.1时，认为不一致程度在容许范围内，有满意的一致性。但首次检验中R_1的判断矩阵未通过一致性检验，经分析得知，R_1管廊本体安全风险因素中的结构损伤等问题并非运维管理工作人员的擅长领域，因此通过咨询综合管廊施工建设专家，重新综

合专家意见修改评分，调整判断矩阵。表 4-2 为调整后的判断矩阵，一致性检验表明，改进后得到的判断矩阵成功地通过了一致性检验，优化工作是较为成功的。

2. 二级风险间作用关系分析

在确定了一级风险因素与综合管廊运维综合风险之间、一级风险因素与其对应的二级风险因素之间的路径关系及权重后，下一步是识别二级风险因素间相关路径关系以及路径权重。对于较为复杂的二级风险因素之间的路径关系分析，则在改进的设计结构矩阵(DSM)方法基础上，结合 Franck 开发的基于 AHP 评估方法获取风险交互作用强度数值的研究[14]，确定二级风险因素间相关路径关系以及路径系数。

根据上述方法确定二级风险因素间交互作用关系及强度结果如图 4-1 所示。因为图 4-1 同时代表二级风险因素间交互作用关系，所以省略所构建的 0,1 结构矩阵。

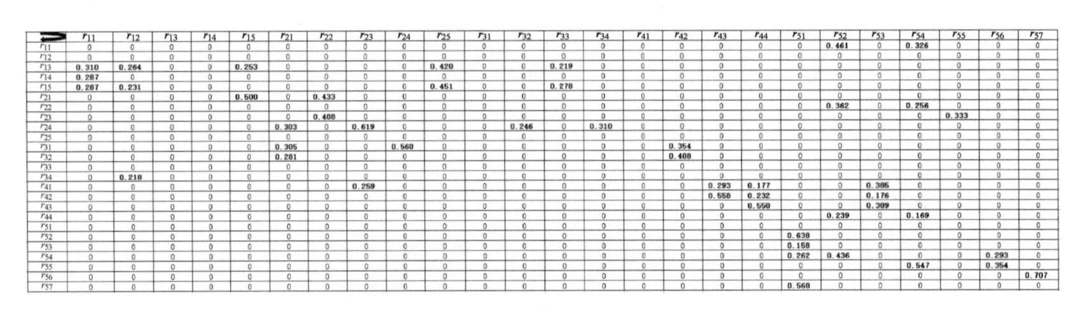

	r_{11}	r_{12}	r_{13}	r_{14}	r_{15}	r_{21}	r_{22}	r_{23}	r_{24}	r_{25}	r_{31}	r_{32}	r_{33}	r_{34}	r_{41}	r_{42}	r_{43}	r_{44}	r_{51}	r_{52}	r_{53}	r_{54}	r_{55}	r_{56}	r_{57}
r_{11}	0	0	0	0	0	0	0	0	0	0	0	0	0	0	0	0	0	0	0	0.461	0	0.326	0	0	0
r_{12}	0	0	0	0	0	0	0	0	0	0	0	0	0	0	0	0	0	0	0	0	0	0	0	0	0
r_{13}	0.310	0.264	0	0	0.253	0	0	0	0	0.420	0	0	0.219	0	0	0	0	0	0	0	0	0	0	0	0
r_{14}	0.287	0	0	0	0	0	0	0	0	0	0	0	0	0	0	0	0	0	0	0	0	0	0	0	0
r_{15}	0.287	0.231	0	0	0	0	0	0	0	0.451	0	0	0.278	0	0	0	0	0	0	0	0	0	0	0	0
r_{21}	0	0	0	0	0.500	0	0.433	0	0	0	0	0	0	0	0	0	0	0	0	0	0	0	0	0	0
r_{22}	0	0	0	0	0	0	0	0	0	0	0	0	0	0	0	0	0	0	0	0.362	0	0.256	0	0	0
r_{23}	0	0	0	0	0	0	0.408	0	0	0	0	0	0	0	0	0	0	0	0	0	0	0	0.333	0	0
r_{24}	0	0	0	0	0	0.303	0	0.619	0	0	0	0.246	0	0.310	0	0	0	0	0	0	0	0	0	0	0
r_{25}	0	0	0	0	0	0	0	0	0	0	0	0	0	0	0	0	0	0	0	0	0	0	0	0	0
r_{31}	0	0	0	0	0	0.305	0	0	0.560	0	0	0	0	0	0	0.354	0	0	0	0	0	0	0	0	0
r_{32}	0	0	0	0	0	0.281	0	0	0	0	0	0	0	0	0	0.408	0	0	0	0	0	0	0	0	0
r_{33}	0	0	0	0	0	0	0	0	0	0	0	0	0	0	0	0	0	0	0	0	0	0	0	0	0
r_{34}	0	0.218	0	0	0	0	0	0	0	0	0	0	0	0	0	0	0	0	0	0	0	0	0	0	0
r_{41}	0	0	0	0	0	0	0	0.259	0	0	0	0	0	0	0	0	0.293	0.177	0	0	0.385	0	0	0	0
r_{42}	0	0	0	0	0	0	0	0	0	0	0	0	0	0	0	0	0.558	0.232	0	0	0.176	0	0	0	0
r_{43}	0	0	0	0	0	0	0	0	0	0	0	0	0	0	0	0	0	0.550	0	0	0.389	0	0	0	0
r_{44}	0	0	0	0	0	0	0	0	0	0	0	0	0	0	0	0	0	0	0	0.239	0	0.169	0	0	0
r_{51}	0	0	0	0	0	0	0	0	0	0	0	0	0	0	0	0	0	0	0	0	0	0	0	0	0
r_{52}	0	0	0	0	0	0	0	0	0	0	0	0	0	0	0	0	0	0	0.638	0	0	0	0	0	0
r_{53}	0	0	0	0	0	0	0	0	0	0	0	0	0	0	0	0	0	0	0.158	0	0	0	0	0	0
r_{54}	0	0	0	0	0	0	0	0	0	0	0	0	0	0	0	0	0	0	0.262	0.436	0	0	0	0.293	0
r_{55}	0	0	0	0	0	0	0	0	0	0	0	0	0	0	0	0	0	0	0	0	0	0.547	0	0.354	0
r_{56}	0	0	0	0	0	0	0	0	0	0	0	0	0	0	0	0	0	0	0	0	0	0	0	0	0.707
r_{57}	0	0	0	0	0	0	0	0	0	0	0	0	0	0	0	0	0	0	0.568	0	0	0	0	0	0

图 4-1　二级风险因素间路径作用关系及强度结果

如图可以看到二级风险因素间路径关系复杂，某一风险因素可能由多种风险因素引起，同一风险因素引起的不同风险事故后果也不尽相同。图中箭头方向指明了风险间的路径关系，如 r_{11} 风险可能引起 r_{13}、r_{14} 以及 r_{15} 风险，且 r_{11} 风险造成的风险事故后果中 r_{13} 最为严重，权重为 0.310，而 r_{13} 风险则由 r_{11}、r_{12}、r_{15}、r_{25} 以及 r_{33} 风险引起，其中 r_{25} 风险最易引发 r_{13} 风险。

针对图中结果，可进一步分析探讨综合管廊运维风险间的影响机制，如对综合管廊运维安全影响较为严重的管道爆炸、火灾事故风险(r_{24})可由管道泄漏、线缆故障、有毒气体浓度异常以及第三方破坏造成，其中线缆故障更易诱发管廊的起火事故，造成更进一步的爆炸危险。而管道泄漏风险的作用强度略高于有毒气体浓度异常风险，这是因为从管道泄漏风险引发的风险事故来看，有毒气体浓度异常风险的部分诱因是管道泄漏，且管道泄漏还可能会造成湿度、温度异常风险，因此管道泄漏风险的作用强度更高。

4.4 综合管廊运维风险系统动力学模型

4.4.1 综合管廊运维风险系统动力学模型构建

1. 边界与研究假设

综合管廊运维风险系统随时间的推进，呈现出复杂、动态的特征。系统边界作为系统的研究范围，其目的是通过找出系统中的关键变量进而简化分析模型。因此，以综合管廊运维风险为研究对象，按照运维安全隐患核查项目主要内容，将综合管廊运维风险系统划分为本体安全风险、管线风险、环境风险、附属设施风险和管理风险五个子系统，结合综合管廊运维实际情况做出以下假设：

假设1：只考虑综合管廊运维阶段的风险因素对风险系统的影响，即综合管廊在运维管理期间的安全水平，不考虑管廊其他阶段的风险因素。

假设2：由于综合管廊运维管理的困难性与复杂性，以风险管控投入作为调节手段，对综合管廊运维风险起到一定管控作用。

假设3：根据各级风险间作用关系分析与二级风险间作用关系分析结果形成模型的因果关系。

2. 因果关系与反馈分析

基于以上分析，可利用Vensim-PLE软件构建如图4-2所示的综合管廊运维风险因果关系图。从图中可以看到综合管廊运维风险因果关系复杂，存在众多反馈回路，同时根据系统动力学理论，综合管廊运维风险更多地受负反馈回路调节，应尽可能有效地发挥系统中负反馈回路的调节作用，因此本部分选取涉及每个子系统反馈回路中的一条负反馈回路予以表示：

第一条负反馈回路：综合管廊运维风险→＋风险管控投入→－管理风险→＋综合管廊运维风险。

第二条负反馈回路：综合管廊运维风险→＋风险管控投入→－管理风险→－管理制度水平→－未定期检测和测量管廊结构→＋管廊本体安全风险→＋综合管廊运维风险。

第三条负反馈回路：综合管廊运维风险→＋风险管控投入→－管理风险→－安全意识水平→－管道维护、检查不及时→＋管线风险→＋综合管廊运维风险。

第四条负反馈回路：综合管廊运维风险→＋风险管控投入→－管理风险→－安全意识水平→－管道维护、检查不及时→＋线缆故障→＋管道爆炸、火灾→＋湿度、温度异常→＋环境风险→＋综合管廊运维风险。

第五条负反馈回路：综合管廊运维风险→＋风险管控投入→－管理风险→－信息管理水平→－设备不联动→＋附属设备风险→＋综合管廊运维风险。

3. 模型流图与主要函数关系构建

在因果关系图基础上，进一步抽取水平变量、速率变量、辅助变量、常量，构建目标系统的存量流量图，如图4-3所示。

在综合管廊运维风险存量流量图的基础上，结合变量含义，对所有变量进行归纳总结，主要变量结果见表4-3。

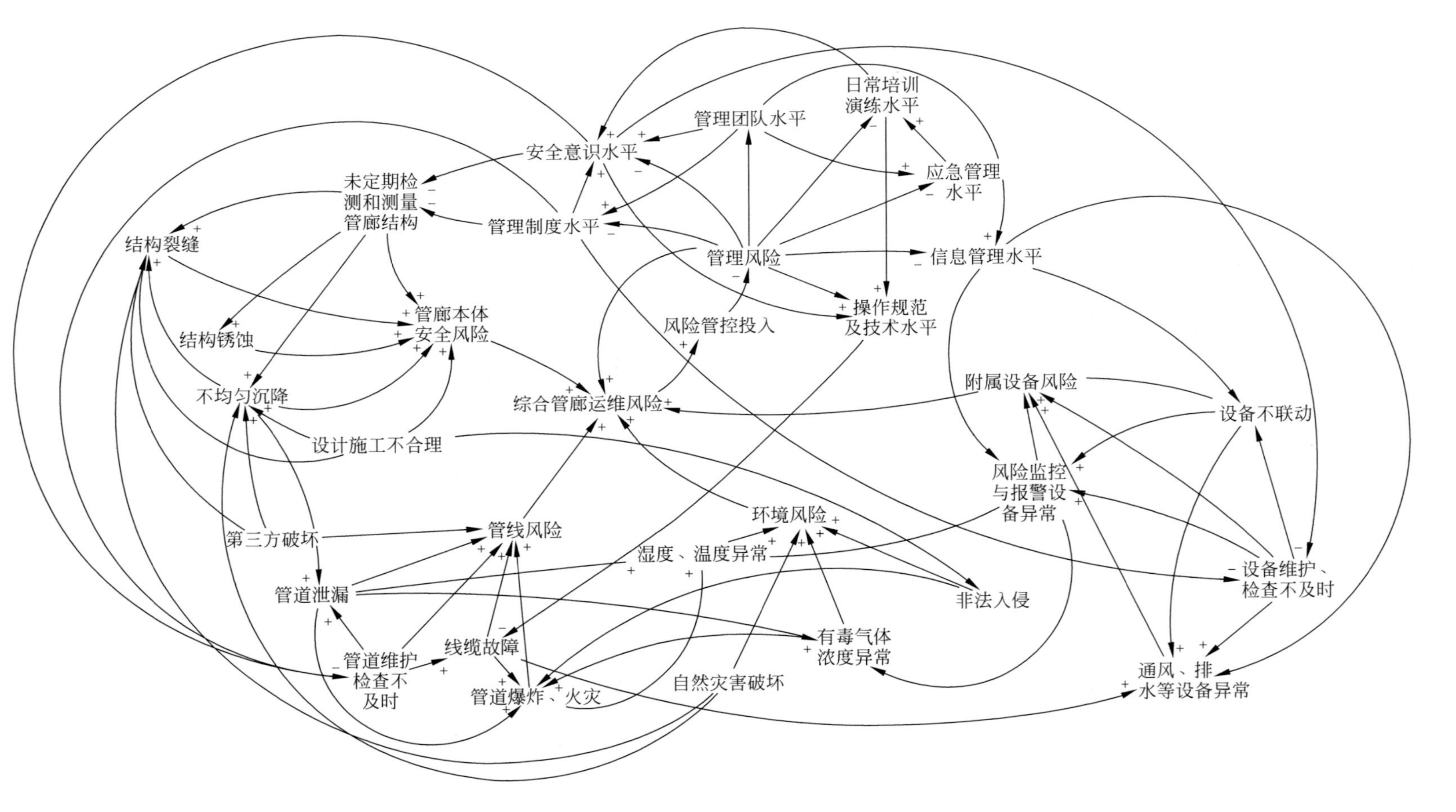

图 4-2 综合管廊运维风险因果关系

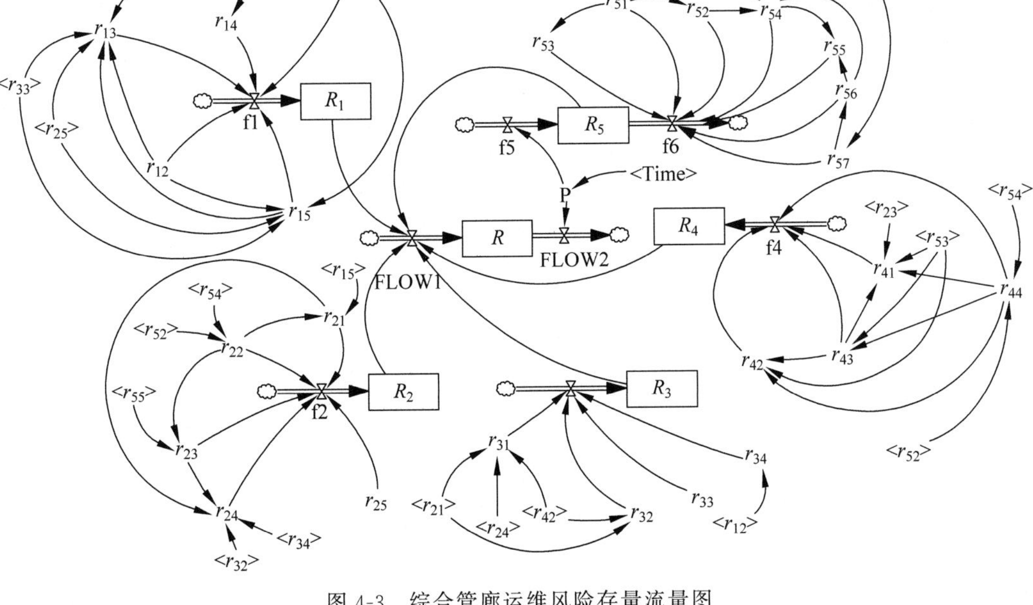
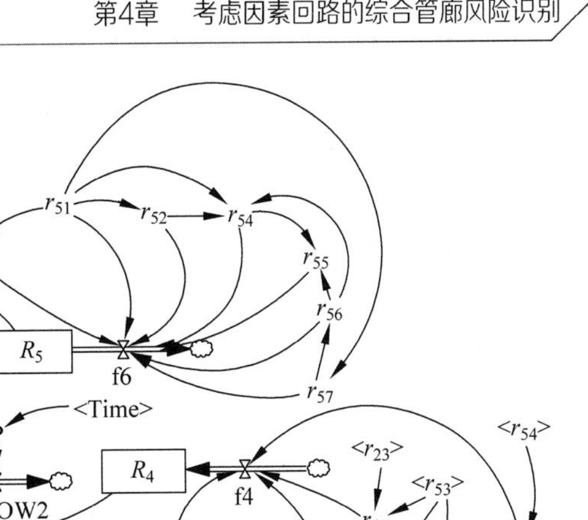

图 4-3　综合管廊运维风险存量流量图

表 4-3　综合管廊运维风险系统主要变量表

变量类型	变量名称
水平变量	综合管廊运维风险 R
	管廊本体安全风险 R_1
	管线风险 R_2
	环境风险 R_3
	附属设备风险 R_4
	管理风险 R_5
速率变量	管廊本体安全风险增量 f_1
	管线风险增量 f_2
	环境风险增量 f_3
	附属设备风险增量 f_4
	管理风险增量 f_5
	管理风险减少量 f_6
	综合管廊运维风险增量 FLOW_1
	综合管廊运维风险减少量 FLOW_2
辅助变量	风险管控投入 P
常量	设计施工不合理 r_{12}
	第三方破坏 r_{25}
	自然灾害影响 r_{33}
	管理团队水平 r_{51}

根据表4-3中的主要变量，综合运用INTEG函数、表函数、SMOOTH函数和DELAYI函数等构建包含状态变量、速率变量、辅助变量以及常量方程的综合管廊运维风险SD模型的函数方程体系，在构建函数体系时以上一章风险间作用强度结果对风险之间的路径系数进行分配，见表4-4。

表4-4 综合管廊运维风险SD模型的函数方程体系

变量类型	变量名称
状态变量方程	综合管廊运维风险 R=INTEG($FLOW_1-FLOW_2$,5) 管廊本体安全风险 R_1=INTEG(SMOOTH(f_1,5),0) 管线风险 R_2=INTEG(SMOOTH(f_2,5),0) 环境风险 R_3=INTEG(SMOOTH(f_3,5),0) 附属设备风险 R_4=INTEG(SMOOTH(f_4,5),0) 管理风险 R_5=INTEG(SMOOTH(f_5-f_6,10),0)
速率变量	管廊本体安全风险增量 f_1=DELAY1I(0.46×r_{11}+0.257×r_{12}+0.088×r_{13}+0.107×r_{14}+0.088×r_{15},3,0) 管线风险增量 f_2=DELAY1I(0.087×r_{21}+0.343×r_{22}+0.21×r_{23}+0.101×r_{24}+0.26×r_{25},1,0) 环境风险增量 f_3=DELAY1I(0.175×r_{31}+0.085×r_{32}+0.106×r_{33}+0.634×r_{34},1,0) 附属设备风险增量 f_4=DELAY1I(0.273×r_{41}+0.211×r_{42}+0.395×r_{43}+0.121×r_{44},3,0) 管理风险增量 f_5=1−P 管理风险减少量 f_6=DELAY1I(0.198×r_{51}+0.254×r_{52}+0.047×r_{53}+0.114×r_{54}+0.109×r_{55}+0.134×r_{56}+0.145×r_{57},5,0) 综合管廊运维风险增量 $FLOW_1$=SMOOTH(DELAY3((0.569×R_1+0.057×R_2+0.091×R_3+0.079×R_4+0.203×R_5)/5,3),5) 综合管廊运维风险减少量 $FLOW_2$=P
辅助变量	风险管控投入 P=WITHLOOKUP(Time,([(0,0)−(25,10)],(1,1),(1.25,0.8),(1.5,0.67),(1.75,0.57),(2,0.5),(4,0.25),(5,0.2),(8,0.125),(10,0.1)))
常量	设计施工不合理 r_{12}=0.257 第三方破坏 r_{25}=0.260 自然灾害影响 r_{33}=0.106 管理团队水平 r_{51}=0.198

4.4.2 仿真模型实验

1. 模型参数设置

因为本部分系统动力学模型中风险间的作用关系及强度由上一章的路径关系和路径权重系数确定，因此方程设置为无量纲单位。其中各子系统风险在运维初期尚未呈现，从0开始随时间变化而增加，风险最大值为1。而综合管廊运维风险受制于运维工作尚未开展，风险管控投入还未起到作用，造成综合管廊运维初期风险最高，由各子系统风险之和5开始随时间变化进行累积。

风险管控投入按运维实际以同比例在区间[0,1]之内进行转换，由于综合管廊运维初期管理工作复杂，此时风险管控投入最大，而综合管廊运维管理随时间的增加趋于稳定，风险管控投入也逐步减少至某一投入值不再变动，所以本部分参照实际工作按表函数设置风险管控投入，其最低风险管控投入为 0.1。

以一年时间作为综合管廊运维风险 SD 模型时间，初始时间为 0，结束时间为 12，时间单位为月，TIME STEP 为 1。

2. 模型有效性检验

对仿真模型的有效性进行检验能够观察该模型的动态演变趋势与实际系统的行为模式是否相一致，并判断用该模型去模拟真实系统所得到的结果是否正确可靠。本部分主要通过对模型进行运行检验来确定其是否准确有效，运行检验这一过程通过 Vensim-PLE 软件实现，即在软件中运行该模型，利用软件自带的检错和跟踪功能对模型表达的正确性进行检验，检验结果显示模型没有问题。

进一步根据仿真结果判断模型合理性，即模拟不同时间步长下研究对象的变化趋势是否存在较大的差异。本部分分别模拟了时间步长为 0.5、1 和 1.5 综合管廊运维风险的变化趋势，如图 4-4 所示。从图中结果可以发现不同时间步长下综合管廊运维风险的变化趋势基本一致，且综合管廊运维风险受制于：运维管理工作的开展，风险值迅速减小；随着运维管理工作的稳定与风险管控投入的稳定，综合管廊运维风险变化趋于稳定，并趋近于某一水平值，但受制于实际工作无法完全消除各风险因素，系统运维风险值不为零，这与实际相吻合。综上所述说明该模型稳定可行，可进一步进行仿真分析。

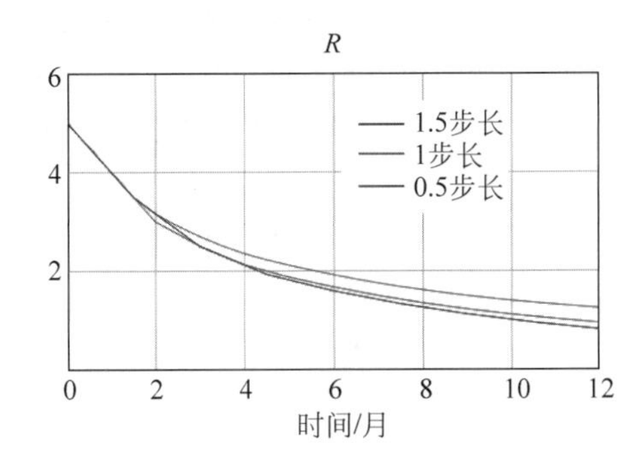

彩图 4-4

图 4-4　不同时间步长下综合管廊运维风险仿真结果

3. 仿真分析

对综合管廊运维风险仿真模型流图分析可知，在有限范围的系统边界内，整个系统由设计施工不合理 r_{12}、第三方破坏 r_{25}、自然灾害影响 r_{33}、管理团队水平 r_{51} 这 4 个基本参数构成，其余风险则是系统中存在的动态变量，可以理解为其余风险因素是在这 4 种风险的基础上，通过模型中风险间作用关系路径的授权迭代，形成完整的系统。因此，可根据本部分构建的综合管廊运维风险仿真模型，对构成系统的 4 个参数进行敏感性分析和测试，以确定这些基本风险对各子系统风险的影响程度。因此分别改变 4 个参数的增量，查看在改变相同增量情况下4个基本参数对各子系统风险的影响结果,以 r_{51} 为例,仿真结果如图4-5～图4-9所示。

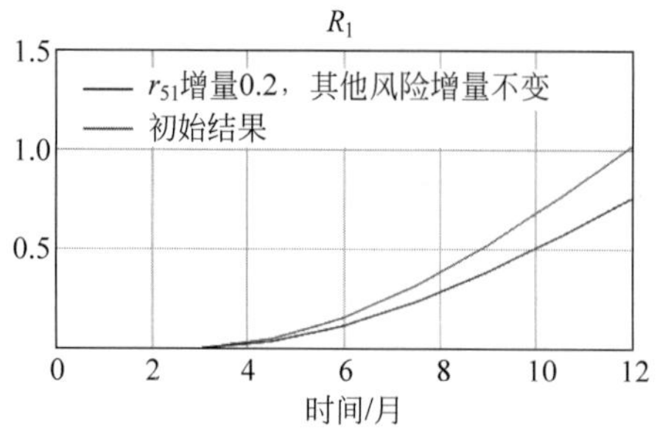

图4-5 r_{51} 对 R_1 子系统风险影响仿真结果

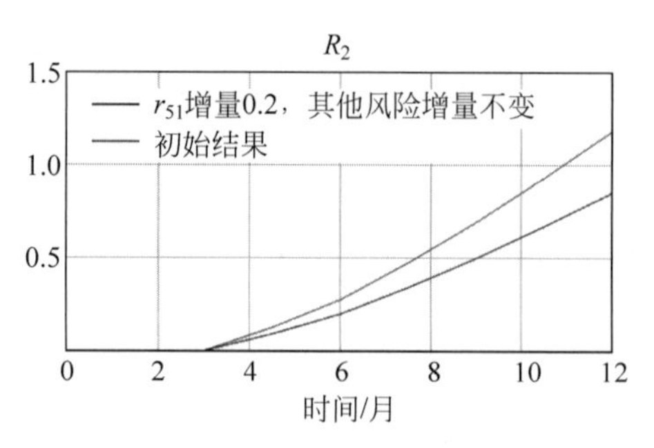

图4-6 r_{51} 对 R_2 子系统风险影响仿真结果

彩图4-5～彩图4-9

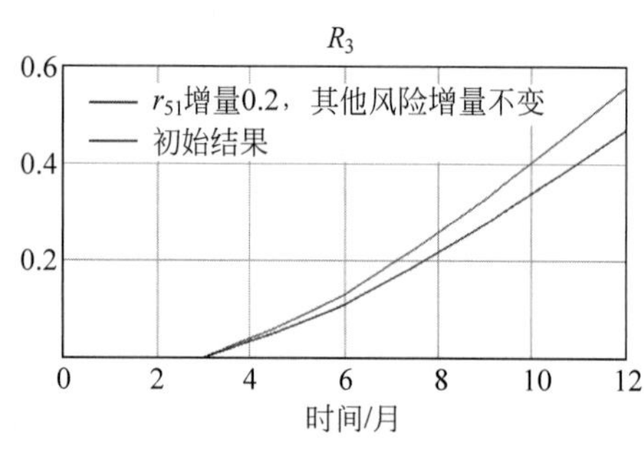

图4-7 r_{51} 对 R_3 子系统风险影响仿真结果

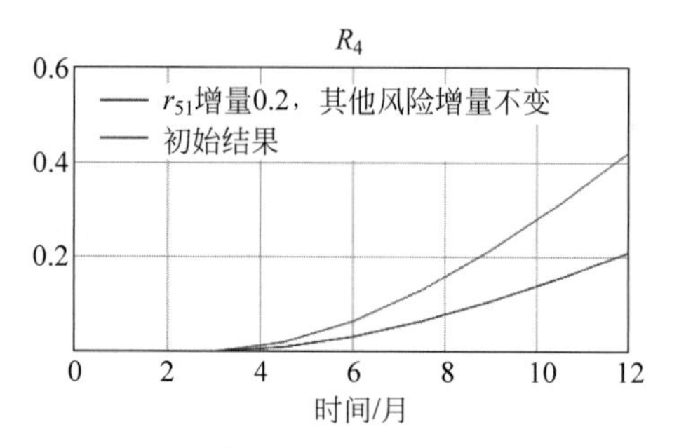

图4-8 r_{51} 对 R_4 子系统风险影响仿真结果

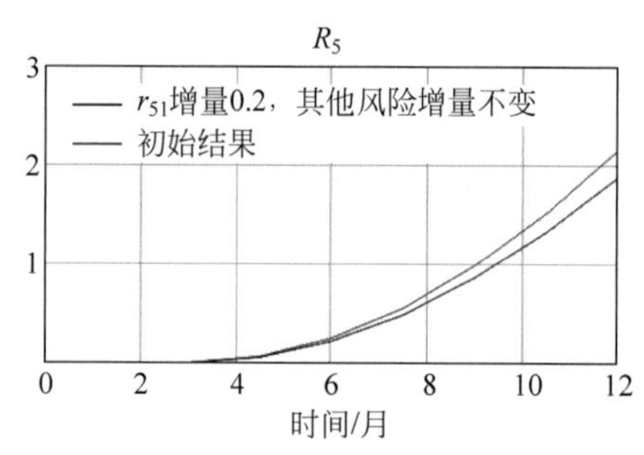

图4-9 r_{51} 对 R_5 子系统风险影响仿真结果

仿真结果表明在管理团队水平 r_{51} 影响下,各个子系统风险水平都有所变化,但对附属设备风险 R_4 子系统影响最大,变动幅度超过50%,管廊本体安全风险 R_1、管线风险 R_2、环境风险 R_3 子系统变动幅度较小,而管理风险 R_5 子系统则相对不敏感。因此,根据仿真结果,可通过提升综合管廊运维管理团队水平,间接降低附属设备风险引发的事故问题,达到调控附属设备风险的目的。除此之外,对其他3个风险也进行敏感性分析,仿真结果表明,设计施工不合理 r_{12} 只对所属的管廊本体安全风险 R_1 子系统与环境风险 R_3 子系统有一定影响,而对管线风险 R_2、附属设备风险 R_4、管理风险 R_5 几乎无影响;第三方破坏 r_{25} 则对管线风险 R_2 影响影响较大,对管廊本体安全风险 R_1 与环境风险 R_3 有小幅影响;自然灾害影响 r_{33} 则对附属设备风险 R_4、管理风险 R_5 几乎无影响。

进一步分析增量改变下对综合管廊运维风险的影响情况,结果如图4-10所示。仿真结果表明,管理团队水平的提高可大幅降低综合管廊运维风险,并且能够降低综合管廊运维风险稳定时的风险值;而设计施工不合理、第三方破坏与自然灾害影响风险的增加都将大幅影响综合管廊运维风险,且第三方破坏风险的影响更为严重。因此,在综合管廊运维管理过程中,不仅需要关注如第三方破坏等风险带来的危害,更需要提高管理团队的水平,达到间接调控其他风险,降低综合管廊运维风险的目的。

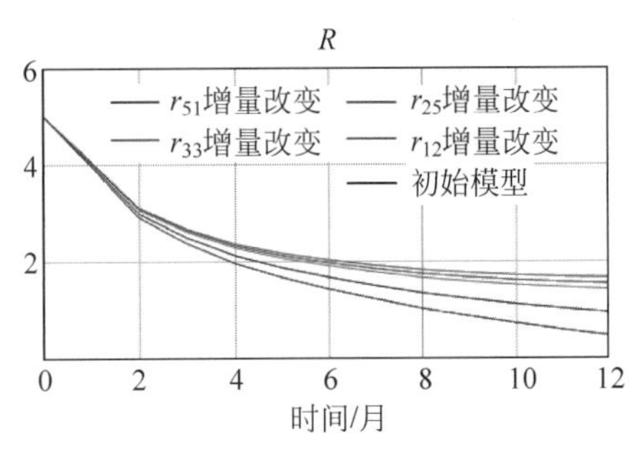

图 4-10 增量改变下综合管廊运维风险 R 的仿真结果

彩图 4-10～彩图 4-12

进一步延迟仿真时间到 18 个月,发现综合管廊运维风险随仿真时间的延长,将从稳定值开始有所提升。这是因为随着综合管廊运维时间的增加,运维工作趋于稳定,但综合管廊各种设备老化程度随时间的增长而加剧,管理制度与人员培训等水平情况也没有同步提高,所以对于已逐渐趋于某一水平不再变化的风险管控投入不能完全抵消此类情况带来的运维风险,仿真情况如图 4-11 所示。

面对上述情况,增加风险管控投入用以抵消因运维时间的增长所带来的衍生风险变化。仿真表明,通过提高风险管控投入比例,可有效降低上述风险情况,达到降低综合管廊运维风险的目的。仿真结果如图 4-12 所示。

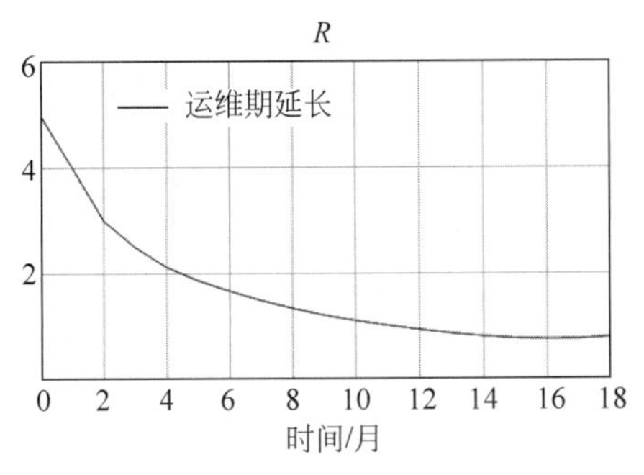

图 4-11 综合管廊运维风险 R 仿真结果

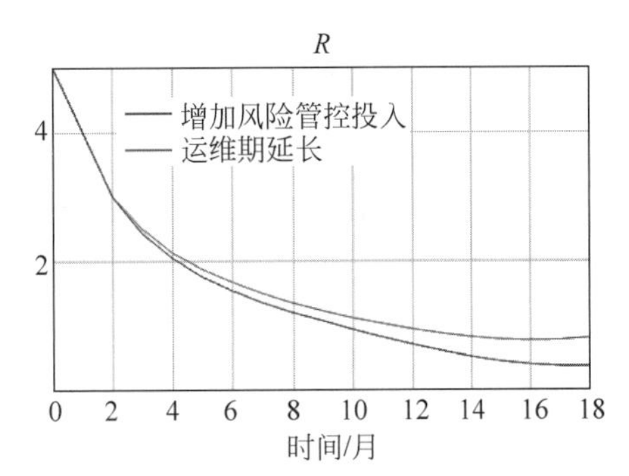

图 4-12 增加风险管控投入后综合管廊运维风险 R 仿真结果

4.5 结论与启示

在我国综合管廊运维期的关键阶段,以及数字化、智慧化的主导背景下,如何进行有效的风险管理,如何提前有效地预测和应对综合管廊建设后的风险,已成为未来综合管廊管理工作的重点问题。本部分在结合综合管廊领域已有研究成果的基础上,通过构建综合管廊运维风险因素表,采用数学分析与仿真建模相结合的方法对综合管廊运维风险进行了分析。上述研究对综合管廊运维风险管理具有以下启示:

通过现有文献研究,形成综合管廊运维风险因素清单,按运维安全隐患核查项目主要内容划分 5 个一级风险与 25 个二级风险,该风险清单可为后续综合管廊运维风险研究提供方便。

通过对风险间作用关系及作用强度的研究,分析了综合管廊运维风险间的作用机制,阐述了不同风险间的因果关系,有助于运维管理人员分析风险的诱因与后果。对于综合管廊运维阶段如管道爆炸、火灾等重大风险,可通过把控其诱因或者破坏其风险路径的手段,起到降低风险,提高运维安全的作用。

通过仿真模型进行分析,表明了综合管廊运维风险随时间动态变化的趋势。因此,在综合管廊运维期内,应重点关注团队管理水平等风险源,通过组建高效运维管理团队,加强各成员协同性等方式,提高综合管廊的安全运维水平。除此之外,应注重增加风险管控投入以应对综合管廊随时间增长而带来的衍生风险,本部分以风险管控投入作为调控手段以达到降低风险的目的,而在综合管廊实际工作中,风险管控投入可具体转换为设备的更新、智能化运维平台的搭建以及管理标准化和一体化建设等运维工作内容。

参考文献

[1] 钱七虎. 建设城市地下综合管廊,转变城市发展方式[J]. 隧道建设,2017,37(6):647.

[2] WANG T Y,TAN L X, XIE S Y, et al. Development and applications of common utility tunnels in China[J]. Tunnelling and Underground Space Technology,2018,76:92.

[3] 郭佳奇,钱源,王珍珍,等. 城市地下综合管廊常见运维灾害及对策研究[J]. 灾害学,2019,34(1):27-33.

[4] 冯大阔,孙增寿,毋存粮,等. 城市地下综合管廊人为破坏威胁分析及对策[J]. 地下空间与工程学报,2019,15(S2):513-521.

[5] 柴康,刘鑫. 基于模糊聚类分析的综合管廊多灾种耦合预测模型[J]. 灾害学,2020,35(4):206-209.

[6] 龙丹冰,赵一静,杨成. 以监测报警数据驱动的综合管廊运维动态风险评价[J/OL]. 安全与环境学报:1-11[2021-06-10]. https://doi. org/10. 13637/j. issn. 1009-6094. 2021. 0429.

[7] 方鸿强. 城市电力电缆隧道火灾风险评估研究[D]. 合肥:中国科学技术大学,2019.

[8] 沈瑛. 火力发电厂火灾爆炸危险性分析及评价研究[D]. 西安:西安建筑科技大学,2016.

[9] BILAL Z,MOHAMMED K, BRAHIM H. Bayesian network and bow tie to analyze the risk of fire and explosion of pipelines[J]. Process Safety Progress,2017,36(2):202-212.

[10] 米红甫,张小梅,杨文璟,等. 城市地下综合管廊电缆舱火灾概率分析方法[J]. 中国安全科学学报,2021,31(1):165-172.

[11] 王述红,张泽,侯文帅,等. 综合管廊多灾种耦合致灾风险评价方法[J]. 东北大学学报(自然科学版),2018,39(6):902-906.

[12] 王婉,张向先,诸秉奇,等. 综合管廊智能运维关键影响因素分析[J]. 实验室研究与探索,2020,39(11):30-34.

[13] 冯大阔,孙增寿,毋存粮,等. 城市地下综合管廊人为破坏威胁分析及对策[J]. 地下空间与工程学报,2019,15(S2):513-521.

[14] FANG C,MARLE F. A simulation-based risk network model for decision support in project risk management[J]. Decision Support Systems,2012,52(3):635-644.

[15] FORRESTER J W. Industrial Dynamics. A major breakthrough for decision makers[J]. Harvard Business Review,1958,36(4):37-66.

[16] WANG Y F,LI B,QIN T, et al. Probability prediction and cost benefit analysis based on system dynamics[J]. Process Safety and Environmental Protection,2018,114:271-278.

[17] YAN W,WANG J,JIANG J. Subway fire cause analysis model based on system dynamics: a preliminary model framework[J]. Procedia Engineering,2016,135:431-438.

[18] 上海市政工程设计总院,同济大学,等. 城市综合管廊工程技术规范:GB 50838—2015[S]. 北京:中国计划出版社,2015.

[19] 中冶京诚工程技术有限公司,等. 城市地下综合管廊运行维护及安全技术标准 GB 51354—2019[S]. 北京:中国建筑工业出版社,2019.

[20] SAATY T L. Decision-making with the AHP: Why is the principal eigenvector necessary[J]. European Journal of Operational Research,2003,145(1):85-91.

第 5 章

基于本体的综合管廊施工风险知识库构建

5.1 研究背景

现今,综合管廊建设迅速发展,综合管廊以其在资源整合、检修便捷等方面的优越性成为城市市政设施建设的最佳选择之一。而在综合管廊建设施工过程中,风险事故频发、风险事故分析复杂成为关键问题之一。目前,针对综合管廊施工阶段风险事故的分析和应对措施往往由领域专家提出,并在此基础上发展了多种类型的风险分析方法,如风险矩阵方法、优化模糊综合评价法等。这些风险分析方法较大程度地提高了综合管廊风险分析的可靠性和效率,但在实际应用中,风险分析仍存在着一定的问题,如识别出来的风险非标准化,内容不易被他人获知、不易被编码,进而导致研究成果可重用性很低。在不同的综合管廊建设施工过程中,存在大量类似的、可以重复应用的风险分析结果。因此,可以通过标准化的方式对这类知识进行标准化编码和存储,以便重复使用,从而提高综合管廊施工过程中的风险分析效率和事故处理效率。

本体已经被广泛应用于自然语言处理、知识管理、医学、互联网搜索、语义 Web、仿真和建模等领域。而在建设工程领域研究中,特别是在综合管廊风险管理研究中,利用知识本体模型还是一个崭新的课题。基于本体对知识库系统进行构建是提高知识的共享性、互操作性、可维护性和可重用性的一个有效途径。

因此,为提高综合管廊施工管理过程中的风险分析效率和应对事故的处理效率,将碎片化的风险分析知识系统化,本部分将构建一个基于本体论的综合管廊风险应对知识库。该本体知识库不仅能够通过知识属性的定义及知识的分类,将知识标准化和信息化,有助于不同层次上风险管理元知识的重用,极大地提高风险管理的效率;还能够通过风险之间的相似性、致险因素之间的关联性进行逻辑关系推理,推理出新的综合管廊风险的致险机理和应对策略,从而实现风险分析知识的重复应用。

5.1.1 综合管廊施工风险管理研究

综合管廊是指在城市地下用于铺设电力、通信、燃气、供热、给排水等各种工程管线的公共隧道[1]。其主要目的是解决长期存在的城市道路反复开挖、城市管线空中乱接乱架、地下空间资源浪费等问题，进一步优化城市资源、美化城市管网、为智慧城市的建设服务[2]。

针对综合管廊施工阶段的风险管理在学术和实践上的研究，包括风险识别、风险度量、风险应对措施三大方面。其中，风险识别指的是识别在综合管廊施工、运维过程中出现的主要风险事件；风险度量指的是确定每个风险事件的影响程度和风险之间的耦合相关性；风险应对措施指的是及时对可能发生的风险提出最佳响应办法，有针对性地提出关键技术实现路径和安全保障建议。

综合管廊发生的事故往往具有复杂性、重复性、多发性的特点[3]，特别是在施工阶段风险事故频发，而综合管廊施工阶段的顺利与否，在后期的建设与运维中起到关键作用。针对综合管廊施工风险应对措施，为了解决施工风险数据异质性、时空关系复杂性问题，Hu等[4]开发了一种基于工业基础类和语义 Web 技术的综合管廊缺陷诊断系统，为有关原因检测的决策提供支持。Wang 等[5]设计了综合管廊施工风险评价指标体系，然后采用优化模糊综合评价法构建了风险评价模型。

准确、及时地检测综合管廊施工风险，制定有效的维护策略以保持隧道的安全和可用性至关重要。然而，综合管廊施工阶段风险事故的分析和应对措施的建议等知识往往只是一次性利用。这些知识在实际应用中存在难以格式化且不易被他人获知、不易被编码的特点[6]。此外，针对综合管廊施工阶段风险事故的分析和应对措施的建议往往由领域专家提出，一旦有经验的专家离开企业，他所拥有的安全管理知识也将随之流失，使企业损失大量有价值的知识资产。而非专家的管理人员由于经验不足，需要付出较多的时间和精力来总结经验处理安全风险事件，管理成本高，决策成功率低。

因此，针对综合管廊领域专家经验知识，需要对其进行挖掘并采用有效的知识表示方法进行表示，并保存在知识库中，以此来解决当前综合管廊在施工阶段存在的风险问题，降低风险管理成本，提高风险管理水平，对于提高综合管廊风险应对效率具有重要的实用价值。

5.1.2 本体与知识库相关研究

1. 本体论与知识库的理论研究

关于本体(ontology)的概念可以追溯到 20 世纪 80 年代，本体最初是哲学上的概念，是“对世界上可关存在物的系统地描述，即存在论”。随着对本体认识和研究的不断发展，本体的定义也在不断变化，学术界从不同的领域角度和侧重点提出了若干对本体的定义。在人工智能领域，本体通常被称为领域模型或概念模型，是关于特定知识领域内各种对象、对象特性以及对象之间可能存在关系的理论，Neches 等在人工智能领域中给出来关于本体的定义：“本体是某个领域词汇的基本术语和关系，以及用于定义术语和关系以定义词汇外延的规则[7]”。在知识工程(knowledge engineering)中本体用来表述可以共享和重复使用的知识结构[8]。总而言之，本体是某领域内涵盖了确定语义及概念关系的概念集。而迄今为止应用的最为广泛的是 Gruber 对于本体下的定义：“本体是某个领域中概念模型的形式化和显示的规范说明[9]”。而在 Gruber 的本体研究基础上，Guarino 又对本体的概念做出了完善和修订：“本体论是一套对某个领域概念做出清晰、局部说明的逻辑理论[10]”。而后 Borst 也提出“本体是共享的概念化的形式规范说明[11]”。Studer 提出“本体是共享的概念化的明确的形式化的规范说明。”他认为本体包括了“共享、概念化、明确、形式化”四个方面的内容[12]。而杜萍总结了本体在国外的发展历程[13]。

对于知识库的理解，狭义知识库是指人工智能学科的知识工程技术中，存放已经具有一定格式结构的知识的地方，广义理解则是包括知识获取、组织、存储、转发、维护更新所有这些功能的技术系统。通过建立知识库可以进行知识的表示、传递、推理和获取，以实现知识的检索，满足用户需求。

2. 本体论与知识库的应用研究

目前，本体广泛应用于多个领域。而在综合管廊风险管理研究中，利用知识本体模型还是一个新课题。钟凯[14]根据本体的创建流程对绿色施工领域进行本体定义，在绿色施工本体两层结构上进行上下文本体建模，利用网络本体语言(ontology web language，OWL)对绿色施工本体上下文模型进行描述，提出随着绿色施工技术的不断进步，需要同步完善已有的本体结构。刘欣等[15]提出基于本体的成本估算表示模型，最终实现概念、工作项本体、施工条件的成本估算模型，解决了成本估算过程中知识表示、共享和利用的问题。杨洪锢[16]利用模糊本体来提高风险评价的可理解性和共享性，建立了基于模糊本体的市政工程非开挖施工风险评价系统，并探讨了该系统的具体实现，包括模糊领域本体的生成、模糊评价规则库的建立、模糊推理规则的建立、知识库的更新和完善。

基于本体对知识库系统进行构建是提高知识的共享性、互操作性、可维护性和可重用性的一个有效途径。目前国内外也有一定数量的本体知识库应用案例，国外如美国国防部的高性能知识库系统、美国MCC(Micro Commercial Components)公司研究的Cyc系统、加拿大多伦多大学研究的TOVE系统等。国内，本体知识库已经成功应用到制造业加工生产领域[17]、移动Web服务系统[18]、交通知识查询系统[19]、突发事故管理领域[20]等。

针对综合管廊施工阶段的风险管理，提出知识重用与语义推理结合，实现计算机可理解的施工风险知识和语义推理，并在Protégé平台[21]上实现知识库的构建。

5.1.3　案例推理相关研究

1. 案例推理的理论研究

案例推理(case-based reasoning，CBR)技术是通过访问案例知识库中过去同类问题的解决方案从而获得当前问题解决方案的一种推理模式，即利用旧的事例或经验来解决新问题，评价新问题，解释异常情况或理解新情况。Homem等[22]定义了标准推理过程，包括案例检索、案例重用、案例修正和案例学习四部分，称为4R循环，直观且高度抽象地反映了CBR知识推理过程的本质特征。其中案例检索应用最广泛的方法是归纳索引法、最近邻策略和知识引导策略。

2. 案例推理的应用研究

由于案例推理的应用需要有丰富的案例经验支持，因此其主要应用于一些具有丰富的经验知识却缺乏很强的理论模型的领域，如故障诊断[23]、企业管理[24]、医疗[25]、突发事件应急管理[26]等领域。除此之外，基于本体的案例推理系统的研究同样出现了很多成果，如澳大利亚卧龙岗大学学者开发了基于本体和 CBR 的学生入学资格审核系统、上海交通大学计算机集成技术与开放实验室深入研究了基于本体的可重构的知识管理平台和可重构范例存储技术、北京航空航天大学开发了一个基于本体的汽车故障诊断 CBR 系统。

5.2 研究问题和意义

基于第一节的文献综述和研究背景，为提高综合管廊工程管理过程中的风险分析效率，将碎片化的风险分析知识系统化，本部分将构建一个基于本体论的综合管廊施工风险管理知识库。

该本体知识库不仅能够通过知识属性的定义及知识的分类，将知识标准化和信息化，有助于不同层次上风险管理元知识的重用，能够极大地提高风险管理的效率；还能够通过风险之间的相似性、致险因素之间的关联性进行逻辑关系推理，得出新的综合管廊风险的致险机理和应对策略，从而实现风险分析知识的重复应用。

5.3 研究内容

5.3.1 研究方法

本研究从综合管廊施工风险管理领域知识库特点出发，以简单结构算法为基础，综合考虑概念层次深度，采用概念语义距离相似度、概念语义层次相似度和概念语义重合度[27]的概念语义相似度计算方法，据此进行本体知识库在综合管廊施工风险应对措施的推理。

1. 概念语义距离相似度

假设知识本体结构中任意 2 个节点分别表示目标案例与源案例概念语义，记为 x_i 和 y_i，概念语义距离 $\mathrm{Dist}(x_i,y_i)$是本体结构图中两个概念的任意最近共同祖先节点分别到 x_i 和 y_i 的最短路径长度之和。用 $\mathrm{Sim}_1(x_i,y_i)$表示节点 x_i 和 y_i 之间的概念语义距离相似度，采用 Palmer 等[28]提出的经典概念语义距离公式对概念语义距离相似度进行计算。

$$\mathrm{Sim}_1(x_i,y_i)=\begin{cases}1 & \text{if } \mathrm{Dist}(x_i,y_i)=0; \\ \dfrac{2N}{\mathrm{Dist}(x_i,y_i)+2N} & \text{if } \mathrm{Dist}(x_i,y_i)=I; \\ 0 & \text{if } \mathrm{Dist}(x_i,y_i)=\infty;\end{cases} \tag{5-1}$$

2. 概念语义层次相似度

假设本体结构中节点 x_i 和 y_i 所处层次分别为 $L(x_i)$和 $L(y_i)$，并将本体结构中节点最大的层次记为 $L(z_i)$。用 $\mathrm{Sim}_2(x_i,y_i)$表示节点 x_i 和 y_i 之间的概念语义层次相似度，采用概念语义层次计算公式的基础上，对其进行改进应用。

$$\mathrm{Sim}_2(x_i,y_i)=\begin{cases}1 & \text{if } x_i=y_i\\ \dfrac{L(x_i)+L(y_i)}{|L(x_i)-L(y_i)|+2L(z_i)} & \text{if } x_i\neq y_i\end{cases} \tag{5-2}$$

3. 概念语义重合度

假设从知识本体结构中的节点 x_i、y_i 分别出发到达根节点的过程中所经过的节点集合，分别记为 $N(x_i)$和 $N(y_i)$。从 x_i、y_i 分别出发到达根节点的过程中相同节点的集合记为 $N(x_i)\cap N(y_i)$；从 x_i、y_i 分别出发到达根节点的过程中全部节点的集合记为 $N(x_i)\cup N(y_i)$。用 $\mathrm{Sim}_3(x_i,y_i)$表示节点 x_i 和 y_i 之间的概念语义重合度，采用概念语义重合度计算公式的基础上，对其进行改进应用。

$$\mathrm{Sim}_3(x_i,y_i)=\left|\frac{N(x_i)\cap N(y_i)}{N(x_i)\cup N(y_i)}\right| \tag{5-3}$$

本研究通过概念语义距离相似度[式(5-1)]、概念语义层次相似度[式(5-2)]和概念语义重合度的综合相似度[式(5-3)]的计算方法，提出如式(5-4)所示的源案例与目标案例的概念语义相似度计算方法。

$$\mathrm{Sim}^*(A,B)=\alpha\cdot\mathrm{Sim}_1(x_i,y_i)+\beta\cdot\mathrm{Sim}_2(x_i,y_i)+\gamma\cdot\mathrm{Sim}_3(x_i,y_i) \tag{5-4}$$

式中，α、β、γ 均为调节因子，且 $\alpha+\beta+\gamma=1$。

5.3.2　数据来源

1. 文献分析法

本部分收集、整理、分析了大量的相关文献资料，对综合管廊在施工过程中的风险应对措施进行了归纳总结，对本体论、案例推理的现有研究进行了系统、全面的研究和分析，以确定本研究的突破点，并为本研究提供理论支撑。

2. 案例分析法

采用网络爬虫、主题建模、聚类分析等方法，收集第一手综合管廊风险事故应对案例，对其进行关键词提取和主题建模，在这基础上进行知识库的构建。

5.3.3　技术路线

本文的技术路线如图 5-1 所示，首先通过广泛阅读文献来了解管廊相关的研究背景，从综合管廊建设发展迅速和管廊施工建设过程中事故频发两方面来提出问题矛盾；之后再进行相关方法理论的探索，方法包括本体论和案例推理理论，运用上述方法来进行问题分析；在发现了问题和找到了解决方法的基础上便可提出解决问题的新思路——利用本体、案例推理方法来解决综合管廊施工安全风险，进而提出基于本体论的综合管廊施工安全风险管理模型。

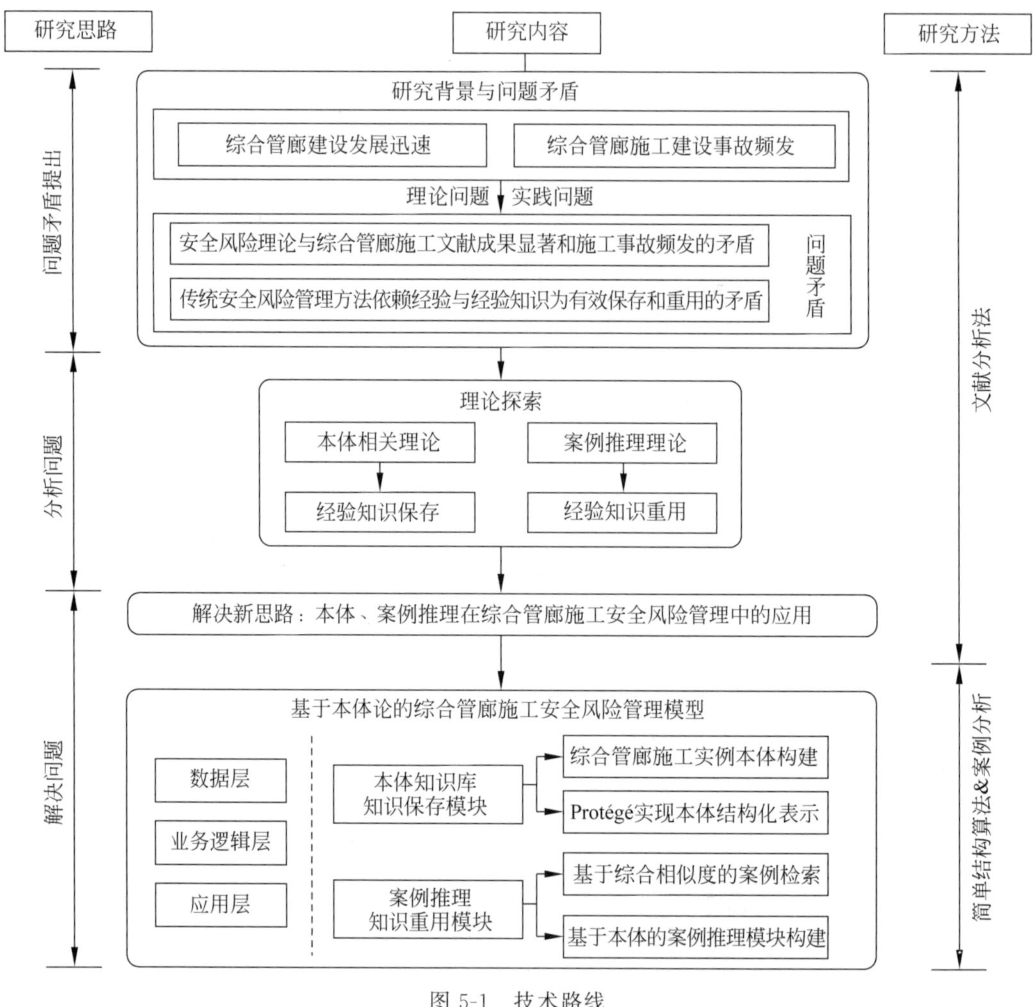

图 5-1　技术路线

5.4 综合管廊施工风险管理知识库构建

5.4.1 基于本体论的综合管廊施工风险管理模型

本部分利用本体知识库技术和案例推理技术，优化传统安全风险管理方法，构建基于本体论的综合管廊施工安全风险管理模型，模型如图 5-2 所示。

应用层是模型现场操作的具体应用，是对传统安全风险管理方法的补充，共有三大应用模块，分别是致险因子识别模块、致险因子分析模块以及安全风险管控模块。

业务逻辑层承担了经验知识共享与重用的工作，包括规则推理和案例推理两大模块；利用规则推理模块的关联规则对新出现的致险因子所对应的风险事件类型、事件发生概率进行推理分析；利用规则推理和案例推理结合的集合推理推送安全风险管控建议方案。

数据层主要是完成本体知识库、案例库、规则库的构建以实现历史事故案例，以及蕴含

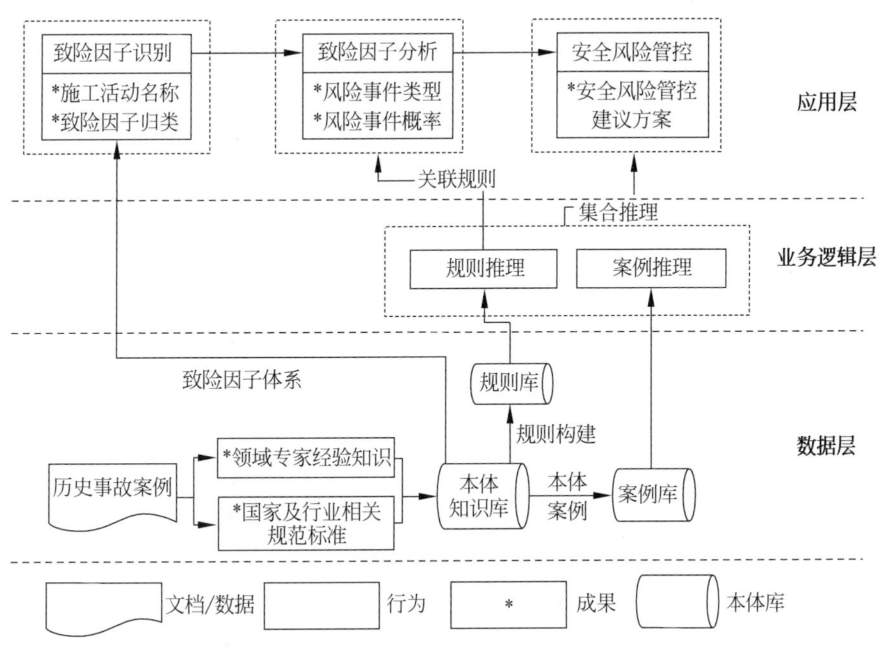

图 5-2　基于本体论的综合管廊施工风险管理模型

其中的领域专家经验知识、国家及行业相关规范标准的整合、结构化，是综合施工安全风险领域知识共享与重用的基础。

5.4.2　综合管廊施工风险管理知识库构建步骤

本研究在深入考察本体构建方法的成熟度和领域本体构建工具 Protégé 的特点基础上，充分参考了美国斯坦福大学的“七步法”并结合知识推理和更新，本部分提出综合管廊风险应对领域本体建模方法，主要包括以下五个步骤：①定义类和类的等级关系；②定义对象型属性；③定义数值型属性；④定义实例与构建；⑤知识库推理与更新。

1. 定义类和类的等级关系

领域知识库中本体采用类(class)表示个体概念的集合，在 Protégé 软件中类(概念)通过父类(parent class)和子类(subclass)构成的结构图来表达。

由于综合管廊施工安全风险领域知识结构的复杂性和精细性，本节采用自上而下的方法从概念顶层出发，逐渐细化。

从事故致因机理出发，将施工项目中具体的施工活动作为孕险环境，其中致险因子的产生以及致险因子的传递作用产生了风险事件，通过对致险因子进行识别，并利用致险因子与施工事故之间的非线性映射关系，估计风险事件产生与否以及风险事件类型、风险事件后果，从而有针对性的加强风险管控措施以避免风险事件的损失扩大。因此，本研究将综合管廊施工项目、施工活动、致险因子、风险事件、风险事件后果、管控措施以及它们之间的关系进行本体知识表达，综合管廊施工安全风险领域本体框架如图 5-3 所示。

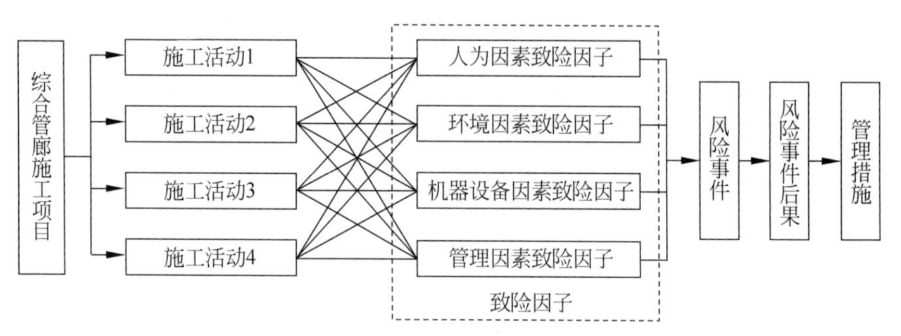

图 5-3　综合管廊施工安全风险领域本体框架

2. 定义对象型属性

在本体中，仅仅定义类（概念）是没有意义的，需要对其进行属性定义，来描述类成员的一般事实和个体的特殊事实，同时用来说明类的共同特征。同类的定义一样，属性也能以层次方式排列。在本体的建模基元中，对象型属性（datatype property）是指两个类之间的关系，用来描述类的不可量化的特征属性，有着自己的定义域（domains）和值域（range），定义域是属性关系的上层类，值域是属性关系的下层类，通过属性将定义域和值域两个类联系起来，增加对类间对象型属性的约束。利用 Protégé 软件中 ObjectProperties 标签对类间的对象型属性进行描述，以及属性的定义域（domain）、值域（range）设置。本研究不同对象型属性设置如表 5-1 所示。

表 5-1　领域本体对象型属性设置

属性名称	属性含义	定义域	值域
has_Construction	“施工项目”包含“施工活动”	施工项目	施工活动
cause_Risks Factors	“施工活动”中产生“致险因子”	施工活动	致险因子
relate to_Risk Factors	“致险因子”与“致险因子”之间的关联关系	致险因子	致险因子
cause_Risks	“致险因子”与“风险事件”之间的非线性映射关系	致险因子	风险事件
has_Risk Consequence	“风险事件”造成“风险事件后果”	风险事件	风险事件后果
has_Measures	“风险事件后果”所采取响应的“管控措施”	风险事件后果	管控措施

3. 定义数值型属性

数值型属性用来量化描述类自身的特征属性，如项目批复编号、项目名称等。利用 Protégé 软件中 DataProperties 标签对类的数据型属性进行描述，并对取值类型进行定义，如定义项目编号的取值类型为“string”。本研究部分数值型属性设置如表 5-2 所示。

表 5-2　领域本体数值型属性设置

序　号	数值型属性名称	取 值 类 型	函 数 特 性
1	施工活动名称	string	Functional
2	施工活动编号	string	Functional
3	所属项目编号	string	Functional
4	施工活动描述	string	Functional
5	致险因子名称	string	Functional
6	致险因子编号	string	Functional
7	风险事件后果名称	string	Functional
8	所属风险事件描述	string	Functional
9	措施描述	string	Functional

4. 实例定义与构建

在本体的定义中，实例表示的是对象，类(概念)是对象的集合，因此可以将实例看作是特殊的类(概念)。但一个概念术语是类还是实例往往不是很好区别，主要是根据具体应用领域中规定的类(概念)表达的最低粒度水平以及实例的起始划分，本研究中将一个概念范围较大的表示为类(概念)，而对于类下面细分的最精确的一些概念则定义为实例。在综合管廊施工风险领域本体知识库的构建过程中，具体的综合管廊施工项目是一个实例，综合管廊施工项目的具体施工工序活动产生的致险因子是实例，致险因子传递产生的风险事件也是实例。

根据图 5-3 所示综合管廊施工安全风险领域本体框架，一次完整的安全风险管理流程应该是所创建的施工活动实例、致险因子实例、风险事件实例、风险事件后果实例和管控措施实例之间形成的链路关系，从链路起点开始，每添加一个实例，通过添加它们的对象型属性，将其选择指向另一个实例，同时对其添加数值型属性，链路关系的创建使得专家经验知识得到了有效保存并使经验知识共享、重用有了实现的基础。本研究创建的本体实例框架如图 5-4 所示。

5. 知识库推理与更新

根据 5.3.1 节中所述算法，本部分以简单结构算法为基础，综合考虑概念层次深度，采用综合概念语义距离、概念语义层次和概念语义重合度的概念语义相似度计算方法，据此进行本体知识库在综合管廊施工风险应对措施的推理。案例推理在整个基于本体论的综合管廊施工安全风险管理模型中起主导推理作用，完成案例的推理检索、案例复用、案例修正与案例保存，实现了经验知识的共享与重用。最终，基于本体论的综合管廊风险应对知识库如图 5-5 所示。

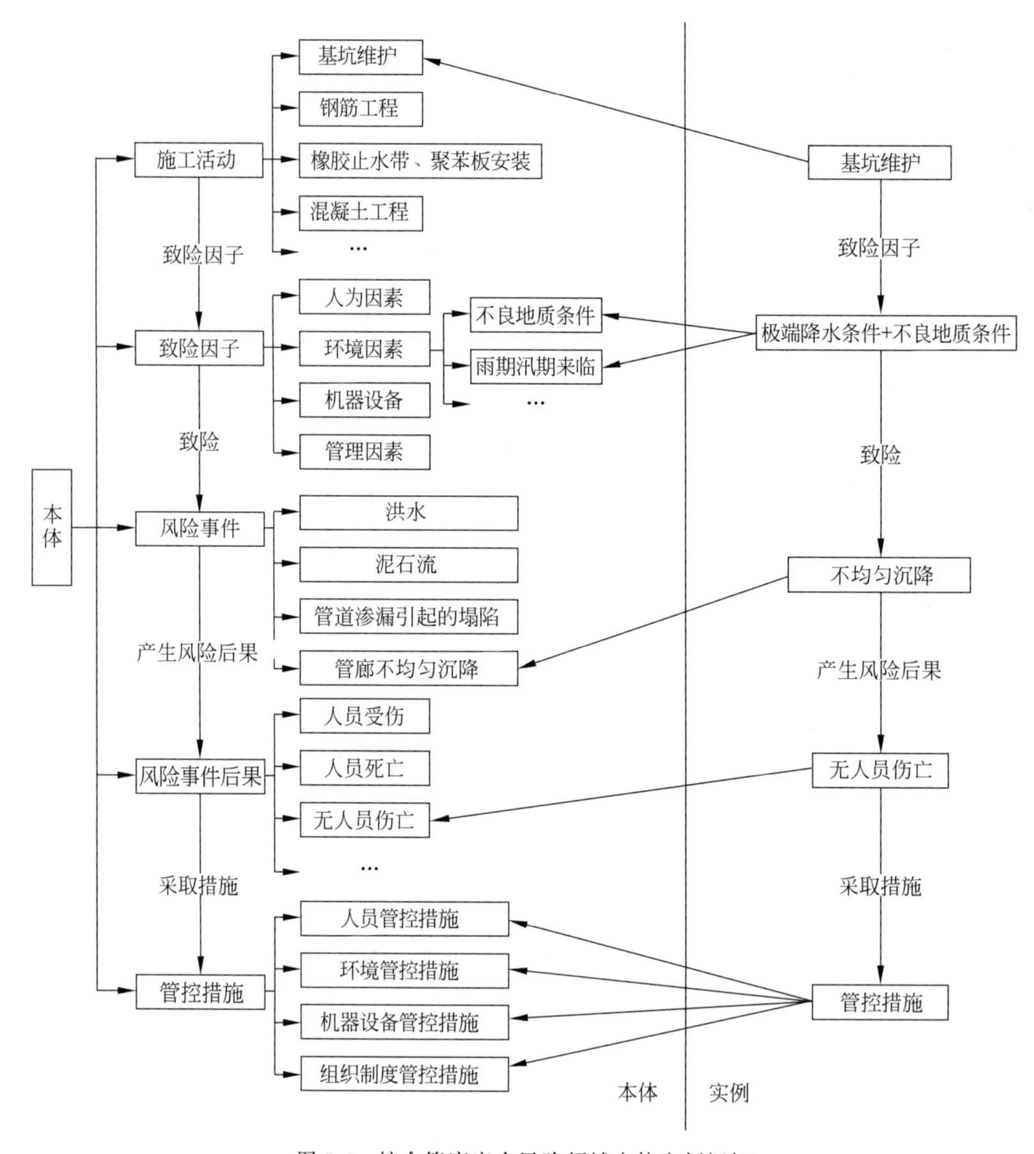

图 5-4 综合管廊安全风险领域本体实例框架

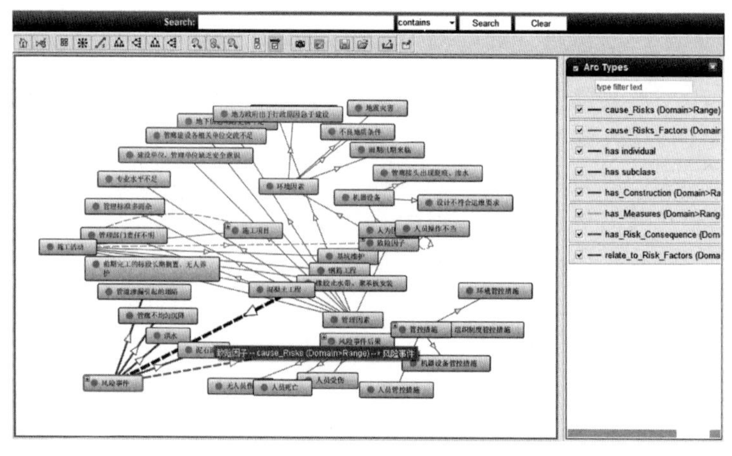

图 5-5 综合管廊安全风险领域本体知识库

5.5　结论

本部分通过构建了综合管廊施工安全风险领域本体知识库,实现了经验知识的保存、共享与重用。首先,构建了基于本体论的综合管廊施工安全风险管理模型,完成管理模型应用层、业务逻辑层以及数据层的层次化与模块化设计,其次,在选用领域本体构建工具 Protégé 的基础上,参考现有建模方法,提出综合管廊施工风险领域本体建模方法与步骤,并在 Protégé 软件中完成综合管廊施工事故案例与相关领域专家经验知识的领域本体知识库的构建;再次,在以领域本体知识库为核心的管理模型数据层的支持下,设计了案例推理模块的业务逻辑层工作流程;最后,基于数据层与业务逻辑层的支持,设计了综合管廊施工风险应对的应用层工作流程,实现经验知识的共享与重用,以提高综合管廊施工风险管理水平。

参考文献

[1] 北京市城市管理委员会关于加强城市地下综合管廊运行维护管理工作的通知[J]. 北京市人民政府公报,2018(25): 51-54.

[2] 姜金延,陈晓红. 综合管廊研究综述[J]. 城市道桥与防洪,2020(6): 278-282,31-32.

[3] 郭佳奇,钱源,王珍珍,等. 城市地下综合管廊常见运维灾害及对策研究[J]. 灾害学,2019,34(1): 27-33.

[4] HU M,YLA B,VSC D, et al. Automated structural defects diagnosis in underground transportation tunnels using semantic technologies[J]. Automation in Construction,2016,107(C): 102929.

[5] WANG W,FANG J. Study on the Risk Evaluation Model of Utility Tunnel Project under a PPP Mode[C]. International Conference on Construction and Real Estate Management 2017: 371-381.

[6] LEE P C,WANG Y,LO T P, et al. Corrigendum to "An integrated system framework of building information modelling and geographical information system for utility tunnel maintenance management"[J]. Tunnelling and underground space technology,2019,83: 592.

[7] NECHES R,FIKES R E,FININ T, et al. Enabling Technology for Knowledge sharing[J]. AI Magazine,1991,12(3): 36-56.

[8] 岳丽欣,刘文云. 国内外领域本体构建方法的比较研究[J]. 情报理论与实践,2016,39(8): 119-125.

[9] THOMAS,R,GRUBER. A translation approach to portable ontology specifications[J]. Knowledge Acquisition,1993,5(2): 199-220.

[10] GUARION N. The Ontological Lvevl[C]//CASATI R,SMITH B,WHITE G. Philosophy and the Cognitive Science. Vienna: Holder-Pichleer-Tempsky. 1994: 443-456.

[11] BORST W. Construction of Engineering Ontologies[D]. Enschede: University of Twenty. 1997.

[12] STUDER R,BENJAMINS V R,FENSEL D. Knowledge Engineering: Principles and Methods[J]. Data and Knowledge Engineering,1998,25(1-2): 161-197.

[13] 杜萍. 基于本体的中国行政区划地名识别与抽取研究[D]. 兰州: 兰州大学,2011.

[14] 钟凯. 基于本体的绿色施工上下文感知系统的研究[D]. 武汉: 武汉理工大学,2010.

[15] 刘欣,姜韶华,李忠富. 基于本体的建筑成本估算知识表示研究[J]. 工程管理学报,2015,29(3): 19-24.

[16] 杨洪锢. 基于模糊本体的市政工程非开挖施工风险评价系统研究[J]. 太原理工大学学报,2012,43(6): 739-740.

[17] HE L,JIANG P. Manufacturing Knowledge Graph: A Connectivism to Answer Production Problems Query with Knowledge Reuse[J]. IEEE Access,2019,99: 1.

[18] 颜友军.移动平台上基于本体知识库的问答与Web服务推送系统[D].南京:南京大学,2013.

[19] 黄珂萍,蒋昌俊.基于本体的城市交通的知识分析和推理[J].计算机科学,2007(3):192-196.

[20] 李长荣,纪雪梅.面向突发公共事件网络舆情分析的领域情感词典构建研究[J].数字图书馆论坛,2020(9):32-40.

[21] ZHONG B,LI Y. An Ontological and Semantic Approach for the Construction Risk Inferring and Application[J]. Journal of Intelligent and Robotic Systems,2015,79(3):449-463.

[22] HOMEM T P D,SANTOS P E,COSTA A, et al. Qualitative Case-Based Reasoning and Learning [J]. Artificial Intelligence,2020,283:103258.

[23] 晏震乾,曹磊,陈金.基于案例推理和粗糙集的商用飞机故障诊断研究[J].计算机测量与控制,2020,28(8):23-26+31.

[24] 光晖.基于本体的企业知识型员工人岗匹配案例推理系统研究[D].合肥:合肥工业大学,2020.

[25] 侯玉梅,许成媛.基于案例推理法研究综述[J].燕山大学学报(哲学社会科学版),2011,12(4):102-108.

[26] 刘常昊,郑万波,杨志全,等.区域煤矿智慧应急管理信息平台的多层次数字预案信息系统[J].能源与环保,2020,42(12):124-129.

[27] 高晓荣,郭小阳,徐英卓.基于本体和CBR的钻井工程风险决策模型研究[J].计算机工程与应用,2015,51(3):268270.

[28] PALMER M,WU Z. Verb Semantics for English-Chinese Translation[J]. Machine Translation,1995,10(1):59-92.

第 6 章

基于改进AHP-CIM的综合管廊风险评价研究

6.1 研究背景

近年来，土地资源的日趋稀缺，综合管廊因其在资源整合、检修便捷等方面的优越性逐渐成为城市市政设施建设的主要选择。随着国务院的政策支持，我国综合管廊的建设规模也正在逐步扩大。综合管廊是指市政地下管线综合体，是将市政管线如电力、通信、燃气、给排水、供热等工程管线集于一个共同的地下隧道空间，并且通过设置专门的吊装、检修口、控制和检测配套系统等，从而实现其统一的规划、运营、维护以及管理。作为为城市提供公共服务的基础设施，综合管廊的建设对于解决城市病、促进城市承载力的提升、满足城市的民生需求具有重要意义。但是总体而言，我国综合管廊的建设仍处于起步阶段，尽管近年来我国综合管廊运维承包企业的管控水平有了长足的提高，但综合管廊的运维管理水平仍然不足，对管廊运维的风险评价办法尚不完善，灾害事故时有发生。目前仍缺乏更加科学客观的方法对综合管廊运维风险进行整体的评价。

本部分将在分析综合管廊风险因素的基础上，运用改进后的层次分析法（AHP）与控制区间和记忆（controlled interval and memory，CIM）模型建立一个全新的综合管廊运维风险评价，并应用于实际案例。目前，我国已有多个城市的综合管廊在建或投入运营。安全问题在综合管廊运行维护过程中至关重要，近年来，国内外学者对此进行了大量研究。

国内学者就综合管廊风险评价已经提出了较多想法，涵盖投资、施工、运维等全生命周期各个阶段。本部分将现有文献归纳为三种类型：专项型灾害事故风险评价研究、耦合风险评价研究、全面风险评价研究。专项型灾害事故风险评价研究方面，李昭阳和王妮分别使用事故树分析法以及肯特法对综合管廊内天然气泄漏事故进行了全面的风险辨识与评价[1-2]；端木祥玲等基于层次分析法和模糊综合评价法，选择综合管廊情况、消防设施、疏散设施、安全管理、逃生人员技能五个方面作为影响综合管廊火灾风险的主要影响因子，对综合管廊火灾风险进行了评价[3]；黄萍等建立了综合管廊火灾安全评价指标体系，提出利用基于 AHP-证据理论的评价模型对综合管廊火灾安全等级进行评价[4]；沈颖采用模糊故障树分析方法，从风险研究角度评估综合管廊内燃气管道泄漏的故障概率，识别出了其中的主要风险点，制定出了专用应急预案并对其完备性进行了评估[5]。耦合风险评价研究方面，王述红等针对综合管廊可能发生的单一灾种建立了危险评价指标，并应用模糊数学方法建立耦合度模型从而得到多灾种之间的耦合关系，最终提出了综合管廊多灾耦合致灾的风险评价方法[6]；邱实等提出了一种基于耦合度模型和信息熵的综合管廊施工安全风险耦合评价方法，运用信息熵量化各指标权重，并基于耦合度模型以耦合度值对综合管廊施工安全风险状态进行了定量评价[7]；柴康等设计了基于模糊聚类分析的综合管廊多灾种耦合预测模型，基于可变模糊聚类方法实施聚类，然后运用模糊数学获取多个灾种之间的耦合关系，最终实现综合管廊多灾种耦合预测[8]。全面风险评价研究方面，陈雍君等基于贝叶斯网络构建了综合管廊灾害风险模糊综合评估模型，对灾害风险实现了评级[9]；刘玉梅等基于灰色聚类法构建评价模型，对综合管廊项目运营风险进行了评价[10]。张勇等建立了全生命周期风险评估指标体系，并运用模糊层次分析法进行了风险评估[11]；陆婷等(2020)基于信息熵组合赋权与可拓理论，构建了综合管廊项目运行维护风险评价模型[12]；蔡孟龙等建立了基于改进 D-S(Dempster/Shafer)证据理论的施工安全风险评价模型，对重庆市开州综合管廊建设一期项目进行了全面评价[13]；同时，文献[14]通过对比分析我国台湾地区和大陆地区的综合管廊运维管理，分析了我国大陆地区综合管廊在运维管理方面的不足，文献[15]也分析了综合管廊运行维护灾害等问题，为运维阶段的综合管廊减灾防灾提供了参考。

虽然国外综合管廊的建设相较国内的建设超前，国外学者就综合管廊风险评价的研究相对成熟，但单纯针对综合管廊的风险评价研究文献相较国内而言较少，涉及相关域管隧道风险评价较多。因此将现有文献归纳为两类：综合管廊风险评价研究、其他相关风险评价研究。综合管廊风险评价研究方面，Canto-Perello 等提出了一种结合色标法、德尔菲法和层次分析法的专家系统，分析了综合管廊的临界性和威胁性，用来支持城市地下设施安全政策的规划[16]；Jang 等研究了综合管廊内由燃气泄漏及未知点火引起瓦斯爆炸的情况[17]；Wang 等构建了综合管廊 PPP 项目(Public-Private-Partnership)的风险评价模型，在问卷调查的基础上确定效用的风险因素，进而设计了风险评价指标体系，采用优化的模糊综合评级法进行了风险评价[18]；He 等提出了一种新的综合管廊内火灾风险评估方法，在电缆火灾历史数据缺乏的情况下，采用模糊理论计算了电缆火灾主要事件的失效概率，并使用加权模糊 Petri 网进行模糊推理，采用数值模拟方法对电缆火灾造成的损失进行量化，从而量化电缆火灾的风险[19]；Ding 等运用故障树模型对影响综合管廊项目 PPP 模式风险的因素进行分析，得出项目风险有较大影响的因素，发现 PPP 模型在综合管廊中的应用更适合发达地区[20]；文献[21]分析了 PPP 模式下中国城市综合管廊项目的关键风险；文献[22]则从韩国城市的实际情况出发，分析了综合管廊的关键风险及其等级。其他相关风险评价研究方面，早在 2011 年，Rita 等就提出了一种系统地评估和管理隧道相关风险的方法，通过将地质预测模型与施工策略决策模型相结合，在隧道施工前预测地质在不同的施工策略中选择风险最小的施工策略[23]；Golam 等提出了一种评估金属水管失效风险的贝叶斯信念网络模型，该模型能够对配电网中的供水干管进行排序，从而识别出脆弱和敏感的管道，为合理的供水管理提供依据[24]；Zhang 等基于模糊贝叶斯网络提出了一种用于隧道火灾安全风险分析方法[25]；Mazher 等基于模糊积分提出了一种新的公私合作基础设施项目(PPP 项目)风险评估方法，帮助利益相关者进行风险管理决策[26]；Wu 等建立了基于云模型的地铁隧道盾构施工风险评估模型，有效地解决了指标因素的随机不确定性和模糊不确定性[27]；除此以外，文献[28-30]也分别对地下隧道、海底隧道以及电缆的风险实现了动态分析。

总之，现有研究也存在一些不足之处，如：

（1）现有研究较多关注的是综合管廊燃气泄漏、火灾等这些专项型灾害的影响及其防控，对综合管廊运营维护阶段的总体风险评估研究还相对较少；

（2）现有研究针对综合管廊投资、设计、施工等方面的研究相对较多，着重针对综合管廊运行维护风险分析的研究相对较少；

（3）在针对综合管廊运行维护风险的研究过程中，多数研究倾向于定性分析，缺少可靠的运行维护风险的定量、综合评价方法；

（4）在对风险重要性进行排序的过程中，多采用层次分析法等主观赋权方法，难以充分考虑风险评价指标所包含信息，具有一定局限性。

6.2　研究方法

6.2.1　改进层次分析法

层次分析法是美国学者Saaty提出的一种处理复杂问题的有效办法。它是将复杂问题分解为多个影响因素，依据各因素间的逻辑关系建立层次结构后，对每一层级进行定性定量计算，最终依据权重进行层层汇总实现综合决策的过程。方法运用的具体步骤如下：

（1）建立层次结构模型。按照不同属性把各因素分解为目标层、准则层、指标层。

（2）构造比较判断矩阵。从层次结构模型的第2层开始，运用比较法和标度法比较同等层次间因素的重要程度，从而构造比较矩阵，见式(6-1)：

$$(b_{ij})_{n\times n}=\begin{bmatrix} b_{11} & b_{12} & \cdots & b_{1n} \\ b_{21} & b_{22} & \cdots & b_{2n} \\ \vdots & \vdots & & \vdots \\ b_{n1} & b_{n2} & \cdots & b_{nn} \end{bmatrix} \tag{6-1}$$

目前国内的相关学者对AHP的改进主要集中在比较矩阵、标度的构造、特征向量的权重求解等方面，其中标度的构造是问题研究的焦点。本部分选择从标度的设计上对AHP进行改进。

如表6-1所示为传统“九标度法”构造比较矩阵的赋值规则。分析得到，该方法存在主观性较强，实际操作不便，需要利用文字之间的席位差别，如“稍微重要”“较为重要”“极为重要”“极端重要”，构建比较矩阵。这对于一些在影响方面区别较小，基数又较大的因素集来说实践起来尤为困难。

表6-1　“九标度法”的两两比较

数　值	重要程度
1	i 元素和 j 元素比同等重要
3	i 元素和 j 元素比稍微重要一点
5	i 元素比 j 元素重要

续表

数　值	重 要 程 度
7	i 元素比 j 元素重要很多
9	i 元素比 j 元素明显重要
2、4、6、8	i 与 j 两元素的相互重要性介于上述两两相邻的判断尺度之间

针对"九标度法"存在的缺陷，建立一个全新的"五标度法"进行判断，将九标度中 1～9 共 9 个数字转换为 1/4，1/2，1，2，4 这 5 个数字，从而构建新的判断矩阵如下表 6-2 所示。改进后的"五标度法"在一定程度上区分了"九标度法"在文字上的模糊表述，不关注"稍微""明显""十分"等这些细微文字上的比较，减少了人为的主观问题，同时降低了实际操作的难度，实施起来更为高效。除此以外，由于 5 个数字的选择具有比例关系，所以最后无须进行一致性检验，即可快速得到权重分配比例。

表 6-2　"五标度法"的两两比较

数　值	重 要 程 度
4	i 因素比 j 因素绝对重要
2	i 因素比 j 因素略微重要
1	i 因素与 j 因素同等重要
1/2	j 因素比 i 因素略微重要
1/4	j 因素比 i 因素绝对重要

(3) 对比较矩阵归一化处理，得到标准的两两比较矩阵，见式(6-2)：

$$(\bar{b}_{ij})_{n\times n}=\begin{bmatrix}\bar{b}_{11} & \bar{b}_{12} & \cdots & \bar{b}_{1n}\\ \bar{b}_{21} & \bar{b}_{22} & \cdots & \bar{b}_{2n}\\ \vdots & \vdots & & \vdots\\ \bar{b}_{n1} & \bar{b}_{n2} & \cdots & \bar{b}_{nn}\end{bmatrix} \tag{6-2}$$

计算准则层以及指标层风险因素权重。对标准两两比较矩阵每行的元素进行求和得到和值，该行每个元素分别除以这个和值，就计算出了该元素的权重，见式(6-3)：

$$w_i=\overline{b_i}/\sum_{i=1}^{n}b_i \tag{6-3}$$

由每个指标层的权重值构建权重矩阵，如式(6-4)。

$$\boldsymbol{W}=(w_1 \quad w_2 \quad \cdots \quad w_i) \tag{6-4}$$

6.2.2 CIM 模型

CIM 模型是一种控制区间的记忆评估模型，分为串联相应模型和并联相应模型两种，是分析复杂风险因素概率分布叠加的有效方法。它将风险因素概率函数的积分直接用风险因素概率分布的直方图之和来代替，能够简化风险因素概率计算，在处理复杂多变的信息方面具有显著优势。

在综合管廊运维安全风险中，意外风险发生的概率较大，各级风险因素的出现都具有随机性，不确定性因素较多，且相互作用、相互影响，导致各风险因素之间呈多元化影响，当引起风险的因素发生变化时，必然会导致风险本身或关联因素产生变化，此时可将同级风险因素简化为并联关系，因此本部分选取相乘的概率叠加法，应用并联响应模型进行研究。

在进行风险概率叠加计算时，我们设决策目标为 X，存在随机发生的 n 个互相影响的风险因素，记为 $X_1,X_2,\cdots,X_n$，则其组合响应概率计算见式(6-5)：

$$P(X_a=x_a)=\sum_{i=1}^{n}P(X_1=x_a,X_2\leqslant x_a)+\sum_{i=1}^{n}P(X_1<x_a,X_2=x_a) \tag{6-5}$$

式中，$a=1,2,\cdots,n$；

x_a 表示被划分的区间，为 n 组。

当存在 2 个及以上风险因素时，我们运用该模型进行概率分布叠加计算，图 6-1 为 CIM 并联响应模型的风险叠加流程：将第 1 个和第 2 个风险因素概率分布进行叠加计算，得到新概率分布叠加值，将这个叠加值与第 3 个风险因素概率分布进行第 2 次概率分布叠加，以此类推，经过 $n-1$ 次叠加计算，直至算到最后 1 个因素的概率分布叠加值，即得到该主风险等级的概率分布。

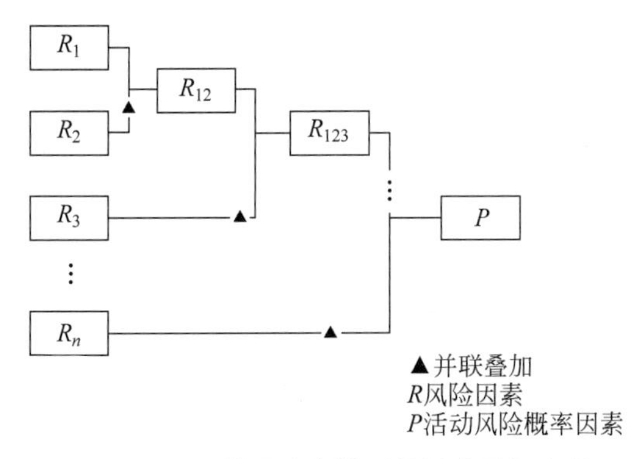

图 6-1　CIM 并联响应模型的风险叠加流程

6.2.3　改进 AHP-CIM 模型构建

AHP 具有系统、简洁实用性，能够对事物进行定性分析，但其存在的主观性会影响决策问题的精确性。CIM 模型侧重处理定量问题，采用简化的直方图概率分布，能够客观地计算和分析数据，但对定性决策问题的指标无法进行量化计算。将 AHP 与 CIM 模型相结合，将 CIM 模型中的定性指标由 AHP 进行定量化，再克服 CIM 模型在独自运用时不能很好地处理定性指标的问题，同时弥补 AHP 模型受主观因素影响的缺陷，实现定性定量相结合。

运用改进 AHP-CIM 模型对综合管廊运维风险进行评价的具体程序如图 6-2 所示。

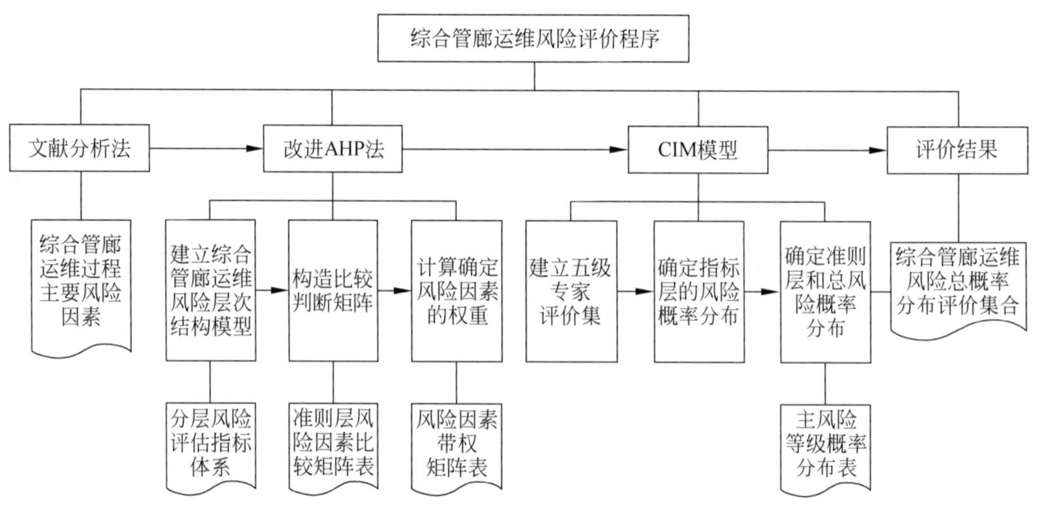

图 6-2 AHP-CIM 模型评价程序

6.3 实例验证分析

本部分选择北京市通州运河核心区北环环隧综合管廊作为示例，对构建的模型进行分析与验证。

北京市通州运河核心区北环隧道综合管廊位于通州运河北环交通环形隧道下方，是北京市首个兼具城市道路交通与市政职能的地下三层环廊。北环环隧深埋在通州区北关北街、新华东路、永顺南街、北关中路地下，主隧道长 1.5km、结构总宽 16.55m、高 12.9m、包含行车道层、设备夹层、综合管廊层。综合管廊为双层结构，与环形隧道共构，管廊断面分三舱布置，电舱、水信舱和热力舱，全长约 2.3km。

6.3.1 构建综合管廊运维风险评价指标体系

由于目前关于综合管廊运维管理阶段的风险研究相对较少，为更为全面地获得综合管廊运维过程中存在的风险因素，我们采用文献分析法，阅读并结合文献综述部分已有的文献资料和信息数据，对综合管廊运维管理过程中存在的风险因素进行归纳识别。

初步划分管理层面、管廊本体、入廊管线、环境因素、设施设备五个方面作为风险来源，重点整理分析天然气管道、给排水管道、电力管道、石油管道以及管廊主体等已发生的事故致因。通过阅读此类文献资料以及我国各地区的相关标准规范，归纳得出初步风险清单如表 6-3 所示。

表 6-3 综合管廊运维管理过程主要风险因素文献收集表

序　号	风险类别	文献出处
1	管理部门职责不明确，安全意识差	文献[10]
2	管理单位众多，协调难度大	文献[11,12]
3	档案管理混乱	文献[12]

续表

序 号	风险类别	文献出处
4	管理标准不健全、不规范	文献[13,14]
5	人员操作不当	文献[14]
6	人员入侵、偷盗	文献[14]
7	日常维护不到位	文献[31]
8	运维设备设施简陋	文献[31]
9	技术不成熟	文献[32]
10	外力作用,第三方施工破坏	文献[33]
11	管道腐蚀,管道焊接不合格	文献[34]
12	管道渗漏	文献[33,34]
13	阀门、管件等产品与安装质量	文献[35]
14	管廊不均匀沉降,结构稳定性	文献[36]
15	管道间相互影响,危险管道聚集	文献[36]
16	油气、天然气等引发的火灾、爆炸等	文献[37]
17	地震、洪水、泥石流等自然灾害	文献[38]
18	城市修建,道路开挖	文献[39,40]
19	管廊内部空气湿度、氧气与毒气含量	文献[37,40]
20	管廊防水、排水口密度	文献[41]
21	通风照明消防设施不完善	文献[42]
22	地下管线信息动态更新不及时	文献[43,44]
23	地上地下信息不联动	文献[44]
24	智能控制不足	文献[44]
25	通信不畅通	文献[45]

基于初步风险因素清单进行进一步归纳,依照 AHP 的基本原理,建立综合管廊运维风险的综合评价指标体系,并依据 AHP 的模型构建原则,将该体系共划分为三层,即目标层、准则层、指标层,如图 6-3 所示。

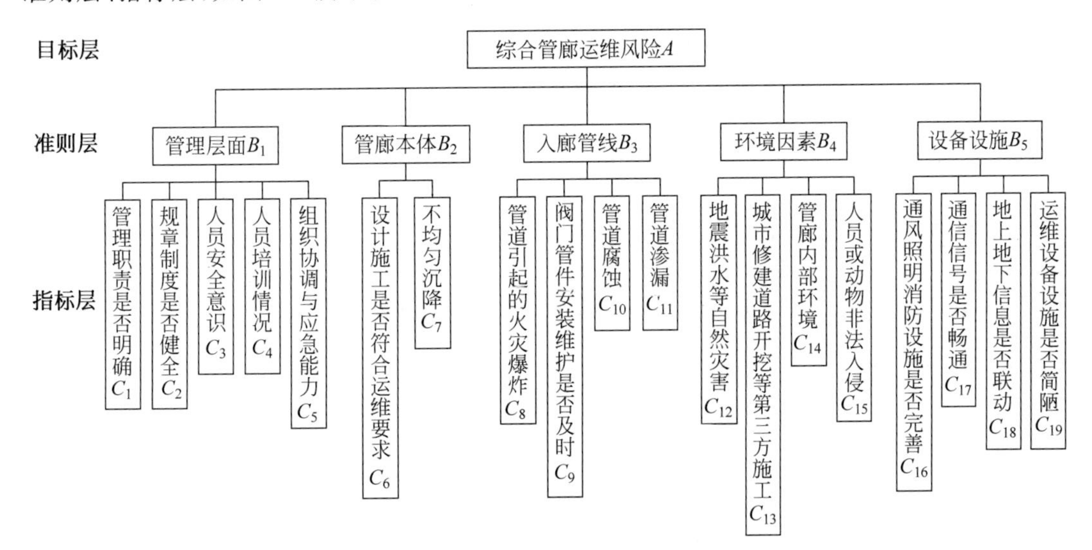

图 6-3 综合管廊运维风险评价指标体系

6.3.2 确定风险因素的权重

结合北京市通州运河核心区北环隧道综合管廊的实际情况，将图 6-3 作为该综合管廊运维风险综合评价体系的风险因素层次结构模型，按照表 6-2 所述“五标度法”，请综合管廊专家就准则层各风险因素对项目的影响程度进行两两比较，得到其中相对重要程度，并给出相应的标度值，从而构造两两比较矩阵（表 6-4）。

表 6-4 准则层 B 的风险因素比较矩阵表

A	B_1	B_2	B_3	B_4	B_5
B_1	1	2	2	4	2
B_2	1/2	1	1/2	2	1/2
B_3	1/2	2	1	2	1/2
B_4	1/4	1/2	1/2	1	1
B_5	1/2	2	2	2	1

由表 6-4 得到该综合管廊主风险因素两两比较矩阵，见式(6-6)：

$$\begin{bmatrix} 1 & 2 & 2 & 4 & 2 \\ 0.5 & 1 & 0.5 & 2 & 0.5 \\ 0.5 & 2 & 1 & 2 & 0.5 \\ 0.25 & 0.5 & 0.5 & 1 & 0.5 \\ 0.5 & 2 & 2 & 2 & 1 \end{bmatrix} \tag{6-6}$$

对式(6-6)进行归一化处理，得到标准的两两比较矩阵，见式(6-7)：

$$\begin{bmatrix} 0.3636 & 0.2667 & 0.3333 & 0.3636 & 0.4444 \\ 0.1818 & 0.1333 & 0.0833 & 0.1818 & 0.1111 \\ 0.1818 & 0.2667 & 0.1667 & 0.1818 & 0.1111 \\ 0.0909 & 0.0667 & 0.0833 & 0.0909 & 0.1111 \\ 0.1818 & 0.2667 & 0.3333 & 0.1818 & 0.2222 \end{bmatrix} \tag{6-7}$$

采用改进的五标度法，无须进行一致性检验。根据式(6-7)并结合式(6-2)的运算法则在 MATLAB 中进行计算，得到准则层主风险因素的权重，见式(6-8)：

$$\boldsymbol{W}=(w_1 \quad w_2 \quad w_3 \quad w_4 \quad w_5)=(0.3543 \quad 0.1383 \quad 0.1816 \quad 0.0886 \quad 0.2372) \tag{6-8}$$

6.3.3 计算 CIM 模型概率分布

1. 建立专家评价集并确定指标层 C 的风险概率分布

基于上文所给出的层次结构模型，从管理水平、管廊本体、入廊管线、环境因素以及设备设施 5 个方面，由 10 名专家对各主风险的子风险因素（即指标层）进行评分，评价结果采用五级方式，分别是风险大、风险比较大、风险适中、风险比较小、风险小。详细评价结果参见附录 A。设评价集为 V，则将其表示为式(6-9)：

$$V=(V_1 \quad V_2 \quad V_3 \quad V_4 \quad V_5)=(\text{小} \quad \text{较小} \quad \text{适中} \quad \text{较大} \quad \text{大}) \tag{6-9}$$

我们设专家对第 i 个风险因素给出的评价等级为 j，N_j 为对风险因素 i 给出评价等级

j 的专家人数，N 为专家的总数，则 P_{ij} 表示该风险因素的风险等级概率，其计算见式(6-10)：

$$P_{ij}=\frac{N_j}{N} \tag{6-10}$$

据此计算，得到指标层全部子风险的等级概率(表 6-5)。

表 6-5　通州运河核心区北环隧道综合管廊运维风险等级概率表

风险指标		风险等级概率				
		小	较小	适中	较大	大
管理层面 B_1	管理职责是否明确 C_1	0.0	0.0	0.3	0.2	0.5
	规章制度是否健全 C_2	0.0	0.0	0.2	0.5	0.3
	人员安全意识情况 C_3	0.0	0.0	0.2	0.4	0.4
	人员培训情况 C_4	0.1	0.1	0.2	0.3	0.3
	组织协调与应急能力情况 C_5	0.0	0.0	0.3	0.3	0.4
管廊本体 B_2	设计施工是否符合运维要求 C_6	0.0	0.1	0.1	0.3	0.5
	不均匀沉降 C_7	0.2	0.0	0.5	0.2	0.1
入廊管线 B_3	管道引起的火灾爆炸 C_8	0.3	0.1	0.3	0.2	0.1
	阀门管件安装维护是否及时 C_9	0.1	0.0	0.1	0.2	0.6
	管道腐蚀 C_{10}	0.1	0.1	0.4	0.2	0.2
	管道渗漏 C_{11}	0.2	0.1	0.5	0.1	0.1
环境因素 B_4	地震、洪水等自然灾害 C_{12}	0.5	0.1	0.3	0.1	0.0
	城市修建道路开挖等第三方施工 C_{13}	0.4	0.2	0.4	0.0	0.0
	管廊内部环境 C_{14}	0.0	0.1	0.6	0.2	0.1
	人员或动物非法入侵 C_{15}	0.5	0.1	0.3	0.1	0.0
设备设施 B_5	通风照明消防设施是否完善 C_{16}	0.1	0.0	0.2	0.4	0.3
	通信信号是否畅通 C_{17}	0.1	0.0	0.5	0.2	0.2
	地上地下信息是否联动 C_{18}	0.1	0.0	0.6	0.1	0.2
	运维设备设施是否简陋 C_{19}	0.0	0.1	0.4	0.3	0.2

2. 并联叠加计算准则层 B 的主风险等级概率分布

运用 CIM 的并联响应模型，对表 6-5 指标层 C 的子风险等级概率进行准则层主风险概率分布计算。下面以子风险数适中的准则层 B_3 入廊管线风险为例，展示其各风险等级发生的概率分布的算法过程。

(1) 第 1 次叠加：依据式(6-5)将主风险的 B_3 子风险 C_8 和 C_9 风险等级概率进行叠加计算。

低风险等级 V_1 概率叠加：$0.3\times0.1=0.03$；

较低风险等级 V_2 概率叠加：$0.1\times(0.1+0)+0\times0.3=0.01$；

中等风险等级 V_3 概率叠加：$0.3\times(0.1+0+0.1)+0.1\times(0.3+0.1)=0.1$；

较高风险等级 V_4 概率叠加：$0.2\times(0.1+0+0.1+0.2)+0.2\times(0.3+0.1+0.3)=0.22$；

高风险等级 V_5 概率叠加：0.1+0.6×(0.3+0.1+0.3+0.2)=0.64；

将第1次叠加的结果 C_{89} 与子风险 C_{10} 进行并联，得到表6-6，准备进行第2次叠加。

表6-6　第1次叠加并联风险等级概率分布表

风险指标		综合评价等级				
		小	较小	适中	较大	大
B_3	第1次叠加值 C_{89}	0.03	0.01	0.1	0.22	0.64
	C_{10}	0.1	0.1	0.4	0.2	0.2
	C_{11}	0.2	0.1	0.5	0.1	0.1

(2) 第2次叠加：依据式(6-5)将 C_{89} 和 C_{10} 风险等级概率进行叠加计算。

低风险等级 V_1 概率叠加：0.03×0.1=0.003；

较低风险等级 V_2 概率叠加：0.01×(0.1+0.1)+0.1×0.03=0.005；

中等风险等级 V_3 概率叠加：0.1×(0.1+0.1+0.4)+0.4×(0.03+0.01)=0.076；

较高风险等级 V_4 概率叠加：0.22×(0.1+0.1+0.4+0.2)+0.2×(0.03+0.01+0.1)=0.204；

高风险等级 V_5 概率叠加：0.64+0.2×(0.03+0.01+0.1+0.22)=0.712；

将第2次叠加的结果 C_{8910} 与子风险 C_{11} 进行并联，得到表6-7，准备进行第3次叠加。

表6-7　第2次叠加并联风险等级概率分布表

风险指标		综合评价等级				
		小	较小	适中	较大	大
B_3	第2次叠加值 C_{8910}	0.003	0.005	0.076	0.204	0.712
	C_{11}	0.2	0.1	0.5	0.1	0.1

(3) 第3次叠加：依据式(6-5)将 C_{8910} 和 C_{11} 风险等级概率进行叠加计算。

低风险等级 V_1 概率叠加：0.003×0.2=0.0006；

较低风险等级 V_2 概率叠加：0.005×(0.2+0.1)+0.1×0.003=0.0018；

中等风险等级 V_3 概率叠加：0.076×(0.2+0.1+0.5)+0.5×(0.003+0.005)=0.0648；

较高风险等级 V_4 概率叠加：0.204×(0.2+0.1+0.5+0.1)+0.1×(0.003+0.005+0.076)=0.192；

高风险等级 V_5 概率叠加：0.712+0.1×(0.003+0.005+0.076+0.204)=0.7408；

通过第3次叠加计算的结果并联就能得到准则层主风险 B_3 各风险等级发生的概率分布(表6-8)。

表6-8　准则层主风险 B_3 风险等级概率分布表

主风险	综合评价等级				
	小	较小	适中	较大	大
B_3	0.0006	0.0018	0.0648	0.192	0.7408

同理，B_1、B_2、B_4、B_5 的风险等级概率分布通过式(6-5)在 MATLAB 中进行叠加计算，得到表 6-9。由该表构造准则层主风险等级概率分布矩阵 $\boldsymbol{B}$，见式(6-11)。

表 6-9　准则层主风险等级概率分布表

准则层风险因素	风险综合评价等级				
	小	较小	适中	较大	大
B_1	0.0000	0.0000	0.0014	0.0868	0.9118
B_2	0.0000	0.0200	0.1200	0.3100	0.5500
B_3	0.0006	0.0018	0.0648	0.1920	0.7408
B_4	0.0000	0.0216	0.5454	0.3330	0.1000
B_5	0.0001	0.0000	0.0629	0.2954	0.6416

$$\boldsymbol{B}=\begin{bmatrix}0.0000 & 0.0000 & 0.0014 & 0.0868 & 0.9118\\0.0000 & 0.0200 & 0.1200 & 0.3100 & 0.5500\\0.0006 & 0.0018 & 0.0648 & 0.1920 & 0.7408\\0.0000 & 0.0216 & 0.5454 & 0.3330 & 0.1000\\0.0001 & 0.0000 & 0.0629 & 0.2954 & 0.6416\end{bmatrix} \tag{6-11}$$

将该风险概率分布矩阵与权重矩阵相乘，计算该综合管廊运维风险概率分布的风险评估矩阵 $\boldsymbol{V}$。

$$\boldsymbol{V}=\boldsymbol{B}^{\mathrm{T}}\times\boldsymbol{W}^{\mathrm{T}}=\begin{bmatrix}0.0000 & 0.0000 & 0.0006 & 0.0000 & 0.0001\\0.0000 & 0.0200 & 0.0018 & 0.0216 & 0.0000\\0.0014 & 0.1200 & 0.0648 & 0.5454 & 0.0629\\0.0868 & 0.3100 & 0.1920 & 0.3330 & 0.2954\\0.9118 & 0.5500 & 0.7408 & 0.1000 & 0.6416\end{bmatrix}\times\begin{bmatrix}0.3543\\0.1383\\0.1816\\0.0886\\0.2372\end{bmatrix}$$

$$\boldsymbol{V}=(0.0001\quad 0.0050\quad 0.0921\quad 0.2081\quad 0.6947)^{\mathrm{T}} \tag{6-12}$$

由该评价集的结果可知，该综合管廊发生风险的等级概率从高到低的排序依次为：高风险＞较高风险＞中风险＞较低风险＞低风险，各风险等级发生的概率分别为 69.47%，20.81%，9.21%，0.5%和 0.01%，总风险等级主要集中在中高风险层次。

关注指标层主风险因素，可以看到，该城市综合管廊：管理因素、管廊本体因素、入廊管线因素、设备设施因素风险等级为高的可能性大；管廊环境因素风险等级为适中的可能性大；管廊运维的总体风险大。

6.4　结论与建议

本部分从标度设计角度对 AHP 的不足之处进行改进，并引入 CIM 模型，结合二者优势，构建改进 AHP-CIM 风险评价模型，实现了一种定性定量相结合的综合管廊运维风险评价方法，并将其应用于北京市通州运河核心区北环环隧综合管廊的实例中进行分析验证。

具体实践过程中，在文献阅读的基础之上，针对该综合管廊的实际情况对其风险因素进行了全面的分析，建立起由 5 个二级指标和 19 个三级指标构成的风险因素评估指标体系，即层次结构模型，并应用改进 AHP-CIM 风险评估模型对该综合管廊各级风险发生的概率进行了计算。计算结果表明：该综合管廊发生运维风险的概率高，其概率为 69.47%，且重点集中在管理层面、管廊本体、入廊管线、设备设施四个方面。

针对研究结论，给出该综合管廊运维风险防控的几点建议：

(1) 政府以及管廊运维承办单位应当加快健全综合管廊运维管理条例，明确运维内容和技术要求，统一规范档案、信息的编制和表现形式，加快运维管理标准化建设；

(2) 明确运维活动的责任分配，加强培训，提升管理人员专业素质与安全意识，尝试与专业的管理运维单位或与政府进行合作，组建更为专业可靠的管理运维团队；

(3) 关注并加快管廊本体以及入廊管线部分应急事故的处理，进一步完善应急事故处理条例，合理分配建设主体人员、入廊管线单位人员、运行维护人员在管理团队中的组成；

(4) 健全综合管廊内部设备设施，及时对阀门、管件等产品进行监测与维护，定期检修、更新照明、通风、消防等关键的基础设施，保持通信信号畅通，注意管廊防水、排水口密度；

(5) 加快建设和完善综合管廊信息化平台，实现智能化运维管理，使地上地下信息联动、实现综合管廊的可视化，做到智能控制和应急决策。

参考文献

[1] 李昭阳. 天然气管道入综合管廊的风险评价[D]. 广州：华南理工大学，2018.

[2] 王妮. 城市综合管廊中天然气管道风险评价[D]. 成都：西南石油大学，2018.

[3] 端木祥玲，白振鹏，李炎锋，等. 基于 AHP-FCEM 的综合管廊火灾风险评价[J]. 中国科技信息，2019，3(4)：113-116.

[4] 黄萍，林秋晖. 基于 AHP 证据理论的综合管廊火灾安全评价[J]. 安全与环境学报，2020，20(1)：1-8.

[5] 沈颖. 城市综合管廊内燃气泄漏及应急预案模糊故障树分析[J]. 安徽电子信息职业技术学院学报，2020，19(4)：24-30.

[6] 王述红，张泽，侯文帅，等. 综合管廊多灾种耦合致灾风险评价方法[J]. 东北大学学报(自然科学版)，2018，39(6)：902-906.

[7] 邱实，黄正德，魏中华，等. 基于 CM 和信息熵的综合管廊施工安全风险耦合评价研究[J]. 工业安全与环保，2019，45(5)：17-22.

[8] 柴康，刘鑫. 基于模糊聚类分析的综合管廊多灾种耦合预测模型[J]. 灾害学，2020，35(4)：209.

[9] 陈雍君，李宏远，汪雯娟，等. 基于贝叶斯网络的综合管廊运维灾害风险分析[J]. 安全与环境学，2018，18(6)：2109-2114.

[10] 刘玉梅，郭海滨，张程城，等. 基于灰色聚类的地下综合管廊项目运营风险评价研究[J]. 价值工程，2018(26)：121-125.

[11] 张勇，张然然. 地下综合管廊全寿命周期风险评估与分析[J]. 西安建筑科技大学学报(自然科学版)，2019，51(2)：294-300.

[12] 陆婷，姜安民，董彦辰，等. 基于信息熵组合赋权-可拓模型的综合管廊项目运维风险评价[J]. 水利与建筑工程学报，2020，18(2)：52-58.

[13] 蔡孟龙，胡庆国，何忠明. 基于模糊集与改进证据理论的综合管廊施工安全风险评价[J]. 公路与汽运，2020，(2)：161-166.

[14] 袁欣然，许淑惠，李磊，等. 我国台湾地区和大陆地区综合管廊运维管理对比分析[J]. 市政技术，2019，37(1)：172-174.

[15] 郭佳奇，钱源，王珍珍，等. 城市地下综合管廊常见运维灾害及对策研究[J]. 灾害学，2019，34(1)：

210-33.

[16] CANTO-PERELLO J, CURIEL-ESPARZA J, CALVO V. Criticality and threat analysis on utility tunnels for planning security policies of utilities in urban underground space[J]. Expert Systems with Applications, 2013, 40(11): 4707-4714.

[17] JANG Y, KIM J H. Quantitative risk assessment for gas-explosion at buried common utility tunnel [J]. Journal of the Korean Institute ofGas, 2016, 20(5): 89-95.

[18] WANG W, FANG J. Study on the Risk Evaluation Model of Utility Tunnel Project under a PPP Mode[C]//International Conference on Construction and Real Estate Management 2017, 2017.

[19] HE L, MA G, HU Q, et al. A Novel Method for Risk Assessment of Cable Fires in Utility Tunnel [J]. Mathematical Problems in Engineering, 2019(15): 1-14.

[20] DING X, LIU K, SHI S, et al. Risk Assessment of PPP Model Based on Fault Tree Model for Urban Underground Utility Tunnel[C]//CEMMS, 2019.

[21] ZHOU X, PAN H, SHEN Y. China's Underground Comprehensive Utility Tunnel Project of PPP Mode Risk Identification[C]//ICCREM, 2017.

[22] SEONG J H, JUNG M H. Study on key safety hazards and risk assessments for small section utility tunnel in urban areas[J]. Journal of Korean Tunnelling and Underground Space Association, 2018, 20(6): 931-946.

[23] RITA L, HERBERT H. Risk analysis during tunnel construction using Bayesian Networks: Porto Metro case study[J]. Tunnelling and Underground Space Technology, 2011, 27(2012): 89-100.

[24] GOLAM K, SOLOMON T, ALEX F. Evaluating risk of water mains failure using a Bayesian belief network model[J]. European Journal of Operational Research, 2014, 240(2015): 220-234.

[25] ZHANG L, WU X, QIN Y, et al. Towards a fuzzy Bayesian network based approach for safety risk analysis of tunnel-induced pipeline damage[J]. Risk Analysis, 2016, 36(2): 279-301.

[26] MAZHER K M, CHAN A, ZAHOOR H, et al. Fuzzy Integral-Based Risk-Assessment Approach for Public-Private Partnership Infrastructure Projects[J]. Journal of Construction Engineering and Management, 2018, 144(12), 04018111, 1-15.

[27] WU H, WANG M, WANG J. Shield Construction Safety Risk Assessment of Metro Tunnels Based on Cloud Model[C]//ICUEMS, 2020.

[28] KANG L. Risk Assessment of Urban Underground Utility Tunnel Based on Fuzzy Analytic Hierarchy Process[J]. Operations Research and Fuzziology, 2019, 9(2): 131-139.

[29] MARIAN W K, BEATA G, ADAM K. Modelling with Bayesian Networks- case study: construction of tunnel under the Dead Vistula River in Gdansk[C]//Creative Construction Conference, 2017.

[30] MARTINKA J, RANTUCH P, SULOVA J, et al. Assessing the fire risk of electrical cables using a cone calorimeter[J]. Journal of Bermal Analysis and Calorimetry, 2019, 35(6): 3069-3083.

[31] 李芊,段雯,许高强. 基于 DEMATEL 的综合管廊运维管理风险因素研究[J]. 隧道建设(中英文), 2019, 39(1): 31-39.

[32] 刘克会. 地下管线的隐患分析与管理[J]. 现代职业安全, 2017(9): 25.

[33] 刘羽霄. 城市地下生命线系统档案建设与管理中存在的问题及对策[J]. 工程与建设, 2015, 29(6): 875.

[34] 王帅超. 城市地下管道渗漏引起的路面塌陷机理分析与研究[D]. 郑州: 郑州大学, 20110.

[35] 陆景慧,杨永慧,赵德春. 地下综合管廊设置燃气管舱的风险分析与应对[J], 煤气与热力, 2016, 36(8): 1.

[36] 吴道云,左明明,吴强. 综合管廊工程建设与实践[J], 科学技术创新, 2017(32): 910.

[37] 叶张. 城市智慧化地下综合管廊建设探究[J]. 住宅与房地产, 2017(33): 216.

[38] 王家见,张弘,路荣博. 石油化工企业地下管线危险性分析[J]. 安全、健康和环境, 2015, 15(1): 23.

[39] 周文,魏瑞娟,潘良波,等.城市地下管线综合治理[J].城市建设理论研究(电子版),2017(28):172.

[40] 常剑锋.市政管线纳入综合管廊的可行性分析[J].天津建设科技,2017,27(5):73.

[41] 曹晨,韩江.综合管廊结构设计要点分析[J].四川水泥,2017(11):96.

[42] 倪金华,向先峰,来俊杰,等.综合管廊机电安装阶段临时通风及照明设施研究[J].施工技术,2017,46(21):33-36.

[43] 刘英杰,袁璐.综合管廊运营阶段协同程度评价研究[J].工程经济,2017,27(9):69.

[44] 叶张.城市智慧化地下综合管廊建设探究[J].住宅与房地产,2017(33):216.

[45] 杨林,朱嘉,李春娥,等.基于肯特法的城市综合管廊安全风险辨识分析[J].城市发展研究,2018,25(8):19-25.

第 7 章

本体知识库结合贝叶斯网络的综合管廊风险预警

7.1 研究背景

现阶段有关综合管廊知识库构建的研究十分稀少，缺乏对综合管廊风险管理中风险本体概念的构建以及对综合管廊建设运维过程中风险知识库的设计，同时现有研究中运用贝叶斯网络对于综合管廊进行风险预警是独立存在的，而本部分利用工作分解结构-风险分解结构（work breakdown structure-risk breakdown structure，WBS-RBS）分解法识别出综合管廊在建设运维过程中的风险因素并构建相应的知识库，同时结合贝叶斯网络的方法进行风险评价以及风险预警。

（1）提出了将 WBS-RBS 分解法、本体知识库构建以及贝叶斯网络进行结合的综合管廊风险识别及预警体系，使风险识别体系更加完整和有效，同时贝叶斯网络中的风险因素赋值会随着时间变化而产生变化，将不同的风险因子权重带入评估模型，依旧适用，使得综合管廊风险评估初步达到了半动态风险评估的状态，能够满足固有风险和事故风险在时间和空间上的变化。

（2）分析了综合管廊运维期间所面临的风险事故、风险类别及风险因素。应用 WBS-RBS 对其进行分解，构建了综合管廊 WBS-RBS 风险耦合矩阵，根据分析结果得出综合管廊运维安全风险识别清单。

（3）在综合管廊建设及运维风险识别的基础上，引入贝叶斯网络的方法，通过贝叶斯网络结构学习和参数学习，构建综合管廊运维安全风险评估贝叶斯网络模型，同时借助贝叶斯网络强大的推理能力，对安全风险进行评估分析，得到了影响综合管廊运维安全风险的关键风险因素，为风险控制决策提供了基础。

7.2 相关研究

7.2.1 本体论技术研究

关于本体论的相关概念，5.1.2 节对其进行了详细的介绍，此处不再赘述。尽管各专家学者用不同的语言表述出了本体的定义概念，但是从根本上来讲，他们将本体论的内涵理解为领域内主体相互交流的语言基础，也就是说，用具有明确本体论定义的词语来表述定义之间的联系，从而使使用者之间达成共识。

7.2.2 贝叶斯网络研究

关于贝叶斯这一概念，Pearl 首次提出了贝叶斯网络模型，也就是使用基于概率理论推理的网络化图形处理知识的不确定性问题[1]。贝叶斯网络是以贝叶斯概率理论为基础的图模型，因其具有很好的处理不确定性问题的能力，成为人工智能领域一个重要的研究方向，并且被应用到了很多其他领域。而 Jensen 等将贝叶斯网络定义为一种可以表达一组随机变量之间概率关系的概率图模型[2]。Stolk 在 Jensen 得出的结论上总结出贝叶斯网络是以有向无环图的形式对系统进行建模，用节点表示系统中的变量，用有向边表示变量之间的因果关系，用条件概率表示变量之间的相关程度，其可以表达和分析多源信息，进而处理不确定性问题[3]。

关于事故风险与贝叶斯的结合，Bensi 等提出了基于贝叶斯网络的基础设施地震风险评估和震后应急决策支持方法[4]；Peng 等提出了基于贝叶斯网络的洪涝灾害居民风险分析和评估模型[5]；马祖军等基于贝叶斯网络构建了城市地震次生灾害演化系统[6]；何小聪等基于贝叶斯网络构建了暴雨洪水风险分析模型，从而提供相应的灾害风险评估和应急决策参考[7]；Janjanam 等提出了面向自然灾害风险分析的贝叶斯网络构建方法[8]；关于综合管廊与贝叶斯网络的结合，Ayello 等使用贝叶斯网络概率图模型创建了管道风险评估模型，分别计算了内部和外部腐蚀风险、制造和施工风险、自然灾害风险、第三方损害风险和维护错误风险[9]；陈雍君等分析了综合管廊运维过程中潜在的灾害风险因素，进而构建了基于贝叶斯网络的灾害风险评估模型[10]。

综上，贝叶斯网络在各个领域，特别是在信息融合和因果分析研究领域被广泛成功地应用，由于其各种优势，越来越受到国内外不同领域学者的关注。

7.3 研究方法

7.3.1 WBS-RBS

WBS，即工作分解结构，指将所研究的项目按照一定的原则进行分解，使整个项目被分解为较小的且更容易管理、能够互相影响的独立单元[11]。图 7-1 表示出了 WBS 的分解过程。

$$\mathrm{WBS}=(W, W_n, W_{nm}) \tag{7-1}$$

式中，W：WBS 任务节点中的管廊本体；

W_n：WBS 管廊本体中的舱室类型集合；

W_{nm}：WBS 舱室类型中所有类型管线的集合。

RBS，即风险分解结构，指将所研究的项目所存在的风险进行分类并细化分解，找到根源的致灾因子或风险因素。图 7-2 表示出了 RBS 的分解过程。

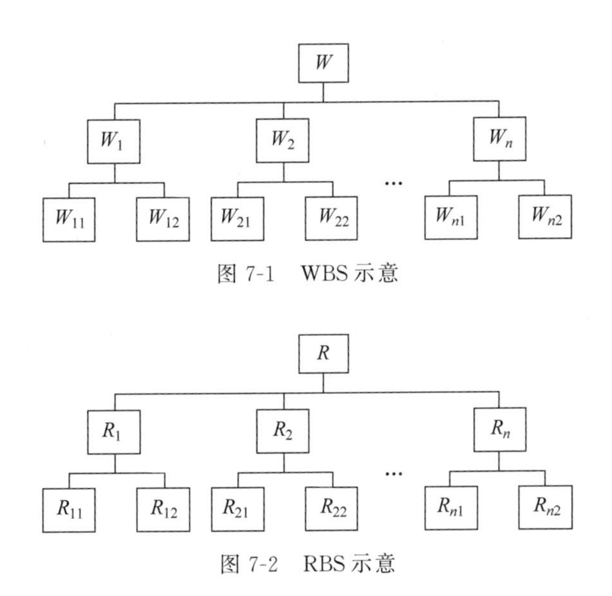

图 7-1　WBS 示意

图 7-2　RBS 示意

其中，R：RBS 任务节点中管廊的风险；

R_n：RBS 风险中管廊的风险类型；

R_{nm}：RBS 风险类型中管廊的风险因素。

7.3.2　本体建模

本体源于哲学概念，随着社会的发展与进步，人们在对世界的研究中，将本体引入到计算机科学、人工智能、信息科学等领域研究中，给出了自己的研究、定义、理解和应用[12-13]。

1. 本体描述语言和建模工具

本体的表述语言又称为本体构建语言，本体的构建过程中最重要的一点就是要使用计算机语言来对本体进行表述，只有这样才能够让计算机理解。其特点为语法、语义定义良好，易于表述，支持推理等。

如今已经有很多的本体建模工具被开发出来，用以实现本体的建立、储存、搜索以及推理等功能，将我们日常使用的非形式化语言进行转化，使计算机易于理解。常用的本体建模工具大体能分为以下两种：基于某种特定的语言（Ontolingua、OntoSaurus、WebOnto 等）、独立于特定的语言（Protégé、WebODE、OntoEdit、OliED 等）。其中 Protégé 的应用最为广泛。涂菁(2007)将 Ontolingua、WebOnto、Protégé、WebODE、OntoSaurus 几种本体建模工具放在一起进行比较，发现 Protégé 在语言学习和使用的难易程度方面均有较为突出的优势，图 7-3 展示出了几种建模工具使用难易程度的对比。

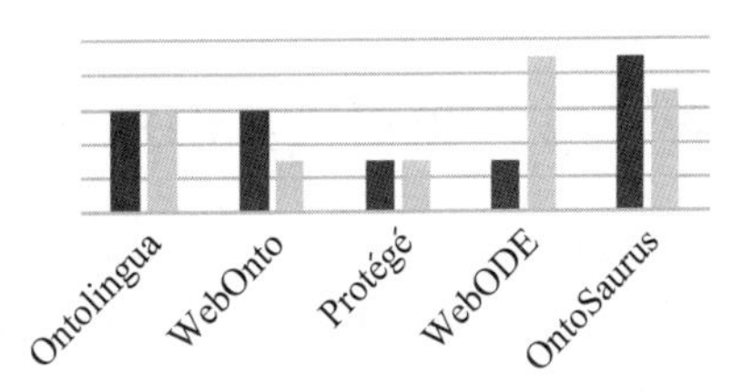

图 7-3　建模工具使用难易程度对比

Protégé 建模工具是由美国斯坦福大学基于 Java 环境研究开发的本体编辑和知识获取软件，其优点在于：

(1) 基于 Java 环境,源代码免费,易于进行学习和交流;
(2) 内部涵盖了本体可视化、知识获取等功能扩展;
(3) 能够支持多种语言对本体进行修改和编辑;
(4) 内部带有实例及说明,易于用户使用。

2. 本体知识库基本组成

综合管廊风险本体知识库是基于人工智能技术,运用 Protégé 作为建立综合管廊风险本体的工具,构建风险事件、原因分类、风险因素等实体及实体间的属性,使得工作人员能够及时了解并掌握综合管廊管理过程中可能产生的风险事件,并且针对风险事件做出正确反应,采取有效的措施和方案,减少和降低风险事件的发生。图 7-4 为综合管廊风险本体知识库基本组成。

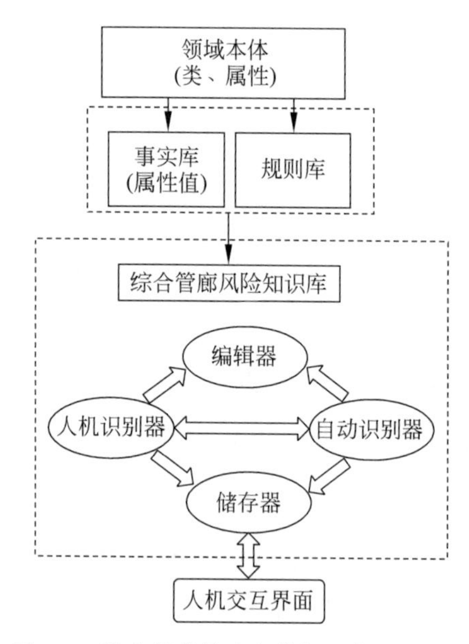

图 7-4 综合管廊风险本体知识库基本组成

7.3.3 贝叶斯网络模型

贝叶斯网络是一个有向无环图模型,应用其学习和推理能力,可以推理出随机变量 $\{X_1,X_2,\cdots,X_n\}$ 及其 n 组联合条件概率分布的性质,也可以实现预测、诊断、分类等任务。贝叶斯网络被视为研究不确定性问题的重要理论方法,也是风险管理研究的常用理论方法之一。图 7-5 为贝叶斯网络中的一个有向图,称 D 为 C 的父节点或根节点;A,D,E 为 C 的邻居节点。贝叶斯网络中的节点表示附有概率分布的随机变量,根节点 X 所附的是边缘分布 $P(X)$,非根节点 X 所附的是条件概率分布 $P(X|\Pi(X))$。设节点变量 $X=[X_1,X_2,\cdots,X_n]$,将各变量所附的概率分布相乘可以得到与之对应的联合概率分布,即

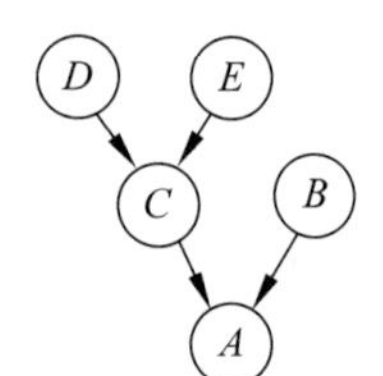

$$P(X_1,X_2,\cdots,X_n)=\prod_{i=1}^{n}P(X_i\mid \Pi(X_i)) \tag{7-2}$$

图 7-5 贝叶斯网络图

1. 贝叶斯网络概率论原理

贝叶斯网络是基于概率论基础理论的方法，其原理应用过程中主要以下面几个概率公式及概念为基础[14]：

1）条件概率

设 A，B 是基本事件 E 的两个子事件，且 $P(B)>0$，则称 $P(A|B)=\dfrac{P(A\cap B)}{P(B)}$ 为在事件 B 发生的条件下，事件 A 的条件概率。

同理 $P(A)>0$，则称 $P(B|A)=\dfrac{P(A\cap B)}{P(A)}$ 为在事件 A 发生的条件下，事件 B 的条件概率。

2）全概率

设 S 为试验 E 的样本空间，$B_1,B_2,\cdots,B_n$ 为 E 的一组事件，若

$$B_iB_j \neq \varnothing,\quad i \neq j \quad i,j=1,2,\cdots,n$$

$$B_1 \cup B_2 \cup \cdots \cup B_n = S$$

则称 $B_1,B_2,\cdots,B_n$ 为样本空间 S 的一个划分。

设 A 为 E 的事件，$P(B_i)>0$，$(i=1,2,\cdots,n)$，则 $P(A)=\sum_{i=1}^{n}P(A \mid B_i)P(B_i)$ 称为全概率公式。

3）贝叶斯公式

设试验 E 的样本空间为 S，A 为 E 的事件，$B_1,B_2,\cdots,B_n$ 为 E 的一组事件，且 $P(A)>0$，$P(B_i)>0(i=1,2,\cdots,n)$，则式 $P(B_i \mid A)=\dfrac{P(A \mid B_i)P(B_i)}{\sum_{j=1}^{n}P(A \mid B_j)P(B_j)}$ 称为贝叶斯公式。

2. 各节点发生概率

确定专家人数和专家权重后，根据以下公式对专家问卷调研结果进行计算，可得到综合管廊运维灾害风险因素概率等级的概率分布，即贝叶斯网络模型中父节点风险因素的先验概率。

$$P(C_i=j)=\sum_{k=1}^{n}\frac{\omega_k P_{ijk}}{\sum_{k=1}^{n}\omega_k} \tag{7-3}$$

式中，$i=1,2,\cdots,9$；$j=1,2,\cdots,5$；

$P(C_i=j)$ 为风险因素 C_i 处于等级 j 的概率；

n 为问卷调查数或专家数；

ω_k 为第 k 个专家的权重；

P_{ijk} 为第 k 个专家认为风险因素 C_i 处于等级 j 的概率，$P_{ijk}=0$ 或 1。

在确定子节点的条件概率时，遵循父节点产生相同概率等级子节点的链式原则，同时假

设各风险因素相互独立，即如果某一父节点处于等级 j，而其他父节点都不高于等级 j，那么子节点处于等级 j，以 $P(B_1|C_1,C_2,C_3)$ 为例，则

$$P(B_1=1 \mid C_1=1,\quad C_2=1,\quad C_3=1)=1$$
$$P(B_1=2 \mid C_1=2,\quad C_2\leqslant 2,\quad C_3\leqslant 2)=1$$
$$P(B_1=2 \mid C_1\leqslant 2,\quad C_2=2,\quad C_3\leqslant 2)=1$$
$$\cdots\cdots$$
$$P(B_1=5 \mid C_1=5,\quad C_2\leqslant 5,\quad C_3\leqslant 5)=1$$
$$P(B_1=5 \mid C_1\leqslant 5,\quad C_2\leqslant 5,\quad C_3=5)=1$$
$$P(B_1=5 \mid C_1\neq 5,\quad C_2\neq 5,\quad C_3\neq 5)=0$$

综上所述，将 Ontology 本体知识库构建与贝叶斯网络的方法进行结合，其中构建本体的方法选用七步法即图 7-6 中创建实例及其前 6 个步骤，其应用最为广泛，能够有效地识别出综合管廊建设以及运维风险，随后借助贝叶斯网络模型对于所识别出的风险因素进行风险评价，得出整体风险概率等级及灾害风险事件发生的关键路径和关键风险因素，给出相应的预警信息。图 7-6 为具体的研究流程。

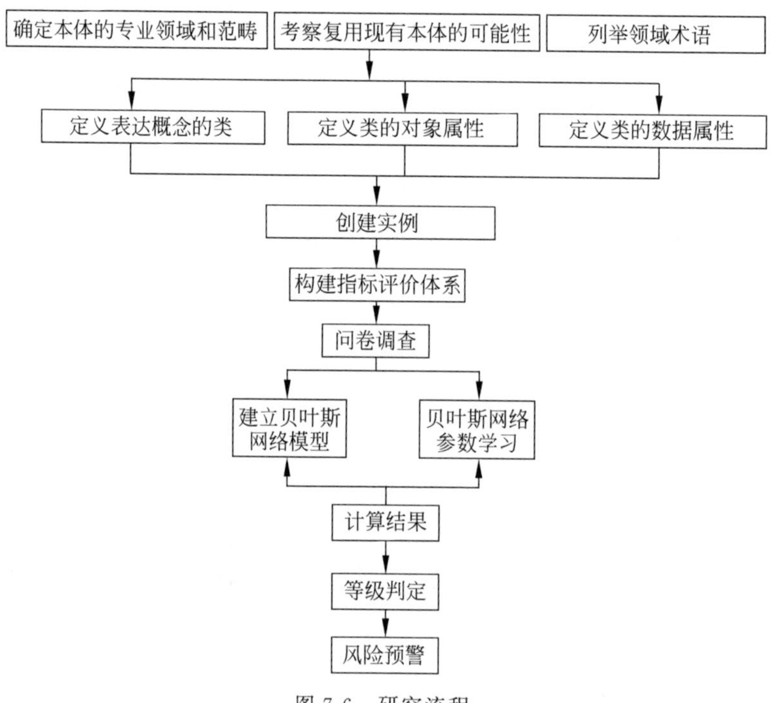

图 7-6 研究流程

首先，通过对综合管廊风险相关的政策文件、专业文献等资料进行梳理和分析，在原生本体构建工具的基础上，借助斯坦福大学提出的七步法构建本体，包括本体分析、合并、概念添加等本体构建流程，较为成熟。其次，通过分析综合管廊运维过程中潜在的风险事故，应用 WBS-RBS 法对综合管廊运维的安全风险进行分解，分析导致事故发生的风险因素，并列出风险因素识别清单，为后期的风险评估提供依据。然后，根据贝叶斯网络相关理论构建风险评估模型，对综合管廊建设和运维过程中的风险程度进行评估分析，并对识别出的风险因

素进行处理。最后,根据计算结果分析主要风险要素。

本部分通过结合 WBS-RBS 分解方法、本体知识库构建和贝叶斯网络方法,形成了综合管廊风险识别和预警体系,使风险识别体系更加完善和有效,同时贝叶斯网络中的风险因子赋值随着时间的变化而变化,将不同的风险因子权重带入评估模型中仍然适用,使综合管廊的风险评估初步达到半动态风险评估的状态,能够满足固有风险和事故风险在时间和空间上的变化。

7.4 基于 WBS-RBS 的综合管廊风险识别

7.4.1 综合管廊 WBS 分解

基于综合管廊的定义与特点,本部分将按照综合管廊的舱室类型对其进行工作结构分解,表 7-1 为 WBS 分解结果。

表 7-1　综合管廊 WBS 分解

WBS 名称	一 级 分 解	二 级 分 解
综合管廊 W	电缆舱 W_1	电力电缆 W_{11} 通信线缆 W_{12} 附属设施 W_{13}
	综合舱 W_2	热力管线 W_{21} 给水、再生水管线 W_{22} 附属设施 W_{23}
	燃气舱 W_3	天然气管线 W_{31} 附属设施 W_{32}
	污水舱 W_4	雨水管线 W_{41} 污水管线 W_{42} 附属设施 W_{43}

对于综合管廊进行 WBS 一级分解时,可以按照管廊类内部的舱室类型进行分类,一般可分为电缆舱、综合舱、燃气舱和污水舱四类,但由于不同地区对于管廊的建设需求及标准不同,还可能存在其他类型的舱室。本部分根据管廊内布置的管线种类将舱室进行分类,并对各舱室进行了二级分解,分解结果能够有助于准确定位管廊内部发生的风险事故,有针对性地采取风险规避措施,可以使资源和人力得到更加充分的利用。本部分是按照综合管廊通常布置的管线类型对管廊内部舱室及其内部管线进行归纳并分解,针对具体案例时,应当根据实际情况对其进行适当地补充和删减。

7.4.2 综合管廊 RBS 分解

在基于综合管廊特点的同时归纳总结了以往建设施工过程中发生的事故,按照事故类型对综合管廊的风险进行了 RBS 分解[14-15],表 7-2 为 RBS 分解结果。

表 7-2 综合管廊 RBS 分解

RBS 名称	风险事故	风险类别	风险因素
综合管廊风险 R	火灾、爆炸 R_1	人为操作风险 R_{11}	恶意纵火 R_{111} 操作不规范 R_{112} 违规动火 R_{113}
		设备风险 R_{12}	通风、电气设备异常 R_{121} 监控与报警、消防系统异常 R_{122}
		管线直接风险 R_{13}	线缆漏电 R_{131} 线缆过载 R_{132} 导线短路 R_{133} 线缆接触电阻过大或接触不良 R_{134} 燃气泄漏 R_{135} 污水管可燃气体泄漏 R_{136} 热力管破裂 R_{137}
		管理风险 R_{14}	管线设备日常维护、检查不及时 R_{141} 消防检查不到位 R_{142} 日常培训演练不足 R_{143}
	水灾 R_2	自然灾害风险 R_{21}	暴雨洪涝 R_{211}
		设备风险 R_{22}	排水设施异常 R_{221} 排水设施设置不合理 R_{222} 排水监测系统异常 R_{223}
		管线直接风险 R_{23}	给水、再生水管道泄漏 R_{231} 污水管道泄漏 R_{232} 热力管道泄漏 R_{233}
		管理风险 R_{24}	管线设备日常维护、检查不及时 R_{241} 日常培训演练不足 R_{242}
	结构破坏 R_3	自然灾害风险 R_{31}	地震 R_{311}
		技术风险 R_{32}	前期勘探不到位 R_{321} 设计不科学、不合理 R_{322} 施工质量问题 R_{323}
		结构损伤 R_{33}	刚度分布不均 R_{331} 道路荷载过大 R_{332} 结构防水层破损 R_{333} 管线出入口封堵不严 R_{334} 土质分布不均匀 R_{335} 地基处理不当 R_{336} 结构裂缝 R_{337}
		管理风险 R_{34}	日常培训演练不足 R_{341} 结构养护、维修不及时 R_{342}

对于综合管廊进行 RBS 分解时，按照管廊风险的事故类型进行分类，一般可分为火灾和爆炸、水灾、结构破坏三类。借鉴了事故树分析法的思想，从风险事故入手对事故进行风险类别及每类风险包含的风险因素的分析，进而对风险事故进行分解。

7.4.3 WBS-RBS 风险耦合矩阵

对综合管廊进行风险识别的时候，借助 WBS 和 RBS 的分解结果能够建立综合管廊 WBS-RBS 风险耦合矩阵。

矩阵中将 WBS 一级分解所得到的舱室类型作为横坐标，将 RBS 分解得到的风险因素作为纵坐标，建立综合管廊 WBS-RBS 风险耦合矩阵，将舱室类型与每个风险因素一一对应，分析出是否可能发生相应的耦合事件，如果发生过或者可能会发生则记为 1，若不会发生或极难发生则记为 0，进而得出综合管廊风险识别耦合矩阵，如表 7-3 为 WBS-RBS 风险耦合矩阵。

表 7-3 RBS-WBS 风险耦合矩阵

			电缆舱	综合舱	燃气舱	污水舱
火灾、爆炸	人为操作风险	恶意纵火	1	1	1	1
		操作不规范	1	1	1	1
		违规动火	1	1	1	1
	设备风险	通风、电气设备异常	1	1	1	1
		监控与报警、消防系统异常	1	1	1	1
	管线直接风险	线缆漏电	1	1	0	0
		线缆过载	1	1	0	0
		导线短路	1	1	0	0
		线缆接触电阻过大或接触不良	1	1	0	0
		燃气泄漏	0	0	1	0
		污水管可燃气体泄漏	0	0	1	1
		热力管破裂	0	1	0	0
	管理风险	管线设备日常维护、检查不及时	1	1	1	1
		消防检查不到位	1	1	1	1
		日常培训演练不足	1	1	1	1
水灾	自然灾害风险	暴雨洪涝	1	1	1	1
	设备风险	排水设施异常	0	1	0	1
		排水设施设置不合理	0	1	0	1
		排水监测系统异常	0	1	0	1
	管线直接风险	给水、再生水管道泄漏	0	1	0	0
		污水管道泄漏	0	0	0	1
		热力管道泄漏	0	1	0	0
	管理风险	管线设备日常维护、检查不及时	0	1	0	1
		日常培训演练不足	0	1	0	1
结构破坏	自然灾害风险	地震	0	1	0	1
	技术风险	前期勘探不到位	1	1	1	1
		设计不科学、不合理	1	1	1	1
		施工质量问题	1	1	1	1
	结构损伤	刚度分布不均	1	1	1	1
		道路荷载过大	1	1	1	1
		结构防水层破损	1	1	1	1

续表

			电缆舱	综合舱	燃气舱	污水舱
结构破坏	结构损伤	管线出入口封堵不严	1	1	1	1
		土质分布不均匀	1	1	1	1
		地基处理不当	1	1	1	1
		结构裂缝	1	1	1	1
	管理风险	日常培训演练不足	1	1	1	1
		结构养护、维修不及时	1	1	1	1

通过表7-3不难发现,综合管廊内部电缆舱、综合舱、燃气舱、污水舱都与火灾和爆炸事故存在耦合关系,即每个舱室都存在火灾和爆炸风险;电缆舱、综合舱、燃气舱、污水舱都与水灾事故存在耦合关系,即每个舱室都存在水灾风险,但除去自然因素(暴雨洪涝)外,只有综合舱和污水舱与水灾事故存在耦合关系;电缆舱、综合舱、燃气舱、污水舱都与结构破坏风险事故存在耦合关系,即每个舱室都存在结构破坏的风险。

7.4.4 风险识别清单

为了准确、全面地识别综合管廊运维过程中潜在的风险因素,本部分选择WBS-RBS方法,从纵向和横向(风险因素和舱室类型)两方面进行风险识别分析,WBS-RBS分解结构法可以更全面地识别风险,不增加项目管理的额外工作量,适用于综合管廊运维的风险识别。

经过对综合管廊的WBS-RBS分解,我们可以得到火灾及爆炸、结构性破坏和水灾三类风险事故的风险识别清单。该风险识别清单可以清晰直观地显示出风险识别的结果,即综合管廊建设即运行维护过程中可能发生的风险,有利于对识别出的风险进行风险评价并采取相应的规避措施,根据表7-3所示的RBS-WBS风险耦合矩阵,可以得到相应的风险识别清单,表7-4为风险识别清单。

表7-4 风险识别清单

风险事故	风险类别	风险因素
火灾、爆炸	人为操作风险	恶意纵火 操作不规范 违规动火
	设备风险	通风、电气设备异常 监控与报警、消防系统异常
	管线直接风险	线缆漏电 线缆过载 导线短路 线缆接触电阻过大或接触不良 燃气泄漏 污水管可燃气体泄漏 热力管破裂

续表

风险事故	风险类别	风险因素
火灾、爆炸	管理风险	管线设备日常维护、检查不及时 消防检查不到位 日常培训演练不足
水灾	自然灾害风险	暴雨洪涝
	设备风险	排水设施异常 排水设施设置不合理 排水监测系统异常
	管线直接风险	给水、再生水管道泄漏 污水管道泄漏 热力管道泄漏
	管理风险	管线设备日常维护、检查不及时 日常培训演练不足
结构破坏	自然灾害风险	地震
	技术风险	前期勘探不到位 设计不科学、不合理 施工质量问题
	结构损伤	刚度分布不均 道路荷载过大 结构防水层破损 管线出入口封堵不严 土质分布不均匀 地基处理不当 结构裂缝
	管理风险	日常培训演练不足 结构养护、维修不及时

7.5 本体知识库构建

7.5.1 对本体进行建模

基于 OWL 语法规则，对基本类 Risks 进行建模，如图 7-7 的第 1～2 行所示。同样，我们建立了基本类 Structural Damage，Fire and explosion，Flooding，如图 7-7 第 3～6，7～10，11～14 行所示。通过使用“子类”属性，我们将“Fire and explosion，Flooding，Structural Damage”定义为“Risks”的子类。

7.5.2 知识库可视化

本体框架表达的是本体构建中各个类的概念和各个类之间的联系，综合管廊风险的本体框架包含风险事故、风险类别以及相应的风险因素。如图 7-8 所示，通过软件中的 OntoGraf 插件能够清晰地看出本体框架中它们的链路联系。风险因素属于某个风险类别，该风险类别又导致了某个风险事故。

```
<!-- http://www.semanticweb.org/hainan/ontologies/2020/11/untitled-ontology-11#Risks -->

<owl:Class rdf:about="http://www.semanticweb.org/hainan/ontologies/2020/11/untitled-ontology-11#Risks"/>


<!-- http://www.semanticweb.org/hainan/ontologies/2020/11/untitled-ontology-11#Structural_Damage -->

<owl:Class rdf:about="http://www.semanticweb.org/hainan/ontologies/2020/11/untitled-ontology-11#Structural_Damage">
   <rdfs:subClassOf rdf:resource="http://www.semanticweb.org/hainan/ontologies/2020/11/untitled-ontology-11#Risks"/>
</owl:Class>


<!-- http://www.semanticweb.org/hainan/ontologies/2020/11/untitled-ontology-11#Fire_and_explosion -->

<owl:Class rdf:about="http://www.semanticweb.org/hainan/ontologies/2020/11/untitled-ontology-11#Fire_and_explosion">
   <rdfs:subClassOf rdf:resource="http://www.semanticweb.org/hainan/ontologies/2020/11/untitled-ontology-11#Risks"/>
</owl:Class>


<!-- http://www.semanticweb.org/hainan/ontologies/2020/11/untitled-ontology-11#Flooding -->

<owl:Class rdf:about="http://www.semanticweb.org/hainan/ontologies/2020/11/untitled-ontology-11#Flooding">
   <rdfs:subClassOf rdf:resource="http://www.semanticweb.org/hainan/ontologies/2020/11/untitled-ontology-11#Risks"/>
</owl:Class>


<!-- http://www.semanticweb.org/hainan/ontologies/2020/11/untitled-ontology-11#Abnormal_drainage_facilities -->

<owl:Class rdf:about="http://www.semanticweb.org/hainan/ontologies/2020/11/untitled-ontology-11#Abnormal_drainage_facilities">
   <rdfs:subClassOf rdf:resource="http://www.semanticweb.org/hainan/ontologies/2020/11/untitled-ontology-11#Equipment_risk"/>
```

图 7-7 基于 OWL 对本体 Risks 进行建模

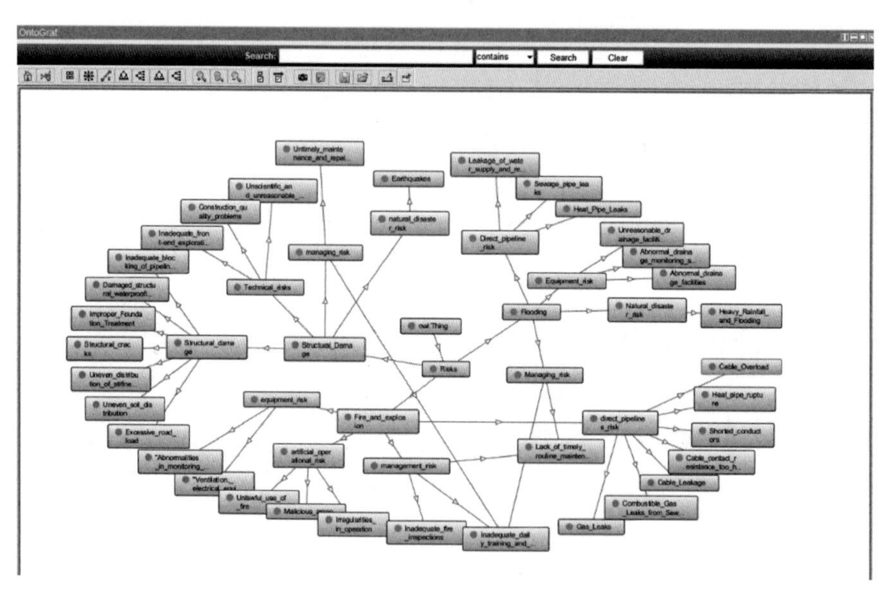

图 7-8 知识库可视化

7.6 管廊风险贝叶斯网络模型构建

根据 WBS-RBS 分解法得到了风险识别清单(表 7-4),可初步将清单内的三类相关风险事故进行编号,即火灾爆炸 A_1、水灾 A_2 和结构破坏 A_3,表 7-5 为具体的风险因素划分编号。

表 7-5　风险因素划分编号

风险事故	风险类别	风险因素
火灾、爆炸 A_1	人为操作风险 B_1	恶意纵火 C_1 操作不规范 C_2 违规动火 C_3
	设备风险 B_2	通风、电气设备异常 C_4 监控与报警、消防系统异常 C_5
	管线直接风险 B_3	线缆漏电 C_6 线缆过载 C_7 导线短路 C_8 线缆接触电阻过大或接触不良 C_9 燃气泄漏 C_{10} 污水管可燃气体泄漏 C_{11} 热力管破裂 C_{12}
	管理风险 B_4	管线设备日常维护、检查不及时 C_{13} 消防检查不到位 C_{14} 日常培训演练不足 C_{15}
水灾 A_2	自然灾害风险 B_5	暴雨洪涝 C_{16}
	设备风险 B_6	排水设施异常 C_{17} 排水设施设置不合理 C_{18} 排水监测系统异常 C_{19}
	管线直接风险 B_7	给水、再生水管道泄漏 C_{20} 污水管道泄漏 C_{21} 热力管道泄漏 C_{22}
	管理风险 B_8	管线设备日常维护、检查不及时 C_{13} 日常培训演练不足 C_{15}
结构破坏 A_3	自然灾害风险 B_9	地震 C_{23}
	技术风险 B_{10}	前期勘探不到位 C_{24} 设计不科学、不合理 C_{25} 施工质量问题 C_{26}
	结构损伤 B_{11}	刚度分布不均 C_{27} 道路荷载过大 C_{28} 结构防水层破损 C_{29} 管线出入口封堵不严 C_{30} 土质分布不均匀 C_{31} 地基处理不当 C_{32} 结构裂缝 C_{33}
	管理风险 B_{12}	日常培训演练不足 C_{15} 结构养护、维修不及时 C_{34}

用变量 R 表示综合管廊运维灾害风险，建立贝叶斯网络。首先，将风险因素作为贝叶斯网络模型节点变量，初步判断节点间的因果关系，得到初始网络结构。图 7-9 为所建立的贝叶斯网络图。在贝叶斯网络有向无环图中，节点代表随机变量，节点间的边代表变量间的逻辑依赖关系。每个节点都附有一个概率分布，父节点 C 所附的是其边缘分布 $P(C)$，子节

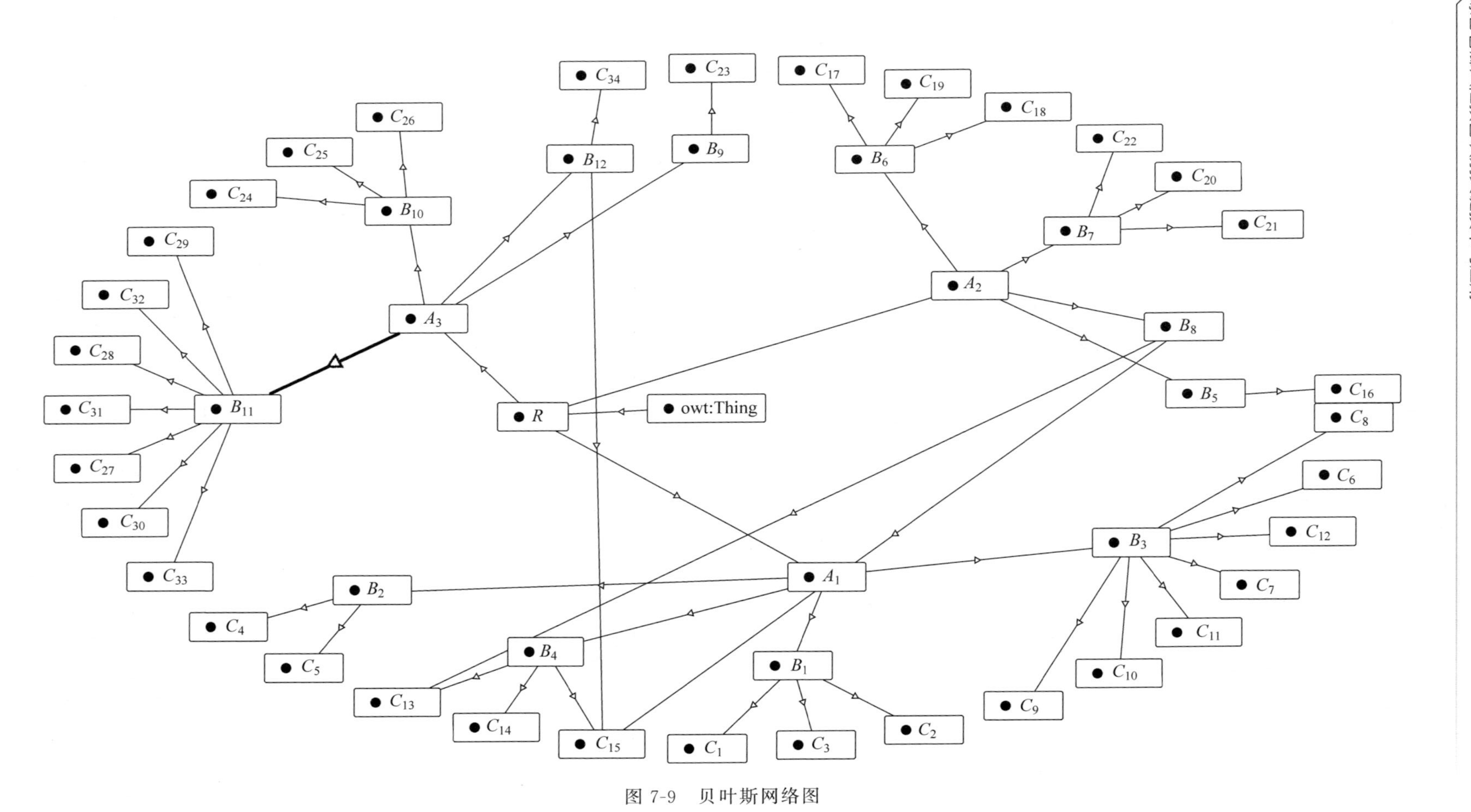
owt:Thing
R
A1
A2
A3
B1
B2
B3
B4
B5
B6
B7
B8
B9
B10
B11
B12
C1
C2
C3
C4
C5
C6
C7
C8
C9
C10
C11
C12
C13
C14
C15
C16
C17
C18
C19
C20
C21
C22
C23
C24
C25
C26
C27
C28
C29
C30
C31
C32
C33
C34

图 7-9 贝叶斯网络图

点 B、A、R 所附的是条件概率分布 $P(B|C)$、$P(B|C)$、$P(A|R)$。贝叶斯网络是联合概率分布的一种表示形式，以 C_1、C_2、$C_3 \rightarrow B_1 \rightarrow A_1 \rightarrow R$ 链为例，包含所有节点的联合概率分布函数为

$$P(C_1, C_2, C_3, B_1, A_1, R) = P(R \mid A_1) \cdot P(A_1 \mid B_1) \cdot P(B_1 \mid C_1, C_2, C_3) \cdot P(C_1) \cdot P(C_2) \cdot P(C_3)$$

7.7 研究结果

7.7.1 风险概率分级

参考国际隧道协会(International Tunnel Association，ITA)发布的《隧道风险管理指南》，将综合管廊管线风险相关灾害事件发生概率划分为5个等级，表7-6为风险概率等级划分标准[14-15]。

表 7-6 风险概率等级划分标准

等　级	概率描述	概率区间	风险预警程度	备　注
1级	罕见的	0～0.0003	可忽略	灾害事件极难发生
2级	少见的	0.0003～0.003	可忽略	灾害事件一般不会或很少发生
3级	偶见的	0.003～0.03	需考虑	灾害事件偶然或较少发生
4级	可能的	0.03～0.3	警戒	灾害事件可能或多次发生
5级	频繁的	0.3～1	危险	灾害事件频繁发生

注："～"表示包括上限值，不包括下限值

多个专家对同一灾害事件进行风险评价时，由于每位专家对事件的主观意识不同，所以应对多个专家的评价结果进行综合分析，最终得到一个综合结果。应用专家调查权重法，即根据专家资历、职称、影响力的不同，对专家的评估值用权重系数进行修正，最后确定各灾害风险因素发生的概率。因每位专家的阅历不同，调研结果必定会带有专家的主观意识，而对每位专家都进行详细的访谈和调研不现实，有必要采取一定的简化手段。专家随着年龄、资历、经验的增加，对事物的评判逐步趋于稳健和成熟，其观点的可靠性也会逐步增，因此可将专家分为4类，专家权重分别取1.0、0.9、0.8和0.7，以此为基础对综合管廊运维灾害风险进行调研，表7-7为专家权重分类。

表 7-7 专家权重分类表

等　级	专家等级说明	权　重
Ⅰ类	综合管廊领域资深专家 正高级职称的综合管廊科研、设计、工程人员	1.0
Ⅱ类	高级职称的综合管廊科研、设计、工程人员 工龄11～20年的综合管廊管理人员	0.9
Ⅲ类	中级职称的综合管廊科研、设计、工程人员 工龄6～10年的综合管廊管理人员	0.8
Ⅳ类	初级职称的综合管廊科研、设计、工程人员 工龄1～5年的综合管廊管理人员	0.7

对于可忽略的风险因素，其风险发生的概率和造成的不利影响都很小，可将主要精力放在日常管理运营上，维护保障项目的有序运营；而对于需考虑的风险因素，应加强对其的关注，注意风险因素的变化情况，当风险因素处于警戒状态时，要密切监控此类风险因素的变动，尤其是部分状况恶化的风险因素和有碍管廊有序运营的风险因素，随后根据具体情况制定预防措施；需要重点关注的是危险状态的风险因素，其诱发灾害风险的概率较大，必须有效控制，思考如何改变风险影响路径从而改变风险后果的性质、降低风险发生的可能性、降低风险潜在损失的大小，提前制定多种对策。目前风险控制的主要对策有风险规避、减轻风险、风险转移和风险分担等几种，一般风险控制要合理结合以上几种方法。

7.7.2 各节点风险发生概率计算

将对问卷调查结果进行计算得到的风险因素父节点概率等级分布代入图 7-9 所示贝叶斯网络模型结构中，根据链式传递原则，可计算出其他各节点的灾害风险概率等级分布。在灾害风险概率等级分布中，根据最大隶属度原则，选择最大概率值所对应的灾害风险概率等级，可以找出子节点灾害事件发生时的最大可能路径以及关键风险因素。最后，根据关键风险因素采取相应的防灾减灾措施。

根据父节点风险因素的先验概率公式对问卷进行数据分析处理，表 7-8 为处理后得到的综合管廊运维灾害风险因素概率等级分布。

表 7-8 综合管廊运维灾害风险因素概率分布

风险等级	1 级	2 级	3 级	4 级	5 级
C_1	0.174	0.151	0.201	0.351	0.123
C_2	0.163	0.108	0.316	0.225	0.188
C_3	0.181	0.143	0.294	0.246	0.136
C_4	0.150	0.120	0.393	0.167	0.170
C_5	0.242	0.225	0.199	0.172	0.162
C_6	0.156	0.193	0.211	0.229	0.211
C_7	0.248	0.242	0.205	0.168	0.137
C_8	0.182	0.219	0.215	0.212	0.172
C_9	0.241	0.233	0.203	0.173	0.150
C_{10}	0.257	0.239	0.201	0.162	0.141
C_{11}	0.370	0.284	0.185	0.087	0.074
C_{12}	0.184	0.194	0.202	0.210	0.210
C_{13}	0.112	0.202	0.397	0.192	0.097
C_{14}	0.155	0.303	0.317	0.130	0.095
C_{15}	0.181	0.129	0.388	0.146	0.156
C_{16}	0.173	0.161	0.299	0.238	0.129
C_{17}	0.286	0.246	0.194	0.143	0.131
C_{18}	0.200	0.186	0.194	0.200	0.220
C_{19}	0.281	0.246	0.196	0.146	0.131
C_{20}	0.252	0.234	0.201	0.166	0.147
C_{21}	0.370	0.223	0.185	0.147	0.075
C_{22}	0.193	0.198	0.201	0.255	0.153

续表

风险等级	1级	2级	3级	4级	5级
C_{23}	0.303	0.258	0.196	0.130	0.113
C_{24}	0.091	0.136	0.196	0.356	0.221
C_{25}	0.129	0.124	0.256	0.357	0.134
C_{26}	0.128	0.125	0.193	0.381	0.173
C_{27}	0.262	0.239	0.199	0.158	0.142
C_{28}	0.174	0.211	0.214	0.217	0.184
C_{29}	0.235	0.227	0.202	0.176	0.160
C_{30}	0.215	0.210	0.200	0.190	0.185
C_{31}	0.252	0.236	0.201	0.164	0.147
C_{32}	0.197	0.195	0.199	0.202	0.207
C_{33}	0.234	0.214	0.196	0.177	0.179
C_{34}	0.122	0.132	0.192	0.252	0.302

借助贝叶斯网络实现平台 Netica 软件对综合管廊管线风险等级分布情况进行系统评估。具体操作步骤如下：第一，基于智慧城市信息安全风险评估指标体系，将所有评估指标及指标间相互关系作为网络节点输入，节点属性定义为离散值，节点状态设定为风险等级1～5级；第二，利用EM算法进行参数学习并结合上文中的概率计算法则，计算出综合管廊管线父节点风险因素等级分布先验概率值，并对各类风险因素进行评价；第三，将由调查问卷得到的父节点风险因素等级分布先验概率值输入贝叶斯结构模型，计算出其余各节点的风险等级分布概率值，图7-10为软件的运行结果。表7-9为最终的评估结果。

表 7-9　综合管廊风险事故概率分布

风险等级	1级	2级	3级	4级	5级
B_1	0.005	0.023	0.162	0.424	0.385
B_2	0.036	0.090	0.315	0.254	0.304
B_3	0	0.004	0.051	0.247	0.698
B_4	0.003	0.041	0.340	0.305	0.310
B_5	0.173	0.161	0.299	0.238	0.129
B_6	0.016	0.092	0.196	0.285	0.411
B_7	0.018	0.095	0.204	0.352	0.332
B_8	0.020	0.077	0.399	0.266	0.238
B_9	0.303	0.258	0.196	0.130	0.113
B_{10}	0.002	0.013	0.082	0.462	0.442
B_{11}	0	0.003	0.043	0.222	0.732
B_{12}	0.181	0.129	0.388	0.146	0.156
A_1	0	0	0.002	0.087	0.911
A_2	0	0	0.030	0.231	0.739
A_3	0	0	0.002	0.110	0.888
R	0	0	0	0.004	0.996

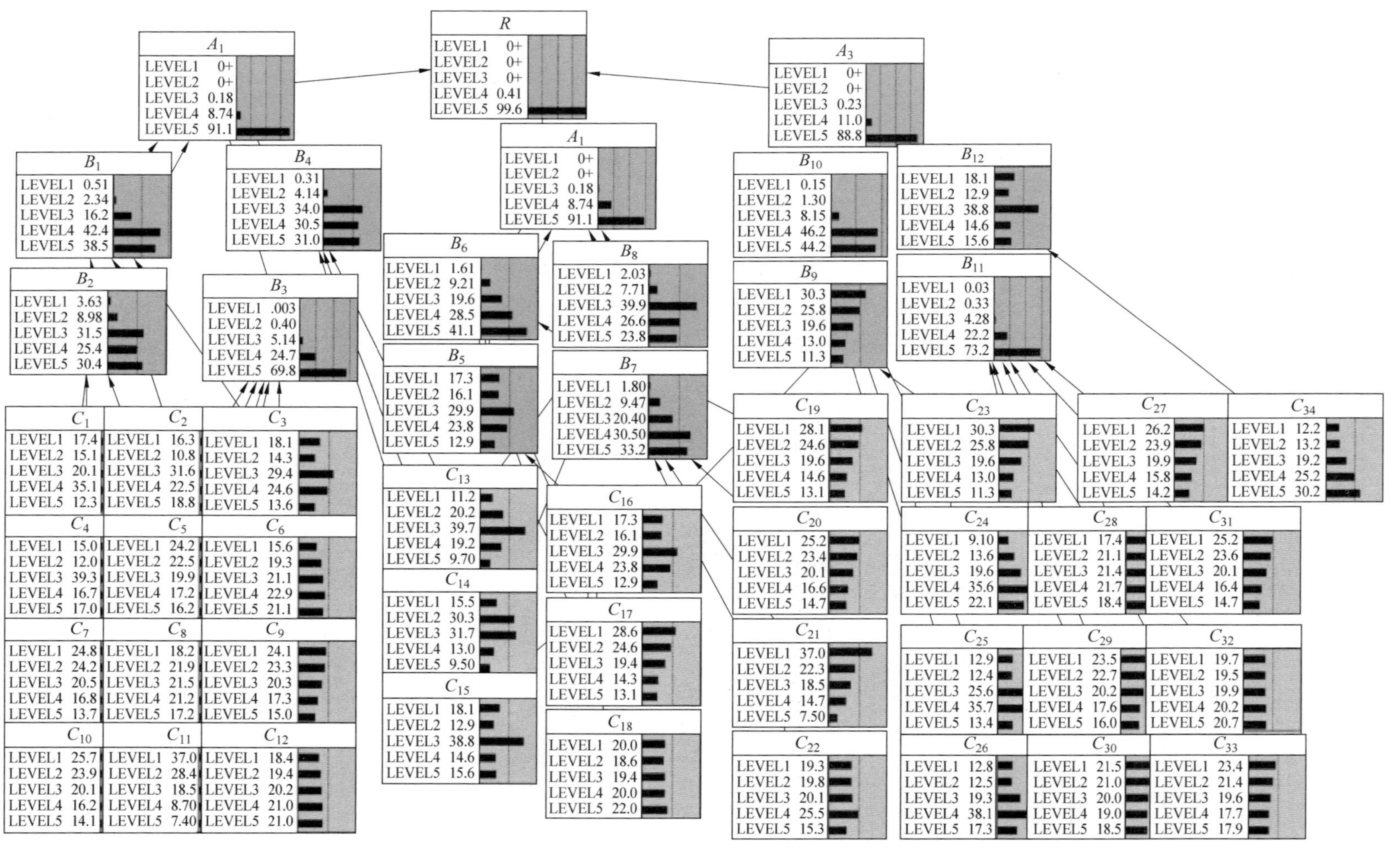

图 7-10 贝叶斯结构模型各节点风险等级分布概率计算结果

由表7-9可知结构破坏风险事故中，自然灾害风险属于1级风险，可忽略，对于相应的地震风险因素做好日常监控即可；火灾爆炸事故中的设备风险和管理风险、水灾事故中的自然灾害风险和管理风险以及结构破坏事故中的管理风险均属于3级风险，要注意加强相应管理和检查，关注风险转化的情况；火灾爆炸事故中的人为操作风险、水灾事故中的管线直接风险以及结构破坏事故中的技术风险属于4级风险，要密切监控此类风险因素的变动，针对具体情况制定预防措施；火灾爆炸事故中的管线直接风险、水灾事故中的设备风险 B_6 以及结构破坏事故中的结构损伤属于5级风险，属于危险等级，应当进行密切监控并采取规避措施或采取并实施减轻风险损害的方法。此外，综合管廊管线相关整体风险概率等级为5级，风险概率较大，应加强管廊运维过程中的风险控制。

利用贝叶斯网络的反向推理能力，可以发现4条导致该综合管廊管线运维灾害事件发生的关键路径，分别为 $C_{12} \rightarrow B_3 \rightarrow A_1 \rightarrow R$、$C_{18} \rightarrow B_6 \rightarrow A_2 \rightarrow R$、$C_{32} \rightarrow B_{11} \rightarrow A_3 \rightarrow R$、$C_{34} \rightarrow B_{12} \rightarrow A_3 \rightarrow R$，即在综合管廊管线运维过程中，导致灾害事件发生的关键风险因素是热力管破裂、排水设施设置不合理、地基处理不当和结构养护、维修不及时。管线施工以及运维过程中，应根据现场实际情况控制好各类潜在风险因素的发生概率，并重点控制以上4个风险因素，在源头做好灾害事件风险控制，保障管廊管线运维安全，为城市的发展、运转提供保障。

7.8　结论

本部分研究了综合管廊在建设及后期运维过程中可能会面临的风险事故，使用WBS-RBS分解法对管廊本体以及风险因素进行了分解，构建了WBS-RBS风险耦合矩阵以及与之相对应的风险识别清单。同时根据分解所得到的风险清单，运用Ontology本体建模技术构建了基于本体的综合管廊风险知识库。而后基于所建立的知识库引入了贝叶斯网络方法，对知识库内的风险因素进行贝叶斯网络结构学习和参数学习，并借助贝叶斯模型的推理能力对风险因素进行评价。结果表明，应用贝叶斯网络模型能够反映出综合管廊运维灾害风险等级，验证了该方法的可行性，也为综合管廊安全运维以及运维过程中的防灾减灾工作提供了依据。

本部分提出的方法存在以下局限性：

首先，影响综合管廊安全风险的因素很多，潜在的风险事故类型也很多，本部分只分析了火灾爆炸、水灾及结构破坏三类风险事故，对中毒、触电、高空坠落等风险事故没有分析，可以进一步展开来谈。本部分研究的风险事故类型较少，识别的风险因素有限，随着大量综合管廊的投入运行维护，将识别出更多的安全风险因素。

其次，本部分用于风险评估的贝叶斯网络模型主要是根据专家打分构建的，具有一定的主观性。今后可以收集综合管廊的实际运行维护数据，或者通过实验方法获取相关数据，这样安全风险评估会更加客观，可以建立基于数据信息的风险数据库。

最后，机器学习方法较多，可以结合其他方法对本部分采用的贝叶斯网络方法进行优化，使其能够更准确地反映综合管廊的实际风险情况。通过对综合管廊运维的实际数据进行分析，并应用机器学习的方法，可以实现对综合管廊内安全风险的预测，从而建立更加完善的综合管廊运维安全风险管理体系。

参考文献

[1] PEARL J. Fusion, propagation, and structuring in belief networks[J]. Artificial Intelligence, 1986, 29(3): 241-288.

[2] JENSEN F, NIELSEN T. Bayesian networks and decision graphs[M]. 2nd ed. New York: Springer Science Business Media, 2007: 10-11.

[3] STOLK J. Complex systems simulation for risk assessment in flood incident management[C]//18th Biennial Conference on Modeling and Simulation, Australia, 2009: 4339-4345.

[4] BENSI T, KIUREGHIAN D, STRAUB D. Bayesian Network Methodology for Infrastructure Seismic Risk Assessment and Decision Support[R]. National Science Foundation, PEER 2011/02, 2011.

[5] PENG M, ZHANG L M. Analysis of human risks due to dam-break floods—part 1: a new model based on Bayesian networks[J]. Natural Hazards, 2012, 64(1): 903-933.

[6] 马祖军,谢自莉.基于贝叶斯网络的城市地震次生灾害演化机理分析[J].灾害学,2012,27(4):1-5.

[7] 何小聪,康玲,程晓曼,等.基于贝叶斯网络的南水北调中线工程暴雨洪水风险分析[J].南水北调与水利科技,2012,10(4):10-13.

[8] JANJANAM D, PALIVELA S, NANDYALA D. Building Bayesian networks for problems of risk attributable to natural hazards[J]. Natural Hazards Review, 2012, 13(4): 247-259.

[9] AYELLO F, ALFANO T, HILL D, et al. A Bayesian Network Based Pipeline Risk Management [C]//Salt Lake City, Utah: NACE International, 2012: 14.

[10] 陈雍君,李宏远,汪雯娟,等.基于贝叶斯网络的综合管廊运维灾害风险分析[J].安全与环境学报,2018,18(6):2109-2114.

[11] GUARION N, GIARETTA P. Ontologics and Knowledge Bascs: Towards a Terminological Clarification[C]//MARS N. Towards very large knowledge bases. Amsterdam: IOS Press, 1995: 25-32.

[12] 陈宏.基于本体的知识表示研究[D].长沙:长沙理工大学,2006.

[13] 涂菁.面向森林灭火决策的本体知识库研究[D].福州:福建师范大学,2007.

[14] ESKESEN S D, TENGBORG P, KAMPMANN J, et al. ITA/AITES Accredited Material Guidelines for tunnelling risk management: International Tunnelling Association [J]. Tunnelling and Underground Space Technology, 2004, 19(3): 217-237.

[15] SHAKIL A, IKRAMUL H. Investigation of the Causes of Accident in Construction Projects[J]. Journal of System and Management Sciences, 2018, 8(3): 67-89.

第8章

基于改进决策树的综合管廊风险耦合研究

8.1 研究背景和研究问题

8.1.1 研究背景

综合管廊在各地各城市均有铺设，关于2019年度各省市管廊建设长度详见附录B。地下管廊大力建设的同时，管线事故灾害随之频发，管廊一旦发生事故，将会造成严重的后果。台湾“8·31”高雄燃气爆炸事故就是一个惨痛的教训，该事故造成300多人伤亡，受害者无家可归，事后的修缮工作更是投入了巨额资金。这些灾害发生的一个重要原因是综合管廊空间有限，相邻管道之间距离较近，单一管线事故可能会引发其他管线的次生衍生事故，从而导致综合管廊面临复杂的耦合风险。综合管廊事故的发生不仅会带来巨额的经济损失，更严重的是会导致大量的人员伤亡。因此，度量风险发生的概率和发生后造成后果的严重程度，有利于加强风险管控工作，达到减小风险或规避风险的目的，更有利于建立全面完善的地下管廊风险预警系统。

8.1.2 研究问题

本部分的主要目的是提高综合管廊数据处理的准确性，从而建立有效的综合管廊多维耦合风险度量体系，度量一种或多种复杂风险因素耦合作用下对于管线安全运行的影响，并构建可靠的综合管廊数据的风险度量管理模型，可以帮助上层的风险管理研究，对建立完善的风险监测预警管理体系有着深远的意义。

1. 数据处理的改进

数据集缺失值的处理和补充是本部分研究的重点问题。本部分获取的原始数据中部分数据存在缺失值，这些缺失值的处理对后续风险耦合概率和风险耦合值的度量十分重要。只有缺失的原始数据补充值保持较高准确度，才能建立准确有效的管廊风险耦合度量机制。

2. 风险度量方法的研究

通过对比多种耦合风险度量方法，探寻出适合本研究风险耦合度量的最优方法。

3. 风险耦合度量体系的建立

建立完善的风险度量体系是本研究的主要目的。本部分采用 N-K 模型来度量耦合风险，研究综合管廊在单因素、双因素、多因素情况下的风险耦合规律，并根据结论有针对性地提出地下管廊风险防范的意见和建议。

4. 风险管理措施的建议

基于解耦思想提出在不同耦合阶段下的风险管理措施，有助于风险的降低和消除。

对单一管线的潜在风险进行研究，发现主要有以下风险(表 8-1)。

表 8-1 管线潜在风险类别

管线名称	潜在风险
燃气	气体泄漏
电力	电线使用可燃材料，线路加热
排水	漏水，有毒物质排放
通风	机械故障
人员维护	火灾，设备被损坏

8.1.3 耦合风险度量及其在其他领域的应用

南东纬从耦合角度通过事故树分析法分析了高速铁路系统内部的风险情况并使用 N-K 模型和耦合度模型建立了模型，提出了改进措施[1]。

Shang 等使用贝叶斯非参数模型—概率断棒过程混合模型(probit stick-breaking process mixture model)，灵活估计运输风险的条件密度函数，并分离开周期性风险和破坏性风险从而制定更准确的对应策略[2]。

刘全龙等构建了耦合风险下的煤矿事故致因模型，并将耦合风险分为同质因子风险耦合和异质因子风险耦合，对风险因子间的耦合程度进行度量，提出对策[3]。

乔万冠等建立了煤矿事故的动态耦合模型来度量煤矿事故风险成因耦合作用，这个耦合模型是非线性系统动力学的[4]。

张苗等研究了多米诺事故的不同灾种的耦合效应的影响，通过使用贝叶斯网络模型研究了化纤工艺的多米诺事故风险评估方法[5]。

王焕新等用 N-K 模型从单因素、双因素和多因素的角度分析了多个风险因素之间的耦合关系，并构建了应用于海上交通安全的风险耦合度量模型，计算风险耦合发生的概率和风险值[6]。

8.1.4 研究现状综述

通过分析以往的研究可以发现，当前对于综合管廊的研究重点，正在逐渐从单一管线和单一灾种因素的分析，转为综合管廊的风险研究。但当前对于综合管廊的耦合风险度量研究不足。从历史文献中可以看出，耦合风险分析在其他领域中的应用非常广泛。说明对地下综合管廊进行耦合风险分析是十分必要的。基于上述研究，可以发现综合管廊的风险耦合度量仍存在以下几点不足：

(1) 对综合管廊的风险耦合度量相关的研究较少；

(2) 对综合管廊内的多维影响因素和数据分析不足；

(3) 现有研究对提高综合管廊安全性的重视程度不足。

8.2　管廊知识及相关理论基础

8.2.1　管廊风险类别及发生后果

世园会告警数据中，按风险类别划分，管廊风险类别分为氧气超限、甲烷超限、人员入侵和湿度超限，不同的风险类别可能会发生在一条或多条管线中，从而引发耦合事故灾害的发生，造成严重的后果。

1. 氧气超限

由于地下管廊空间较为密闭，管廊内氧气含量可能会过高或过低。当管廊内氧气浓度较低时，会对进入管廊的工作人员的生命安全造成威胁[7]；当管廊内氧气浓度过高时，氧气会与其他可燃气体相互作用，有引发火灾或爆炸事故的危险。

2. 甲烷超限

地下管廊的下水道或污水处容易存积废水，经过发酵后，产生一定数量的甲烷。甲烷属于易燃气体，被点燃后会迅速燃烧，产生爆炸[8]。

3. 人员入侵

综合管廊位于城市地下空间，且占地面积大，其内部管线的正常运行对城市来说至关重要。如果管廊内有外部人员入侵，并对管线进行人为破坏，城市将要承受严重的后果[9]，管线系统乃至整个管廊系统都有可能无法正常运行。

4. 湿度超限

管廊内部有电缆线路等，若综合管廊湿度超限，电缆会由水浸造成短路现象，导致地下管线不能正常运行。

8.2.2　风险度量

风险指的是不确定的或者可能带来损失的事件。风险度量是风险管理的重要环节之一，对风险的影响和后果进行评价和估量，包括对风险发生可能性的度量、风险后果的度量、风险影响范围的度量以及风险发生时间的度量。风险度量通过评估风险之间的相互作用来评定项目各种可能出现的后果，从而建立有效的风险预警机制，对可能发生的风险提前建立应对措施。风险度量有助于降低或消除风险带来的损害。风险度量常用的方法有损失期望值法、模拟仿真法和专家决策法。风险度量使用的方法和工具不同，最后的度量结果也会不同。决策树是风险度量常用的有效工具之一。

8.2.3 数据挖掘

数据挖掘指的是用算法，从大量的数据中搜索隐藏于其中信息的过程，是计算机领域的常见获取信息的方法之一。数据挖掘技术可以快速地将大量繁多的数据转换成有用的知识，并应用在之后的研究中。常见的数据挖掘方法有在线分析处理、机器学习、情报检索、专家系统（依靠过去的经验法则）和模式识别等[10-12]。本研究的研究内容是机器学习中的决策树生成算法，包括 ID3（iterative dichotomiser 3）和 C4.5。

1. 机器学习算法

机器学习是一种无监督学习，是数据挖掘的方法之一。机器学习是人工智能的核心，使计算机拥有智能的功能和算法。本研究通过对比和改进机器学习中的决策树生成算法，提高决策树准确性，根据测试集的输出判断程序准确率的高低，生成决策树的准确性越高，表明填补缺失值后的数据的准确率越高。

2. 决策树算法

决策树是一种常用的分类方法，是监督学习中的一种，决策树代表的是对象属性与对象值之间的映射关系。决策树中包含三种类型的节点，分别是决策节点、机会节点和终结点。决策树的生成通常包含三个步骤：特征选择、决策树的生成、决策树的修剪。常用的决策树算法包括 ID3 算法、C4.5 算法以及分类回归树（classification and regression tree，CART）算法。

3. ID3 算法

ID3 算法是最早提出的决策树算法，其在决策树各个节点上选择特征的方法是选择信息增益最大的作为该节点的特征，并递归构建决策树。该算法从根节点开始，对所有可能的特征的信息增益进行计算，通过比较信息增益，选择出信息增益最大的值作为节点的特征，并建立子节点。然后，对其他子节点递归的调用上述方法，从而构建决策树，一直到所有的特征信息增益都很小，或者没有特征可以选择才结束。

ID3 算法首先要计算信息熵（entropy），其表示随机变量不确定性的度量，用来衡量一个随机变量出现的期望值。熵的值越大，表示信息的不确定性越大，样本对目标属性的混乱程度越大，出现情况的种类就越多。假设 S 为训练集，C 为 S 的目标属性，其有 m 个可能的类标号值，$C=\{C_1, C_2, \cdots, C_m\}$，$S$ 中，C_i 在所有样本出现的频率为 $i=(1,2,3,\cdots,m)$，因此 S 中信息熵的定义为

$$\text{Entropy}(S)=\text{Entropy}(p_1, p_2, \cdots, p_m)=-\sum_{i=1}^{m} p_i \log_2 p_i \tag{8-1}$$

其次要计算信息增益（information gain），信息增益表示划分前样本数据集的熵和划分后样本数据集的熵的差值。假设用属性 A 来划分，则信息增益 Gain(S,A)表示为

$$\mathrm{Gain}(S,A)=\mathrm{Entropy}(S)-\mathrm{Entropy}_A(S) \tag{8-2}$$

$$\mathrm{Entropy}_A(S)=\sum_{j=1}^{k}\frac{|S_j|}{|S|}\mathrm{Entropy}(S_j) \tag{8-3}$$

然而,ID3 算法有很多缺点。首先,ID3 算法不能对连续数据进行处理,必须先将连续数据离散化;其次,ID3 算法采用的指标——信息增益在对数据进行分裂时,更容易偏向取值较多的特征,因此其准确率较低;第三,ID3 算法无法对数据中的缺失值进行处理;最后,由于 ID3 算法未采用剪枝方法,所以结果可能出现过拟合。

4. C4.5 算法

C4.5 算法是另一种生成决策树的算法,这种算法与 ID3 算法生成决策树的过程相似,但做了改进,其应用信息增益比作为选择特征的方法,用前面的信息增益 $\mathrm{Gain}(S,A)$和所分离信息度(split information)的比值来定义,信息增益比的定义为

$$\mathrm{GainRatio}(A)=\frac{\mathrm{Gain}(S,A)}{\mathrm{SplitInfo}_A(S)} \tag{8-4}$$

$$\mathrm{SplitInfo}_A(S)=-\sum_{j=1}^{k}\frac{|S_j|}{|S|}\cdot\log_2\left(\frac{|S_j|}{|S|}\right) \tag{8-5}$$

相对于 ID3 算法,C4.5 做出以下改进:首先,C4.5 算法通过引用信息增益率作为划分标准,解决 ID3 算法分列时,特征取向的偏向性;其次,C4.5 算法在处理数据属性过程中将连续的特征离散化;最后,最重要的是,C4.5 可以对数据中的缺失值进行处理。

C4.5 算法对数据中缺失值的处理方法来源于周志华的《机器学习》[10],该书中对如何在缺失属性值的情况下进行划分属性和样本缺失该属性上的值这两类缺失值分别提出解决办法。

假设训练集 S 的划分属性是 A,$\widetilde{S}$ 表示 S 在属性 A 上没有缺失值的样本子集。对于如何在缺失属性值的情况下进行划分属性,应使用没有缺失值的样本集即 $\widetilde{S}$ 来计算属性,并赋予计算结果权重。信息增益公式应稍作改动,赋予权重改为

$$\mathrm{Gain}(S,A)=\rho\cdot\mathrm{Gain}(\widetilde{S},A) \tag{8-6}$$

式中,ρ 为属性 A 上无缺失值样本所占的比例。

假设属性 A 有 V 个可取值$\{A^1,A^2,\cdots,A^V\}$,$\widetilde{S}^V$ 表示 $\widetilde{S}$ 在属性 A 上取值为 A^V 的样本子集

$$p=\frac{\sum\limits_{x\subset\widetilde{S}}w_x}{\sum\limits_{x\in S}w_x} \tag{8-7}$$

$$\widetilde{p}_k=\frac{\sum\limits_{x\in\widetilde{S}_k}w_x}{\sum\limits_{x\in\widetilde{S}}w_x}\quad(1\leqslant k\leqslant|y|) \tag{8-8}$$

其中:$\widetilde{S}_k$ 为 $\widetilde{S}$ 中属于第 k 类($k=1,2,3,\cdots,|y|$)的样本子集。

$$\tilde{r}_v = \frac{\sum_{x \in \widetilde{S}^v} w_x}{\sum_{x \in \widetilde{S}} w_x} \quad (1 \leqslant v \leqslant V) \tag{8-9}$$

其中：$\widetilde{S}^v$ 为 $\widetilde{S}$ 在属性 A 上取值为 A^V 的样本子集。

$$\mathrm{Gain}(S, A) = \rho \cdot \mathrm{Gain}\left(\widetilde{S}, A\right) = \rho \cdot \left(\mathrm{Entropy}(\widetilde{S}) - \sum_{v=1}^{V} \tilde{r}_v \cdot \mathrm{Entropy}(\widetilde{S}^v)\right) \tag{8-10}$$

$$\mathrm{Entropy}_A(\widetilde{S}) = -\sum_{k=1}^{|y|} \tilde{p}_k \cdot \widetilde{\log_2 p_k} \tag{8-11}$$

选定划分属性后，对于样本缺失该属性上的值的情况，应将缺失值样本按不同的概率划分到所有的该属性分支中，概率等于无缺失值样本在属性中每个分支中所占的比例。初始时，每个样本的权重都初始化为 1，进入分支后再做调整，调整样本 x 的权重为 $\tilde{r}_v \cdot w_x$。

5. CART 算法

生成决策树的第三种方法是 CART 算法。CART 算法既可以做分类，又可以做回归。这种算法生成分类树时，目标变量为离散变量，通过度量同一层所有分支假设函数的基尼系数的平均；这种算法生成回归树时，目标变量为连续变量，因此要度量同一层所有分支假设函数的平方差损失。然而，CART 算法只能生成二叉树，与本研究数据不符，因此这里对这种算法不再过多赘述。

8.2.4 朴素贝叶斯

朴素贝叶斯法是一种常用的分类方法，这种方法是基于贝叶斯定理和假设所有特征条件独立的。贝叶斯分类法以贝叶斯原理为基础，应用概率统计相关知识对样本的数据集进行分类，这种方法结合了先验概率和后验概率，避免了数据检验时的主观臆断，因此它的优点之一在于错误率很低。而朴素贝叶斯算法(Naïve Bayesian algorithm，NB)在贝叶斯算法的基础上又进行了简化，因此这种方法的复杂性也被大大降低了，在数据集较大时，算法的准确率依旧能保持较高的水平。

8.2.5 耦合效应

耦合效应指的是多个事物之间相互依赖、相互作用的关系。两个个体进行耦合作用后的效果比单个个体作用后效果的单纯累加高，耦合效果可以让个体相互作用最终达到的效果呈现 1+1>2 的效果。事故之间相互影响、相互作用而导致的耦合风险效应所触发的事故，要比单个事故的影响更严重[11]。耦合效应在很多领域都有出现，如化学领域、物理领域、计算机领域等。

8.3 综合管廊数据的处理和填补

本节基于机器学习中的决策树算法对综合管廊数据进行处理、分析和填补；对比了三种机器学习决策树的算法：ID3、C4.5、改进后的C4.5算法，其中改进后的C4.5算法见8.3.2节，并对这三种算法的准确率进行对比，得出改进后的C4.5算法优于未改进的C4.5算法的结论；最后，应用改进后的C4.5算法对原始数据中的缺失值进行填补，为下一章对综合管廊的耦合风险度量研究提供坚实的数据支撑。

8.3.1　管廊数据的来源和预处理

1. 数据来源

本研究的数据来源于京投管廊智慧运维平台记录的北京世园会地下管廊告警数据，平台原始数据存储在Oracle数据库中，选取了世园会管廊一周内的告警数据，为2020年11月19日到2020年11月25日之间的数据，共24 390条。告警数据的时间维度是以秒为单位，数据的属性包括告警事件的ID(ID)、告警装置ID(DEV_ID)、告警事件名称(EVT_NAME)、告警时间(ALM_TIME)、告警事件等级(ALM_LEVEL)、告警内容(ALM_CONTENT)、操作状态(OP_STATE)、操作时间(OP_TIME)、操作人员(OPERATOR)和Oracle数据库中该数据的ID(ROWID)，部分原始告警数据示例如图8-1所示：

	A	B	C	D	E	F
1	ID	DEV_ID	EVT_NAME	ALM_TIME	ALM_LEVEI	ALM_CONTENT
2	2020111900001	09010105-	02_OVERLIMIT	2020/11/19 0:00	3	园内燃气05#-02检测仪[园内燃气舱05#分区] - 氧气超限
3	2020111900001	10030102-	PRSN_INTRUSION	2020/11/19 0:00	1	园内热力10#-园内热力10#-热力舱防火分区11中间位置[园内热力舱10#分区] - 人员入侵
4	2020111900002	09010108-	02_OVERLIMIT	2020/11/19 0:00	3	百康路电力03#-02检测仪1[百康路电力舱03#分区] - 氧气超限
5	2020111900003	09010107-	CH4_OVERLIMIT	2020/11/19 0:00	3	延康路综合01#-CH4检测仪延康路综合01#-[延康路综合舱01#分区] - 甲烷超限
6	2020111900004	10030102-	PRSN_INTRUSION	2020/11/19 0:00	1	园内热力11#-园内热力11#-热力舱防火分区12中间位置[园内热力舱11#分区] - 人员入侵
7	2020111900005	09010108-	02_OVERLIMIT	2020/11/19 0:01	3	百康路天然气09#-02检测仪1[百康路天然气舱09#分区] - 氧气超限
8	2020111900006	09010108-	02_OVERLIMIT	2020/11/19 0:02	3	园内水信电04#-02检测仪[园内水信电舱04#分区] - 氧气超限
9	2020111900007	09010108-	02_OVERLIMIT	2020/11/19 0:02	3	园内燃气03#-02检测仪[园内燃气舱03#分区] - 氧气超限
10	2020111900008	09010108-	02_OVERLIMIT	2020/11/19 0:02	3	延康路综合05#-02检测仪1[延康路综合舱05#分区] - 氧气超限
11	2020111900009	09010105-	02_OVERLIMIT	2020/11/19 0:03	3	园内燃气05#-02检测仪[园内燃气舱05#分区] - 氧气超限
12	2020111900010	09010108-	02_OVERLIMIT	2020/11/19 0:03	3	百康路电力03#-02检测仪1[百康路电力舱03#分区] - 氧气超限
13	2020111900011	09010107-	CH4_OVERLIMIT	2020/11/19 0:03	3	延康路综合01#-CH4检测仪延康路综合01#-[延康路综合舱01#分区] - 甲烷超限
14	2020111900012	10030102-	PRSN_INTRUSION	2020/11/19 0:04	1	园内热力03#-热力舱人孔下方[园内热力舱03#分区] - 人员入侵
15	2020111900013	10030102-	PRSN_INTRUSION	2020/11/19 0:04	1	园内水信电03#-门小里程侧[园内水信电舱03#分区] - 人员入侵
16	2020111900014	10030102-	PRSN_INTRUSION	2020/11/19 0:04	1	园内水信电03#-门小里程侧[园内水信电舱03#分区] - 人员入侵
17	2020111900015	09010108-	02_OVERLIMIT	2020/11/19 0:04	3	百康路天然气09#-02检测仪1[百康路天然气舱09#分区] - 氧气超限
18	2020111900016	10030102-	PRSN_INTRUSION	2020/11/19 0:04	1	13出入口-出入口[13分区出入口] - 人员入侵
19	2020111900017	10030102-	PRSN_INTRUSION	2020/11/19 0:04	1	13出入口-出入口[13分区出入口] - 人员入侵
20	2020111900019	10030102-	PRSN_INTRUSION	2020/11/19 0:05	1	园内热力03#-园内热力03#-热力舱防火分区4中间位置[园内热力舱03#分区] - 人员入侵
21	2020111900018	09010108-	02_OVERLIMIT	2020/11/19 0:05	3	园内水信电04#-02检测仪[园内水信电舱04#分区] - 氧气超限
22	2020111900020	09010108-	02_OVERLIMIT	2020/11/19 0:05	3	园内燃气03#-02检测仪[园内燃气舱03#分区] - 氧气超限
23	2020111900021	09010108-	02_OVERLIMIT	2020/11/19 0:05	3	延康路综合05#-02检测仪1[延康路综合舱05#分区] - 氧气超限
24	2020111900022	10030102-	PRSN_INTRUSION	2020/11/19 0:05	1	园内水信电01#-园内水信电01#-水信电舱至21防火分区洞口[园内水信电舱01#分区] - 人员入侵
25	2020111900023	10030102-	PRSN_INTRUSION	2020/11/19 0:05	1	园内水信电01#-园内水信电01#-水信电舱至21防火分区洞口[园内水信电舱01#分区] - 人员入侵
26	2020111900024	10030102-	PRSN_INTRUSION	2020/11/19 0:05	1	园内水信电02#-门大里程侧[园内水信电舱02#分区] - 人员入侵
27	2020111900025	10030102-	PRSN_INTRUSION	2020/11/19 0:05	1	园内水信电01#-园内水信电01#-水信电舱至21防火分区洞口[园内水信电舱01#分区] - 人员入侵

图8-1　部分原始告警数据示例

2. 数据预处理

通过对世园会管廊告警数据的观察，发现原始数据并不完整，存在缺失值。缺失值能否适当合理处理对耦合风险度量中能否准确度量风险发生概率和风险值的大小起着至关重要的作用。若直接删除包含缺失值的数据，对世园会管廊风险事故发生概率进行判断，或对风险发生后造成不良影响进行判断，必然导致判断出来的结果与实际结果之间存在很大出入，还会对后续的风险预警和风险防范工作造成负面影响，最终造成整个风险管理工作无法达到风险规避或风险降低的目的。风险一旦演化为事故，对人力、物力、财力都会有不可逆的影响。因此，合理处理原始数据中的缺失值，应用适当且准确率高的方法填补缺失值至关重要。

首先对管廊数据进行预处理，筛选并分离出对风险耦合度量研究有用的三个属性，分别是告警事件名称(EVT_NAME)、管线名称(LINE_NAME)和告警事件等级(ALM_LEVEL)，管线名称是从告警内容(ALM_CONTENT)分离出来的一列。告警事件等级分为1、2、3级；管线名称共有10种，分别为出入口(CR)、园内热力(RL)、园内燃气(RQ)、园内水信电(S)、园内设备间(SB)、百康路天然气(T)、百康路综合(Z)、百康路电力(D)、延康路设备间(YSB)和延康路综合(YZ)，根据世园会园区位置划分分别有出入口、园内、百康路和延康路四部分；世园会告警事件名称分为氧气超限(O2_OVERLIMIT)、甲烷超限(CH4_OVERLIMIT)、人员入侵(PRSN_INTRUSION)、湿度超限(HUM_OVERLIMIT)和照明时间超时(TIMEOUT)。部分预处理后的数据示例如图8-2所示：

	A	B	C	D
1	O2_OVERLIMIT	RQ	3	
2	PRSN_INTRUSION	RL	1	
3	O2_OVERLIMIT	D	3	
4	CH4_OVERLIMIT	YZ	3	
5	PRSN_INTRUSION	RL	1	
6	O2_OVERLIMIT	T	3	
7	O2_OVERLIMIT	S	3	
8	?	RQ	3	
9	O2_OVERLIMIT	YZ	3	
10	O2_OVERLIMIT	RQ	3	
11	O2_OVERLIMIT	D	3	
12	CH4_OVERLIMIT	YZ	3	
13	PRSN_INTRUSION	RL	1	
14	PRSN_INTRUSION	S	1	
15	PRSN_INTRUSION	S	1	
16	O2_OVERLIMIT	T	3	
17	PRSN_INTRUSION	CR	1	
18	PRSN_INTRUSION	CR	1	
19	?	RL	1	
20	O2_OVERLIMIT	S	3	
21	O2_OVERLIMIT	RQ	3	
22	O2_OVERLIMIT	YZ	3	
23	PRSN_INTRUSION	S	1	
24	PRSN_INTRUSION	S	1	
25	PRSN_INTRUSION	S	1	
26	PRSN_INTRUSION	S	1	
27	PRSN_INTRUSION	S	1	
28	PRSN_INTRUSION	S	1	
29	PRSN_INTRUSION	CR	1	

图8-2 部分预处理后的数据示例

8.3.2 决策树算法处理数据

预处理后的数据中，把告警事件的名称(EVT_NAME)当作目标属性，以7∶3的比例切割数据的训练集和测试集，训练集数据的数量共有17 073条，测试集数据的数量共有7317条，取全部数据的中间部分，把12 000～19 317的数据作为测试集，其他为训练集。训练集的数据用来训练决策树的生成，使决策树能够正确选择适当的特征值作为节点，并生成决策树。测试集的数据用来测试将若干组数据输入到用训练集训练好的决策树中后，经过决策树选择后的目标属性与原始数据的目标属性是否一致，若一致则为正确，不一致则为错误，并据此计算正确率是多少，正确率高的决策树算法即为该研究中处理数据的最优算法。关于相关算法的详细代码见附录C中的程序代码部分。

1. ID3

ID3算法第一步计算数据的信息熵；第二步根据特征的取值，将数据集进行拆分，即根据特征取值归类；第三步开始对特征进行选择；第四步ID3算法用递归重复上面三个步骤的做法，来创造决策树的每个分支，这些步骤都完成后，决策树的创建就完成了，最后需要的步骤是用训练好的训练集做预测，返回分类的结果，一直递归调用函数，直到测试集中的数据递归完成。

ID3 算法选取信息增益最大的特征作为根节点，并继续递归，以此类推构成决策树。程序运行后的结果如下：

```
ID3desicionTree:
{'category': {'?': {'tunnel': {'YZ': '3','RQ': '3','D': '3','RL': '1','S': '3','T': '3'}},'O2_OVERLIMIT': '3',
'TIMEOUT': '2','CH4_OVERLIMIT': '3','PRSN_INTRUSION': '1','HUM_OVERLIMIT': '3'}}
```

从结果中可以得出，ID3 并没有处理缺失值的能力，ID3 决策树的生成过程中错误地把缺失值“?”当成了属性中类别的一种。因此要在 ID3 决策树程序的基础上实现具有处理缺失值的能力的 C4.5 程序的实现。从程序运行的结果可以看出，该算法由于没有处理缺失值的能力，最后训练出来的分类树的准确率非常低，将测试集带入训练失败的决策树，得到的准确率也很低。

2. C4.5

C4.5 算法与 ID3 算法类似，在计算数据中的信息熵时，先跳过缺失值计算非缺失数据的信息熵，计算完毕后用得到的信息熵乘缺失数据占总数据的比率，通过降低含有缺失值数据的权重，来衡量缺失数据。然后是拆分特征值，存在缺失值的数据分裂后按照比例进入新的分支。后面算法的步骤和 ID3 大致相同，对特征值进行选择创造叶节点，从而创造决策树，再用训练好的训练集做预测返回测试结果。

C4.5 算法选取信息增益率最大的特征作为根节点，关于对缺失值的处理，缺失值以概率权重(probability weight)的方式计算信息熵和信息增益，对于叶结点的计算，缺失值在根节点分裂后，依照目标属性的划分被赋予新的概率权重进入新的分支并继续递归，以此类推构成决策树。程序运行后的结果如下：

```
C4.5Tree:
{'level': {'1': {'tunnel': {'CR': 'PRSN_INTRUSION','D': 'PRSN_INTRUSION','RL': 'PRSN_INTRUSION',
'S': 'PRSN_INTRUSION','SB': 'PRSN_INTRUSION','YSB': 'PRSN_INTRUSION','YZ': 'PRSN_INTRUSION','Z':
'PRSN_INTRUSION'}},'2': 'TIMEOUT','3': {'tunnel': {'D': 'O2_OVERLIMIT','RL': 'O2_OVERLIMIT','RQ': 'O2_
OVERLIMIT','S': 'O2_OVERLIMIT','T': 'O2_OVERLIMIT','YZ': 'CH4_OVERLIMIT','Z': 'HUM_OVERLIMIT'}}}}
```

生成的决策树如图 8-3 所示：

用 C4.5 算法生成的决策树相比于 ID3，不再错误地将缺失值当作决策树的节点，并且测试集的结果显示缺失值的部分都已被填补。

3. 用朴素贝叶斯法改进 C4.5 算法处理缺失值的方法

韩存鸽和叶球孙[12]提出改进的 C4.5 算法，该算法基于朴素贝叶斯定理来处理数据中的缺失属性值从而提高决策树的准确率。

若每个数据样本都是 n 维的向量空间，用 $V=\{v_1,v_2,\cdots,v_n\}$ 表示，数据样本中有 m 个类别属性取值，表示为 $C=\{c_1,c_2,\cdots,c_m\}$，则朴素贝叶斯将类别未知的样本 V 归类到 c_i 中，当且仅当(其中 p 表示各取值的概率)：

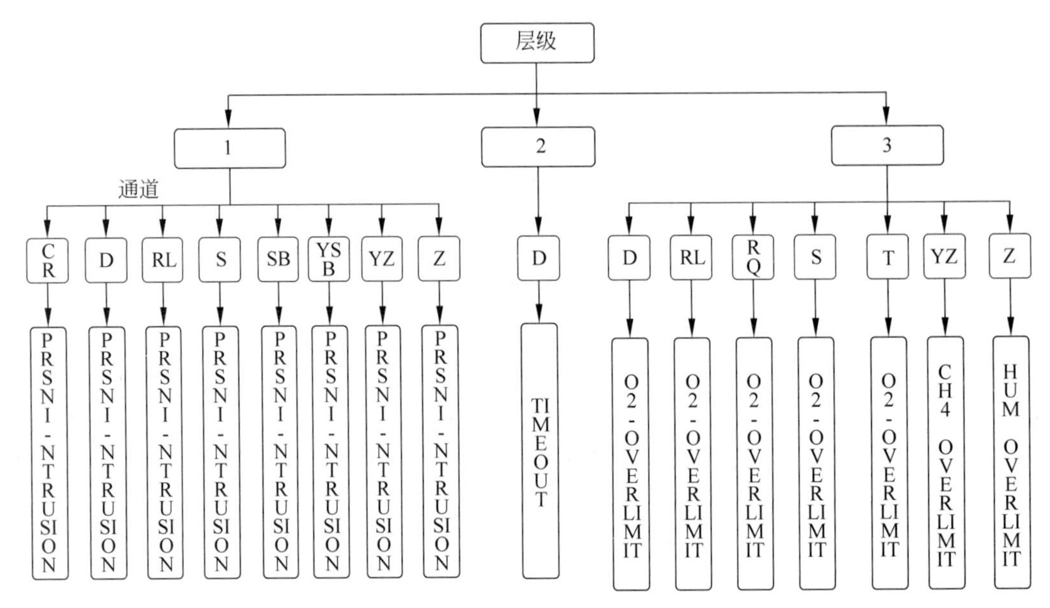

图 8-3 C4.5 算法生成的决策树

$$\frac{p(c_i)p\left(\frac{v}{c_i}\right)}{p(v)} > \frac{p(c_j)p\left(\frac{v}{c_j}\right)}{p(v)} \tag{8-12}$$

即：

$$p(c_i)p\left(\frac{v}{c_i}\right) > p(c_j)p\left(\frac{v}{c_j}\right) \tag{8-13}$$

当 V 的 m 个属性相互独立时：

$$p\left(\frac{v}{c_i}\right) = \prod_{k=1}^{n} p\left(\frac{v_k}{c_i}\right) \tag{8-14}$$

即：

$$p(c_i)\prod_{k=1}^{n} p\left(\frac{v_k}{c_i}\right) > p(c_j)\prod_{k=1}^{n} p\left(\frac{v_k}{c_j}\right) \tag{8-15}$$

$$\frac{s_i}{s}\prod_{k=1}^{n} p\left(\frac{v_k}{c_i}\right) > \frac{s_j}{s}\prod_{k=1}^{n} p\left(\frac{v_k}{c_j}\right)\left(p(c_i) = \frac{s_i}{s}\right) \tag{8-16}$$

当 $\frac{s_i}{s}\prod_{k=1}^{n} p(v_k/c_i) > \frac{s_j}{s}\prod_{k=1}^{n} p(v_k/c_j)$，$1 \leqslant j \leqslant n$ 且 $j \neq i$ 时，未知类别的样本 X 归到类别 C_i，即为得出多维空缺属性的处理办法。

这种算法读取缺失值时，把有空缺的行和完整的行分别存放在两个集合中，其中，存放空缺属性的集合的排序规则为缺失值个数少的行排前面。然后为缺失集合中的属性赋值，赋值后放入完整集合，一直递归到结束为止。再补充缺失值时，算法先乘先验概率，算出该类型在此列出现的概率，然后将缺失值补充成出现概率较大的类型。其他步骤和改进前的 C4.5 的算法相同。

程序运行后的结果如下：

{'level': {'3': {'tunnel': {'RL': 'O2_OVERLIMIT','S': 'O2_OVERLIMIT','RQ': 'O2_OVERLIMIT','T': 'O2_OVERLIMIT','Z': 'HUM_OVERLIMIT',{'YZ': 'CH4_OVERLIMIT','O2_OVERLIMIT'},'D': 'O2_OVERLIMIT'}},'2': 'TIMEOUT','1': {'tunnel': {'YSB': 'PRSN_INTRUSION','RL': 'PRSN_INTRUSION','S': 'PRSN_INTRUSION','CR': 'PRSN_INTRUSION','SB': 'PRSN_INTRUSION','Z': 'PRSN_INTRUSION','YZ': 'PRSN_INTRUSION','D': 'PRSN_INTRUSION'}}}}}

生成的决策树如图 8-4 所示：

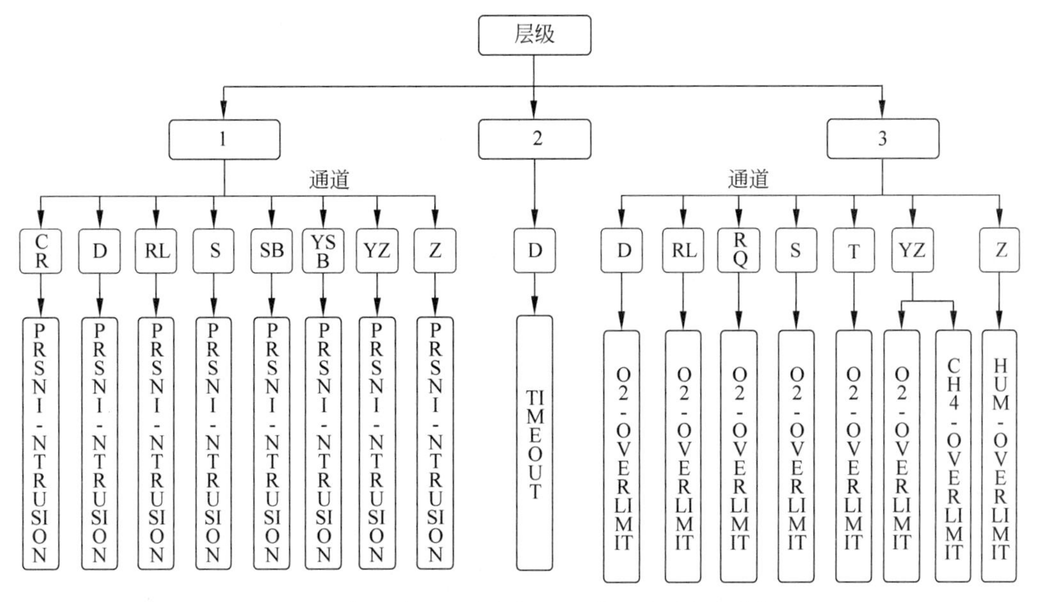

图 8-4　朴素贝叶斯法改进 C4.5 算法生成的决策树

用朴素贝叶斯法改进后的 C4.5 算法相比于未改进的算法，决策树的准确率提高了，并且测试集的结果显示缺失值的部分都已被填补。

4. 算法之间的比较和总结

通过比较和总结本节提到的三种算法，可以得到如下结论：

(1) ID3 算法无法处理数据集有缺失值的情况，用这种算法处理有缺失值的数据，准确率非常低；而且由于生成的决策树中错误地将缺失值当作属性，该算法的准确率无法衡量；程序打印出的测试集也可以看出，测试集中的缺失值也没有被处理。综上所述，ID3 算法不适合处理数据集中存在缺失值的情况。

(2) C4.5 算法可以用来处理数据集中有缺失值的情况，程序打印出的测试集结果可以显示出，该算法可以填补测试集中的缺失值，最终得到的准确率也较高。然而，从生成的决策树可以看出，该算法存在对决策树过度剪枝的可能性。

(3) 用朴素贝叶斯法改进后的 C4.5 算法除了有 C4.5 算法的全部优点外，还改进了原始 C4.5 算法过度剪枝的问题，最终生成的决策树准确率高；且朴素贝叶斯法中将缺失值补充后放入完整值集合中的特点更方便将完整的数据输出。这两个优点对后面的风险耦合度量研究都大有裨益。

用程序处理将原数据切割后的测试集,并带入训练好的决策树中,对比测试集输出的结果与测试集实际的目标属性是否一致、一致的比率,并用程序输出,得到三种决策树算法的准确率结果对比如表8-2所示:

表8-2 决策树算法的准确率对比

算法名称	准确率
ID3	——
C4.5	72.3%
改进后的C4.5	86.4%

8.4 风险耦合最优模型的选取

本节通过对比国内外风险耦合研究中模型的原理、特点及优缺点,结合综合管廊结构特点以及该研究所使用的世园会告警数据的数据特点,选择合适的风险耦合模型对综合管廊耦合风险进行进一步研究。

8.4.1 耦合度模型

耦合度模型是一种常见的,具有代表性的耦合风险度量模型。该模型能够表达出系统内部要素,经过相互之间的协同作用后相互协同作用的大小程度。目前,该模型广泛应用于各个领域,如生态学、航空航天学、管理学等。耦合度模型首先要确定事故风险因子的指标体系;其次,用层次分析法对风险因素进行指标划分,用专家打分法来确定各个指标所占权重;最后,构建耦合度函数公式,并求出不同风险因子之间的耦合度。

各个子系统序参量,即有序程度对整个系统的功效系数 U_{ij} 可以表示为

$$U_{ij}=\begin{cases}\dfrac{X_{ij}-B_{ij}}{A_{ij}-B_{ij}}, & u_{ij}\text{ 具有正功效}\\[2ex] \dfrac{A_{ij}-X_{ij}}{A_{ij}-B_{ij}}, & u_{ij}\text{ 具有负功效}\end{cases} \tag{8-17}$$

式中,u_i 为系统的序参量,$i=1,2,\cdots,m$;

u_{ij} 为第 i 个序参量的第 j 个指标,值为 X_{ij},$j=1,2,\cdots,n$;

A_{ij},B_{ij} 为整个系统达到稳定状态时第 i 个序参量和第 j 个指标的上、下限值;

U_{ij} 反映的是各指标达到目标的一致程度,越接近于0表示越不一致,越接近于1表示越一致。

耦合度模型为

$$C=\left\{\frac{U_1,U_2,\cdots,U_p}{\left[\prod(U_a+U_b)\right]}\right\}^{\frac{1}{p}},\quad a\in(1,p),b\in(1,p),a\neq b \tag{8-18}$$

式中,当 $C\in[0,0.3]$ 时,风险耦合程度较低;$C\in[0.3,0.7]$ 时,风险耦合程度中等;$C\in$

[0.7,1]时，风险耦合程度高。

耦合度模型要依靠专家打分法确定权重，存在主观性，不同专家打分得到的权重差别可能较大，会对研究造成误差。

8.4.2 多米诺事故耦合效应

多米诺事故耦合效应是一种灾害发生时，会发生的连锁效应。当多个装置发生事故时，产生的效应共同作用于邻近的设施，导致事故发生的概率被大大增大了。管廊事故发生时，由于管廊内部管线距离近，容易诱发多米诺事故，一条管线发生风险事故后带来的影响往往是一系列多米诺事故。多米诺事故耦合效应的风险度量过程中，对数据的要求高，数据需为定量数据，才能准确衡量一个或多个风险因素超标后，对整个系统造成的影响。同时，风险因素超过阈值的程度不同，一旦发生风险，造成的严重程度也不同。本研究的原始数据大多为描述类或文本类型的数据，并没有准确的定量数值数据，因此多米诺事故耦合效应风险分析不适用于本研究。

8.4.3 N-K 模型

N-K 模型最初是研究生物有机体演化的方法，研究基因之间的复杂关系和相互影响，后来逐渐应用于其他行业中，相比于其他的风险耦合度量模型，N-K 模型是一种较新的耦合风险度量模型。模型中的 N 代表系统由 N 个元素构成，K 表示元素之间的相互作用关系的多少，K 的最小值为 0，最大值为 $N-1$。N-K 模型中，用交互信息值(T)来度量耦合作用的影响程度，交互信息值越大，表明这些因素耦合的次数越多，发生风险的概率也就越大。假设 $t_1,t_2,\cdots,t_N$ 分别表示不同的 N 种风险因素，$T_N^M(t_1,t_2,\cdots,t_N)$表示 N 类风险因素的第 M 组耦合风险值，$P_{I_1,I_2,\cdots,I_N}$ 表示风险因素 t_1 在 I_1 状态下、t_2 在 I_2 状态下、t_N 在 I_N 状态下 N 类风险因素发生的概率，$P_{\cdots,I_N}$ 为单个风险因素 t_N 在 I_N 状态下发生的概率。耦合风险 T 的计算公式为

$$T_N^M(t_1,t_2,\cdots,t_N)=\sum_{I_i=0}^{n}\cdots\sum_{I_n=0}^{n}\cdot P_{I_1,I_2,\cdots,I_N}\cdot\log_2\left(\frac{P_{I_1,I_2,\cdots,I_N}}{P_{I_1,\cdots}P_{\cdot I_2,\cdots}\cdots P_{\cdots,I_N}}\right)\quad(8\text{-}19)$$

N-K 模型不依赖于主观想法，是一种完全属于定量研究的风险耦合度量方法，且 N-K 模型分析过程中需要考虑的数据维度较少，N-K 模型的分析需要大量的数据作为支撑，该研究的研究数据对象——世园会告警数据中有大量数据，足以支撑 N-K 模型的分析，因此，N-K 模型为该研究风险耦合度量的最优模型。

8.5 N-K 模型建立风险耦合体系

本节应用 N-K 模型，度量不同风险因素作用的情况下，风险发生的概率和风险耦合值。

本节首先将上文用朴素贝叶斯法改进后的 C4.5 算法补充后的数据集导出，再运用

N-K 模型，以每分钟发生风险种类的个数为衡量标准，计算管廊告警数据中每分钟发生的单风险因素、双风险因素以及多风险因素发生的概率和风险值。接下来对世园会耦合风险进行分析和度量。其中，Y 表示该风险类型发生了，N 表示该风险类型未发生。

8.5.1 风险耦合机理

在世园会管廊运行过程中，不同风险因素之间，有相互依赖、相互影响的关系，从而容易在风险演化过程中，形成耦合风险；同时，不同风险因素之间的耦合关系也会改变风险值和风险发生的频率。世园会风险正耦合形成机理如图 8-5 所示。

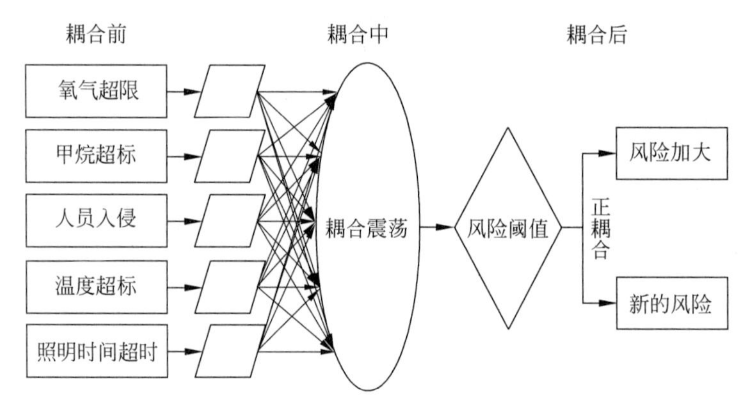

图 8-5 世园会风险正耦合形成机理

如果世园会发生氧气超限(O_2_overlimit)、甲烷超限(CH_4_overlimit)、人员入侵(prsn-intrusion)、湿度超限(hum-overlimit)和照明时间超时(timeout)这五方面的风险时，不同类型的风险一旦突破了各自的安全屏障之后，会与其他类型的风险因子迅速耦合产生耦合风险，风险发生的概率加大，产生新的风险的可能也加大，最终有引发综合管廊事故发生的可能。

8.5.2 风险耦合类型的划分

根据世园会综合管廊风险因素发生的数量，将各风险因素的耦合风险类型分为单因素耦合风险、双因素耦合风险和多因素耦合风险三种。

1. 单因素耦合风险

单因素耦合风险指的是综合管廊单个风险因素的内部风险因子相耦合，从而引发的风险，包括氧气超限、甲烷超限、人员入侵、湿度超限和照明时间超时，其 T 分别记为 $T_{11}(a)$、$T_{12}(b)$、$T_{13}(c)$、$T_{14}(d)$和 $T_{15}(e)$。

2. 双因素耦合风险

双因素耦合风险指的是综合管廊两个风险因素相互作用所导致的风险，主要包括氧气-

甲烷耦合风险、氧气-人员耦合风险、氧气-湿度耦合风险、氧气-照明耦合风险、甲烷-人员耦合风险、甲烷-湿度耦合风险、甲烷-照明耦合风险、人员-湿度耦合风险、人员-照明耦合风险和湿度-照明耦合风险，其 T 分别记为 $T_{21}(a,b)$、$T_{22}(a,c)$、$T_{23}(a,d)$、$T_{24}(a,e)$、$T_{25}(b,c)$、$T_{26}(b,d)$、$T_{27}(b,e)$、$T_{28}(c,d)$、$T_{29}(c,e)$、$T_{210}(d,e)$。以 $T_{21}(a,b)$为例，双因素耦合风险的计算公式为

$$T_{21}(a,b)=\sum_{h=1}^{H}\sum_{i=1}^{I}P_{hi}\cdot\log_2\left(\frac{P_{hi}}{P_{h\cdots}P_{.i\cdots}}\right) \tag{8-20}$$

3. 多因素耦合风险

多因素耦合风险指的是综合管廊3个或3个以上风险因素相互作用所导致的风险，主要包括氧气-甲烷-人员耦合风险、氧气-甲烷-湿度耦合风险、氧气-甲烷-照明耦合风险、氧气-人员-湿度耦合风险、氧气-人员-照明耦合风险、氧气-湿度-照明耦合风险、甲烷-人员-湿度耦合风险、甲烷-人员-照明耦合风险、甲烷-湿度-照明耦合风险、人员-湿度-照明耦合风险、氧气-甲烷-人员-湿度耦合风险、氧气-甲烷-人员-照明耦合风险、氧气-甲烷-湿度-照明耦合风险、氧气-人员-湿度-照明耦合风险、甲烷-人员-湿度-照明耦合风险、氧气-甲烷-人员-湿度-照明耦合风险，其 T 分别记为 $T_{31}(a,b,c)$、$T_{32}(a,b,d)$、$T_{33}(a,b,e)$、$T_{34}(a,c,d)$、$T_{35}(a,c,e)$、$T_{36}(a,d,e)$、$T_{37}(b,c,d)$、$T_{38}(b,c,e)$、$T_{39}(b,d,e)$、$T_{310}(c,d,e)$、$T_{41}(a,b,c,d)$、$T_{42}(a,b,c,e)$、$T_{43}(a,b,d,e)$、$T_{44}(a,c,d,e)$、$T_{45}(b,c,d,e)$、$T_5(a,b,c,d,e)$。多因素耦合风险的计算公式分别如下：

3个因素组成的多因素耦合风险计算公式如下，其中 P_{hij} 表示3个风险因素 a、b、c 分别在 h、i、j 状态下的概率；$P_{h\ldots}$ 表示单个风险因素即第一个风险因素 a 在 h 状态下发生的概率；$P_{.i\ldots}$ 表示单个风险因素即第二个风险因素 b 在 i 状态下发生的概率；$P_{..j..}$ 表示单个风险因素即第三个风险因素 c 在 j 状态下发生的概率：

$$T_{31}(a,b,c)=\sum_{h=1}^{H}\sum_{i=1}^{I}\sum_{j=1}^{J}P_{hij}\log_2\left(\frac{P_{hij}}{P_{h\ldots}P_{.i\ldots}P_{..j..}}\right) \tag{8-21}$$

4个因素组成的耦合风险计算公式为

$$T_{41}(a,b,c,d)=\sum_{h=1}^{H}\sum_{i=1}^{I}\sum_{j=1}^{J}\sum_{k=1}^{K}P_{hijk}\log_2\left(\frac{P_{hijk}}{P_{h\ldots.}P_{.i\ldots}P_{..j..}P_{\ldots k.}}\right) \tag{8-22}$$

5个因素组成的耦合风险计算公式为

$$T_5(a,b,c,d,e)=\sum_{h=1}^{H}\sum_{i=1}^{I}\sum_{j=1}^{J}\sum_{k=1}^{K}\sum_{l=1}^{L}P_{hijkl}\log_2\left(\frac{P_{hijkl}}{P_{h\ldots.}P_{.i\ldots}P_{..j..}P_{\ldots k.}P_{\ldots l}}\right) \tag{8-23}$$

8.5.3 世园会事故类型统计

告警事件的次数和频率如表8-3所示，风险类型的顺序按氧气超限、甲烷超限、人员入侵、湿度超限和照明时间超时来排序，1表示该风险类型发生了，0表示该风险类型未发生。

表 8-3 世园会告警事件次数和频率

风险因素	风险耦合种类	次 数	频 率
00000	单风险因素耦合	0	0.0000
10000		4686	0.4920
01000		709	0.0744
00100		42	0.0044
00010		0	0.0000
00001		1	0.0001
11000	双风险因素融合	2396	0.2516
10100		1405	0.1475
10010		1	0.0001
10001		0	0.0000
01100		0	0.0000
01010		0	0.0000
01001		0	0.0000
00110		0	0.0000
00101		0	0.0000
00011		0	0.0000
11001	多风险因素融合	0	0.0000
11100		284	0.0298
11001		0	0.0000
11010		1	0.0001
10110		0	0.0000
10101		0	0.0000
10011		0	0.0000
01110		0	0.0000
01101		0	0.0000
01011		0	0.0000
00111		0	0.0000
11110		0	0.0000
11101		0	0.0000
11011		0	0.0000
10111		0	0.0000
01111		0	0.0000
11111		0	0.0000

8.5.4 风险耦合概率及风险耦合值的度量

1. 风险耦合概率的度量

从表 8-3 可知管廊告警数据中各风险耦合导致风险发生的频率。例如，单风险因素中，氧气超标风险参与耦合导致综合管廊事故发生的频率：

$$P_{1....} = P_{10000} + P_{10001} + P_{10010} + P_{10100} + P_{11000} + P_{11100} + P_{11010} + P_{11001} +$$

$$P_{10110}+P_{10101}+P_{10011}+P_{11110}+P_{11101}+P_{11011}+P_{10111}+P_{11111}$$
$$=0.4920+0.1475+0.0001+0.0298+0.0001=0.6695 \tag{8-24}$$

单风险因素中，氧气超标风险未参与耦合导致综合管廊事故发生的频率：

$$P_{0\cdots}=P_{00000}+P_{00001}+P_{00010}+P_{00100}+P_{01000}+P_{01100}+P_{01010}+P_{01001}+$$
$$P_{00110}+P_{00101}+P_{00011}+P_{01110}+P_{01101}+P_{01011}+P_{00111}+P_{01111}$$
$$=0.0744+0.0044+0.0001+0.2516=0.3305 \tag{8-25}$$

同理，可计算其他单因素耦合下风险发生的频率，如表 8-4 所示。

表 8-4　单因素耦合下风险发生的频率

耦合方式	频　率
$P_{0....}$	0.3305
$P_{1...}$	0.6695
$P_{.0...}$	0.8957
$P_{.1...}$	0.1043
$P_{..0..}$	0.5667
$P_{..1..}$	0.4333
$P_{...0.}$	0.7482
$P_{...1.}$	0.2518
$P_{...0}$	0.7483
$P_{...1}$	0.2517

双因素耦合概率的度量同理。双风险因素中，氧气超标与甲烷超标风险未参与耦合导致综合管廊事故发生的频率：

$$P_{00\cdots}=P_{00000}+P_{00001}+P_{00010}+P_{00100}+P_{00110}+P_{00101}+P_{00011}+P_{00111}$$
$$=0.0044+0.0001+0.2516$$
$$=0.2561 \tag{8-26}$$

同理，可计算其他双因素耦合下风险发生的频率，如表 8-5 所示。

表 8-5　双因素耦合下风险发生的频率

耦合方式	频　率	耦合方式	频　率
$P_{00...}$	0.2561	$P_{.0.0.}$	0.6440
$P_{01...}$	0.0744	$P_{.0.1.}$	0.2517
$P_{10...}$	0.6396	$P_{.1.0.}$	0.1042
$P_{11...}$	0.0299	$P_{.1.1.}$	0.0001
$P_{0.0..}$	0.0745	$P_{.0..0}$	0.6440
$P_{1.0..}$	0.4928	$P_{.0..1}$	0.2517
$P_{0.1..}$	0.2560	$P_{.1..0}$	0.1043
$P_{1.1..}$	0.1767	$P_{.1..1}$	0.0000
$P_{0..0.}$	0.0789	$P_{..0.0}$	0.5666
$P_{0..1.}$	0.2516	$P_{..0.1}$	0.0001
$P_{1..0.}$	0.6693	$P_{..1.0}$	0.1817
$P_{1..1.}$	0.0002	$P_{..1.1}$	0.2516

续表

耦合方式	频　率	耦合方式	频　率
$P_{0...0}$	0.0788	$P_{..00.}$	0.5665
$P_{0...1}$	0.2517	$P_{..01.}$	0.0002
$P_{1...0}$	0.6695	$P_{..10.}$	0.1817
$P_{1...1}$	0.0000	$P_{..11.}$	0.2516
$P_{.00..}$	0.4922	$P_{...00}$	0.7481
$P_{.01..}$	0.4035	$P_{...01}$	0.0001
$P_{.10..}$	0.0745	$P_{...10}$	0.0002
$P_{.11..}$	0.0298	$P_{...11}$	0.2516

多因素耦合概率的度量同理。多风险因素中，氧气超标、甲烷超标与人员入侵风险未参与耦合导致综合管廊事故发生的频率：

$$P_{000..}=P_{00000}+P_{00001}+P_{00010}+P_{00011}=0.0001 \tag{8-27}$$

同理，可计算其他多因素耦合下风险发生的频率，如表 8-6 所示。

表 8-6　多因素耦合下风险发生的频率

耦合方式	频　率	耦合方式	频　率
$P_{000..}$	0.0001	$P_{0..00}$	0.0788
$P_{100..}$	0.4921	$P_{1..00}$	0.6693
$P_{010..}$	0.0744	$P_{0..10}$	0.0000
$P_{001..}$	0.0044	$P_{0..01}$	0.0001
$P_{110..}$	0.0001	$P_{1..10}$	0.0002
$P_{101..}$	0.1475	$P_{1..01}$	0.0000
$P_{011..}$	0.0000	$P_{0..11}$	0.2516
$P_{111..}$	0.0298	$P_{1..11}$	0.0000
$P_{00.0.}$	0.0045	$P_{.000.}$	0.4921
$P_{10.0.}$	0.6395	$P_{.100.}$	0.0744
$P_{01.0.}$	0.0744	$P_{.010.}$	0.1519
$P_{00.1.}$	0.2516	$P_{.001.}$	0.0001
$P_{11.0.}$	0.0298	$P_{.110.}$	0.0298
$P_{10.1.}$	0.0001	$P_{.101.}$	0.0001
$P_{01.1.}$	0.0000	$P_{.011.}$	0.2516
$P_{11.1.}$	0.0001	$P_{.111.}$	0.0000
$P_{00..0}$	0.0044	$P_{.00.0}$	0.4921
$P_{10..0}$	0.6396	$P_{.10.0}$	0.0745
$P_{01..0}$	0.0744	$P_{.01.0}$	0.1519
$P_{00..1}$	0.2517	$P_{.00.1}$	0.0001
$P_{11..0}$	0.0299	$P_{.11.0}$	0.0298
$P_{10..1}$	0.0000	$P_{.10.1}$	0.0000
$P_{01..1}$	0.0000	$P_{.01.1}$	0.2516
$P_{11..1}$	0.0000	$P_{.11.1}$	0.0000
$P_{0.00.}$	0.0745	$P_{.0.00}$	0.6439
$P_{1.00.}$	0.4920	$P_{.1.00}$	0.1042

续表

耦合方式	频　率	耦合方式	频　率
$P_{0.10.}$	0.0044	$P_{.0.10}$	0.0002
$P_{0.01.}$	0.0000	$P_{.0.01}$	0.0001
$P_{1.10.}$	0.1773	$P_{.1.10}$	0.0001
$P_{1.01.}$	0.0002	$P_{.1.01}$	0.0000
$P_{0.11.}$	0.2516	$P_{.0.11}$	0.2516
$P_{1.11.}$	0.0000	$P_{.1.11}$	0.0000
$P_{0.0.0}$	0.0744	$P_{..000}$	0.5664
$P_{1.0.0}$	0.4922	$P_{..100}$	0.1817
$P_{0.1.0}$	0.0044	$P_{..010}$	0.0002
$P_{0.0.1}$	0.0001	$P_{..001}$	0.0001
$P_{1.1.0}$	0.1773	$P_{..110}$	0.0000
$P_{1.0.1}$	0.0000	$P_{..101}$	0.0000
$P_{0.1.1}$	0.2516	$P_{..011}$	0.0000
$P_{1.1.1}$	0.0000	$P_{..111}$	0.2516

根据表8-6可知，世园会告警数据没有四风险因素或五风险因素耦合的情况，因此不再计算四或五因素耦合下风险发生的频率。

2. 风险耦合值的度量

根据表8-1可知，世园会综合管廊双因素耦合风险包括氧气-甲烷耦合风险、氧气-人员耦合风险、氧气-湿度耦合风险，因此计算这三种双因素耦合风险的风险耦合值 T，并将其分别记为 $T_{21}(a,b)$、$T_{22}(a,c)$、$T_{23}(a,d)$。

$$\begin{aligned}
T_{21}(a,b) &= \sum_{h=1}^{H}\sum_{i=1}^{I} P_{hi} \cdot \log_2(P_{hi}/(P_{h\ldots} \cdot P_{.i\ldots})) \\
&= P_{00\ldots} \cdot \log_2(P_{00\ldots}/(P_{0\ldots} \cdot P_{.0\ldots})) + P_{01\ldots} \cdot \log_2(P_{01\ldots}/(P_{0\ldots} \cdot P_{.1\ldots})) + \\
&\quad P_{10\ldots} \cdot \log_2(P_{10\ldots}/(P_{1\ldots} \cdot P_{.0\ldots})) + P_{11\ldots} \cdot \log_2(P_{11\ldots}/(P_{1\ldots} \cdot P_{.1\ldots})) \\
&= 0.2561\log_2(0.2561/(0.3305 \times 0.8957)) + 0.0744\log_2(0.0744/ \\
&\quad (0.3305 \times 0.1043)) + 0.6396\log_2(0.6396/(0.6695 \times 0.8957)) + \\
&\quad 0.0299\log_2(0.0299/(0.6695 \times 0.1043)) \\
&= -0.0535 + 0.0826 + 0.0595 - 0.0366 = 0.0520
\end{aligned} \tag{8-28}$$

$$\begin{aligned}
T_{22}(a,c) &= \sum_{h=1}^{H}\sum_{j=1}^{J} P_{hj} \cdot \log_2(P_{hj}/(P_{h\ldots} \cdot P_{..j..})) \\
&= P_{0\cdot 0..} \cdot \log_2(P_{0.0..}/(P_{0\ldots} \cdot P_{..0..})) + P_{0.1..} \cdot \log_2(P_{0.1..}/(P_{0\ldots} \cdot P_{..1..})) + \\
&\quad P_{1.0..} \cdot \log_2(P_{1.0..}/(P_{1\ldots} \cdot P_{..0..})) + P_{1.1..} \cdot \log_2(P_{1.1..}/(P_{1\ldots} \cdot P_{..1..})) \\
&= 0.0745\log_2(0.0745/(0.3305 \times 0.5667)) + 0.2560\log_2(0.2560/ \\
&\quad (0.3305 \times 0.4333)) + 0.4928\log_2(0.4928/(0.6695 \times 0.5667)) + \\
&\quad 0.1767\log_2(0.1767/(0.6695 \times 0.4333)) \\
&= -0.0991 + 0.2145 + 0.1859 - 0.1264 = 0.1749
\end{aligned} \tag{8-29}$$

$$
\begin{aligned}
T_{23}(a,d) &= \sum_{h=1}^{H}\sum_{k=1}^{K} P_{hk} \cdot \log_2(P_{hk}/(P_{h\ldots} \cdot P_{\ldots k.})) \\
&= P_{0..0.} \cdot \log_2(P_{0..0.}/(P_{0\ldots} \cdot P_{\ldots 0.})) + P_{0..1.} \cdot \log_2(P_{0..1.}/(P_{0\ldots.} \cdot P_{\ldots 1.})) + P_{1..0.} \cdot \\
&\quad \log_2(P_{1..0.}/(P_{1\ldots} \cdot P_{\ldots 0.})) + P_{1..1.} \cdot \log_2(P_{1..1.}/(P_{1\ldots} \cdot P_{\ldots 1.})) \\
&= 0.0789\log_2(0.0789/(0.3305 \times 0.7482)) + 0.2516\log_2(0.2516/(0.3305 \times 0.2518)) + \\
&\quad 0.6693\log_2(0.6693/(0.6695 \times 0.7482)) + 0.0002\log_2(0.0002/(0.6695 \times 0.2518)) \\
&= -0.1300 + 0.4016 + 0.2798 - 0.0019 \\
&= 0.5495
\end{aligned}
\tag{8-30}
$$

世园会综合管廊多因素耦合风险包括氧气-甲烷-人员耦合风险、氧气-甲烷-湿度耦合风险，因此计算这两种多因素耦合风险的风险耦合值 T，并将其分别记为 $T_{31}(a,b,c)$、$T_{32}(a,b,d)$。

$$
\begin{aligned}
& T_{31}(a,b,c) \\
&= \sum_{h=1}^{H}\sum_{i=1}^{I}\sum_{j=1}^{j} P_{hij} \cdot \log_2(P_{hij}/(P_{h\ldots} \cdot P_{.i\ldots} \cdot P_{..j..})) \\
&= P_{000..} \cdot \log_2(P_{000..}/(P_{0\ldots} \cdot P_{.0\ldots} \cdot P_{..0..})) + P_{100..} \cdot \log_2(P_{100..}/ \\
&\quad (P_{1\ldots} \cdot P_{.0\ldots} \cdot P_{..0..})) + P_{010..} \cdot \log_2(P_{010..}/(P_{0\ldots} \cdot P_{.1\ldots} \cdot P_{..0..})) + \\
&\quad P_{001..} \cdot \log_2(P_{001..}/(P_{0\ldots} \cdot P_{.0\ldots} \cdot P_{..1..})) + \\
&\quad P_{110..} \cdot \log_2(P_{110..}/(P_{1\ldots} \cdot P_{.1\ldots} \cdot P_{..0..})) + P_{101..} \cdot \log_2(P_{101..}/ \\
&\quad (P_{1\ldots} \cdot P_{.0\ldots} \cdot P_{..1..})) + P_{011..} \cdot \log_2(P_{011..}/(P_{0\ldots} \cdot P_{.1\ldots} \cdot P_{..1..})) + \\
&\quad P_{111..} \cdot \log_2(P_{111..}/(P_{1\ldots} \cdot P_{.1\ldots} \cdot P_{..1..})) \\
&= 0.0001\log_2(0.0001/(0.3305 \times 0.8597 \times 0.5667)) + 0.4921\log_2(0.4921/(0.6695 \times \\
&\quad 0.8597 \times 0.5667)) + 0.0744\log_2(0.0744/(0.3305 \times 0.1043 \times 0.5667)) + 0.0044\log_2 \\
&\quad (0.0044/(0.3305 \times 0.8597 \times 0.4333)) + 0.0001\log_2(0.0001/(0.6695 \times 0.1043 \times \\
&\quad 0.5667)) + 0.1475\log_2(0.1475/(0.6695 \times 0.8597 \times 0.4333)) + 0 + \\
&\quad 0.0298\log_2(0.0298/(0.6695 \times 0.1043 \times 0.4333)) = -0.0011 + 0.2920 + 0.1435 - \\
&\quad 0.0212 - 0.0009 + 0.2800 + 0 - 0.0007 = 0.6916
\end{aligned}
\tag{8-31}
$$

$$
\begin{aligned}
& T_{32}(a,b,d) \\
&= \sum_{h=1}^{H}\sum_{i=1}^{I}\sum_{k=1}^{K} P_{hik} \cdot \log_2(P_{hik}/(P_{h\ldots} \cdot P_{.i\ldots} \cdot P_{\ldots k.})) \\
&= P_{00.0.} \cdot \log_2(P_{00.0.}/(P_{0\ldots} \cdot P_{.0\ldots} \cdot P_{\ldots 0.})) + P_{10.0.} \cdot \log_2(P_{10.0.}/ \\
&\quad (P_{1\ldots} \cdot P_{.0\ldots} \cdot P_{\ldots 0.})) + P_{01.0.} \cdot \log_2(P_{01.0.}/(P_{0\ldots} \cdot P_{.1\ldots} \cdot P_{\ldots 0.})) + \\
&\quad P_{00.1.} \cdot \log_2(P_{00.1.}/(P_{0\ldots} \cdot P_{.0\ldots} \cdot P_{\ldots 1.})) + P_{11.0.} \cdot \log_2(P_{11.0.}/(P_{1\ldots} \cdot P_{.1\ldots} \cdot P_{\ldots 0.})) + \\
&\quad P_{10.1.} \cdot \log_2(P_{10.1.}/(P_{1\ldots} \cdot P_{.0\ldots} \cdot P_{\ldots 1.})) + P_{01.1.} \cdot \log_2(P_{01.1.}/ \\
&\quad (P_{0\ldots} \cdot P_{.1\ldots} \cdot P_{\ldots 1.})) + P_{11.1.} \cdot \log_2(P_{11.1.}/(P_{1\ldots} \cdot P_{.1\ldots} \cdot P_{\ldots 1.})) \\
&= 0.0045\log_2(0.0045/(0.3305 \times 0.8597 \times 0.7482)) + 0.6395\log_2(0.6395/(0.6695 \times \\
&\quad 0.8597 \times 0.7482)) + 0.0744\log_2(0.0744/(0.3305 \times 0.1043 \times 0.7482)) +
\end{aligned}
$$

$0.2516\log_2(0.2516/(0.3305\times0.8597\times0.2518))+0.0298\log_2(0.0298/(0.6695\times0.1043\times0.7482))+0.0001\log_2(0.0001/(0.6695\times0.8597\times0.2518))+0+0.0001\log_2(0.0001/(0.6695\times0.1043\times0.2518))-0.0250+0.3648+0.1145+0.4565-0.0241-0.0010+0-0.0007=0.8850$ (8-32)

对以上耦合风险值的计算结果进行排序：

$$T_{32}(a,b,d)>T_{31}(a,b,c)>T_{23}(a,d)>T_{22}(a,c)>T_{21}(a,b) \quad (8\text{-}33)$$

8.5.5 结果分析

通过以上计算结果可以得知：

(1) 综合管廊事故或灾害是否发生，取决于风险概率值的大小；事故一旦发生对整个综合管廊系统造成的影响取决于风险耦合值的大小。一般来说风险耦合值的大小与风险耦合因素的数量成正比。因此，可以总结出，综合管廊发生风险的可能性，随着耦合风险因素数量的增加而上升。根据计算结果分析可以得出，总的来说，多因素耦合风险值大于双因素耦合风险值。

(2) 多因素耦合风险中，氧气-甲烷-湿度耦合风险值＞氧气-甲烷-人员耦合风险值；双因素耦合风险中，氧气-湿度耦合风险值＞氧气-人员耦合风险值＞氧气-甲烷耦合风险值。可以发现，有湿度参与的风险耦合中，风险耦合值均较大，因此，湿度是综合管廊风险预警和管理中需要注意的因素。同样的，双因素及三因素风险耦合中，氧气这一风险因素均有参与，因此可以推断，氧气因素可能是造成综合管廊发生风险的最主要因素。

通过本章的分析可以得出，随着综合管廊中，参与耦合作用的风险因子数量的增加，风险耦合值也在逐步增加，这说明了一旦风险发生耦合作用后，对整个系统造成的影响程度也会增加。综合管廊内部存在复杂的耦合关系，耦合作用一旦发生，管廊系统会受到严重的影响。因此，需要采取措施降低风险因子之间发生耦合作用的可能性，减小耦合作用对系统的影响，即用解耦思想对综合管廊的耦合风险进行管理。

解耦思想已经广泛应用在煤炭产业、计算机领域以及风险管理等领域。本节基于解耦思想，综合考虑综合管廊的结构特点和运行特征，对风险耦合的不同阶段，根据各个阶段耦合风险的特征对综合管廊提出风险管理措施，达到加强风险管理，降低风险发生的可能性，或者一旦风险发生，降低风险发生后造成的影响程度的目的。综合管廊耦合风险解耦原理如图 8-6 所示。

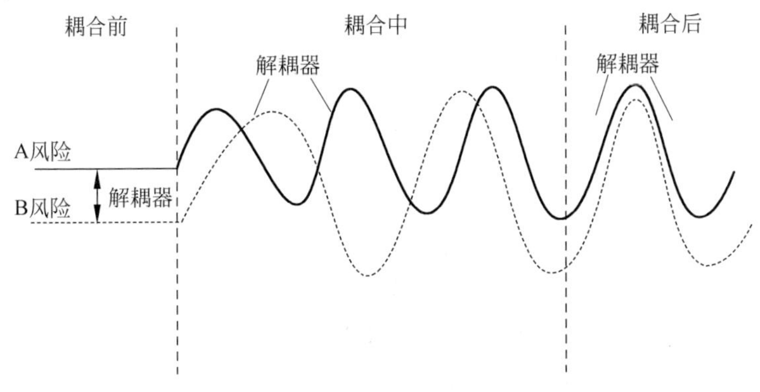

图 8-6　综合管廊耦合风险解耦原理

根据图 8-6 可知，在综合管廊耦合作用的各个阶段中，均可以用解耦器对耦合风险进行管理，也就是在不同的耦合作用阶段，采取相应的风险管理措施来降低风险。在风险因子发生耦合作用之前，风险 A 和 B 分别在各自的风险链上流动，当它们各自遇到解耦器后，解耦器会对风险因子进行消除。若风险 A 和风险 B 位于解耦器的控制范围内，解耦器可以对其进行消除，于是预防了风险耦合作用的发生；若风险 A 和风险 B 位于解耦器的控制范围外，解耦器不能对其进行完全消除，但可以起到一定的抑制作用，进而降低风险 A 与风险 B 的耦合作用的程度，减小风险因子发生耦合效应后给管廊系统带来的不利影响，这也达到了降低风险耦合作用的程度的目的。在风险因子发生耦合作用之中，风险消除已经不可能达到，只能采取措施降低风险耦合作用带来的影响程度。此时，解耦器的作用是采取措施避免风险 A 和风险 B 的波峰相遇，尽量让不同风险之间的波峰与波谷相遇，此时，耦合效应最低。若风险 A 和风险 B 都处于波峰或较高点的位置，发生耦合作用的强度也会更大，造成的风险程度也非常大。解耦器有时并不能完全错开风险 A 和风险 B 的波峰，但可以对改变耦合作用的时间起到一定的作用，为风险管控争取了一定的时间。在风险因子发生耦合作用之后，风险 A 和风险 B 在波峰相遇，此时耦合风险造成不利影响的程度最大。但解耦器可以发生作用使得耦合效应由波峰转为波谷，使风险 A 和风险 B 在波谷相遇，减小或消除耦合风险的影响。

8.6 综合管廊风险管理措施

综合管廊耦合作用发生的不同阶段具有不同的耦合效应，耦合作用发生前，应重点关注风险源头的管控；耦合作用发生中，要避免耦合风险效应的扩大；耦合作用发生后，要想办法把风险发生后造成的影响降低到最小。

8.6.1 耦合前的风险管理措施

根据综合管廊解耦原理图可知，在耦合作用发生前，各风险因子互不影响，只有在风险因子持续蔓延流动后，才会与其他风险因子发生耦合作用，产生耦合风险。因此，要关注风险发生的源头，在风险因素发生耦合作用之前，对其进行消除，从而降低风险发生的概率和程度。此时的风险管控是风险管理的最佳阶段，在适当的风险管理措施下可以达到风险规避的目的。

1. 做好地下管廊通风工作

本研究中，地下管廊 5 个风险因子：氧气超限、甲烷超限、人员入侵、湿度超限和照明时间超时，其中 3 个主要风险因子——氧气超限、甲烷超限和湿度超限——都是由地下管廊的通风工作不足造成的。

地下管廊通风工作不足，会造成氧气和甲烷气体过多堆积，从而增加了火灾和爆炸事故发生的可能性；同时，通风工作不足也会造成地下管廊湿度过高，电路发生短路，影响管廊的正常运行。因此，做好地下管廊通风工作是非常重要的。

首先，要优化管廊通风系统，将自然通风、诱导通风与机械通风相结合，一旦某种通风设备或某一环节的通风设备发生故障，立即启动应急设备或应急通风渠道，保障通风工作的正常进行。其次，地下管廊的通风设备要按时修理和维护，确保其正常运行。最后，也要安排管廊管理人员定时检查管廊的通风状况，用设备检测管廊内的各种气体、温度和湿度是否在安全的范围内。

2. 优化管廊中的检测设备

地下管廊告警数据来源于管廊内置的检测设备，管廊内的检测设备的灵敏性和准确性对地下管廊风险管控有着至关重要的作用。首先，要合理排布检测装置的位置，确保有充足的检测装备能够检测到全部范围的管廊状况。其次，要加强检测设备的维修和维护，安排管廊管理人员定期检查装置，更换不灵敏或发生故障的设备，保证其有效性。最后，要优化提高设备检测的灵敏度，使得在风险告警的第一时间，检测人员就能得到消息，识别风险的源头并采取有效的措施降低或消除风险。

3. 加强管廊管理人员的管控

在管廊内部增加安全警示标志的数量，在地下管廊的操作设备旁张贴悬挂安全操作规范，在地下管廊较为危险的位置悬挂安全警告条幅。

通过定期加强管廊管理人员的安全培训、定期考核其安全规范条例等措施来提高管廊管理人员的安全意识。定期培训和考核管廊管理人员的操作规范，确保其具有足够的能力处理突发风险，降低由人员造成的风险发生的概率。要关注管廊管理人员的身体和心理状况，避免人员带病上岗、疲惫上岗造成的安全隐患。要合理安排管廊管理人员的工作和休息时间。

加强管廊内部环境状况的检测，确保管廊人员在安全舒适的环境下工作。管廊检测装备一旦发生风险告警，及时通知位于告警位置的管廊管理人员检查该位置的安全状况，并做好充足的风险防范工作，必要时疏散人员以保证人员的安全。

8.6.2 耦合中的风险管理措施

风险因子发生耦合效应之后，会对综合管廊的安全造成影响，这时就要采取措施，错开风险因子的波峰，避免风险因子在波峰时发生耦合作用而使得管廊系统遭受重创。风险因子分别处于波峰和波谷时发生的耦合效应，所产生的不利影响处于最低值，因此要采取措施使波峰与波谷相遇时再发生耦合效应。

1. 预测管廊风险的发生趋势

首先，要理清和合理预测管廊风险的发生趋势，才能在正确的时机采取合理有效的措施避免耦合效应最大时，即风险因子都位于波峰时，耦合风险发生。其次，要结合地下管廊的风险告警信息，结合管廊的结构构造，采取正确的风险管理措施。风险告警数据发生的时间节点就是预测风险发生趋势的关键信息之一。

2. 降低风险因子发生耦合的概率和程度

要提高地下管廊各管线风险处理和防范的能力和沟通协调能力。地下管廊的风险告警发生在不同的管线中,不同种类的管线有相应的风险处理办法。因此要加强各管线部门风险处理的能力,一旦发现告警数据及时处理,识别风险的源头,尽量采取措施避免风险因子达到波峰的状态。

一个区域内有多条管线,因此要加强不同管线之间管理人员的沟通协调能力,共同制定规范的风险管理条例。要确保在风险发生时,相邻管线管理人员也能够第一时间知道。全面的风险管理办法和措施条例不仅包括单一管线的风险处理办法,还包括相邻管线发生风险时可能引发的灾害事故,以及消除风险的处理办法。

当某一风险因子持续保持增大的趋势时,要采取措施减小其他风险因子发生的可能性,控制可能耦合的风险因子的发生,降低其发生耦合的概率以及多个风险因子共同位于波峰处发生耦合作用的概率。

8.6.3 耦合后的风险管理措施

耦合风险发生后,对地下管廊的安全性已经造成影响。此时要采取措施将风险因子转移到管廊中抵抗风险能力较强的区域,并在此区域对风险因子进行消除,减小耦合作用的影响。

1. 转移耦合风险的发生区域

要转移某些区域的耦合风险,避免耦合风险在管廊系统中的脆弱处发生。管廊系统中的风险发生在脆弱处位置的风险频率较高,然而脆弱处抵御风险的能力较弱,风险耦合作用一旦发生在管廊系统中的脆弱处,很难消除。因此要转移风险到管廊系统中抵抗风险较强的区域中,并在此区域进行风险消除,这样对管廊系统造成的耦合影响最小。

要定期检修管廊内机器、培训管理人员来增强抵御风险的能力,尽量减少管廊的脆弱区域。

2. 建立完善的风险应对制度

要根据管廊告警和风险发生的历史数据,结合管廊本体的结构特点建立完善的耦合风险应对制度。

对管廊内可能发生的耦合风险进行分类,对其造成的影响评级,针对不同的评级结果制定不同的风险应对措施。

管廊要对可能发生风险的区域做好风险推演,模拟风险出现和传播的路径并对其制定应急处理措施。

8.7 结论

综合管廊作为智慧城市建设的重要组成部分,节省了管线输送资源所需的耗费,提高了资源输送的效率。但综合管廊的物理结构决定了若单一管线发生风险,会“牵一发而动全身”,因此综合管廊的风险管理至关重要。

本部分的主要研究数据对象是世园会告警数据,通过观察综合管廊数据有缺失值的特点，确定了用C4.5算法来处理数据中的缺失值，输出新的、数据完整的数据集。本部分不仅用能够处理缺失值的原始C4.5算法实现了这一研究目的，还实现了一种基于朴素贝叶斯方法的C4.5算法来提升生成决策树的准确度和缺失值补充的准确度。通过比较决策树的三种算法，本研究基本实现了对决策树生成、缺失值填补以及提高测试值的准确度。

本研究的主要内容为风险耦合研究。首先，对比了多种风险耦合模型，来判断出本研究的最优模型——N-K模型。其次，应用N-K模型建立风险耦合体系，通过度量不同风险因素作用下，风险发生的概率和耦合风险值，总结出综合管廊的风险发生的规律。最后，对风险耦合管理进行解耦研究，分别对耦合作用的三个阶段提出风险管理措施。总结全章内容提出以下建议。

(1) 世园会告警数据中，氧气超标告警所占比例最大，而氧气超标可能导致的两大风险灾害分别为对管廊管理和维修人员人身安全的威胁和管廊发生火灾及爆炸的可能。因此，对综合管廊建设提出的建议是：优先优化氧气检测装置，以便能够第一时间识别风险，及时采取措施；增加管廊火灾及爆炸防范的安全设施的投入；增加管廊人员应急呼吸设施设备的投入。

(2) 改进后的C4.5算法的准确率要明显优于原始决策树ID3和原始C4.5，且填补缺失值的准确率也较高。因此，这种用朴素贝叶斯法改进后的C4.5算法是有效可行的。

(3) 通过对综合管廊耦合风险的度量可以得出，一般来说，综合管廊中风险耦合因素越多，风险耦合值就越大，同时，湿度是综合管廊风险预警和管理中需要注意的因素；氧气因素可能是造成综合管廊事故风险的发生的首要因素，其次是人员因素，第三是甲烷。因此，要尽可能优化综合管廊气体检测和湿度检测装置，及时消除隐患，减小风险发生的可能性。

(4) 参与风险耦合的风险因素越多，耦合风险值越大，风险造成的后果就越严重。并且，多风险耦合会造成风险因素和潜在风险情况复杂度升高，对已检测到的风险就越难消除和防范。因此，一旦单个风险发生，就要及时采取措施进行防范。

(5) 风险耦合作用下的不同阶段要采取的解耦措施也不同，通过采取适当的风险管理措施来解耦，有利于耦合风险的降低和消除。

本章研究还存在一些局限性：采取的样本数据具有一定的局限性，数据的属性维度也不足，若能够获取管廊各种维度的数值数据，对N-K模型进行分析后得出的结论会更符合实际情况；由于无法了解综合管廊的内部耦合机理，对管廊的多米诺耦合事故效应无法做出研究，未来的研究可以应用此理论，对管廊的耦合风险进行研究。

参考文献

[1] 南东纬.基于多风险耦合的高速铁路运营安全研究[D].兰州：兰州交通大学，2020.

[2] SHANG Y，DUNSON D，SONG J. Exploiting Big Data in Logistics Risk Assessment via Bayesian Nonparametrics [J]. Operations Research，2017，1429-1731.

[3] 刘全龙，李新春，王雷.煤矿事故风险因子耦合作用分析及度量研究[J].统计与信息论坛，2015，30(3)：82-810.

[4] 乔万冠，李新春，石甜，等.基于系统动力学煤矿事故风险耦合度量研究[J].数学的实践与认识，2019，49(6)：191-198.

[5] 张苗，宋文华.基于贝叶斯网络的化纤企业多米诺事故耦合效应风险评估方法研究[J].南开大学学

报(自然科学版),2019,52(1):89-96.
[6] 王焕新,刘正江.基于N-K模型的海上交通安全风险因素耦合分析[J].安全与环境学报,2021,21(1):59-61.
[7] 杨辉,夏贤隆,陆荣秀.基于多传感器数据融合的管廊环境评估方法[J].控制工程,2020,27(10):1669-1671.
[8] 刘亚龙,王高辉,卢文波,等.地下管廊甲烷突发爆炸下井盖的抛掷特性及防护措施[J].武汉大学学报(工学版),2021,54(3):197-204.
[9] 蒋波.城市地下综合管廊入侵监测系统的研究及设计[D].西安:西安科技大学,2019.
[10] 周志华.机器学习[M].北京:清华大学出版社.2016:89-87.
[11] 贺治超,毕先志,翁文国.基于蒙特卡罗模拟的多米诺事故风险量化管理[J].中国安全生产科学技术,2020,16(12):12-16.
[12] 韩存鸽,叶球孙.决策树分类算法中C4.5算法的研究与改进[J].计算机系统应用,2019,28(6):199-202.

第9章

基于SEIRS模型的综合管廊风险传递监测

9.1 研究背景

综合管廊有干线、支线、缆线。管廊风险监测有个特点：各节点之间以管廊为联结纽带，使得风险有内部传导的现象，某一处监测的风险很可能传递给下一处节点的监测数据，导致风险顺着管道进行扩散，并且由于涟漪效应，很可能持续扩大，导致风险转变为危机爆发。

1998年Mark等提出了一种基于数值模拟和GIS的城市污水管道风险分析方法，讨论了地下污水管道事故的扩散规律和污水系统的处理技术[1]。Whitaker等在2014年开发了联合下水道系统的风险评估模型，并通过估计下水道管道的故障引入了风险缓解措施[2]。Guo和He等利用传统的故障树和事件树来对下水道管道事故进行安全评估。然而，这些类型的方法是静态的，在这些方法中实现的变量的状态是通过二进制的“是”和“否”来模拟事故场景[3-4]。Zhou等基于贝叶斯网络(BN)和Dempster-Shafer(D-S)证据理论的风险评估方法来评估公用隧道中复杂的下水道管道事故。首先，根据下水道管道事故的案例研究，确定了潜在的危险和典型的事故情景，并由专家进行了评估；其次，建立了基于BN的公用工程隧道污水管道风险评估框架；最后，利用所提出的模型，对污水管道事故情景进行了BN推理[5]。

在分析风险管理层次的过程中，可以建立事故后果的几个层次，并作出半定量的决定。在风险分析过程中，每个变量有两种以上的状态，每个状态都有专家给出的相应的分级评分。在评分系统中，较小的等级细分表示较高的评分结果[6]。米传民等研究企业内部的危机扩散与传染病传播的相似原理，利用SEIRS模型分析成员企业之间危机传播扩散的机理，为发现危机、防控危机提供理论依据[7]。汪玉亭等利用Matlab软件对SEIRS模型中影响阈值的各因素进行分别对比分析，将建设工程中的各工序参建商应用在模型中，风险传递不再局限于研究财务、金融、疾病和舆情等[8]。陈福集和陈婷通过对传播阈值和平衡点的求解从理论上分析了话题衍生率对传播态势的影响，并通过数值仿真实验分析了影响话题衍生率的社会作用、网民历史记忆等因素对网络舆情传播规律的影响，分析了这些因素对网络舆情衍生效应的促成作用，进而提出相应的对策建议[9]。Meng等分析SEIR模型方法放宽对 ADC 输入信号的线性度要求。测试高分辨率 ADC 的线性度，提出了一种新的方法，通过应用相关电平偏移(CLS)技术，在不降低闭环增益的前提下，引入高恒定电平偏移和具有真正轨到轨性能的输出缓冲器新结构[10]。徐文雄和张太雷研究一种具有饱和发病率的 SEIRS 流行模型，总结该模型具有两个平衡。利用模型推导出基本再现数 R_0，分析平衡点的稳定性。结果表明，无病平衡在 $R_0 \leqslant 1$ 和独特的地方性平衡是稳定的[11]。

本部分通过研究传染病的 SEIRS[易感(susceptible)、潜伏(exposed)、发病(infective)和治愈(removed)]模型，对各监测点的数据进行分析，判定是否存在潜在风险，进行风险状态监测、检查风险传递情况，为综合管廊风险预测提供参考。

9.2 综合管廊风险传递过程分析

综合管廊不同于单一管廊，其地下管道和电缆数目庞大，贯穿数千米，根据监测数据反馈的结果来定位风险发生点是非常困难的，随着时间的变化，风险数据逐渐向下一个风险点传递，下一个监测点也会发生报警反馈。综合管廊的监测链是由整个地下管廊的所有监测点构成的链式关系，将每个监测点视为一个节点，各节点的衔接非常重要，任何一个节点出现风险都很可能造成巨大的损失。监测链的特点如下。

1. 时限长

综合管廊建设完成后，将会持续投入使用，在特殊活动结束后，仍然可以并入日常使用，在实行完全化的重建改革前，需要一直保持风险监测。随着运营阶段的变化，综合管廊将逐渐从政府化转向企业＋政府的模式，将地下资源网建设投入民生中。

2. 风险管理困难

不仅是管道本身因素，地壳运动、土壤变化、四季变化等都会带来潜在隐患。在建立监测链的同时，需要考虑各个节点的地质环境，建立不同的预警标准，各节点不能完全独立。

3. 数据时效性

传统的由监测员前去实地检测的方法，成本高，风险大，且在实际检测中，数据的波动是正常现象，且一段时间之后，异常会自动化解，恢复正常情况下的数值。

4. 免疫性

反复训练后的节点风险标准会更加强壮且准确，此时该节点优化后的精准性一定意义上也被称为免疫性，即再次出现相同的数据波动，在一定时间内，它可以更精准地判定风险的等级，发出预警通知，也称为时效性免疫。

根据 SEIRS 模型的思路，划分节点风险传递过程(图 9-1)：正常状态下的节点在受到风险干扰后会改变为存在潜在风险的状态，潜在风险在自动防控设备进行风险处理，风险化解为具有时效性免疫的监测节点；若未能将该节点化解为具有风险的监测节点，则需要对风险进行处理；风险化解后，该节点成为具有时效性免疫的监测节点；一定时间后，根据数

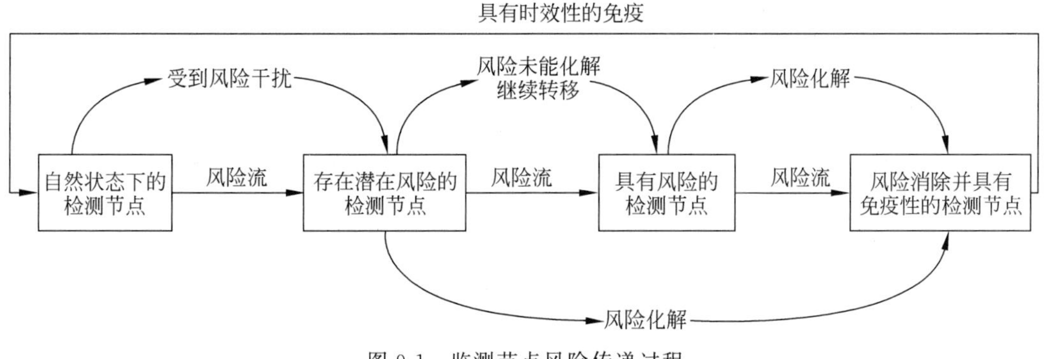

图 9-1　监测节点风险传递过程

据的变化可以判定该节点免疫性消除，恢复到自然状态的节点。

简单来看，一个节点的风险处理有两层措施，一是管廊的风险预处理系统，自动做出的反馈；二是检修人员、工程人员进行专业监测、检修。

9.3　综合管廊风险传递模型

9.3.1　模型假设

假设每个监测节点的传递过程与该节点的风险状态有关，出现风险变化后，逐步向后续节点进行传递，从而导致监测链许多节点都进行了风险预报。在由监测点组成的监测链中，风险从一个节点转移到下一个节点需要一定的时间，传递速度、状态转化时间与风险的强弱都有一定的关系，为了构建模型，做出如下假设：

1. 每个节点存在 4 种状态

(1) 状态 S：未受到风险干扰的易感状态 S；

(2) 状态 E：受到风险干扰、尚未进行传递的状态 E，潜在风险存在；

(3) 状态 I：受到风险干扰并进行传递的感染状态 I，风险正存在；

(4) 状态 R：受到风险干扰并采取措施使风险消亡的易感状态 R，具有时效性免疫。

假设某条管廊的监测节点有 N 个，且总数目不变。在 t 时，$s(t)$，$e(t)$，$i(t)$，$r(t)$分别表示，在 t 时刻 4 种状态的节点在总节点中所占比例。各节点状态并不是完全的，比如 t 时刻某节点可能位于 S 和 E 状态之间，所以是连续可微的。

2. 促进因子和阻碍因子

促进因子是促进风险传递的因素，如管廊中因为排气装置使用不当导致下一个节点的监测数据出现不适当波动。对于某节点 g，受到自然环境或自身设备影响以及人为检修错误干预、错误故障处理 j，导致风险传递，用促进函数 $P(g,j)$表示。

阻碍因子是阻碍风险传递的因素，如检测到风险后，采取正向的检修措施、管廊配备的环境调节装置等。管廊本身具有一定的消除风险的能力并采取一定有效控制措施 r(0-1,

随机数)，是人力、物力、财力、管理机制运行的综合，以及建设之初，设备的投入、政府的监测强度为 c，用阻碍函数 $f(r,c)$ 表示。

3. 其余相关因素

(1) 假设各个监测节点之间的接触率为 τ，τ 与监测节点的距离和通道有关(图 9-2)；

(2) 节点受到潜伏状态节点的风险干扰率 ω_1；

(3) 节点受正风险状态节点的风险干扰率 ω_2；

(4) 节点受到风险干扰后，未传递风险，即 E 状态的节点，恢复概率 α_f，与阻碍函数 $f(r,c)$ 成正比(与防控设施第一时间处理异常有关)；

(5) 节点受到风险干扰后，传递了风险，即 I 状态的节点，再传递风险的概率为 β_p，与促进函数 $P(g,j)$ 成正比(与周围环境、风险干预有关)；

(6) 节点从 E 状态到 R 状态的概率为 λ_f，与阻碍函数 $f(r,c)$ 成正比；

(7) 节点从 I 状态到 R 状态的概率为 δ_f，与阻碍函数 $f(r,c)$ 有关。

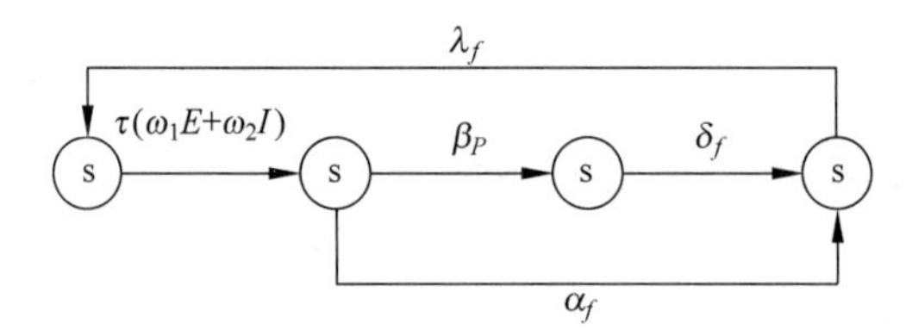

图 9-2 节点风险传递示意

9.3.2 传递模型

根据传染病建模，以及相关文献的建模思想，用上面的假设建立风险传递的微分方程模型

$$\begin{cases}\dfrac{\mathrm{d}s}{\mathrm{d}t}=l_{fr}-s(t)(\omega_{1t}+\omega_{2t})\\[2mm]\dfrac{\mathrm{d}e}{\mathrm{d}t}=s(t)(\omega_{1t}+\omega_{2t})-a_{fe}-b_{pe}\\[2mm]\dfrac{\mathrm{d}i}{\mathrm{d}t}=b_{pe}-d_{fi}\\[2mm]\dfrac{\mathrm{d}r}{\mathrm{d}t}=d_{fi}-l_{fr}+a_{je}\end{cases}\tag{9-1}$$

式中，l_{fr} 为输入率，易感状态随时间变化初始的输入率；

ω_{1t} 为在时刻 t 时受到潜伏状态节点的风险干扰率；

ω_{2t} 为在时刻 t 时受到正风险状态节点的风险干扰率；

a_{fe} 为和阻碍函数与节点 e 相关的恢复概率；

b_{pe} 为和促进函数与节点 e 相关的再传递风险概率；

d_{fi} 为和阻碍函数与节点 i 相关的阻碍因子；

根据 $\tau,\omega_1,\omega_2,\alpha_f,\beta_p,\varepsilon_f,\delta_f\in[0,1]$，且 $s(t)+e(t)+i(t)+r(t)=1$，将上述微分方程化简，得到

$$\begin{cases}\dfrac{\mathrm{d}e}{\mathrm{d}t}=\varphi(1-e-i-r)-(\alpha_f+\beta_p)e\\[2mm]\dfrac{\mathrm{d}i}{\mathrm{d}t}=\beta_{pe}-\delta_{fi}\\[2mm]\dfrac{\mathrm{d}r}{\mathrm{d}t}=\delta_{fi}-\lambda_{fr}+\alpha_{je}\end{cases}\tag{9-2}$$

其中：$\varphi(1-e-i-r)$表示风险干扰度。

式中，α_{je} 为节点 e 在受到自然环境或设备自身影响以及人为检修错误处理情况下的恢复概率；

β_{pe} 为和促进函数与节点 e 相关的再传递风险概率；

δ_{fi} 为节点从 I 状态到 R 状态的概率；

λ_{fr} 为虽然受到各种影响，但状态 s 保持不变的概率。

9.3.3 平衡点和阈值

随着时间推移，受风险干扰的节点会影响后续节点，风险在节点之间的转移由阈值 h 决定。根据假设节点总数不变：$\{D=(E,I,R)\mid E,I,R\geqslant 0$，且 $E+I+R\leqslant 1\}$。

1. 无风险传递平衡点

此时综合管廊中所有节点都处于 S 状态，即所有的 E、I、R 状态节点都为 0，此时整个综合管廊中没有任何风险或传递的可能，平衡点(1,0,0,0)。

2. 非零平衡点

上面的平衡点是理想状态才存在的点，现实生活中，综合管廊只要在使用中就一定处于变化中，于是，寻找满足条件的非零平衡点。

化简后的微分方程(9-2)，满足$\{D=(E,I,R)\mid E,I,R\geqslant 0$，且 $E+I+R\leqslant 1\}$后，化简得

$$\begin{cases}s=\dfrac{(\alpha+\beta)\delta i}{\beta\varphi}\\[2mm]e=\dfrac{\delta i}{\beta}\\[2mm]r=\dfrac{(\alpha+\beta)\delta i}{\beta\varepsilon}\end{cases}\tag{9-3}$$

其中：$\varphi=\tau(\omega_{1e}+\omega_{2i})$。

代入到 $s(t)+e(t)+i(t)+r(t)=1$，得到

$$\frac{(\alpha+\beta)\delta i}{\beta\tau(\omega_{1e}+\omega_{2i})}+\frac{\delta i}{\beta}+\frac{(\alpha+\beta)\delta i}{\beta\varepsilon}+i=1\tag{9-4}$$

用 h 表示风险传递阈值，$h=\dfrac{(\alpha+\beta)\delta}{\beta\tau(\omega_1\delta+\omega_2\beta)}$，化解(9-4)得到 i 的表达式

$$i=\frac{1-h}{1+\dfrac{\delta}{\beta}+\dfrac{(\alpha+\beta)\delta}{\beta\varepsilon}}\tag{9-5}$$

将式(9-5)代入(9-3),得到在$\{D=(E,I,R)\mid E,I,R\geqslant 0$,且$E+I+R\leqslant 1\}$中存在唯一的正平衡点$(s^*,e^*,i^*,r^*)$

$$\begin{cases} s^*=\dfrac{(\alpha+\beta)\delta(1-h)}{\beta\varphi\left(1+\dfrac{\delta}{\beta}+\dfrac{(\alpha+\beta)\delta}{\beta\varepsilon}\right)} \\ e^*=\dfrac{\delta}{\beta}\cdot\dfrac{1-h}{1+\dfrac{\delta}{\beta}+\dfrac{(\alpha+\beta)\delta}{\beta\varepsilon}} \\ i^*=\dfrac{1-h}{1+\dfrac{\delta}{\beta}+\dfrac{(\alpha+\beta)\delta}{\beta\varepsilon}} \\ r^*=\dfrac{(\alpha+\beta)\delta}{\beta\varphi}\cdot\dfrac{1-h}{1+\dfrac{\delta}{\beta}+\dfrac{(\alpha+\beta)\delta}{\beta\varepsilon}} \end{cases} \tag{9-6}$$

当传递阈值$h\geqslant 1$时,监测链中存在无传递风险的平衡点(1,0,0,0),随着时间的推移,风险逐渐化解,直到完全消除。

当传递阈值$h<1$时,监测链中存在唯一的正平衡点(s^*,e^*,i^*,r^*),随着时间推移,风险将稳定存在,最终导致危机发生。

9.3.4 风险传递阈值影响因素分析

风险传递阈值决定了风险扩散途径,是制定风险预控对策的重要依据。从$h=\dfrac{(\alpha+\beta)\delta}{\beta\tau(\omega_1\delta+\omega_2\beta)}$中可以看到影响$h$的参数有——接触率$\tau$;潜伏状态$E$的节点干扰率$\omega_1$;感染状态$I$的节点干扰率$\omega_2$;节点受到风险干扰后,未传递风险,即$E$状态的节点,恢复概率$\alpha_{f(r,c)}$;节点受到风险干扰后,传递了风险,即$I$状态的节点,再传递风险的概率为$\beta_{p(g,j)}$;节点从$I$状态到$R$状态的概率为$\delta_{f(r,c)}$。

ω_1与ω_2由节点本身特征决定,监测设备的安置地点、设备的故障率、反馈时间等,与传递风险过程无关,简化分析,视各节点的本身特征都是一致符合的,忽略节点干扰率的影响,即满足$\omega_1=1$、$\omega_2=1$,此时风险传递阈值表示为

$$h=\frac{(\alpha_f+\beta_p)\delta}{\tau(\delta_f+\beta_p)} \tag{9-7}$$

τ、$\alpha_{f(r,c)}$、$\beta_{p(g,j)}$、$\delta_{f(r,c)}\delta_{f(r,c)}$对传递阈值的影响

$$\frac{1}{h}=\frac{\tau(\delta+\beta)}{\delta(\alpha+\beta)}=\tau\left(\frac{1}{\alpha+\beta}+\frac{\beta}{\delta(\alpha+\beta)}\right)$$

$$h'(\beta)=\left(\frac{\delta(\alpha+\beta)}{\tau(\delta+\beta)}\right)'\beta=\frac{\delta(\delta-\alpha)}{[\tau(\alpha+\beta)]^2} \tag{9-8}$$

$\alpha_{f(r,c)}$和$\delta_{f(r,c)}$与h成正相关,$\delta_{f(r,c)}$和τ成负相关,h越大越有利于控制节点受到干扰后继续传递的可能,因此要控制增大$\alpha_{f(r,c)}$和$\delta_{f(r,c)}$或者减小$\delta_{f(r,c)}$和τ。

9.3.5 综合管廊风险的 SEIRS 模型

SEIRS 模型对应的数据字典如表 9-1 所示。

表 9-1　数据字典表

ID	PG_ID	CABIN_ID	REGION_ID	CREATE_TIME	TEMPERATURE	TEM_WARN	HUMIDITY
序号	管廊线路	舱室	位置	创建时间	温度	温度报警	湿度
O_2	O_2_WARN	CH_4	CH_4_WARN	H_2S	H_2S_WARN	WATER_WARN	HEALTH
氧气浓度	氧气报警	甲烷浓度	甲烷报警	硫化氢浓度	硫化氢报警	漏水报警	健康状态

以 REGION_ID 为节点，应用数据来自相同的管廊线路，视作一条监测链。在同一时间点，根据各监测点（位置）的数据进行监测，最后形成动态监测结果。

如氧气值含量（图 9-3）：

图 9-3　氧气含量示意

（1）含量在（S_1、S_2）之间，为自然状态，S_1 和 S_2 分别表示未发生风险事故时，舱室内氧含量的下限与上限；

（2）风险预处理启动，含量超出自然状态，进入 E 状态；

（3）根据报警等级频次判定节点的状态。

9.4　结论与展望

现如今地上资源的开发使用日益饱和，人们将视线瞄准了地上地下协同的智慧城市建设，这项工程已成为未来各国的开拓性发展的重要任务。综合管廊又名共同沟，在城市道路的地下空间建造一个集约化的隧道空间，将通信、热力、燃气、供水排水、电力等多种管线集于一体，实行统一规划、统一建设、统一管理。近年来，国内部分城市逐步开展试点建设，北京、上海等综合城市管廊建设的技术日渐成熟。因为地质环境因素，很多城市的管廊建设面临巨大的挑战和风险，综合管廊如果不能及时监测风险，很可能危及整个地上城市的安全。20 世纪 90 年代以来，国内外对综合管廊风险管理提出了不少监测模型和评价模型，不同于轨道安全监测，管廊的安全监测对监测人员来说更加危险，几乎完全封闭的环境中，不慎泄露的气体将直接危及监测员的生命。设置并完善风险监测系统的目的就是通过实时监测管廊空气中的各成分变化，对风险进行判定并进行检修。

传染病模型的应用非常广泛，除了利用疾病传播理论预测传染过程外，生物学专家们也用其研究某些特定生物行为；社会学专家们分析传染病在人群中的传播效果，预测舆情的扩散和走向；还有学者致力于研究传染病模型与知识协同的应用。本部分通过研究传染病的 SEIRS 模型，对各监测点的数据进行分析，判定是否存在潜在风险，进行风险状态监测、检查风险传递情况，为综合管廊风险预测提供参考。

因此，使用 SEIRS 模型预测监测节点的风险状态，可以将独立的节点串联形成一条相互关联的监测链，将导致风险发生的因子并行分析。当然尚有研究不足，节点内检测到的成分，存在相互影响的可能，当某几种成分混合达到一定比例会造成潜在风险，继续强化训练应该注意设备自身的故障导致的潜在风险。

参考文献

[1] MARK O,WENNBERG C,VAN KALKEN T, et al,Risk analyses forsewer pipe systems based on numerical modelling and GIS[J]. Saf. Sci. ,1999,30(1): 99-106.

[2] WHITAKER D,GONZALEZ R,ADDERLEY V. Combined sewer pipe system capacity risk assessment and mitigation[C]//In Pipelines 2014: From Underground to the Forefront of Innovation and Sustainability,2014: 1875-1884.

[3] GUO Q S. Study on optimization design and safety evaluation about urban drainage system in the case of abrupt rainstorm[D]. Changchun: Jilin University,2014.

[4] HE Q. PENG S J,ZHAI J. Development and application of a water pollutionemergency response system for the Three Gorges Reservoir in the Yangtze River[J],China. J. Environ. Sci,2011,23 (4): 595-600.

[5] ZHOU R,FANG W P,WU J S. A risk assessment model of a sewer pipeline in an underground utility tunnel based on a Bayesian network [J]. Tunnelling and Underground Space Technology, 2020(6): 103473.

[6] JIANG G,KELLER J,BOND P L, et al. Predicting concrete corrosion of sewer pipes using artificial neural network[J]. Water Res,2016: 92,52-60.

[7] 米传民,刘思峰,米传军. 基于 SEIRS 模型的企业集团内部危机扩散研究[J]. 中国管理科学,2007,10(15): 724-728.

[8] 汪玉亭,丰景春,张可,等. 基于 SEIRS 的建设工程质量风险传递模型及仿真研究[J]. 运筹与管理,2020,29(7): 214-221.

[9] 陈福集,陈婷. 基于 SEIRS 传播模型的网络舆情衍生效应研究[J]. 情报杂志,2014(2):108,113.

[10] MENG H,GEIGER R,CHEN D. A High Constancy Rail-to-rail Level Shift Generator for SEIR-based BIST circuit for ADCs[C]//2018 IEEE International Symposium on Circuits and Systems (ISCAS),Florence,2018: 1-5.

[11] 徐文雄,张太雷. 一类非线性 SEIRS 流行病传播数学模型[J]. 西北大学学报(自然科学版),2004,6(34): 627-629.

第10章

综合管廊燃气泄漏演化与预警仿真研究

10.1 研究背景

地下综合管廊是城市现代化建设的必然产物，是城市生活与工业生产的生命线，扮演着重要的作用。传统管道在输送燃气的时候，往往采取浅埋于土壤或者架空敷设的方式，存在诸多弊端，如暴露于野外，随着风吹日晒，易发生管道的锈蚀；埋于土壤中易与土壤中的各种电解质发生电化学反应。综合管廊的出现有效解决了上述弊端。但是在管廊的使用过程中，燃气泄漏爆炸事故仍时有发生，且每次发生均对人员与财产造成严重损失，如何有效避免燃气管道的泄漏，科学管理管廊中的管道显得至关重要。

由于传统管道与综合管廊在国外应用较早，所以，国外学者对其研究基础较为深入。Kunii 和 LevenspieL 对储存罐常见灾害进行了研究，指出应根据不同的泄漏口径与形状采取不同的措施，并给出了泄漏量计算的有效公式[1]。Montiel 等研究了多种管道泄漏场景，并建立相应的理论模型，提出大孔泄漏时泄漏量的计算方法[2]。Woodward 和 Mudan 研究了管道泄漏尺寸较小时的泄漏情况，并以此提出了小孔泄漏模型[3]。Pilao 等研究了多种环境因素的改变对燃气管道发生爆炸的影响[4]。Bauwens 等研究了爆炸物面积，周围设施位置以及着火方位综合作用下对管廊的影响情况[5]。Cano-Hurtado 和 Canto-Perello 等提出，地下综合管廊与传统管道的明挖式不同，具有很多优点，可以有效利用地下空间，避免多次开挖造成社会不便，并且利于后期维护，当管道出现故障时，能够及时有效地对其进行修护[6]。Canto-Perello 等研究了人因工程在综合管廊设计中的影响，通过最大最小距离原则，对工作区域进行尺寸设计，以便工人可以竖直站立在管廊之中，并提出综合管廊的合理设计可以有效减轻运维人员的工作压力，提高工作效率[7]。

目前，国内学术界对管廊燃气泄漏主要聚焦在燃气管道爆炸可能性与燃气舱建造合理性方面。Yan 等研究了燃气爆炸情况下的管廊的安全性能，分析了一个具体管廊的爆炸载荷特性，得到了冲击波的传播规律和爆炸载荷的分布情况，提出了一个三层数学模型用来模拟地下管廊遇到最坏灾难时的脆弱性和承载能力，并给出了相应的求解算法[8]。Lin 等提出一种新型装配式综合管廊建造结构，在安全性方面有显著提高。但是对于燃气泄漏规律与预警响应方面的文献还相对较少[9]。

本文使用ANSYS Fluent软件对管廊实体的燃气泄漏过程进行仿真分析。由于燃气运输在学术界属于流体力学范畴,而ANSYS Fluent内置的多重软件包是分析流体运动的主流工具,凡是和流体、热传递和化学反应等有关的工业均可使用,具有丰富的物理模型、先进的数值方法和强大的前后处理功能,所以适合对管廊进行仿真分析。运用此软件进行仿真主要包括三个步骤:前处理、求解器和后处理。其中前处理阶段主要对管廊实体进行模型化,将其内部结构通过图像的方式实现,并对结构图进行网格的划分;求解器阶段需要对网格进行无关性检验,模型的边界条件设置以及需要运用的力学模型;后处理阶段主要运用CFD Post软件来对仿真所获数据进行分析。随着计算机性能与fluent等仿真技术的不断进步,工业生产与学术研究中采用流场三维数值模拟的方法也越来越普及。

10.2 综合管廊燃气仿真模型构建

10.2.1 物理模型构建

模型以北京市世园会综合管廊燃气舱为实体研究对象,测量相关尺寸数据,运用ANSYS Fluent仿真软件实现该部分的模型构建。管廊模型采取两个防火门之间的廊体结构,综合考虑现有的管道配件,包括燃气管道、管道支撑架、舱室壁、鼓风机、进风口、出风口、进风口夹层和出风口夹层。具体尺寸为:廊体长16m,宽38cm,高88cm,燃气管道直径40mm,送风口和排风口为0.32m×0.32m,泄漏口竖直向上距离送风口6.2m,送、排风口各设有夹层,主要用于研究夹层、防火门等燃气的是否集聚等情况,空间的总体体积为1200m^3。假设燃气属于不可压缩流体,流动过程选择标准k-ξ模型,并且假设在该模型中的流动属于湍流形式,而分子之间的黏性作用这里忽略不计。

燃气舱断面物理模型的结构示意图如图10-1所示。

本文通过ANSYS Fluent进行模拟仿真(图10-2)。为便于分析,由于天然气的主要成分为甲烷,在仿真过程中,我们将燃气以甲烷来进行仿真,在燃气扩散的过程中只有物理反应,并不发生燃烧与爆炸等情况。泄漏点的物理尺寸在整个泄漏过程中保持不变。*D*点处舱室的气压可以近似等于大气压强。

本文在计算燃气泄漏率时需要考虑两个阶段,第一个阶段为:燃气持续供给,应急阀门未打开,燃气发生泄漏;第二个阶段为:应急阀门打开,剩余燃气继续泄漏,直至停止为止。由于两个阶段所处的物理环境不同,所以要采取不同的理论模型与计算方法。

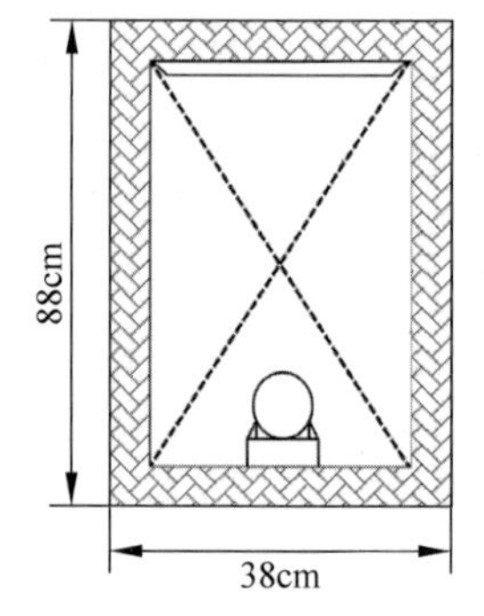

图10-1 燃气舱断面模型

1. 综合管廊燃气管道稳态泄漏率计算

当燃气管道发生小孔泄漏,即泄漏孔的口径小于20mm时,考虑到孔径较小,忽略气体与管壁摩擦的影响,燃气的膨胀过程为等熵过程,可以认为泄漏率恒定。为了方便计算,对该泄漏过程进行一些合理假设:

(1) 如图10-2所示,"*A*"点为远离泄漏口的一点,但是燃气泄漏速度往往较快,没有足

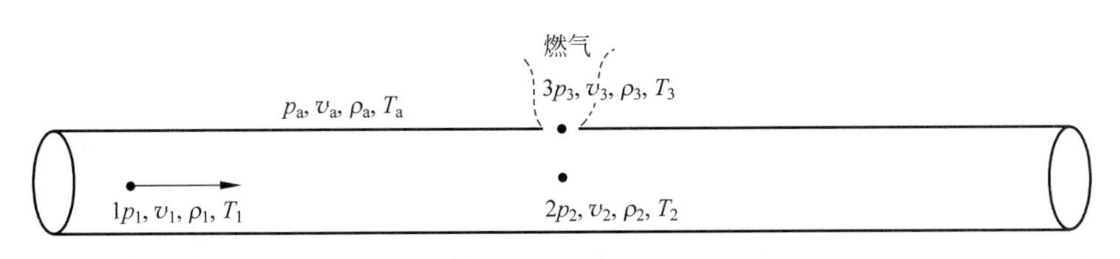

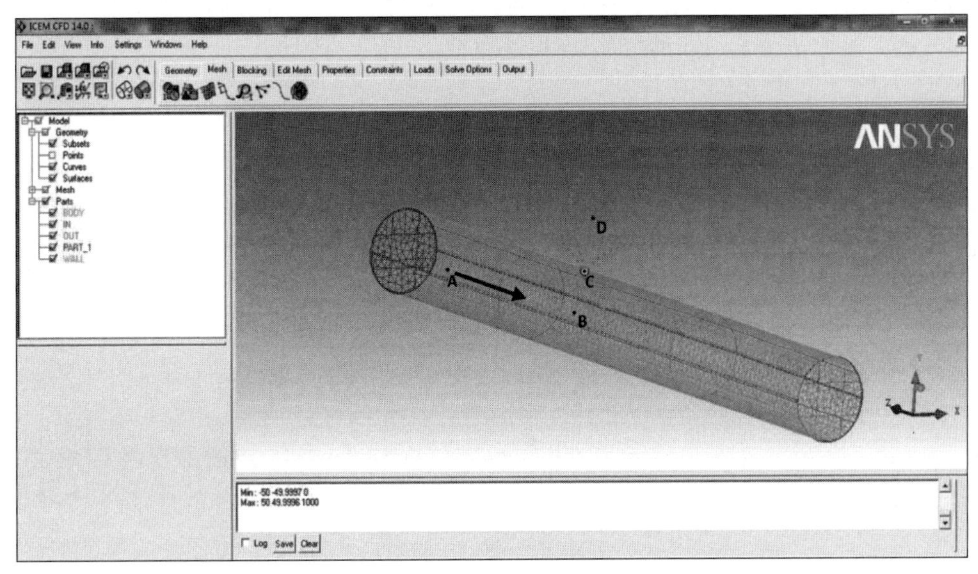

图 10-2　燃气泄漏模型

A 为燃气管道起始断面中心点，即阀门所在断面中心点；B 为泄漏口所处管道截面中心点；C 为泄漏点；D 为燃气管道外的燃气舱中某点；p,v,ρ,T 为状态点的压强、速度、密度、绝对温度

够时间与环境进行热量交换，因此 A 点到 B 点可以认为是理想气体的绝热流动过程。

$$T_B = T_A \tag{10-1}$$

（2）从 A 点到 B 点，有且只有一根主管道，无其他气体流动出口，且城市燃气的气压多为 1.6MPa 以下，温度为常温，因此 A 点与 B 点的断面流量、压强以及流速完全不受泄漏口的影响，满足理想气体状态方程：

$$\frac{p}{\rho} = RT \tag{10-2}$$

式中，p 为压强，Pa；

ρ 为燃气密度，kg/m^3；

R 为燃气的气体常数，519J/(kg·K)；

T 为燃气的热力学温度，288K。

$$p_B = p_A \tag{10-3}$$

式中，p_A 为图 10-2 中 A 点的压强，Pa；

p_B 为图 10-2 中 B 点的压强，Pa。

（3）根据《城镇燃气设计规范》(GB 50028—2006)，综合管廊内燃气管道当公称直径为 DN200～300mm 时，其对应壁厚为 4.8mm。壁厚相当于射流时的喷嘴，由于管壁薄，燃气射流流速大，来不及进行热量的交换，该泄漏过程可视为绝热过程。另外燃气管道泄漏过程可以看作一维流动，因此该过程满足绝热方程与一维气体运动欧拉方程：

$$\frac{p}{\rho^{\sigma}}=C \tag{10-4}$$

$$\frac{\mathrm{d}p}{\rho}+v\mathrm{d}v=0 \tag{10-5}$$

式中，σ 为燃气的等熵指数，是温度的函数，在常温下理想气体的 σ 值可近似认定为定值，且由于燃气属于多原子分子组成的气体，所以这里取 1.29；

C 为定值；

v 为燃气管道断面平均流速，m/s。

联立上述方程并在 B 点到 C 点之间进行积分，整理可得

$$\frac{v_C^2}{2}-\frac{v_B^2}{2}=\frac{p_B}{\rho_B}\times\frac{\sigma}{\sigma-1}v\mathrm{d}v\left[1-\left(\frac{p_C}{p_B}\right)^{\frac{\sigma-1}{\sigma}}\right] \tag{10-6}$$

本文中燃气管道 DN 直径为 200mm，而泄漏口孔径小于 20mm，因此 $v_C \gg v_B$，v_B^2 可以忽略不计，因此式(10-6)可化简为

$$v_C=\sqrt{\frac{2\sigma}{\sigma-1}\times\frac{p_B}{\rho_B}\left[1-\left(\frac{p_C}{p_B}\right)^{\frac{\sigma-1}{\sigma}}\right]} \tag{10-7}$$

则小孔泄漏质量流量为

$$q_C=\mu\times S\times\rho_C\times\sqrt{\frac{2\sigma}{\sigma-1}\times\frac{p_B}{\rho_B}\left[1-\left(\frac{p_C}{p_B}\right)^{\frac{\sigma-1}{\sigma}}\right]} \tag{10-8}$$

式中，q_C 为稳态泄漏率，也称质量流量，kg/s；

μ 为流量系数，取 0.9～0.98；

S 为燃气管道泄漏口面积，m^2；

ρ_C 为 C 点的燃气密度，kg/m^3；

p_B 为 B 点的绝对压强，Pa；

p_C 为 C 点的绝对压强，Pa。泄漏口处压强 p_C 取值可参照文献[5]：

$$p_C=\begin{cases}p_a & (p_a>p_E)\\ p_E & (p_a<p_E)\end{cases} \tag{10-9}$$

$$\beta=\frac{p_c}{p_B}=\left(\frac{2}{\sigma+1}\right)^{\frac{\sigma}{\sigma-1}} \tag{10-10}$$

式中：p_a 为管廊环境压强，即为大气压强，Pa；

p_E 为临界压强，Pa；

β 为临界压强比。

临界压强比是指当气流速度等于当地声速时，此时气体的压强和滞止压强的比值，是燃气射流速度从亚声速到声速的转折点，此时的泄漏口的流速是临界速度，即：当 $p_a/p_B\leqslant\beta$ 时，燃气管道泄漏口的射流属于临界流，$p_C=p_a$；当 $p_a/p_B>\beta$ 时，燃气管道泄漏口的射流属于亚临界流，$p_C=p_a$。

当燃气泄漏口为临界流，临界速度为

$$v_c = \sqrt{\frac{2\sigma}{\sigma - 1} R T_B} \tag{10-11}$$

结合理想气体绝热过程

$$\frac{T_C}{T_B} = \left(\frac{p_C}{p_B}\right)^{\frac{\sigma-1}{\sigma}} \tag{10-12}$$

得临界流时泄漏流量最大值为

$$q_C = \mu \times S \times \frac{p_B}{\sqrt{R T_B}} \times \sqrt{\frac{2\sigma}{\sigma+1}\left(\frac{2}{\sigma+1}\right)^{\frac{2}{\sigma-1}}} \tag{10-13}$$

当燃气管道泄漏口为亚临界流时，泄漏口处的流速与泄漏口最大质量流量分别为

$$v_C = \sqrt{\frac{2\sigma R T_B}{\sigma - 1}\left[1 - \left(\frac{p_a}{p_B}\right)^{\frac{\sigma-1}{\sigma}}\right]} \tag{10-14}$$

$$q_C = \mu \times S \times \frac{p_B}{\sqrt{R T_B}} \times \sqrt{\frac{2\sigma}{\sigma - 1}\left[\left(\frac{p_a}{p_B}\right)^{\frac{2}{\sigma}} - \left(\frac{p_a}{p_B}\right)^{\frac{\sigma+1}{\sigma}}\right]} \tag{10-15}$$

2. 综合管廊燃气管道动态泄漏率计算

综合管廊在发生燃气泄漏时，往往为了减少损失，会立即打开燃气管道内的阻断阀门，切断燃气源头的供给。阀门切断后，可以将位于防火区间内的燃气管道视为长度与横截面积确定的储气罐，此时的泄漏模型也可视为特定压强下的储气罐泄漏模型，此时管道内的密度、燃气流速、压强等随时间均发生了变化。泄漏过程将会由临界流转变为亚临界流，直至泄漏结束。

根据临界时间，由临界流状态转变为亚临界流状态 t_c 的计算公式为

$$t_c = \frac{1}{\alpha}\left[\frac{1}{\left(\frac{\sigma+1}{2}\right)^{1/2}\left(\frac{p_a}{p_0}\right)^{(\sigma-1)/2\sigma}} - 1\right] \tag{10-16}$$

式中，$\alpha = \frac{q_0(\sigma - 1)}{2m_0}$；

q_0 为动态泄漏的初始泄漏率，kg/s；

p_0 为稳态时的燃气压力值，Pa；

m_0 为稳态时管内剩余的燃气质量，kg；

进而可得临界流的泄漏时长为

$$t = \left[\left(\frac{p_a}{p_2}\right)^{\frac{1-\gamma}{2\gamma}}\left(\frac{2}{\gamma+1}\right)^{\frac{1}{2}} - 1\right]\frac{2m_t}{q_0(\gamma - 1)} \tag{10-17}$$

式中，q_0 为动态泄漏初始泄漏率，kg/s；

m_t 为上下游切断阀之间管道内燃气初始质量，kg；

γ 为燃气的等熵指数。

当多原子气体发生动态泄漏时，亚临界的泄漏时长约等于临界时段泄漏时长的 2.333 倍。因此可知

$$t_Y = 2.333 t_L \tag{10-18}$$

式中：t_Y 表示亚临界泄漏时长；

t_L 表示临界泄漏时长。

10.2.2 边界条件设置

仿真过程中设定的边界条件为：管内燃气压力为1.6MPa，燃气为不可压缩流体，管道内温度为288K。此段管廊内的模型边界条件为：燃气管道泄漏口为燃气质量流量入口，进风口为压力入口，出风口为速度出口，燃气管道内壁为绝热壁面，燃气管道表面初始温度为288K，对于温度的求解采用非绝热方式，以恒定壁温作为边界条件，通过求解流场能量控制方程计算得到温度分布。

10.2.3 网格划分

在模型进行仿真计算之前，需要对其进行网格划分。通过ICEM CFD软件来实现此段管廊中燃气管道、支撑架、进气口、出气口、相关夹层以及主要廊体的网格划分。由于夹层与进出风口尺寸相对较小，气体会在此部分产生聚集，并且通风管道的尺寸相对于管廊主体来说较小，所以为了保证结果的精确性，需要在这些部分进行网格加密。由于管廊的整体结构较为复杂，所以本文采取结构化网格与非结构化网格结合的网格划分技术。

在仿真过程中，模型的网格数密度对数值计算的结果影响很大，网格的数量需要仿真准确度与计算量以及计算机配置来共同权衡决定，因此本文综合考虑多方面因素来确定网格数密度。在线网格划分阶段，设置网格的节点，确定歪斜角度、长宽比例、节点密度和节点线光滑性等因素。在网格划分方式上选择Quad-Map划分法，对应网格至少需要有四个面，顶点为至少4个end类型，其余为side类型，且其对应的网格节点数必须相等。根据划分策略来设置定点类型以及节点排列方式。再细化网格的时候，需要根据GAMBIT软件的提示来进行网格的调整，对网格定点类型和节点数进行重新划分，如果仍然不能划分，需要换用其他划分方式对该区域进行网格重新划分，直至将所有区域都划分完毕。面网格与体网格的划分也与线网格划分法类似。在管道壁进行网格划分时，最大化边界的层网格可以有效提高壁区的计算精度，避免了湍流黏性比超过界定值的警告。在块网格划分阶段，在分块相邻处要保持网格的平滑性，相接触的两个网格要尺寸相似，以免造成仿真计算时出现的不收敛或者高阶连续方程残差问题。

skewness设置为0.5，change in Cell-Size设置为1.1，aspect ratio设置为3∶1，在边界层设置为6∶1。

10.2.4 网格的无关性检验

由于网格的设置直接决定了仿真结果的准确度，但是过量的网格会直接导致计算量的激增，所以需要对网格进行无关性检验，找到合适的网格数量。当网格的数量继续增加，到达一定数值时，仿真计算结果不再发生改变时，所得到的网格数量即为达到无关性检验的网格数量。

由于本章研究的是综合管廊燃气扩散规律研究，所以研究的重点在管廊各区域燃气泄漏的浓度值以及变化规律。在管廊中，隔适当距离取5个测算点，对每个测算点的燃气浓度进行计算，通过检测可以得到表10-1数据：

表 10-1　燃气舱模型网格无关性检验表

网格数/万	测算点 1	测算点 2	测算点 3	测算点 4	测算点 5
300	0.00032654648	0.00030545612	0.00029123565	0.00028804032	0.00028013151
350	0.00040125642	0.00039254185	0.000394517891	0.00039568922	0.00038421638
400	0.00042356418	0.00041287459	0.000411428713	0.00041284463	0.00040924677
450	0.00045532891	0.00044612385	0.000440136828	0.00043136237	0.00043017865
500	0.00047241895	0.00045279432	0.000459637925	0.00045516673	0.00044372919
550	0.00042155974	0.00043090872	0.000413533287	0.00041987561	0.00040765612
600	0.000413264898	0.00042115659	0.000409794652	0.00040331645	0.00039532316
650	0.000395613165	0.00040021648	0.000402164956	0.00039231492	0.00038398422
700	0.000387652196	0.00039316518	0.000392326462	0.00038469879	0.00038203126
750	0.000374535482	0.00036494237	0.000357956963	0.00034659891	0.00034377918

通过网格数量的不断增加，1、2、3、4 和 5 点的燃气浓度也在持续提高。但是，当网格数量超过 500 万时，各测算点的浓度值将不再提高，反而有所下降，因此 500 万就是一个合适的网格数量，在计算精准度合适的情况下，能够以较少的计算量来获得理想仿真结果。当网格数量确定以后，在此基础上需要得出时间步长与网格补偿的相对关系，燃气泄漏浓度的仿真结果与这两方面因素关系密切。而库朗数则是联系这二者关系的中间量，来调节计算的稳定性与收敛性。当库朗数越大，燃气浓度的收敛速度越快，反之越慢。而库朗数越大，燃气浓度的仿真计算量则越大。因此，需要不断调整库朗数的大小，最终能够在计算量适宜的情况下，得到较为准确的结果。在计算的过程中，往往将库朗数从小开始设置，看看迭代残差的收敛情况，如果收敛速度较慢而且比较稳定的话，可以适当地增加库朗数的大小，根据具体的问题，找出一个比较合适的库朗数，让收敛速度能够足够快还能够保持稳定。

10.2.5　模型求解

本章中，选用的求解器是 pressure-based solver 求解器，基于压力-速度的 coupled 耦合方案，因此在求解过程中，需要设置一个流量系数来控制计算的稳定性。在迭代过程中，先选定 10 为一个网格的初始步长，然后对各观测点燃气浓度进行仿真求解，如果存在有观测点的最终浓度不能收敛，则适当减小网格步长，并重新对各点燃气浓度进行求解，直到所有的点都达到收敛为止，此时的时间步长即为最终步长，经模拟后为 0.2s。

10.3　Fluent 计算设置

10.3.1　设置求解器

在 Fluent 软件中，对流场的计算采用空间上的有限体积法，通过网格划分将区域划分为许多小的体积单元，在每个体积单元上对离散后的控制方程进行求解，其本质是对离散方程的求解。当前求解方法主要有两种，一种是基于压力的求解算法(press-based)，采用压力修正算法，可求解标量形式的控制方程，对于不可压缩流体的计算精度较高。另一种是基于密度求解器(density-based)的 coupled 耦合算法，求解的是矢量形式的控制方程，对于求解可压缩流体的流动能力更加精准。由于管廊中的燃气主要成分为 CH_4，压强为 0.8MPa，输送燃气的管道温度为 288K，所以可将其看作是理想气体，即不可压缩流体进行仿真计算。

本文使用 Fluent 求解过程中，采取压力-速度耦合方程，使用 Segregated Solver 算法，在每个迭代步中得到的压强场都不能完全满足动量方程，因此需要反复迭代，直到收敛。隐式分离求解器需要的内存数量比隐式耦合少，具有更高的灵活性。

10.3.2 边界条件设置

Fluent 在进行仿真计算之前，要确定模型的边界。根据本章所研究的对象，边界条件主要包括进风口、出风口、进风口夹层、出风口夹层、管廊主体舱室、燃气管道、管道支架。整体模型采用 k-ξ 方程和组分传输方程。表 10-2 为燃气舱模型边界条件设置表。

表 10-2 燃气舱模型边界条件设置表

序　号	设置边界	边界条件	参数设置
1	泄漏口	质量流出入口	温度、质量流量、压力
2	风机	压力入口	温度、风速、通风类型、通风时间间隔、气压
3	出风口夹层	压力出口	静压力、温度
4	管壁及管舱内壁	表面边界	管壁与舱内壁温度差、导热系数、材料类型

由于管廊外部与外界空间相连接，为避免燃气出现泄漏后，通过各排风管道泄漏到其他舱室内，遇明火或电火花发生燃烧甚至爆炸事故，需要将燃气舱的压强设置为负压状态，排风方式为自然进风与机械排风，燃气舱空气边界条件为速度出口与压力入口。

湍流强度，是度量气流速度脉动程度的一种标准，通常以速度波动的均方与平均速度的比值表示：

$$I=\frac{u'}{v} \tag{10-19}$$

式中，u'为湍流脉动速度的均方根，也即流体速度的标准差；

v 为平均速度，m/s。

$$u'=\sqrt{\frac{1}{3}(v_x^2+v_y^2+v_z^2)} \tag{10-20}$$

式中，v_x、v_y 和 v_z 分别为速度 v 在 x，y，z 三个方向上的分量，m/s。

湍流强度：

$$I=\frac{0.16}{Re\_\mathrm{DH}^{0.125}} \tag{10-21}$$

式中，Re_DH 为雷诺数。

$$Re\_\mathrm{DH}=\frac{u\times \mathrm{DH}}{v} \tag{10-22}$$

式中，u 为流速，m/s；DH 为水力直径，m；v 为运动黏度，m^2/s。

$$DH = 2R \tag{10-23}$$

式中，R 为水力半径，m。

$$R = \frac{A}{X} \tag{10-24}$$

式中，A 为管道的截面积，是流量和流速的比值，m^2；

X 为湿周，管内流体流过管道外圈湿一周的周长，m。

10.4 综合管廊燃气泄漏扩散半径研究

对燃气扩散半径进行研究，以工况：5mm 泄漏孔，1.2MPa 管道压力，无通风换气为例。由于燃气舱中各点在燃气泄漏过程中的浓度不同，为了比较方便，本文取两条取值线，分别位于燃气舱空间中心的中心线和距离管廊顶部 0.2m 的观测线。燃气管道内的气体主要成分为 CH_4，在遇到明火或电火花时极易发生爆炸事故，并且燃气本身也具有毒性，如何有效确定燃气在泄漏事故中的扩散规律，直接关系到事故的处理措施与最终损失大小。本部分对正常运输浓度下燃气泄漏事件进行仿真，通过各取值点的浓度来对管廊中危险区域进行界定，从而确定燃气在小孔泄漏过程中的泄漏规律。

根据实地情况，我们对燃气泄漏事件进行仿真分析，设定泄漏孔尺寸为直径 5mm 的圆形孔，当前管道压强为 1.2MPa，无机械通风。

采取双取值线来对燃气扩散规律进行研究，取值时间点设置为：5s、10s、15s、20s、30s、50s、80s、120s、160s、200s、240s、280s、320s、360s、400s、440s、480s、520s、560s、600s、640s、680s、720s 和 760s，具体情况如图 10-3～图 10-5 所示。

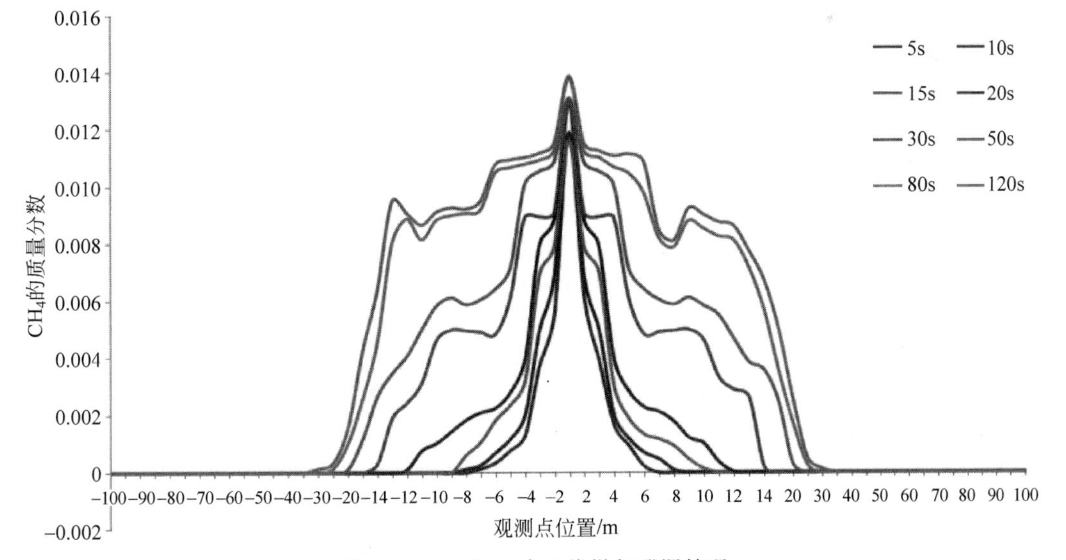

图 10-3 5～120s 中心线燃气泄漏情况

彩图 10-4

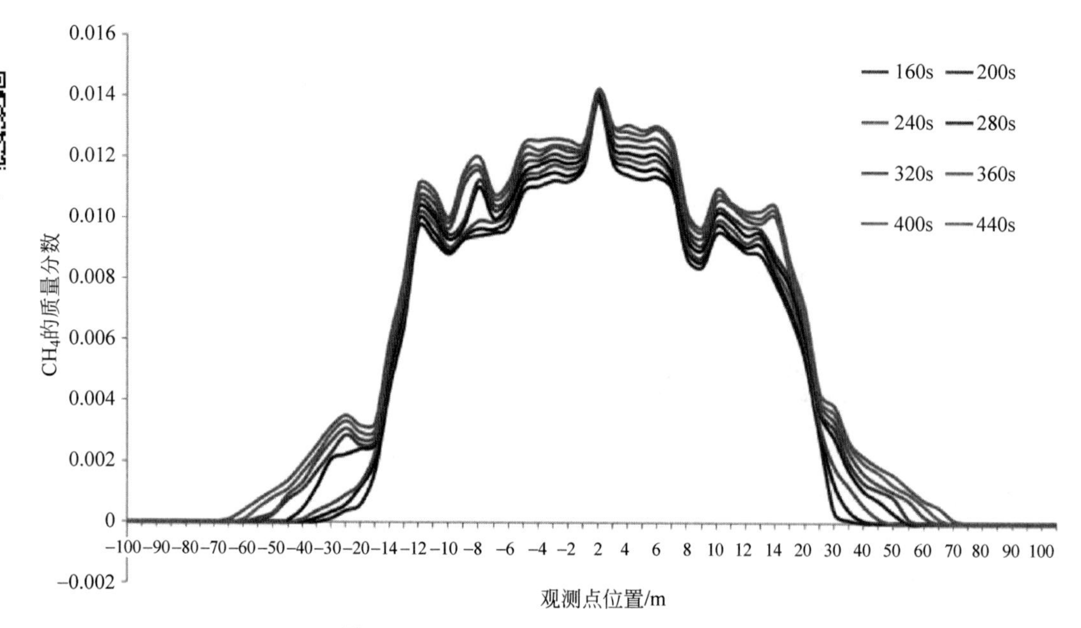

图 10-4 160～440s 中心线燃气泄漏情况

彩图 10-5

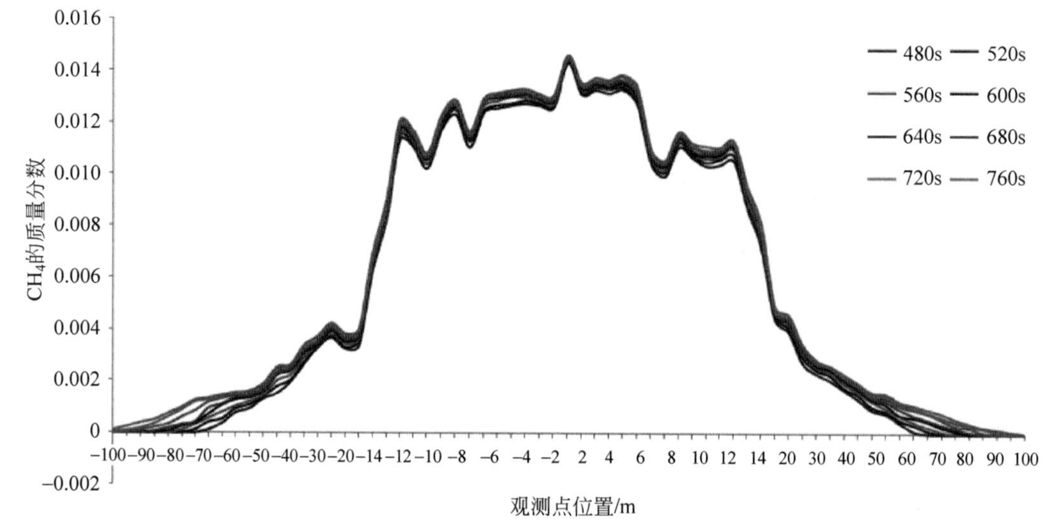

图 10-5 480～760s 中心线燃气泄漏情况

根据图 10-3～图 10-5 可知，在 1.2MPa，无机械通风情况下，5mm 直径的泄漏孔在中心线位置的泄漏情况基本关于泄漏口不完全对称。5s 时的泄漏半径为 7.5m，10s 时泄漏半径为 9.2m，15s 时泄漏半径为 11.2m，20s 时泄漏半径为 12.9m，30s 时泄漏半径为 14.1m，50s 时泄漏半径为 21.3m，在 50s 之前，泄漏半径基本关于泄漏点对称。

但随着时间的变化，泄漏口距离该段燃气舱两端的进气与出气口距离不同，进而会导致燃气泄漏规律发生一定的变化。在 80s 时，泄漏口左边 0～10m 范围内的燃气浓度变化趋势较缓，10～12m 部分处于先下降后上升的趋势，12～25m 部分则由一个较高浓度迅速降为 0，下降趋势基本呈线性变化关系。在泄漏点右侧，0～8m 处，泄漏浓度由高到低逐步减少，8～12m 部分，燃气浓度先升到一个较高浓度，随后降为之前浓度，局部对称，在 12～

25m 部分同样从一个较高浓度迅速降低为 0，下降趋势基本呈线性变化关系。

从图 10-5 可以看出，随着时间变化，舱室内各观测点浓度持续升高，且燃气扩散半径距泄漏点逐步增大，但是扩散速度逐步降低，最终泄漏点处的燃气浓度基本维持在 0.014 左右。在 760s 时，燃气扩散半径基本达到了 110m，此时已经超过了实际管廊防火区长度。

观测线上该泄漏口的燃气浓度扩散半径随着泄漏时间的增加，扩散半径增长速率先减小后近似保持不变，在 480s 内，燃气管道压力为 1.2MPa 的高浓度扩散半径在中心线上小于 20m，是因为管道泄漏率与射流速度较小，因此燃气沿着顶部扩散未来得及向下沉积。

10.5　综合管廊燃气预警研究

在燃气发生爆炸前，如果能够准确预知舱体内泄漏的燃气浓度，提前采取预警措施，则可以有效降低事故灾害。及时打开风机则可快速降低舱室内的燃气浓度，使其低于爆炸下限的 20%，无法达到爆炸条件。合理的燃气传感器间距将直接影响到爆炸警报的开启时间，从而关系到风机的开启时间，最终导致不同的财产或人员损失。因此，需要针对燃气的泄漏规律分析合适的传感器布置距离。

燃气探测器安装间距根据国标《城市综合管廊工程技术规范》(GB 50838—2015)和《城镇燃气设计规范》(GB 50028—2006)的要求，燃气舱单独成仓，且在燃气舱室的顶部、管道阀门安装处、人员出入口、吊装口、通风口、每个防火分区的最高点气体易积聚处应设置燃气探测器；安装高度距顶棚 0.3m 以内，舱室内沿线探测器设置间距不宜大于 15m。

以 5mm 泄漏孔、1.2MPa、无通风换气为例：如图 10-6～图 10-13 所示，在 6.7s 时，泄漏口正上方观测线位置浓度达到爆炸下限的 20%(质量分数 0.00532452)，立即启动风机，但由于气体射流作用，泄漏口正上方燃气浓度持续快速增加，最高达到 0.0079541，之后在事故通风的作用下，燃气浓度在爆炸下限的 20%左右波动；观测线上下游 10～70m 处，燃气浓度在 8.1s 后依次开始增加，并始终在爆炸下限的 11.3%左右波动。

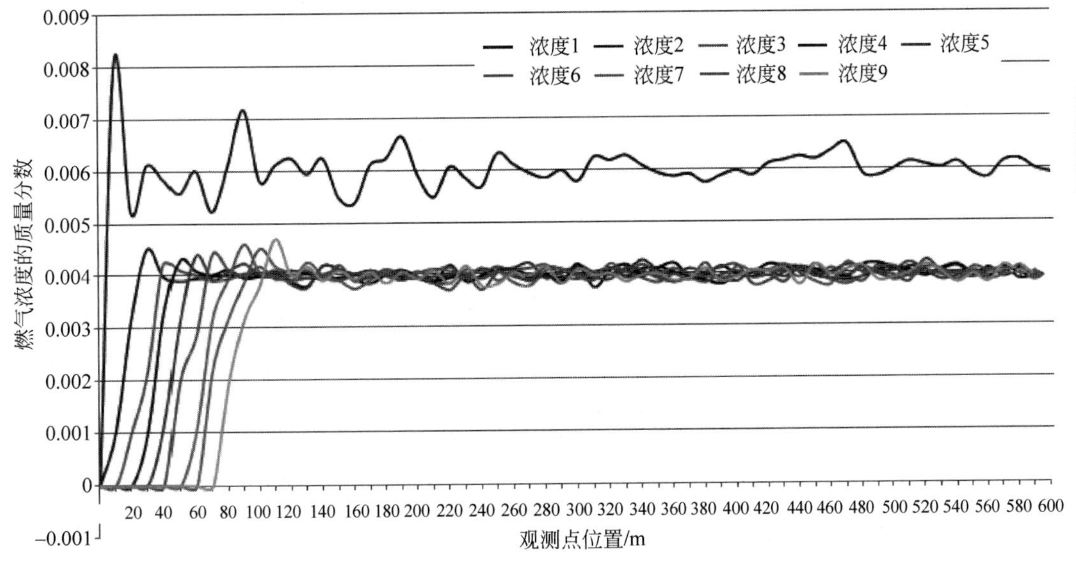

彩图 10-6

图 10-6　下游 0m 布置传感器情况

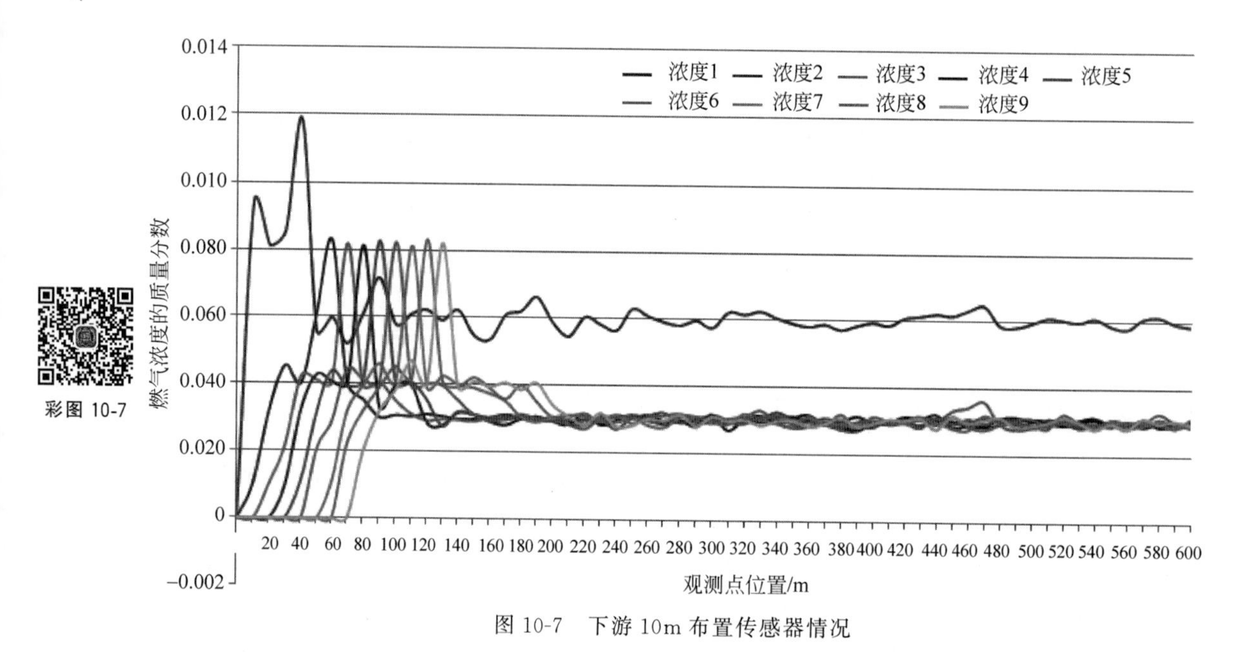

图 10-7 下游 10m 布置传感器情况

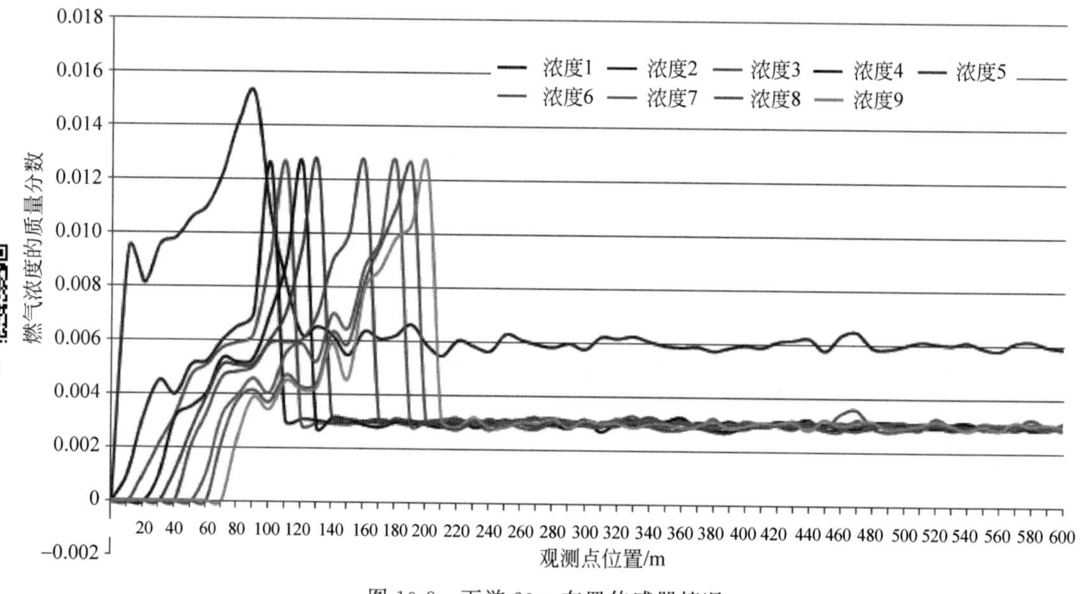

图 10-8 下游 20m 布置传感器情况

当 46.4s 时，观测线上距离泄漏口下游 7.5m 处燃气浓度达到爆炸下限的 20%，此时启动事故通风 12 次/h，管廊内燃气浓度最高达爆炸下限的 40.09%；在 154.1s 时，泄漏口下游 30m 处浓度达到爆炸下限的 20%，启动事故通风后，管廊内燃气浓度最高可达爆炸下限的 64.51%；管廊内燃气探测器距泄漏口从 0～30m 增加时，管廊内所能达到的最高浓度也在逐渐增加。

根据图 10-6～图 10-13 可知，随着传感器安装距离的改变，舱室内处在危险浓度的时间也有所不同，基本可以确定，10m 左右是最适合的传感器安装距离，当发生燃气泄漏时，传感器可以迅速捕捉到空气里燃气浓度的异常，从而触发警报，打开风机（若此时风机处于待

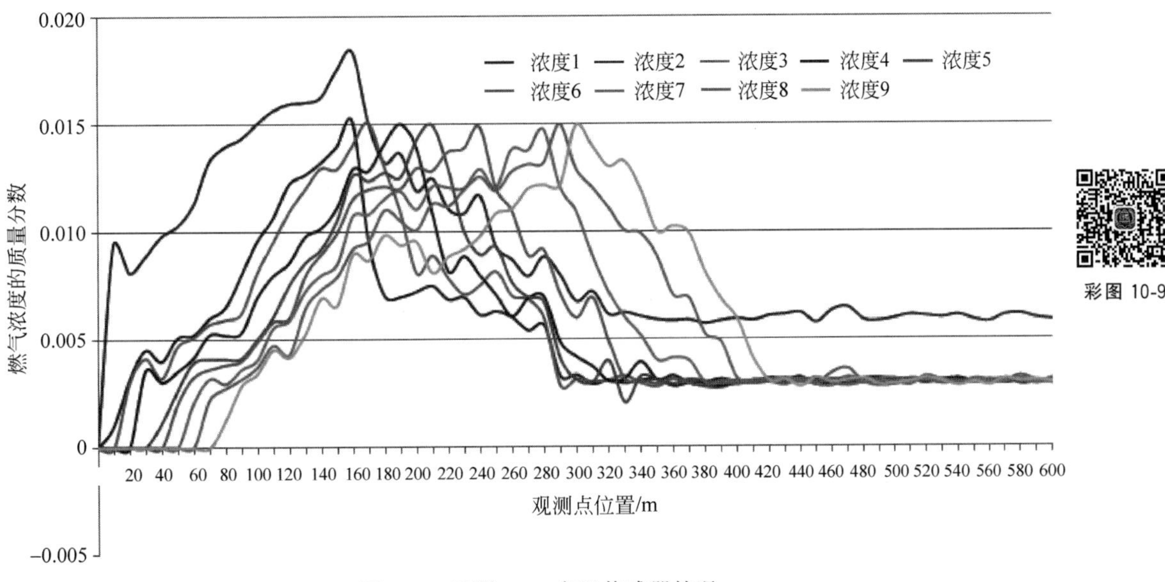

彩图 10-9

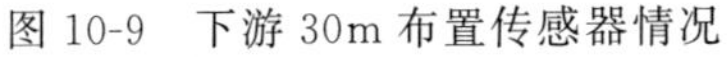
图 10-9 下游 30m 布置传感器情况

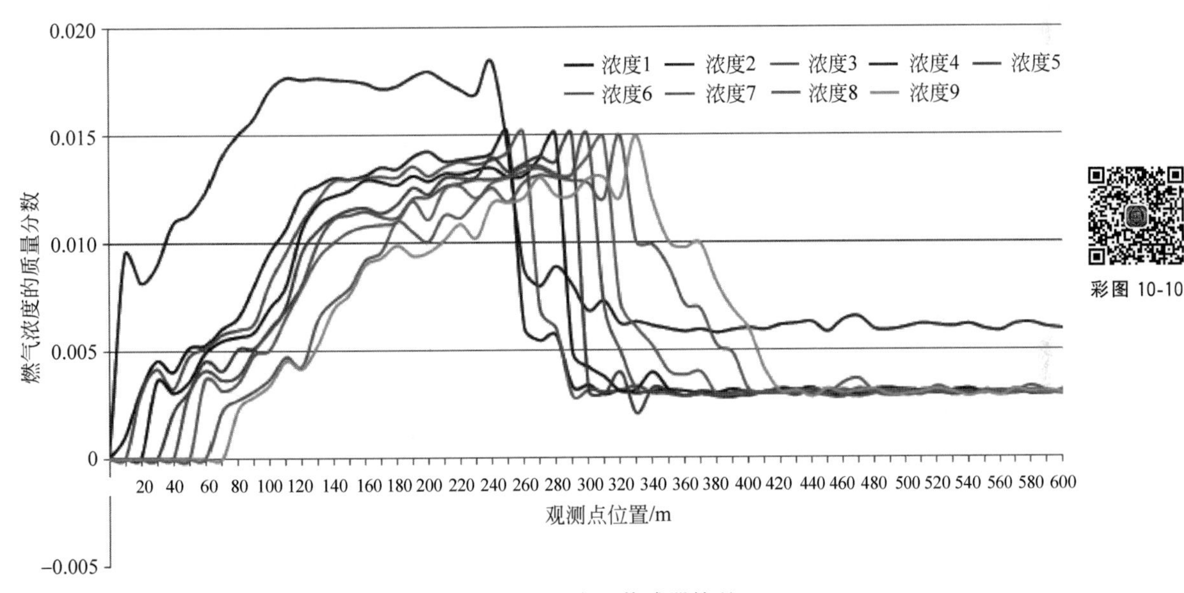

彩图 10-10

图 10-10 下游 40m 布置传感器情况

机状态)，加速舱内气体运动，使得泄漏的燃气能够迅速通过机械通风装置排放到舱室外，降低舱室内发生爆炸风险的可能性。

具体而言，管廊内燃气浓度最大出现在泄漏口的正上方，当燃气探测器距离泄漏口 0～20m 时，管廊内所达到的最大浓度随着间距的增加而增加，最大达到爆炸下限的 36.57%；当燃气探测器安装距离泄漏口在 30～50m 时，在无通风的情况下，燃气最大浓度始终保持在爆炸下限的 26.13%；所以管廊内的日常正常通风是非常有必要的，可以在燃气泄漏时，有效降低燃气扩散浓度。

(1) 地下管廊由于其特殊的结构，使得燃气在发生泄漏时，往往会因为泄漏口的位置差

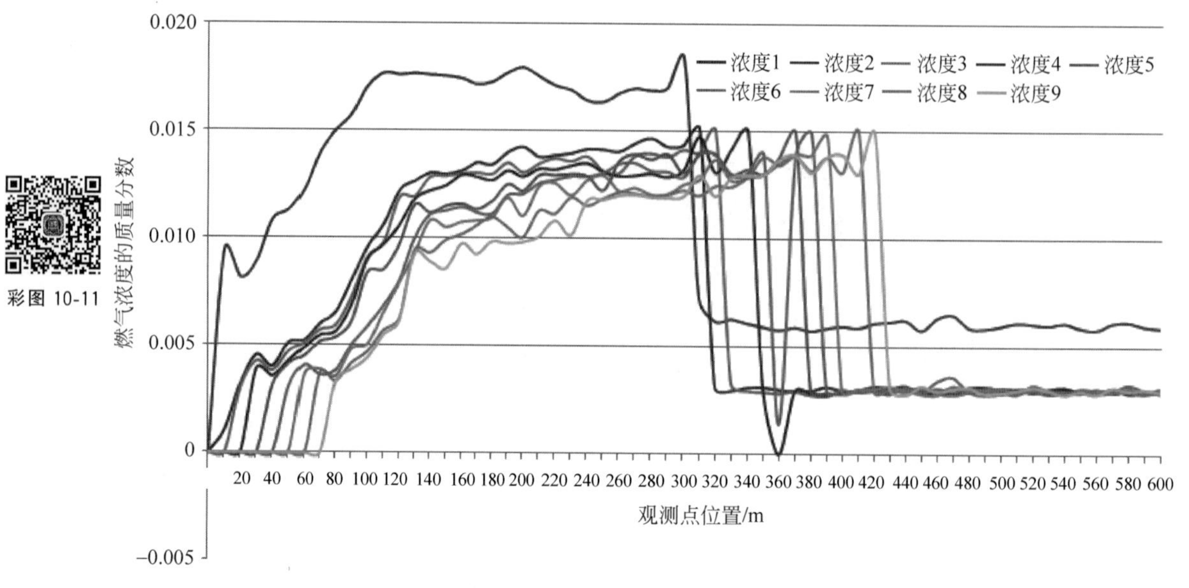

图 10-11　下游 50m 布置传感器情况

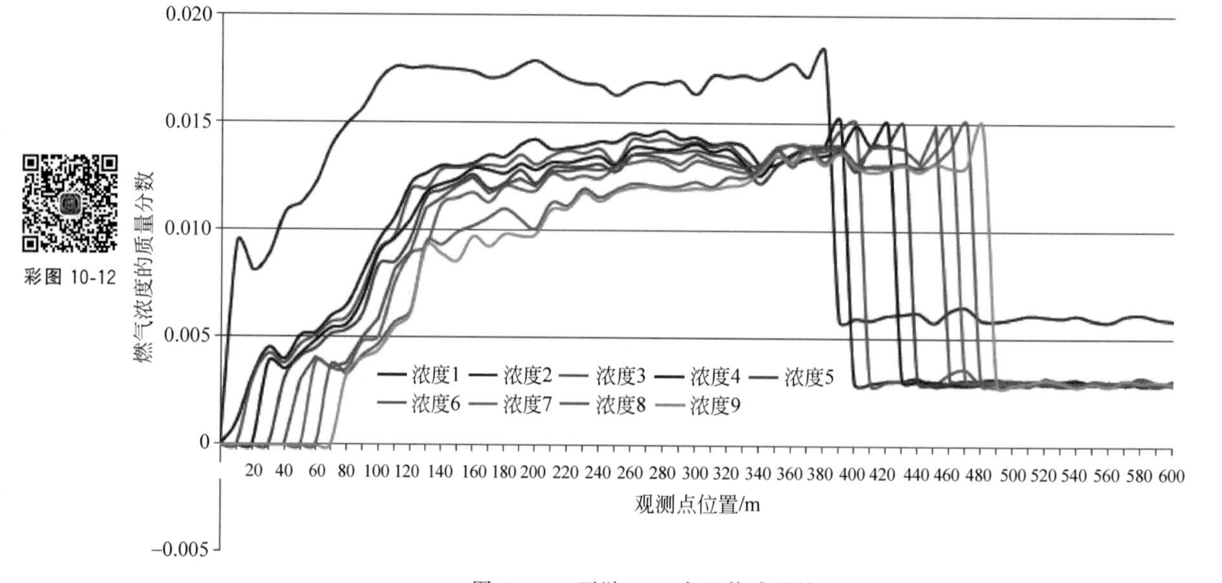

图 10-12　下游 60m 布置传感器情况

异而发生不同的泄漏规律。当泄漏口靠近进风口一侧时，在进风口段，燃气的扩散速度较慢，这是因为舱室内的自然通风会导致进气端的燃气向出风口移动。

(2) 在泄漏孔面积、管道压强、管道口径、泄漏口位置以及环境温度一定的情况下，燃气扩散距离随时间的增长而增长，最大浓度往往在 20s 时已经达到，后续时间只是发生扩散距离的增长，最大浓度基本保持不变。在 5～80s 时燃气的扩散规律基本关于泄漏孔对称，扩散速度先增后减。达到 80s 后，燃气浓度扩散半径随时间的变化情况不再关于泄漏孔对称，这是由于随着时间的积淀，将扩大自然通风的影响，进而影响到燃气扩散的情况。

(3) 综合管廊燃气舱燃气探测器安装间距最佳为 10m，在每隔 10m 距离处安装传感器

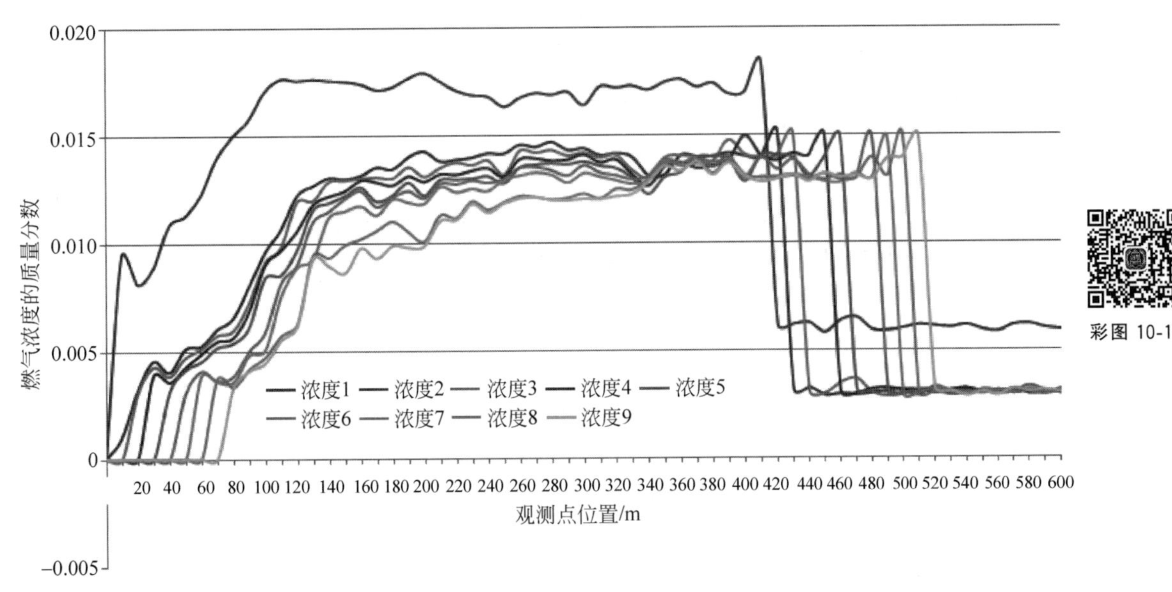

图 10-13 下游 70m 布置传感器情况

可以有效地对舱室内燃气浓度进行测算，在经济性的同时能够快速触发燃气泄漏警报，打开风机，使得舱室内的燃气浓度迅速降低，减少其发生爆炸的可能性，进而保证管廊内的财产与人员安全。

参考文献

[1] KUNII D,LEVENSPIEL O. Fluidization engineering[M]. London: Butterworth-Heinemann,1962.

[2] MONTIEL H,JUAN A,VILCHEZ,et al. Mathematical modeling of accidental gas release[J]. Journal of Hazardous Materials,1998,59(2.3): 211-233.

[3] WOODWARD J L,MUDAN K S. Liquid and gas discharge rates through holes in process vessels[J]. Loss Prevention in the Process Industries,1991,4(4): 161-165.

[4] PILAO R,RAMALHO E,PINHO C. Explosibility of cork dust in methane/air mixtures[J]. Journal of Loss Prevention in the Process Industries,2006,1(1): 17-23.

[5] BAUWENS C R,CHAFFEE J,DOROFEEV S. Effect of ignition location,vent size and obstacles on vented explosion overpressures in propane-air mixtures[J]. Combustion Science & Technology,2010,182(11-12): 1915-1932.

[6] CANO-HURTADO J J,CANTO-PERELLO J. Sustainable development of urban undergroundspace for utilities[J]. Tunnelling and Underground Space Technol,1999,14 (3),335-340.

[7] CANTO-PERELLO J,CURIEL-ESPARZA J. Human factors engineering in utility tunnel design[J]. Tunnelling and Underground Space Technology,2001,16(3): 211-215.

[8] YAN Q S,ZHANG Y N,SUN Q W, Characteristic Study on Gas Blast Loadings in an Urban Utility Tunnel[J]. Journal of Performance of Constructed Facilities,2020,34(4): 1-14.

[9] LIN Z Z,GUO C C,NI P P, et al. Experimental and numerical investigations into leakage behaviour of a novel prefabricated utility tunnel[J]. Tunnelling and Underground Space Technology,2020,104 (2020): 1-13.

第11章

基于Petri网的综合管廊火灾风险评估方法

11.1 研究背景

鉴于城市快速发展，人口爆炸性增长，以及对城市美学的需求，地下空间的利用满足了上述城市发展的需要[1]。约两个世纪前，综合管廊被用来解决城市供水和下水道系统问题[2]。如今，综合管廊相当于一个包含部分或全部电力、电信、燃气、供水和其他市政电缆和管道以及监控设备的系统[3]。然而，这也可能导致一些安全隐患，包括气体泄漏和爆炸、水管泄漏和破裂以及电缆火灾[4]。首先，在没有通风散热空间的电缆架中一起铺设电线会因辐射和保温而产生火灾风险；其次，电缆燃烧排放大量黑烟和有毒气体，会严重影响火灾救援；再次，由于综合管廊空间狭窄，温度可能在几分钟内迅速升高，消防员无法正常执行灭火操作[5]。因此，采取合理的措施控制管廊火灾事故，加强对管廊的管理十分重要。

虽然管廊的电缆火灾风险无法消除，但可以采取预防和缓解措施，以降低火灾事故的发生概率和严重程度。风险分析是识别风险因素和制定预防事故策略的有效工具，包括三个步骤：危险识别、频率分析和后果分析[6]。目前，国内外的研究为综合管廊电缆火灾的风险分析提供了依据。首先，电缆火灾的主要机制包括电弧故障、电缆芯过热和外部问题[7]。随后，一些研究对电缆着火机制的具体因素进行了详细研究[8]。其次，概率模拟是通过蒙特卡罗技术和火灾动力学模拟器(fire dynamics simulator，FDS)作为确定性火灾模型进行的[9]。蒙特卡罗模拟和CFASTare用于估计电缆隧道火灾中冗余电缆的故障概率，以及电子机柜火灾期间电子设备室的故障和烟雾填充概率[10]。最后，燃烧产物的热释放速率和毒性、烟产量和闪络类别评估了可燃烧材料的导热率和导热率之间的相互间隔对火灾风险的影响[11]。Van Weyenberge等使用烟雾扩散、疏散和后果模型来确定最终后果，最终风险由预期的死亡人数、个人风险和社会风险组成。上述研究为检查分析公用综合管廊电缆火灾提供了基础[12]。

然而，上述研究主要集中在电缆火灾的机理、电缆参数对火灾的影响、电缆火灾的后果等方面，而涉及综合原因和后果的综合管廊电缆火灾风险分析并未提及。一些风险定量分析方法为解决上述问题提供了思路，包括贝叶斯网络、证据理论和Petri网。Petri网通过位置、转移和有向弧来指示火灾发展的因果关系。随着研究的扩展，研究改进了Petri网，并将其应用于多个领域,如时间 Petri 网、有色 Petri 网和加权模糊 Petri 网[13]。通过对不同指标进行加权,并将信息的模糊性整合到 Petri 网中,加权模糊 Petri 网不仅可以考虑指标的重要性和不确定性,而且适用于数据不完整的推理[11-16]。现有研究缺乏电力隧道电缆火灾的全过程风险推理和电力隧道电缆火灾的历史数据,本研究采用加权模糊 Petri 网模拟复杂的电缆火灾过程,模糊集理论与多专家分析相结合,推导出主要事件的模糊概率,解决了统计失效概率的不足。此外,在不同控制措施的影响下,事件树用于对火灾后果进行分类,数值模拟用于量化电缆火灾的具体事故损失。本部分提出了一种新的综合管廊火灾风险评估方法,利用该方法对综合管廊电缆火灾进行了风险分析,并清晰地展示了电缆火灾事故从原因到后果的演变过程。

11.2　分析方法

11.2.1　动态变权模糊 Petri 网

动态变权模糊 Petri 网可以被定义为一个 11 元组：$\boldsymbol{S}_{\mathrm{WFPN}}=(P,T,D,I,O,\mu,\alpha,\beta,W,\lambda,M)$。

其中,$P=\{p_1,p_2,\cdots,p_n\}$,为库所的非空有限集合。

$T=\{t_1,t,\cdots,t_n\}$,为变迁的非空有限集。

$D=\{d_1,d_2,\cdots,d_n\}$,为命题的非空有限集合,且$|P|=|D|$,$P\cap T\cap D=\varnothing$。

$\boldsymbol{I}$ 为 $P\times T\rightarrow\{0,1\}$的库所 p_i 到变迁 t_j 的输入关联矩阵,$\boldsymbol{I}=(\theta_{ij})$,当 p_i 与 t_j 之间存在输入弧时,$\theta_{ij}=1$,否则,$\theta_{ij}=0$。

$\boldsymbol{O}$ 为 $T\times P\rightarrow\{0,1\}$的变迁 t_j 到库所 p_i 的输出关联矩阵,$\boldsymbol{O}=(\xi_{ij})$,当 t_j 与 p_i 之间存在输出弧时,$\xi_{ij}=1$,否则,$\xi_{ij}=0$。

μ 为 $T\rightarrow[0,1]$的一个映射,μ_j 为变迁 t_j 对应的推理规则的置信度(CF),$\boldsymbol{\mu}=(\mu_1,\mu_2,\cdots,\mu_m)^{\mathrm{T}}$,$\mu_j\in[0,1]$。

α 为 $P\rightarrow[0,1]$的一个映射,表示库所 p_i 对应命题 d_i 的真实度,$\alpha(p_i)=\alpha_i$,$\alpha_i\in[0,1]$。

β 为 $P\rightarrow D$ 的一个映射,反应库所 p_i 与命题 d_i 的一一对应关系。

$W=(w_{ij})$为规则的动态权重输入矩阵,反映规则中前提命题对结论的支持程度,并随命题的真实度动态改变,w_{ij} 的取值见式(11-1)。

$$w_{ij}=\begin{cases}\dfrac{\theta_{ij}\alpha(p_i)}{\sum\limits_{i=1}^{n}\theta_{ij}\alpha(p_i)} & \text{当 }\theta_{ij}\neq 0\text{ 和 }\sum\limits_{i=1}^{n}\theta_{ij}\alpha(p_i)\neq 0\\ 0 & \text{当 }\theta_{ij}=0\text{ 或 }\sum\limits_{i=1}^{n}\theta_{ij}\alpha(p_i)=0\end{cases}\tag{11-1}$$

λ 为 $T\rightarrow[0,1]$的一个映射,λ_j 表示变迁 t_j 能够发生的阈值,$\lambda_j\in[0,1]$。

M 在这里表示为动态变权模糊 Petri 网的标识数字,$M=(\alpha(p_1),\alpha(p_2),\alpha(p_3),\cdots,\alpha(p_n))^{\mathrm{T}}$。初始标识用 M_0 表示。

11.2.2 事件树分析

事件树分析是一种归纳推理分析方法,它是按照事件发展的时间顺序从初始事件开始进行推断可能的结果。事件树分析被广泛应用于不同行业的风险和安全分析中。事件树的构建从一个初始事件开始,其5个基本步骤包括识别初始事件、确定对策、构建事件树、评估事件树和风险分类。

11.2.3 火灾模拟器

火灾模拟器(FDS)是专门为火灾动态模拟设计的软件,可用于模拟火灾热量和燃烧产物的低速传输、材料热解、火焰传播和火灾蔓延、喷水、温度探测器和烟雾探测器激活。FDS在实践中得到广泛应用。李志明等[17]以徐州市轨道交通1号线为例,采用数值模拟的方法对改造后项目方案在发生火灾时的火灾蔓延、温度场及烟气流动等现象变化规律进行分析,评估运用库、检修库等盖下建筑的消防安全性。张金[18]引入DEMATEL模型对总结的指标因素进行筛选,构建地铁列车火灾评估指标体系,在此基础之上,利用模糊层次分析法确定各级指标的权重值。

11.3 基于动态变权模糊Petri网的分析方法

在典型的定量风险分析方法中,包括四个步骤:危险识别、频率分析、后果分析和风险量化。本研究结合综合管廊的特点,提出了综合管廊火灾事故的风险分析框架,如图11-1所示。第一,收集有关公用设施管廊的必要信息,以确定故障模式、风险因素和明确的因果关系。第二,获得主要事件概率并使用动态变权模糊Petri网进行风险推理。第三,我们分析初始化事件的可能结果,并基于预计到达时间方法计算相关的后果概率。第四,我们使用FDS量化风险损失,进行风险评估,做出风险决策,并制定控制措施[19-20]。

11.3.1 模糊概率的计算

为了评估动态变权模糊Petri网中顶层事件的故障概率,需要预先确定主要事件的概率。因此,提出了一种故障概率计算方法,步骤如下:

步骤1:收集风险因素状态的自然语言表达

专家对初级事件的语言描述分为5个等级:极低(VL)、低(L)、中(M)、高(H)、极高(VH)。鉴于专家们的不同观点,采用多专家评分法。专家意见采线性汇集法进行综合,公式如下:

$$f_i=\sum_{j=1}^{n} w_{ej}a_{ij},\quad i=1,2,\cdots,m;\ j=1,2,\cdots,n \tag{11-2}$$

式中,f_i 表示事件 i 的综合模糊数;

w_{ej} 表示专家 j 的权重;

a_{ij} 表示专家 j 给出事件 i 的模糊数;

m 表示事件总数;

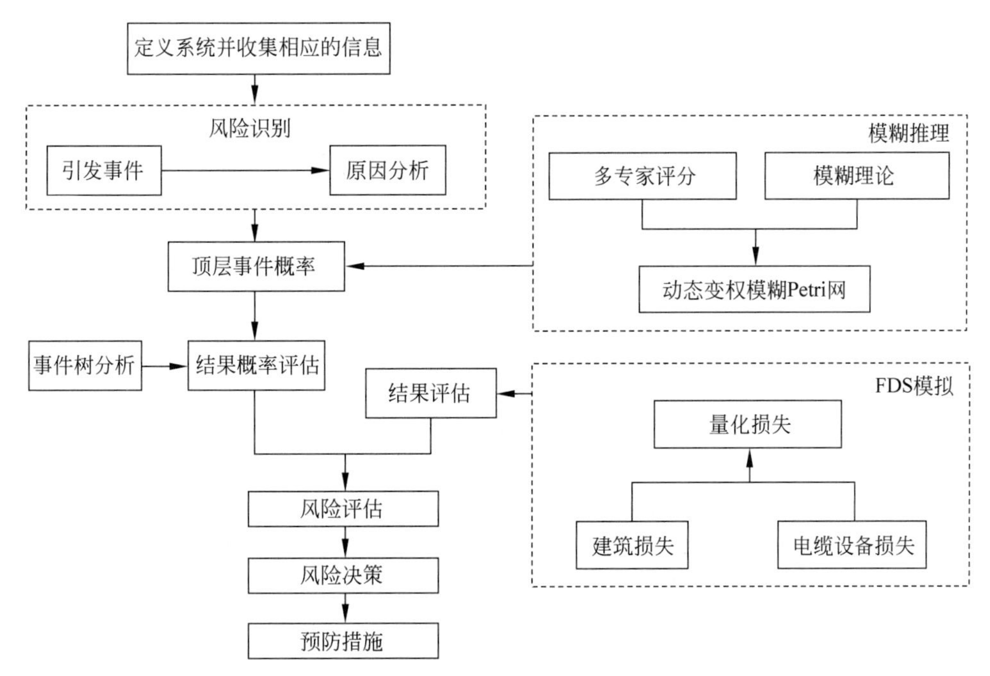

图 11-1　风险分析框架

n 表示专家总数。

步骤 2：将自然语言表达转换为模糊数

采用数值逼近方法，将语言表达式转化为相应的模糊数。模糊数通过模糊隶属函数来表示。三角形和梯形模糊隶属函数通常是模糊理论中优选的方法。本研究采用三角模糊隶属度，相应的隶属函数如下式所示：

$$f_A=\begin{cases}0, & \text{当 } 0\leqslant a_1\\ \dfrac{x-a_1}{a_2-a_1}, & \text{当 } a_1<x\leqslant a_2\\ \dfrac{x-a_3}{a_2-a_3}, & \text{当 } a_2<x\leqslant a_3\\ 0, & \text{当 } x>a_3\end{cases} \tag{11-3}$$

式中，a_1、a_2、a_3 分别表示三角形模糊数的下限坐标、中间坐标、上限坐标。

图 11-2 建立了一个与专家语言变量兼容的隶属函数。

步骤 3：将模糊数转换为故障概率

将模糊数转换为故障概率的方法包括以下两步：第一步将模糊数转换为表示最大化集的模糊可能性分数，第二步为最小化集方法[21]。模糊可能性分数定义如下：

$$F_M=\frac{\sup[f_M(x)\wedge f_{\max}(x)]+1-\sup[f_M(x)\wedge f_{\min}(x)]}{2} \tag{11-4}$$

式中，$f_{\max}(x)$和 $f_{\min}(x)$分别表示模糊最大化集和最小化集，定义如下：

$$f_{\max}(x)=\begin{cases}x, & \text{当 } 0\leqslant x<1,\\ 0, & \text{其他}\end{cases} \tag{11-5}$$

彩图 11-2

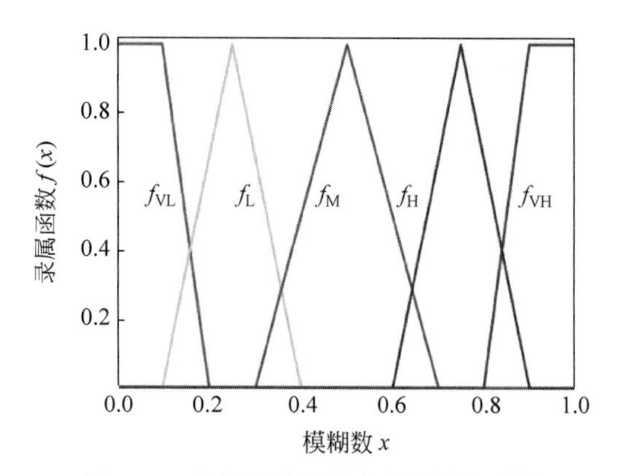

图 11-2 隶属函数与语言变量的关系图

$$f_{\min}(x)=\begin{cases}1-x & 当\ 0\leqslant x<1,\\ 0 & 其他\end{cases} \tag{11-6}$$

模糊可能性分数的经验公式转换为失效概率,如下所示:

$$F=\begin{cases}\dfrac{1}{10^k} & 当F_M\neq 0\\ 0 & 当F_M=0\end{cases} \tag{11-7}$$

$$k=\left(\frac{1-F_M}{F_M}\right)^{1/3}\times 2.301 \tag{11-8}$$

11.3.2 基于模糊 Petri 网的模糊推理

1. 风险因素之间的逻辑关系

模糊产生式规则用于表示不精确的知识和模糊推理。在安全风险评估中,风险因素之间的逻辑关系转化为模糊变权 Petri 网的过渡关系和地点关系。分层风险评估中生产规则的两个基本关系(“AND”和“OR”)如下:

“AND”规则如下:

如果 $d_1(\alpha_1,\omega_1),d_2(\alpha_2,\omega_2),\cdots,d_k(\alpha_k,\omega_k)$,那么 $d_g(\mathrm{CF}=\mu)$;

因此,

$$\alpha=\sum_{i=1}^{k}(\alpha_i\times\omega_i\mu) \tag{11-9}$$

“OR”规则如下:

如果 $d_1(\alpha_1)$或 $d_2(\alpha_2)$或…或 $d_k(\alpha_k)$,那么 $d_g(\mathrm{CF}=\mu_1,\mu_2,\cdots,\mu_k)$;

因此,

$$\alpha=\max(\alpha_i\times\mu_i) \tag{11-10}$$

式中,$\mu_1,\mu_2,\cdots,\mu_k$ 为在论域[0,1]中定义的模糊数,表示规则的确定性因子(CF)。

2. 模糊 Petri 推理过程

变权模糊 Petri 网使用矩阵推理算法,充分利用 Petri 网的并行处理能力,简化推理过程。先定义两个矩阵算子：

(1) $\oplus$：$\boldsymbol{Z}=\boldsymbol{X}\oplus\boldsymbol{Y}$，其中：$\boldsymbol{X}$，$\boldsymbol{Y}$ 和 $\boldsymbol{Z}$ 都对应 $n\times m$ 矩阵，而 x_{ij}、y_{ij} 和 z_{ij} 分别对应于它们的元素，据此下面的表达式成立：

$$z_{ij}=\max(x_{ik},y_{ki}),\quad i=1,2,\cdots,n;\ j=1,2,\cdots,m \tag{11-11}$$

(2) $\otimes$：$\boldsymbol{Z}=\boldsymbol{X}\otimes\boldsymbol{Y}$，其中：$\boldsymbol{X}$ 表示一个 $n\times p$ 矩阵，$\boldsymbol{Y}$ 表示一个 $p\times n$ 矩阵，$\boldsymbol{Z}$ 表示一个 $n\times m$ 矩阵，x_{ij}、y_{ij} 和 z_{ij} 分别表示它们的元素，据此下面的表达式成立：

$$z_{ij}=\max_{1\leqslant k\leqslant p}\max(x_{ik}\times y_{ki}),i=1,2,\cdots,n;\ j=1,2,\cdots,m \tag{11-12}$$

如前文定义：$\boldsymbol{W}$ 为 $n\times m$ 维矩阵，$\boldsymbol{U}$ 与 $\boldsymbol{W}$ 类似，也为 $n\times m$ 维矩阵；$\boldsymbol{M}_0$ 表示模型的初始标记对应于一个 $n\times 1$ 维矩阵。此外，$\boldsymbol{W}=\{w_{ij}\}$表示过渡位置的权重矩阵，其中：$w_{ij}$ 表示过渡位置的权重。P_i 表示过渡位置的输入位置，如果 P_i 不对应于过渡 t_j 的输入位置，则为 0。

具体来说，$\boldsymbol{U}$ 表示其输出的转换的确定性矩阵：$\boldsymbol{U}=(u_{ij})$

其中 u_{ij} 表示输出 P_i 的转换的确定性因子 t_j，如果 P_i 不对应于转换 t_j 的输出位置，未考虑跃迁断层，安全风险推理过程如下：

步骤 1：初始化。建立矩阵 $\boldsymbol{M}_0$、$\boldsymbol{W}$ 和 $\boldsymbol{U}$。

步骤 2：如下计算转换的等效模糊真值向量：

$$\Gamma_{k+1}=W^{\mathrm{T}}\times M_k \tag{11-13}$$

步骤 3：计算新标记 M_{k+1}：

$$M_{k+1}=M_k\oplus(U\otimes\Gamma_{k+1}) \tag{11-14}$$

步骤 4：赋值 $k=k+1$，重复步骤 2 和步骤 3，直到 $M_{k+1}=M_k$，即所有命题的可信度不再变化，推理结束。

11.3.3　基于事件树的事故场景推理

在事件树推理中，事件树由一个初始事件构建，根据链中的下一个事件是否发生，主分支分为两个分支，根据第三个事件是否发生，每一个都会分成两个新的分支。这个过程一直持续到链中的所有事件都被考虑。特定状态的概率等于通向该状态的路径的概率，概率被确定为构成路径的分支概率与引发事件的概率或频率的乘积。

11.3.4　风险评估

1. 风险概念

风险表示不利影响的概率和严重程度的度量，风险是事件状态和时间的函数。在综合管廊中有着大量的电缆和电气设备会受到火灾影响，同时火灾释放的热量和产生的高温烟气也对综合管廊混凝土产生影响，因此：

$$R=P_i\times\sum_J(C_{ij}) \tag{11-15}$$

式中，P_i 表示事件 i，发生的概率；

C_{ij} 表示事件 i 造成的损失(包括建筑损失和电缆及设备损失，$j=1,2$)。

1) 建筑损失

随着温度升高，混凝土内部将发生一系列化学和物理变化，这将影响混凝土的机械性能，最终导致综合管廊的不稳定性[22-23]。大量学者发现当混凝土表面温度低于500℃时，混凝土强度损失很少。当混凝土表面温度达到500～600℃时，混凝土与钢筋的黏结力开始降低，混凝土的强度损失小于30%。当混凝土表面温度上升到600～700℃时，黏结力大大降低，混凝土强度损失约50%。当混凝土表面温度达到700～750℃时，混凝土与钢筋的黏结力严重受损，混凝土强度损失超过50%。当混凝土表面温度高于750℃时，混凝土大面积剥落，钢筋与混凝土的黏结力严重受损，混凝土强度损失达到60%以上。表11-1是基于火灾发生时综合管廊内的温度分布造成建筑损坏的对应关系。

表 11-1 建筑损失等级表

温度/℃	建筑损坏等级
20～500	1
500～600	2
600～700	3
700～750	4
>750	5

2）电缆和设备损失

综合管廊内的温度达到电缆点火温度330℃，电缆被视为已点燃。同时，电缆和设备完全损坏。为了确保电缆和设备损耗与建筑损耗一致，电缆和设备损耗等级也相应地分为5个等级。表11-2给出了电缆和设备损耗的定量关系。L 表示综合管廊内温度超过330℃的分布范围。根据Hao和Hung[24]给出的隧道损耗，并根据本部分对建筑物损耗和电缆及设备损耗的定义，最终的损耗等级分为5个等级，如表11-3所示。

表 11-2 电缆和设备损耗等级表

L/m	电缆设备损耗等级
0.0～0.2L	1
0.2～0.4L	2
0.4～0.6L	3
0.6～0.8L	4
0.8～1.0L	5

表 11-3 损耗等级表

$\sum_j (C_{ij})$	损耗等级
0～2	1
2～4	2
4～6	3
6～8	4
8～10	5

2. 风险矩阵

为了全面评价和分析风险事故，指导风险决策，有必要对不同的风险等级进行分级评估。根据 Hao 和 Hung[24] 给出的风险矩阵，结合实际，风险事故概率标准见表 11-4，表 11-5 显示了综合管廊电缆火灾的风险等级。

表 11-4　分析事故概率标准

概　率	概率等级
$(0,1\times10^{-4}]$	A
$(1\times10^{-4},1\times10^{-3}]$	B
$(1\times10^{-3},1\times10^{-2}]$	C
$(1\times10^{-2},1\times10^{-1}]$	D
$(1\times10^{-1},1]$	E

表 11-5　综合管廊火灾风险等级

风　险		事故损失				
		①	②	③	④	⑤
概率	A　$(0,1\times10^{-4}]$	①A	②A	③A	④A	⑤A
	B　$(1\times10^{-4},1\times10^{-3}]$	①B	②B	③B	④B	⑤B
	C　$(1\times10^{-3},1\times10^{-2}]$	①C	②C	③C	④C	⑤C
	D　$(1\times10^{-2},1\times10^{-1}]$	①D	②D	③D	④D	⑤D
	E　$(1\times10^{-1},1]$	①E	②E	③E	④E	⑤E

彩表 11-5

由表 11-5 可知，管廊火灾风险等级主要分为五类，分别为 1-5，相应的风险发生可能性也分为 A、B、C、D、E 五类，其中①A、①B、①C 和②A 为一类风险，①D、①E、②B、②C、③A 和③B 为二类风险，②D、②E、③C、④A 和④B 为四类风险，③D、③E、④C、④D、⑤B 和⑤C 为四类风险，④E、⑤D 和⑤E 为五类风险。

11.4　应用实例与发现

11.4.1　样本选取

北京世园会综合管廊由北京京投城市管廊投资有限公司负责投资建设并运营，自 2017 年开始规划建设，分为园区内综合管廊和园区外综合管廊，总长度约 7.1km，统一纳入了热力、燃气、给水、再生水、电力、电信等市政基础设施，有效实现了园区市政基础设施建设集约高效，提高了园区综合承载能力与运营可靠性。2019 年 4 月，管廊已全部建设完工并进入试运营状态，入廊管线总长度约为 54km。本章以北京世园会为例，结合加权模糊 Petri 网和事件树对综合管廊火灾的风险进行定量评估。

11.4.2　分析过程

1. 综合管廊的风险识别

综合管廊电缆舱主要适用于市区地下输配电，非工作人员难以进入。图 11-3 显示了用于识别可能导致电缆火灾的风险因素的 Petri 网。表 11-6 详细描述了主要事件、中间事件和顶级事件。

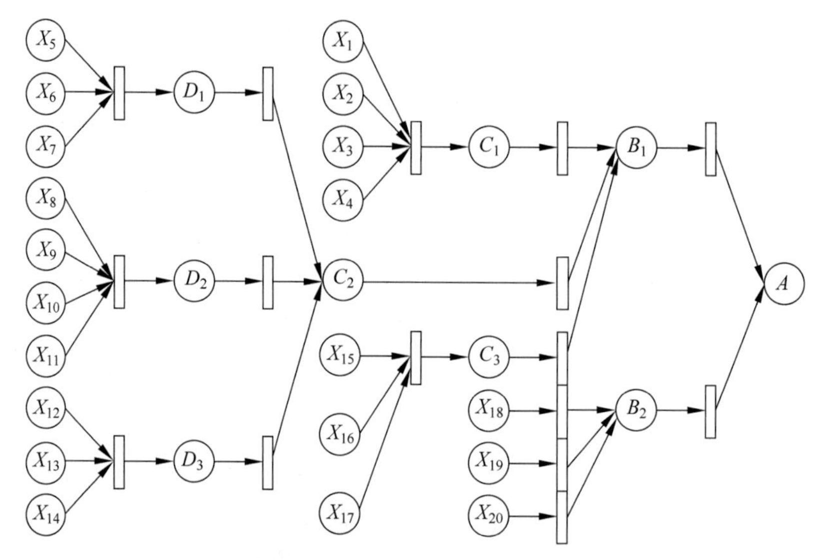

图 11-3 电缆火灾的风险因素 Petri 网

表 11-6 电缆火灾因素表

序 号	描 述
X_1	绝缘厚度不足
X_2	电缆蠕变
X_3	绝缘强度降低
X_4	绝缘压缩
X_5	接头腐蚀
X_6	绝缘损坏
X_7	安装质量差
X_8	过电压
X_9	过载
X_{10}	杂散电流
X_{11}	断路器故障
X_{12}	电缆布置不合理
X_{13}	电缆舱设计不合理
X_{14}	风扇故障
X_{15}	绝缘碳化
X_{16}	空气电弧故障
X_{17}	绝缘层热解
X_{18}	变压器故障
X_{19}	电流互感器故障
X_{20}	电压互感器故障
B_1	电缆火灾
B_2	电气设备火灾
C_1	绝缘击穿绝缘体

续表

序　号	描　　述
C_2	电缆芯过热
C_3	电弧故障
D_1	连接不良
D_2	电缆过载
D_3	散热不良电缆舱着火

2. 主要事件的故障概率

采用多专家打分法和层次分析法来减少不同专家对每个事件评估的影响，层次分析法用于定义专家权重，使用式(11-2)将专家的不同意见整合成一个综合的观点，再根据式(11-3)推导出模糊函数 $f(x)$的相应隶属函数，然后根据式(11-5)和式(11-6)将其换为表示最大化集或最小化集的模糊可能性分数，最后根据式(11-7)和式(11-8)将模糊可能性分数转换为故障概率。

3. 顶级事件推理和分析

根据式(11-9)～式(11-14)得到变权模糊 Petri 网的稳定状态，即得到不同因素导致的火灾事故的最终概率值。

4. 基于事件树及 FDS 的火灾后分析

1）后果情景分析

事件树分析用于分析综合管廊的电缆火灾后果，如图 11-4 所示。在火灾分析模型中，有 4 个防控措施：监控和报警系统、防火门、自动灭火系统和消防队。监控和报警系统持续监控管道廊道内的温度变化，并发出报警信息。当成功探测到火灾时，防火门和自动灭火系统由计算机联动控制，控制火势。联动控制措施失败时，要及时出动消防队灭火。

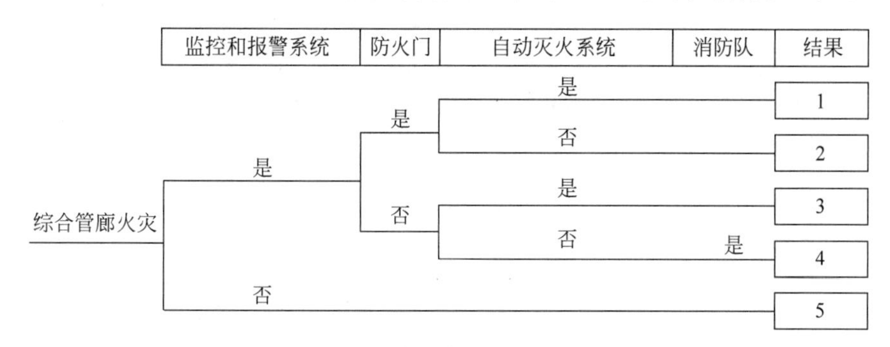

图 11-4　综合管廊火灾事故事件树

2）后果的定量分析

当电缆隧道发生火灾时，从发现火灾到灭火，不同的火灾识别方法和灭火方法造成的损失是不同的。在研究中，通过建立 FDS 数值模型，得到各种条件下的温度分布，进而用温度来量化火灾损失。

11.4.3 分析结果

本部分提出了一种定量评估综合管廊电缆火灾风险的方法。该方法的创新之处在于结合了加权模糊 Petri 网、事件树和 FDS 模拟。提出了一个系统的程序来分析和评估初始事件、情景和后果发生的可能性，用于计算各种场景下综合管廊电缆火灾事件的概率和后果。可以用于北京世园会、冬奥会综合管廊的研究分析，证明该方法有助于危险识别、风险后果评估和安全管理。

参考文献

[1] BROERE W. Urban underground space: solving the problems of today's cities[J]. Tunnelling and Underground Space Technology,2016,55: 245-248.

[2] CANO-HURTADO J J,CANTO-PERELLO J. Sustainable development of urban underground space for utilities[J]. Tunnelling and Underground Space Technology,1999,14(3): 335-340.

[3] WANG T,TAN L,XIE L, et al. Development and applications of common utility tunnels in China [J]. Tunnelling and Underground Space Technology,2018,76: 92-106.

[4] CANTO-PERELLO J,CURIEL-ESPARZA J,CALVO V. Criticality and threat analysis on utility tunnels for planning security policies of utilities in urban underground space[J]. Expert Systems with Applications,2013,40(11): 4707-4714.

[5] CURIEL-ESPARZA J,CANTO-PERELLO J. Indoor atmosphere hazard identification in person entry urban utility tunnels[J]. Tunnelling and Underground Space Technology,2015,20(5): 426-434.

[6] LI X,CHEN G,ZHU H. Quantitative risk analysis on leakage failure of submarine oil and gas pipelines using Bayesian network [J]. Process Safety and Environmental Protection, 2016, 103: 163-173.

[7] BABRAUSKAS V. Mechanisms and modes for ignition of low voltage,PVC-insulated electrotechnical products[J]. Fire and Materials,2006,30(2): 151-174.

[8] NOVAK C J,STOLIAROV S I,KELLER M R,et al. An analysis of heat flux induced arc formation in a residential electrical cable[J]. Fire Safety Journal,2013,55: 61-68.

[9] MATALA A,HOSTIKKA S. Probabilistic simulation of cable performance and water based protection in cable tunnel fires[J]. Nuclear Engineering and Design. 2011,241(12): 5263-5274.

[10] HOSTIKKA S,KESKI-RAHKONEN O. Probabilistic simulation of fire scenarios [J]. Nuclear Engineering and Design,2003,224(3): 301-311.

[11] MARTINKA J,RANTUCH P,SULOVÁ J, et al. Assessing the fire risk of electrical cables using a cone calorimeter[J]. Journal of Thermal Analysis and Calorimetry,2019,135(6): 3069-3083.

[12] VAN WEYENBERGE B,DECKERS X,CASPEELE R, et al. Development of a risk assessment method for life safety incase of fire in rail tunnels[J]. Fire Technology,2016,52(5): 1465-1479.

[13] AMAN B,BATTYÁNYI P,CIOBANU G,et al. Local time membrane systems and time Petri nets [J]. Theoretical Computer Science,2018,803,175-192.

[14] LIU F,HEINER M,YANG M. Representing network reconstruction solutions with colored Petri nets[J]. Neurocomputing,2016,174: 483-493.

[15] ZHOU J,RENIERS G. Analysis of emergency response actions for preventing fire-induced domino effects based on an approach of reversed fuzzy Petri-net[J]. Journal of Loss Prevention in the Process Industries,2017,47: 169-173.

[16] 褚鹏宇，刘澜，尹俊淞．基于动态变权模糊 Petri 网的地铁火灾风险评估[J]．安全与环境学报，2016，16(6)：39-44.

[17] 李志明，周然，周祥，等．基于 FDS 的徐州地铁盖下建筑火灾烟气模拟[J]．消防科学与技术，2020，39(8)：1104-1106，1110.

[18] 张金．地铁列车火灾安全评估及数值仿真模拟研究[D]．西安：西安建筑科技大学，2020.

[19] 倪良华，闻佳妍，吕干云，等．基于综合变权的分层模糊 Petri 网电网故障诊断方法[J]．电测与仪表，2020，57(12)：111-117.

[20] 庄艳辉．基于模糊 Petri 网的高铁客运站客运安全风险评估及控制优化研究[D]．北京：北京交通大学，2018.

[21] CHEN S H. Ranking fuzzy numbers with maximizing set and minimizing set[J]. Fuzzy Sets and Systems，1985，17(2)：113-129.

[22] 陈绍清，熊思斯，何朝远，等．地铁深基坑坍塌事故安全风险分析[J]．安全与环境学报，2020，20(1)：52-58.

[23] 陈坤，陈序，魏鑫，等．基于贝叶斯网络的页岩气井喷风险分析[J]．安全与环境学报，2019，19(6)：1876-1883.

[24] HAO S Q，HUANG H W. Te fire simulation in big and long tunnel based on risk[C]//Proceedings of the 10th China Association for Science and Technology Meeting，Henan，China，September，2008.

第12章

基于设备故障率的综合管廊环境智能调控

12.1 研究背景

综合管廊是将电力、通信，燃气、供热、给排水等各种工程管线集于一体，设有检修、吊装和监测等设施，实施统一规划、统一设计、统一建设、统一管理的地下隧道空间，其运营管理对"城市生命线"的安全运行至关重要。相比于各管线独立建设的传统模式，综合管廊的建设模式可以有效提高军民融合发展的程度。未来我国将建成包括重大活动保障、旧城改造、与地下空间共建等多种形式的综合管廊。作为"城市生命线"的综合管廊的安全运行在军民融合的建设目标中扮演着至关重要作用。但随着我国综合管廊建设规模增大，管廊内管线主体增多，综合管廊安全监管所面临的问题越来越突出。特别在大数据环境下，综合管廊作为综合性的基础设施，内部风险因素众多，风险类型繁杂，且一旦发生事故对于城市公共安全将造成重大的影响。综合管廊内除管廊本体外一般包含供水、排水、燃气、供热、电力及通信管线，还有环境和设备监测系统、自动灭火系统、报警系统、安防系统及通信系统等相关附属设备设施。

预测与健康管理(prognostics and health management，PHM)作为保障设备安全性和可靠性的一项关键技术，在过去几十年间取得了丰硕的理论成果，并且得到了广泛的实际应用[1]。然而，我国对于综合管廊的设备健康管理仍处于起步阶段，数据维度小、算法研究不成熟等问题亟待解决。当前地下管廊对于设备的管理仅依赖于员工巡检发现故障、报修等一系列人工操作，针对简单的项目级、公司级管廊的运维尚可正常运转，但在城市级综合管廊监管体系下则暴露出以下严重弊端：一是在城市级超大规模的管廊环境下，人工巡检需要耗费巨大的人力物力，管理人员对物资与人员的调度困难；二是巡检人员仅能在设备发生故障时才能发现问题，无法防患于未然。本部分应用廊内环境数据以及设备维修数据，提出了基于廊内环境与历史运行数据的综合管廊设备故障预测算法。具体模块包括异构数据的融合和基于预训练模型的深度学习模块。该算法预可测廊内设备的健康状态，有效降低设备发生故障的概率，提升综合管廊的安全性与经济性。

国外对于综合管廊的运营管理研究起步较早，Ishii 等针对综合管廊安全和灾害事故进行了长时间调研，在收集了大量数据的基础上，分析确定了综合管廊存在的危险源和风险类别，并针对不同的危险源和风险提出了预防措施和办法[2]。Farhad 等在综合管廊安全事故大量案例的基础上，进行分类总结得出了综合管廊灾害主要为火灾、洪水、毒气、停电、爆炸、缺氧共六大类，并针对不同的灾害类型设计不同的应对措施和预防办法[3]。Dove 在对综合管廊安全问题和预防措施研究的基础上，更进一步研究了环境问题和心理问题，并提出了安全监测和安全管理对综合管廊的重要性。运营管理层面的综合管廊安全风险研究主要利用自动化控制的手段，在综合管廊太阳光引入、火灾自动报警、自动灭火装置、综合管廊救援装置和设备等方面开展了大量的研究工作，取得了一定的成果[4]。Trckova 等从经济社会效益、安全、监控技术、维修维护、可视化发展、设备设施等多个方面，构建了综合管廊综合分析体系，综合分析综合管廊对于城市发展的重要作用[5]。Curiel-Esparza 等在对综合管廊的安全问题进行的研究中，归纳总结了其存在的问题，包括经济问题、发展问题、成本问题、环境问题、监管问题等，并且着重提出当前缺乏成功的综合管廊安全管理经验[6]。Klepikov 等的研究，认为卫生、舒适、安全的综合管廊是现代社会的目标，在综合管廊建设过程中，要综合考虑人体健康、心理、安全等各方面因素，在保证这些因素的基础上，提高综合管廊利用率[7]。Yoo 等研究开发基于信息技术的隧道风险评估系统。该系统在地理信息系统中(GIS)环境中开发，利用 GIS 及 AI 技术分析隧道潜在的风险[8]。Canto-Perello 关注的是人员进入到隧道后的风险评估，分析潜在风险，并认为便捷的访问性和可维护性是隧道区别于其他公共设施所关注的重点[9]。Rogers 重点设计开发了城市公路隧道通风系统，并对隧道的通风、空气污染物的扩散、汽车尾气以及新鲜空气等标准，构建了标准体系[10]。

国内开始进行综合管廊建设较晚，直到 20 世纪末，才在北京建成了国内第一条真正意义上的综合管廊。技术规范层面上，近几年来，随着对于综合管廊建设认识的加深和重视，国内相继出台了《城市工程管线综合规划规范》(GB 50289—1998)和《城市综合管廊工程技术规范》(GB 50838—2015)国家层面的规范，以及《江苏省市政管廊建设指南(试行)》、《福建省城市综合管廊建设指南(试行)》和重庆市《城市地下管线综合管廊建设技术规程》等地方性规定，从制度、法规、技术、经济等方面给出了综合管廊建设的参考建议，明确了综合管廊建设的基本问题，但都以框架性、概念性、原则性、引导性为主，没有细化至具体的操作层面。

在综合管廊安全方面的研究，国内基本处于跟踪研究阶段，研究范围窄，层次不够明显，多集中于点上的研究。例如关于管廊内火灾发生，部分学者进行了“基于 CFD 模拟分析的综合管廊火灾特性研究”详细分析了在设定火灾规模条件下不同防火分区长度及不同的通风风速对火灾特性的影响，并在此基础上，提出该类设施最优防火分区设计长度和烟气控制通风风速[11]。Xia 等基于熵风险模型的基础上，引入了效用理论，提出一种风险决策模型，该模型可为复杂的系统工程评估和决策提供参考[12]。Zhang 等分析了综合管廊的火灾风险类型和特点，并提出了管廊减少火灾风险的措施[13]。对于管廊结构与地址变形或地震的研究，岳庆霞从地震反应分析方法与抗震可靠性方面对综合管廊做了系统性研究[14]。

12.2　研究方法

在对国内综合管廊安全风险研究的归纳和总结基础之上，我们可发现国外对于综合管廊安全风险的研究，基本覆盖了综合管廊全过程的安全设计与管理。国内则主要研究综合管廊的各种灾害特点以及防治措施,亦可以为管廊的安全管理提供一定的理论支撑。但是目前的研究表明综合管廊内集中了大量城市管线,但现有针对城市管线安全风险的研究大多聚焦于单一管线的事故风险或单一风险研究,已经不满足对于综合管廊复合及耦合风险预测及处置的需要,需要综合考虑多因素对于管廊风险的影响。随着物联网技术、数据传输技术和大数据分析技术的发展,对于综合管廊内外部的数据采集和分析成为可能。本部分将从设备故障率特征提取与多目标优化环境智能调控两方面入手,研究一套基于设备故障率的综合管廊环境智能调控系统,内容如下:

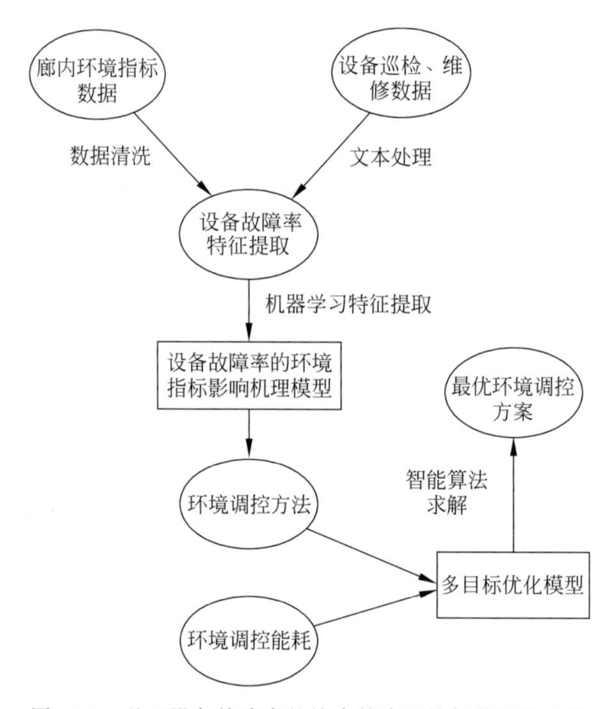

图 12-1　基于设备故障率的综合管廊环境智能调控系统

基于机器学习的设备故障率特征提取:由于支持向量机、神经网络等属于黑箱模型,因此在进行模型学习时无法直接对特征进行选择,而决策树模型在递归创建的过程中自身具有一定的特征选择能力。决策树具有决策能力明显、提取出的规则涉及较少变量和能较好处理非线性问题等优点,并且模型自身具有一定的特征选择能力,可以对输入特征的重要性进行度量;但是冗余样本过多会导致树底层决策质量的降低,并伴随过拟合现象的产生。设备故障与环境数据,设备数据包括巡检人员记录的保修数据、设备管理信息系统中的设备购入、使用情况等,环境数据包含廊内管道传感器监测到的温度、湿度、甲烷、氧气、硫化氢、水位等。本部分将决策树和支持向量机、神经网络结合,通过决策树的建立,在考虑特征重要性的前提下,利用树节点的高度对特征进行提取,并将具有更高分类能力的特征送入支持向量机、神经网络模型进行训练,提取影响设备寿命的因素并分析影响机理。

本研究致力于以能耗、设备故障率为基础的多目标优化环境智能调控系统。研究多于一个的目标函数在给定区域上的最优化,又称多目标最优化,通常记为 MOP(multi-objective programming)。规划决策者对每一个目标函数都能提出所期望的值(或称满意值);通过比较实际值 fi 与期望值 fi* 之间的偏差来选择问题的解。本部分基于环境数据对设备故障率影响因素的特征提取，与各环境指标调节的能耗数据，建立能耗、设备故障率联合的多目标环境调控模型，基于仿生启发式算法构建其适应度函数并对其进行优化求解，获得一组最优参数，使各优化目标达到协同最优。最终通过对环境的智能调控，可以有效降低廊内能耗与设备的故障率。

12.3 综合管廊数据预处理

12.3.1 数据描述

综合管廊面对的事故风险错综复杂，且可能面对缺氧、高温、高湿、积水、烟气等不利条件，实时采集振动、声光信号、温度、湿度、水位、有毒有害气体浓度、氧气浓度、烟雾颗粒浓度、管内施工人员位置及安防、管内检修人员巡检及保修等数据，廊内环境数据如表12-1所示，巡检人员保修数据情况如图12-2(a)、(b)所示。

表12-1　廊内环境数据

生成时间	温度	湿度	O_2	CH_4	H_2S	进水警告
2019-4-22 11:39	10	91	21	0	0	0
2019-4-22 11:40	10	91	21	0	1	0
2019-4-22 11:40	9	80	21	0	0	0
2019-4-22 11:40	9	91	21	0	0	0
2019-4-22 11:40	11	94	21	0	0	0
2019-4-22 11:40	8	79	21	0	0	0
2019-4-22 14:43	10	86	21	9	0	0
2019-4-22 14:43	10	86	21	9	0	0
2019-4-22 14:44	10	86	21	9	0	0
2019-4-22 14:45	9	89	21	6	0	0
2019-4-22 14:46	9	89	21	6	0	0

12.3.2 多元数据融合

本部分应用的自变量为廊内环境指标的时间序列面板数据，并不包含设备的故障信息，而现阶段综合管廊的设备故障信息均为人工录入，并且内容多为非结构化的文本与图片信息，为了清洗出符合设备故障率特征提取的数据集，本部分应用基于数据模式匹配的多元数据融合技术，对多元数据进行预处理。

多源数据融合技术指利用相关手段将调查、分析获取到的所有信息全部综合到一起，并对信息进行统一的评价，最后得到统一的信息的技术。该技术研发出来的目的是将各种不同的数据信息进行综合，吸取不同数据源的特点然后从中提取出统一的，比单一数据更好、更丰富的信息。随着物联网技术的快速发展，万物互联已经成为必然趋势。物联网技术涉及智能家居、智慧交通等多个领域，使得人们能够随时随地地连接任何人或者设备。然而目前大多数物联网异构数据是孤立的存储，阻碍了万物互联的步伐。数据模式匹配被广泛应用于数据互联并且能够较好地解决以上问题。

1. SVM文本分类

如图12-2所示，巡检人员保修数据字段多而杂，且员工上传的文本为非结构化数据，这大大增加了数据处理的难度，本部分应用SVM文本分类算法，对以上字段进行数据预处理，SVM处理流程如图12-2所示。

文本分类是自然语言处理的经典主题，其中需要为自由文本部分档分配预定义类别。文本分类研究的范围从设计最佳特征到选择最佳机器学习分类器。迄今为止，几乎所有文本分类技术都基于单词，其中一些有序单词组合(如n-gram)的简单统计通常表现最佳[15]。大多数文本之间总有交界甚至彼此掺杂，这种非线性不可分问题给不良文本识别带来了难度。应用SVM通过非线性变换可以使原空间转化为某个高维空间中的线性问题，而选择合适的核函数是SVM的关键[16]。

一般 列 键 检查 索引 权限

类型所有者 名称

名称	类型	可为空	默认	存储	注释
PRJ_CODE	VARCHAR2(32)	☐			项目编码
PRJ_NAME	VARCHAR2(320)	☑			项目名称
FAULT_TIME	DATE	☑			故障时间
FAULT_PG_ID	VARCHAR2(32)	☑			故障管廊ID
FAULT_CABIN_ID	VARCHAR2(32)	☑			故障舱室ID
FAULT_REGION_ID	VARCHAR2(32)	☑			故障分区ID
FAULT_LON	VARCHAR2(32)	☑			故障位置经度
FAULT_LAT	VARCHAR2(32)	☑			故障位置纬度
EQPT_ID	VARCHAR2(32)	☑			维修项目ID
MAIN_TYPE	NUMBER(1)	☑			维修类型(0-手动申请;1-巡检;2-监控)
START_TIME	DATE	☑			申请维修时间
EXPECT_END_TIME	DATE	☑			预计结束时间
FAULT_DESCRIPTION	VARCHAR2(3200)	☑			故障详情
FAULT_CAUSE	VARCHAR2(3200)	☑			故障原因
EMERGENCY_PLAN	VARCHAR2(3200)	☑			紧急替代方案
HAS_ELECTRICITY	NUMBER(1)	☑			是否动电
HAS_FIRE	NUMBER(1)	☑			是否动火
REPAIR_FEE	NUMBER(10,2)	☑			预估维修费
MAIN_MEASURES	VARCHAR2(3200)	☑			维修措施
MAIN_STAFF	VARCHAR2(32)	☑			维修人员
MAIN_RESULT	NUMBER(1)	☑			维修结果

(a)

一般 列 键 检查 索引 权限

类型所有者 名称

名称	类型	可为空	默认	存储	注释
MAIN_MEASURES	VARCHAR2(3200)	☑			维修措施
MAIN_STAFF	VARCHAR2(32)	☑			维修人员
MAIN_RESULT	NUMBER(1)	☑			维修结果
MAIN_END_TIME	DATE	☑			维修完成时间
EQPT_HANDLE_MODE	VARCHAR2(32)	☑			旧件处理方式
REMARK	VARCHAR2(3200)	☑			备注
BEFORE_IMG_1	VARCHAR2(32)	☑			修复前照片1
BEFORE_IMG_2	VARCHAR2(32)	☑			修复前照片2
BEFORE_IMG_3	VARCHAR2(32)	☑			修复前照片3
BEFORE_IMG_4	VARCHAR2(32)	☑			修复前照片4
BEFORE_IMG_5	VARCHAR2(32)	☑			修复前照片5
AFTER_IMG_1	VARCHAR2(32)	☑			修复后照片1
AFTER_IMG_2	VARCHAR2(32)	☑			修复后照片2
AFTER_IMG_3	VARCHAR2(32)	☑			修复后照片3
AFTER_IMG_4	VARCHAR2(32)	☑			修复后照片4
AFTER_IMG_5	VARCHAR2(32)	☑			修复后照片5
APLY_STATE	NUMBER(1)	☑			申请审批状态
APLY_APPROVER	VARCHAR2(32)	☑			申请审批人
APLY_APPROVAL_TIME	DATE	☑			申请审批时间
OVER_STATE	NUMBER(1)	☑			竣工审批状态
OVER_APPROVER	VARCHAR2(32)	☑			竣工审批人
OVER_APPROVAL_TIME	DATE	☑			竣工审批时间

(b)

图12-2 巡检人员保修数据

1）文本特征提取

目前，在对文本特征进行提取时，常采用特征独立性假设来简化特征选择的过程，达到计算时间和计算质量之间的折中。一般的方法是根据文本中词汇的特征向量，通过设置特征阈值的办法选择最佳特征作为文本特征子集，建立特征模型。

2）文本特征表示

采用 TF-IDF 公式来计算词的权值：

$$\omega_{ik}=\frac{tf_{ik}\cdot\lg\left(\frac{N}{n_k}+0.01\right)}{\sqrt{\sum_{i=k}\left[tf_{ik}\cdot\lg\left(\frac{N}{n_k}+0.01\right)\right]^2}} \tag{12-1}$$

式中，tf_{ik} 表示特诊次 t_k 在文档训练集中出现的频率；

N 为训练文档总数；

n_k 为在训练集中出现词 t_k 的文档数。

由 TF-IDF 公式可知，一批文档中某词出现的频率越高，它的区分度则越小，权值也越低；而在一个文档中，某词出现的频率越高，区分度则越大，权重越大。

3）归一化处理

归一化就是要把需要处理的数据经过处理后（通过某种算法）限制在需要的一定范围内。

$$\frac{a-a_{\min}}{a_{\max}-a_{\min}}=b \tag{12-2}$$

式中，a 为关键词的词频，$a_{\min}$ 为该词在所有文本中的最小词频，$a_{\max}$ 为该词在所有文本中的最大词频。这一步就是归一化，当用词频进行比较时，容易发生较大的偏差，归一化能使文本分类更加精确。

4）文本分类

经过文本预处理、特征提取、特征表示、归一化处理后，已经把原来的文本信息抽象成一个向量化的样本集，然后把此样本集与训练好的模板文件进行相似度计算，若不属于该类别，则与其他类别的模板文件进行计算，直到分进相应的类别，这就是 SVM 模型的文本分类方式。

2. 基于舱室与时间的模式匹配

模式匹配算法是衡量不同数据模式的元素对在某种特征上的相似性，对输入的两个来自不同数据模式中的元素，输出一个[0,1]区间上的实数值作为相似程度。经过调研，本部分对基本的模式匹配算法的分类进行了如下总结[17]。

基于舱室与时间的模式匹配算法流程对于输入的两个异构数据模式中的元素对的处理，主要包含 3 个阶段，如图 12-4 所示。

（1）相似度计算阶段：在这一阶段，调用多种模式匹配算法，对输入的来自于两个不同数据模式的元素对，计算其在多个特征维度上的相似度。所选的模式匹配算法和执行的先后顺序可以由人工来进行配置。

（2）相似度综合阶段：上一阶段得到了一个元素对的多种相似度，分别来自于所使用

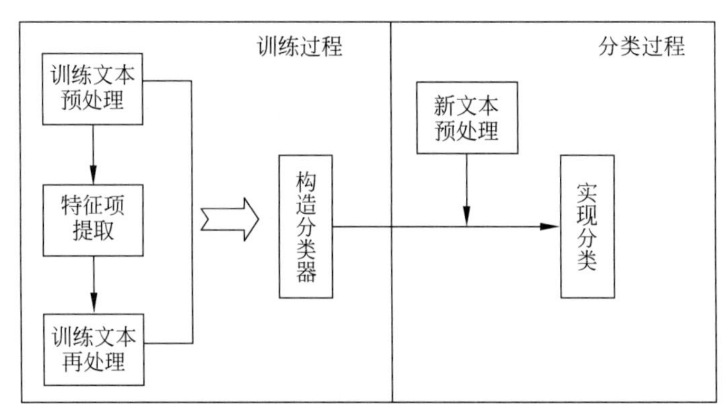

图 12-3 基于 SVM 的系统实现

的各个模式匹配算法，为了对元素对的匹配进行排序、判定、筛选，还需要对这些相似度进行综合，具体的综合方式可以是加权平均，也可以是人工定义的其他规则。

(3) 相似度判定阶段：在这一阶段，两个异构模式中各个元素对的综合相似度已然计算完毕，按照一定的规则对这些元素对进行是否匹配的事实判定，可以人工地按相似度大小排序后审阅并选择，也可以根据人工设定的规则，例如阈值，来自动地加以判定。

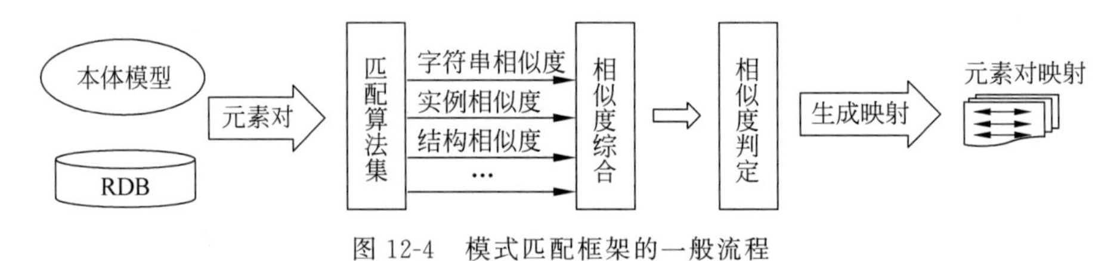

图 12-4 模式匹配框架的一般流程

12.4 设备故障率特征提取

12.4.1 CART 回归树模型

CART 全称为 classification and regression tree。首先要强调的是 CART 假设决策树是二叉树，内部结点特征的取值只有“是”和“否”，左分支是取值为“是”的分支，右分支则相反。这样的决策树等价于递归地二分每个特征。

假设有 k 个类，则概率分布的基尼系数定义为

$$G(p)=\sum_{k=1}^{K}p_k(1-p_k) \tag{12-3}$$

二分类问题的概率分布基尼系数为

$$G(p)=2p(1-p) \tag{12-4}$$

在决策树问题中，利用基尼系数进行特征选择的原理是

$$G(D,A)=\frac{D_1}{D}G(D_1)+\frac{D_2}{D}G(D_2) \tag{12-5}$$

回归树的最小二叉回归树生成算法如下

(1) 选择最优切分变量 j 与切分点 s 求解。

$$\min_{j,s}\left[\min_{c_1}\sum_{x_i\in R_1(j,s)}(y_i-c_1)^2+\min_{c_2}\sum_{x_i\in R_2(j,s)}(y_i-c_2)^2\right] \tag{12-6}$$

遍历变量 j,对固定的切分变量 j 扫描切分点 s,选择使式(12-6)取得最小值的对(j,s)。其中 R_m 是被划分的输入空间,C_m 空间 R_m 对应的输出值。

(2) 用选定的对(j,s)划分区域并决定相应的输出值。

$$R_1(j,s)=\{x \mid x^{(j)}\leqslant s\},\quad R_2(j,s)=\{x \mid x^{(j)}\leqslant s\} \tag{12-7}$$

$$C_m=\frac{1}{N_m}\sum_{x_i\in R_m(j,s)}y_i,\quad x\in R_m,\quad m=1,2 \tag{12-8}$$

(3) 继续对两个子区域调用(1),直至满足停止条件。

(4) 将输入空间划分为 M 个区域 $R_1,R_2,\cdots,R_M$,生成决策树 I 为生成决策树的内部节点数

$$f(x)=\sum_{m=1}^{M}\hat{c}_m I(x\in \mathbf{R}) \tag{12-9}$$

12.4.2 基于CART回归树的设备故障率影响因素分析

树形结构的规范包括:最大树深设置为3级;分割节点和合并类别的显着性值设置为0.05;父节点的最小案例数设置为100,并且此模型中子节点的最小案例数设置为50。

模型的结果显示在图12-5中,其构造用于分析设备寿命影响因素分析与预测(分类变量)之间的关系。设备寿命的最终树结构涉及5个分裂变量,包括temperature、humidity、CH_4、H_2S。节点1中的第一个最佳分割是根据 CH_4 含量,如果 CH_4 含量超过2,则很有可能造成设备故障率激增,其次对设备故障率有较大影响的是硫化氢(H_2S),约1/3的设备故

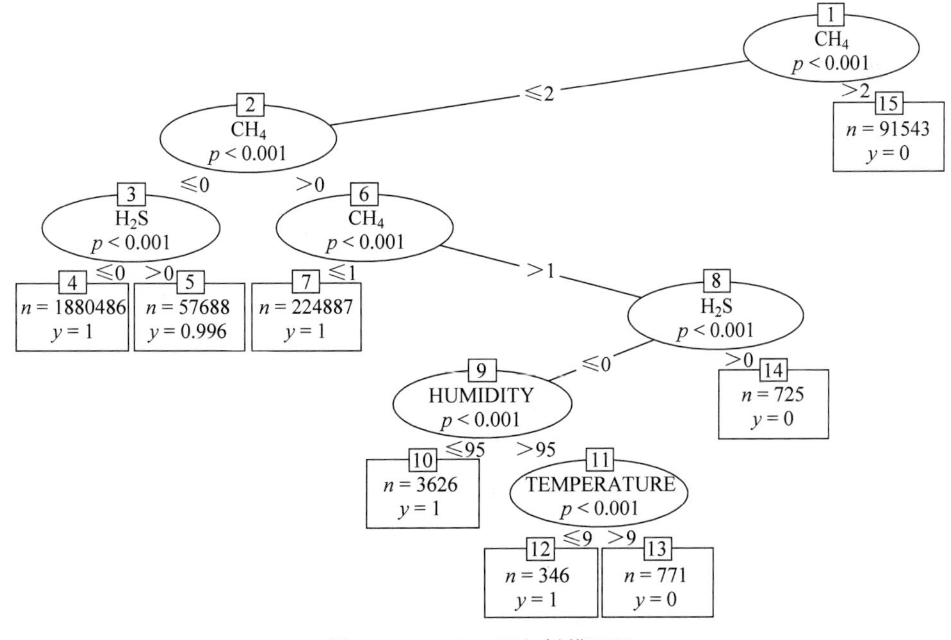

图12-5　CART回归树模型图

障与 H_2S 有关。此外 humidity 和 temperature 对设备故障率也有一定的影响，但不是主要因素，在 humidity 过高且 temperature 也偏高的情况下，是比较容易造成设备故障的。

12.5 基于神经网络的设备故障预测

12.5.1 预测模型

叠层自编码(stacked auto encoder-deep neural network，SAE-DNN)的训练和预测程序包括三个阶段。第一阶段，使用一种纯无监督的方法，将不同的特征组合成不同的训练数据集，对贪婪层的 SAE 进行预训练。SAE 用于初始化 DNN 的权重和偏差。第二阶段，利用标签数据进行监督 DNN。第三阶段，预测。

本部分建立了一种基于 SAE-DNN 模型的深层神经网络，用于可疑异常的识别。在 SAE 阶段，可以对特征向量进行特征提取，并将训练后的权值输入 DNN 中，提高了可疑异常检测的准确性。

它通常有一个由输入向量组成的输入层 $\boldsymbol{X}$，一个或多个隐藏层，包含被定义为式(12-10)中所示编码器的变换特征向量 $\boldsymbol{H}$；以及输出层，其包含如式(12-11)所示的定义为解码器的重构向量 $\boldsymbol{R}$；δ 和 $\widetilde{\delta}$ 表示等式中所示的线性和加权组合，如式(12-12)和式(12-13)所示；输出向量应与输入向量匹配，输出向量具有与输入向量相同的维数和值，$T(\cdot)$是激活函数，我们使用 tanh 和 rectifier 作为方程中所示的激活函数。如式(12-14)和式(12-15)所示。

$$\boldsymbol{H}=f(X)=T(\sum_i w_i x_i+b_i) \tag{12-10}$$

$$\boldsymbol{R}=g(X)=T(\sum_i \widetilde{w_i} h_i+\widetilde{b_i}) \tag{12-11}$$

$$\delta=\sum_i w_i x_i+b_i \tag{12-12}$$

$$\widetilde{\delta}=\sum_i \widetilde{w_i} x_i+\widetilde{b_i} \tag{12-13}$$

$$\tanh(\alpha)=\frac{e^{\alpha}-e^{-\alpha}}{e^{\alpha}+e^{-\alpha}} \tag{12-14}$$

$$\text{Rectifer}(\alpha)=\max(0,\alpha) \tag{12-15}$$

式中，输入向量 $\boldsymbol{X}$ 是一组训练数据集$\{x_1,x_2,x_3,\cdots,x_n\}$；

$\boldsymbol{H}$ 是一组编码器$\{h_1,h_2,h_3,\cdots,h_n\}$；

$\boldsymbol{R}$ 是一组重构结果$\{r_1,r_2,r_3,\cdots,r_n\}$；

$f(\boldsymbol{X})$是编码器函数，权重项为 w_i，偏置项为 b_i；

$g(\boldsymbol{H})$是解码器函数，其权重项为 $\widetilde{w_i}$，偏置项为 b_i；

α 表示 δ 或者 $\widetilde{\delta}$。

式(12-16)用于最小化输入向量 $\boldsymbol{X}$ 和重建向量 $\boldsymbol{R}$ 之间的重构误差。

$$L(\boldsymbol{X},\boldsymbol{R})=\min L(\boldsymbol{X},\boldsymbol{R}) \tag{12-16}$$

为了使重建结果 $\boldsymbol{R}$ 与输入向量 $\boldsymbol{X}$ 匹配，应通过微调参数 w_i 和 b_i 使损失函数 $L(\boldsymbol{X},\boldsymbol{R})$

最小化，如式(12-17)所示。

$$w'_i = w_i - \eta \frac{\partial L(x_i, r_i)}{\partial w_i} \tag{12-17}$$

$$b'_i = b_i - \eta \frac{\partial L(x_i, r_i)}{\partial b_i} \tag{12-18}$$

式中，w_i 和 w'_i 是每个隐藏层中第 i 个节点的原始权重和更新权重；

b_i 和 b'_i 是每个隐藏层中第 i 个节点的原始偏置和更新偏置；

η 为学习率。

预测模型算法如下：

1. 第一阶段：无监督预训的 SAE

1）输入

(1) 训练集 $\boldsymbol{X}=\{x_{ij} | i,j=1,2,\cdots\}$，$i$ 是无监督输入样本的数量，j 是无监督输入的变量；

(2) 一个输入层，一个输出层，N 个隐藏层；

(3) 每个隐藏层的节点数：$k_n(n=1,2,\cdots,N)$；

(4) 停止阈值：θ。

2）步骤 1

随机初始化所有层$(N+2)$的参数(w,b)。

3）步骤 2

分层训练所有隐藏层中的所有节点。每一层的培训过程包括以下 4 个方面：

(1) 用式(12-10)，式(12-12)，式(12-14)对每个节点进行编码。

(2) 用式(12-11)，式(12-12)，式(12-14)对每个节点进行解码。

(3) 用式(12-16)计算重建误差 $L(X,R)$；

(4) 反向传播算法：

如果 $L(\boldsymbol{X},\boldsymbol{R})>\theta$，用式(12-17)和式(12-18)最小化重建误差 $L(\boldsymbol{X},\boldsymbol{R})$，进入步骤 2(1)；否则结束。

4）步骤 3

重复步骤 2，直到所有隐藏层中的所有隐藏节点都经过训练。

5）输出

预先训练的 SAE。

2. 第二阶段：监督训练的深度神经网络

1）输入

(1) 预先训练的 SAE；

(2) 训练集 $\boldsymbol{X}=\{x_{ij'}\}$，$i$ 是监督输入样本的数量，j'是监督输入的变量数；

(3) 一个输入层，一个输出层，N'个隐藏层数；

(4) 各隐藏层节点数：$k_n(n=1,2,\cdots,N')$；

(5) 停止阈值：θ'。

2）步骤 1

使用 SAE 初始化参(w',b')数作为所有层$(N'+2)$的初始参数。

3）步骤 2

以设备是否有损坏的风险作为标签数据，对输入层到输出层的所有节点进行训练。它包括以下三点。

（1）利用式(12-3)，式(12-5)，式(12-8)对每个节点进行逐层前馈算法训练。得到输出层的输出 Y；

（2）用式(12-9)计算第一输入层的输入与最后输出层的输出之间的误差 $L(X,Y)$；

（3）反向传播算法：

如 $L(X,Y)>\theta'$，用等式(12-3)和式(12-4)，最小化误差 $L(X,Y)$。进入步骤 2(1)；否则结束。

4）输出

训练模型（预测器）。

3. 第三阶段：预测

1）输入

（1）测试数据 $T=\{t_{mj}\}$，m 为测试样本数量，j 为输入变量数；

（2）已训练好的预测器。

2）步骤 1

将 T 输入预测器。

3）步骤 2

执行预测。

4）输出

预测结果。

彩图 12-6

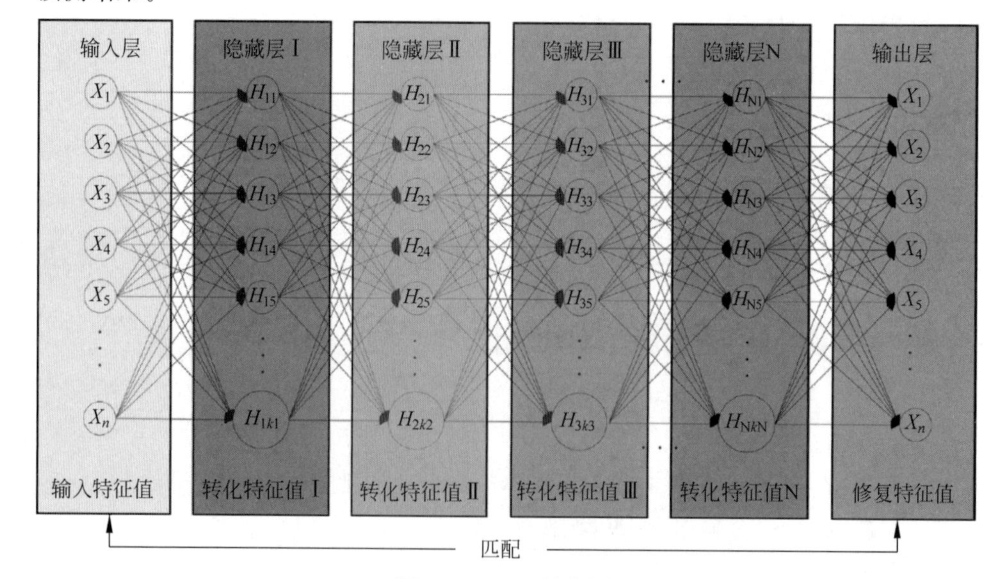

图 12-6　SAE 结构图

12.5.2　实验结果

评价指标如下：

$$\mathrm{RMSE}=\sqrt{\frac{1}{T}\sum_{i=1}^{T}(\hat{y}_i-y_i)^2} \tag{12-19}$$

$$\mathrm{MAPE}=\frac{1}{T}\sum_{i=1}^{T}\frac{|y_i-\hat{y}_i|}{y_i} \tag{12-20}$$

式中，y_i 和 $\hat{y}_i$ 分别为样本真实值和相应的预测值；

T 为所有样本的个数。

表 12-2 对比了本部分的方法与多种经典机器学习方法的结果，可以看出明显优于经典机器学习方法，最终结果的 RMSE 为 50.69，MAPE 为 0.1004，具有更好的故障诊断性能。

表 12-2　预测效果对比

方　法	RMSE	MAPE
线性回归	72.94	0.1762
随机森林	56.08	0.1400
支持向量机回归	54.57	0.1321
深度神经网络	55.58	0.1270
本部分方法	50.69	0.1004

表 12-3 对比了应用环境和运行数据的预测方法与单独应用环境和运行数据的预测结果，结果表明两者联合应用可以获得更好的预测效果。表 12-4 展示了某设备的 5 组测试结果。

表 12-3　数据类型对比

数　据	RMSE	MAPE
运行数据	58.78	0.1398
环境数据	54.29	0.1222
运行＋环境数据	50.69	0.1004

表 12-4　某设备的测试结果

	环境数据						运行数据			故障预测误差	
组号	温度	湿度	氧气	甲烷	硫化氢	水位	运行数据 1	运行数据 2	运行数据 3	RMSE	MAPE
1	10	91	21	0	0	0	Normal	Normal	Normal	55.58	0.1270
2	10	91	21	0	1	0	Normal	Normal	Normal	50.69	0.1004
3	9	80	21	0	0	0	Normal	Normal	Normal	48.02	0.0885
4	9	91	21	0	0	0	Normal	Normal	Normal	49.91	0.1031
5	11	94	21	0	0	0	Normal	Normal	Normal	52.05	0.1125

12.6 基于多目标优化模型的环境智能调控

12.6.1 多目标优化模型

多目标优化问题在工程应用等现实生活中非常普遍并且处于非常重要的地位，这些实际问题通常非常复杂、困难，是主要研究领域之一。自20世纪60年代早期以来，多目标优化问题吸引了越来越多不同背景研究人员的注意。因此，解决多目标优化问题具有非常重要的科研价值和实际意义。

实际中优化问题大多数是多目标优化问题，一般情况下，多目标优化问题的各个子目标之间是矛盾的，一个子目标的改善有可能会引起另一个或者另几个子目标的性能降低，也就是要同时使多个子目标一起达到最优值是不可能的，而只能在它们中间进行协调和折中处理，使各个子目标都尽可能地达到最优化。其与单目标优化问题的本质区别在于，它的解并非唯一，而是存在一组由众多Pareto最优解组成的最优解集合，集合中的各个元素称为Pareto最优解或非劣最优解。

12.6.2 基于设备故障率与能耗的多目标优化模型建立

综合管廊环境智能调控是高度复杂的非线性系统，因此其设计优化同样是高度复杂的非线性优化问题，为简化分析问题，抓住问题的主要影响因素，构建综合管廊环境智能调控系统优化模型，基于以下假设：

(1) 事件对环境指标的影响为瞬时发生的；

(2) 环境指标对设备故障率的影响不随时间变换而变换，且与第5章研究结果一致；

(3) 环境控制对环境指标的影响不随时间变换而变换，且多个环境控制对环境影响之间相互独立；

(4) 总能耗为各个环境控制能耗的加和。

前面已经证明，综合管廊控制设备n的故障发生率会在一定程度上受到环境指标的影响，其中环境指标j对设备n故障率的影响为V_j，其中V_j代表环境指标j与设备n故障率之间的关系式，由第5章得出；环境控制i为调控环境指标所需要进行的操作，例如降低湿度则需要开启风机等，w_{ij}为启动环境控制i的时长，一般控制单一环境指标需要多个环境控制操作同时进行；总能耗则受各个时间段的环境控制操作影响，U_i为环境控制i单位时间的能耗。当发生事件A、事件B等时，环境指标会发生变换，进而影响设备n故障率。基于以上信息，本节将确定最优的环境控制i，即是否启动环境控制i的01变量x_i，及环境控制i的时间T_i，使得整体的总能耗y_1最小，设备n故障率y_2最小。图12-7展示了综合管廊环境智能调控系统模型。

12.6.3 智能算法多目标优化算法

近几十年来，对许多科学家和研究人员来说，通过多目标进化算法(MOEAs)求解现实工程设计和资源优化问题已经成为具有吸引力的研究领域，并且已经开发了许多优化方法

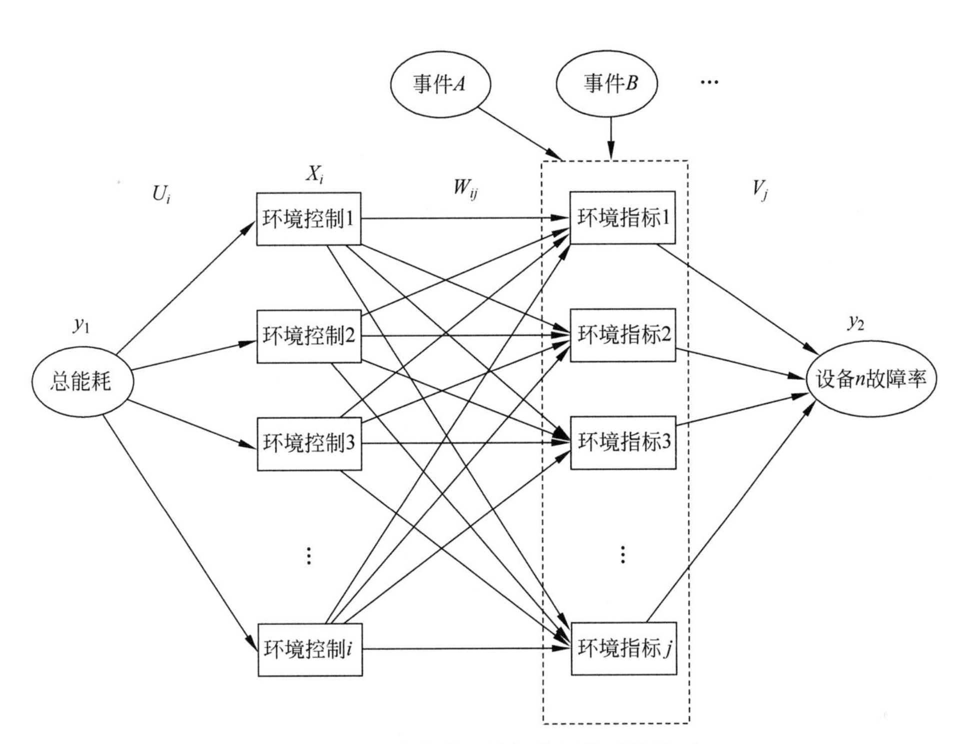

图 12-7 综合管廊环境智能调控系统模型

来处理这些问题[18]。

多目标优化问题是同时优化多个目标的复杂问题，经典解决方法是多目标通过考虑权重优化过程固定或动态变化结合成单一目标函数，但是不是每次所有目标都能结合为单一优化函数，且每次优化运行只能得到唯一的解决方案[19]。Giagkiozis 等[20]认为多目标问题中，不能像单目标问题那样直接比较两个目标向量，且也没有对特定目标的先验偏好时，一种方式是可以用支配关系对目标向量部分排序。在多目标问题中，解是非支配解集合，它们支配其他解，称为 Pareto 最优或非支配解集，而不是唯一最优解[21]。多目标优化的主要目标是找到接近最优解和多样性足够代表真正最优解分布的解的集合[22]。因此，多目标优化特点：

(1) 解的适应度，即两个目标向量，不能直接比较，且通常没有对特定优化目标的先验偏好；

(2) 多个优化目标之间通常是存在冲突的，即不存在同时使所有优化目标均最优的解；

(3) 解通常是非支配解的集合，支配其他解，称为 Pareto 最优或非支配解集，即 Pareto 前沿或非支配前沿；

(4) 优化的主要目标是找到接近最优解和多样性足够代表真正最优解分布的解的集合。

选取的连续群集智能算法在 RERFTRD 算例中的 Pareto 前沿收敛性和种群多样性均值与运行时间和迭代次数在 30 次独立实验中的统计分析分别如图 12-8 和图 12-9 所示。

从连续群集智能算法在 RERFTRD 算例中的 SC 和 ISC 在 30 次独立实验中的统计分析可以看出，量子行为粒子群优化算法取得的寻优效果比其他算法好，IMOQPSO 算法取得最好的优化结果；其次是多相粒子群优化算法，而 IMOMPPSO 算法也取得比其原算法

彩图 12-8

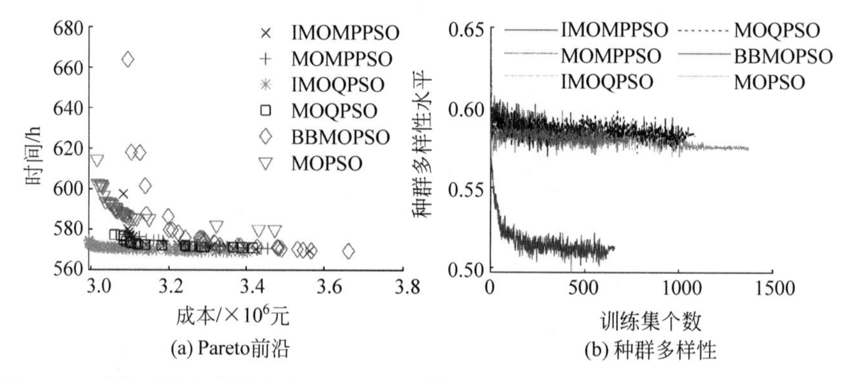

(a) Pareto前沿 (b) 种群多样性

图 12-8 连续群集智能算法在 RERFTRD 算例中的 Pareto 前沿收敛性和种群多样性

彩图 12-9

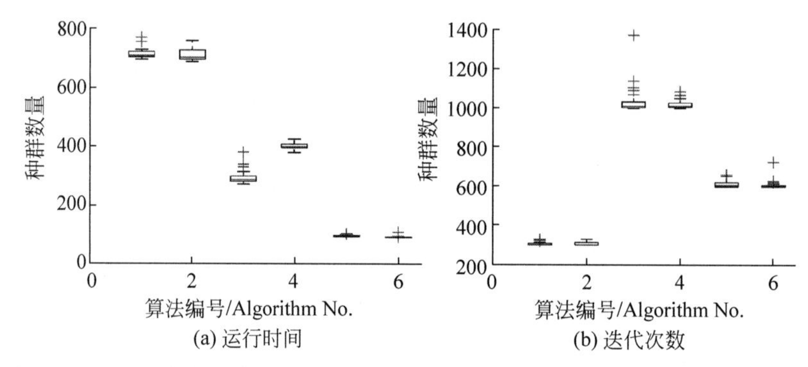

(a) 运行时间 (b) 迭代次数

图 12-9 连续群集智能算法在 RERFTRD 算例中的运行时间和迭代次数统计分析

好的优化结果；而 BBMOPSO 算法的优化效果反而最差。

12.7 总结与展望

设备健康管理是综合管廊内的重点问题，本部分以北京世园会综合管廊为研究对象，基于大数据视角，从多元数据融合、设备故障率的特征提取以及多目标优化控制等多个角度出发，设计了基于设备故障率的综合管廊环境智能控制系统，实现在设备故障率最低、能耗最小条件下的最优控制，可以有效减少由设备故障导致的损失，并避免不必要的资源浪费，具有很强的理论与现实意义。相比既有方案，可节省人力资源成本 30%、人工运维成本 20%，设备损耗及能耗费用降低 15%，设备故障率降低 30%。成果有助于实现城市管廊的多层级集中管理、常态化监控、智慧化预警和协同化应急响应。

本部分仍然具有一些不足，主要体现在如下几点：

(1) 本部分虽整合了管廊内部的多源数据，但是在数据维度上仍显不足，主要用于分析的变量仅为 6 个廊内环境指标。如果可以获取数据本身的运行及环境数据，将可以提取到更有效、更准确的设备故障率特征。

(2) 本部分主要依托于北京世园会的综合管廊数据，由于运营时间较短，设备故障信息条数较少，故障率的特征提取准确性不能够保障，但随着时间的推移，本部分的研究体系将不断完善。

北京市综合管廊里程已达到100km，到2035年，北京综合管廊达到450km左右。未来北京市将建成包括重大赛事举办、重大活动保障、旧城改造、与轨道交通共建、与地下空间共建等多种形式的综合管廊。本部分的基于设备故障率的综合管廊环境智能调控系统将在实践中不断调试，保障北京市综合管廊的安全性与经济性。

参考文献

[1] 裴洪，胡昌华，司小胜，等. 基于机器学习的设备剩余寿命预测方法综述[J]. 机械工程学报，2019，55(8)：1-13.

[2] ISHII H，KAWAMURA K，ONO T，et al. A fire detection system using optical fibres for utility tunnels[J]. Fire Safety Journal，1997，29(2)：87-98.

[3] FARHAD S N，HAMID G，ALI D. New Model for Environmental Impact Assessment of Tunneling Projects[J]. Journal of Environmental Protection，2014，05(6)：530-550.

[4] DOVE L. Feasibility of utility tunnels in urban streets[C]//Meeting of the AASHO/ARWA Joint Liaison Committee During the 56th Annual AASHO Meeting，1974，13.

[5] TRCKOVA J. Experimental assessment of rock mass behaviour in surrounding of utility tunnels [C]//11th ISRM Congress. International Society for Rock Mechanics，2007.

[6] CURIEL-ESPARZA J，CANTO-PERELLO J，CALVO M A. Use agreements and liability considerations in utility tunnels [C]//Proceedings of the VII International Congress on Project Engineering. 8th October. Pamplona. 2003：8-17.

[7] KLEPIKOV S N，ROZENVASSER G R，DUBYANSKII I S，et al. Calculation of utility tunnels for unilateral loads[J]. Soil Mechanics and Foundation Engineering，1979，16(5)：283-288.

[8] YOO C，JEON Y W，CHOI B S. IT-based tunnelling risk management system (IT-TURISK)-Development and implementation[J]. Tunnelling and Underground Space Technology，2006，21(2)：190-202.

[9] CANTO-PERELLO J，CURIEL-ESPARZA J. Risks and potential hazards in utility tunnels for urban areas[C]//Proceedings of the Institution of Civil Engineers-Municipal Engineer. Thomas Telford Ltd，2003，156(1)：51-56.

[10] ROGERS C D F，HUNT D V L. Sustainable utility infrastructure via multi-utility tunnels[C]//Proceedings of the Canadian Society of Civil Engineering 2006 conference，Towards a sustainable future，Calgary. 2006.

[11] 林俊，丛北华，韩新，等. 基于CFD模拟分析的城市综合管廊火灾特性研究[J]. 灾害学，2010，25(S)：374.

[12] XIA Y，XIONG Z，DONG X，et al. Risk Assessment and Decision-Making under Uncertainty in Tunnel and Underground Engineering[J]. Entropy，2017，19(10)：549.

[13] ZHANG X，GUAN Y，FANG Z，et al. Firc risk analysis and prevention of urban comprehensive pipeline corridor[J]. Procedia Engineering，2016，135：463-468.

[14] 岳庆霞. 地下综合管廊地震反应分析与抗震可靠性研究[D]. 上海：同济大学，2007.

[15] HINGMIRE S，CHOUGULE S，PALSHIKAR G K，et al. Document Classification by Topic Labeling [C]//SIGIR，International Conference on Information Retrieval. Dublin，Ireland，2013：877-880.

[16] 吕洪艳，杜鹃. 基于SVM的不良文本信息识别[J]. 计算机系统应用，2015，24(6)：183-187.

[17] 王丰，王亚沙，赵俊峰，等. 一种基于迭代的关系模型到本体模型的模式匹配方法[J]. 软件学报，2019，30(5)：1510-1521.

[18] SADOLLAH A，ESKANDAR H，KIM J H. Water cycle algorithm for solving constrained multi-

objective optimization problems[J]. Applied Soft Computing,2015,27: 279-298.

[19] KULKARNI M N K,PATEKAR M S, BHOSKAR M T, et al. Particle Swarm Optimization Applications to Mechanical Engineering-A Review[J]. Materials Today: Proceedings,2015,2(4): 2631-2639.

[20] GIAGKIOZIS I,PURSHOUSE R C,FLEMING P J. An overview of population-based algorithms for multi-objective optimisation [J]. International Journal of Systems Science, 2015, 46 (9): 1572-1599.

[21] NOROUZI N,TAVAKKOLI-MOGHADDAM R,GHAZANFARI M, et al. A new multi-objective competitive open vehicle routing problem solved by particle swarm optimization[J]. Networks and Spatial Economics,2012,12(4): 609-633.

[22] LALWANI S,SINGHAL S,KUMAR R, et al. A comprehensive survey: Applications of multi-objective particle swarm optimization (MOPSO) algorithm[J]. Transactions on Combinatorics, 2013,2(1): 39-101.

第13章

基于智能算法的综合管廊异常行为识别

13.1 研究背景和意义

13.1.1 研究背景

视频监控近年来呈现一些明显的变化趋势，如：视频监控实现从模拟阶段到数字阶段的历史性转折；标准更加开放；高清视频在安防领域产生重大影响；智能化日益突出，并不断迅猛发展。这些变化推动视频监控系统向更加成熟的阶段迈进。网络视频监控系统将计算机技术、多媒体技术、网络技术与监控技术有机地结合起来，将监控系统和计算机网络系统连接起来，使两个相互独立的系统走向融合，在理念和方式上取得了突破。大量摄像机被安装在管廊内部，从而形成一个监控网络。此类摄像机网络每天都会产生海量的视频数据，采用人工监控的方式进行处理不仅需要耗费大量的人力、物力和财力，而且还容易受人为主观因素的影响，从而降低监控的有效性。因此，迫切需要利用大数据技术，高效地获取非结构化数据所蕴含的有效的管廊监测信息，实现对视频监控数据的快速有效处理。同时，保障对监控区域进行长时间、大范围的监控任务。

当前，人工智能制造不断应用于安防领域，作为安防基础核心的智能监管系统将迎来前所未有的应用前景。智慧视频监控已经成为计算机视觉、安全监控等领域的研究热点。卷积神经网络(convolutional neural network，CNN)是前馈神经网络的一种，这种神经元连接模式受动物视觉皮层检测光学信号原理的启发。Lecun 等发表论文，确立了 CNN 的现代结构，这是一种多层的人工神经网络，取名为 LeNet-5[1]。为处理序列图像，Jackowski 等使用 3-D 卷积去提取数据的空间和时间特征，从而可以使卷积神经网络能很好地处理序列信息，3-D 卷积在人体动作识别等领域取得了显著的结果[2]。

13.1.2 国内外研究发展现状

1. 视频监控系统的硬件组成

视频监控系统由前端摄像机、传输介质、网络交换机、储存设备组成。前端摄像机位于管廊内部，通过传输介质将视频数据汇总至设备间（管廊内用于安装现场机柜的场所）内的网络交换机，再传输至管廊设备间内的储存设备或者管廊外远程监控中心的储存设备。

前端摄像机选用网络摄像机，安装在管廊现场。网络摄像机是传统摄像机和网络视频技术相结合的新一代产品，它可以将影像通过网络传至任何一台联网的计算机，且远端的浏览者不需用任何专业软件，只要标准的网络浏览器（如微软 IE 浏览器）即可监视其影像。前端摄像机负责标注采集现场的图像，其核心部件为图像传感器，分为 CCD 和 CMOS 两种模式。CCD 是电荷耦合器件，是一种用电荷量表示信号大小，用耦合方式传输信号的探测元件；CMOS 是利用硅和锗这两种元素做成的半导体，通过 CMOS 上带负标注电和带正电的晶体管来实现图像储存的功能。CMOS 非常省电，耗电量约为 CCD 的 30％，但处理快速变换的影像时，对暗电流（在没有光照射的状态下，在感光元件中流动的电流）的抑制不佳，画面上易出现杂点。因此，注重图像质量时一般选择 CCD 传感器，注重功耗和成本时选择 CMOS 传感器。管廊中出于安防考虑，更倾向于保障图像质量，采用 CCD 传感器居多。

传输介质采用超五类网线或者单模光纤，实现视频数据和控制信号的传输。对于管廊，在前端摄像机距网络交换机距离小于 80m 时，可采用超五类网线，反之，采用单模光纤。

网络交换机安装在现场设备间或监控中心，用于现场设备间内前端摄像机与网络硬盘录像机之间、不同设备间的网络硬盘录像机之间、设备间的网络硬盘录像机与监控中心的视频工作站之间的网络交换机称为联网交换机；安装在监控中心，用于监控中心视频数据交换的网络交换机称为核心交换机。网络交换机主要用于扩展网络，能够提供更多的网络接口用于设备连接、数据交换，具有结构简单、高度灵活、易于扩展等特点。常用的网络交换机有 8 口、16 口、24 口等规格。网络交换机可支持光纤环网。

储存设备一般安装在管廊现场，但如果采用集中储存的方式，也可安装在监控中心。储存设备采用网络硬盘录像机（network video recorders，NVR）或磁盘阵列（internet protocol-storage area network，IP-SAN），实现视频数据的本地储存或远程储存。网络硬盘录像机最主要的功能是通过网络接收前端摄像机传输的视频数据，并进行储存、管理，其容量扩展量有限且运行稳定性不高，主要用于中小规模的视频数据储存；磁盘阵列是安全数据储存的设备，用于数据储存、数据备份等，主要用于大规模的视频数据储存。

2. 综合管廊视频监视系统的软件组成

管道事故是指由管道异常事件引起的事故，如电缆火灾、水管爆裂、通信中断等。Liang 等指出监视系统对于确保综合管廊的运行至关重要[3]。Xie 等提出，通常，为了保护综合管廊，监视系统设计为包括三个部分：环境监视系统、通信系统和安全系统[4]。

环境监测系统旨在监测综合管廊中的环境状况，包括甲烷、硫化氢、氧气、温度、湿度监测以及水位[5]。通信系统有助于管理各种信息，可以为管廊日常运维提供基本保障[6]。由于综合管廊位于地下，所以当前的通信系统通常将固定电缆和无线通信结合在一起[7]。该安全系统设计为 4 个子系统的集合：视频监视子系统、消防子系统、访问控制子系统和警报子系统[8]，前 3 个子系统是独立设计的，它们都与警报子系统关联。例如，一旦智能传感器检测到电缆着火，警报子系统就会启动，并且消防子系统会迅速激活相应的设备。

3. 异常检测

异常检测是计算机视觉中最具挑战性的问题之一。在视频监控系统中有许多检测异常事件的尝试。有学者提出通过利用人的运动和四肢取向来检测人员暴力。此外，还可以使用视频和音频数据来检测监视视频中的攻击行为。除了暴力和非暴力模式之外，一些研究还利用轨迹来模拟人的正常运动，并将偏离正常模型的实例视为异常模式。由于缺乏可靠的轨迹数据，所以开发了多种方法来学习全局运动模式，如基于直方图的方法、动态纹理模型的混合、局部时空体积的隐马尔可夫模型(hidden Morkov model，HMM)和上下文驱动方法。常见的两阶段方法：即异常行为检测通过两步来完成，先进行特征提取再采用异常检测模块来检测异常行为。特征提取主要通过预训练 CNN 提取视频帧的外观特征，常用的预训练 CNN 包括：VGG[9-11]、Alexnet[10]、GoogleLenet[10]、Rest-net-50[11]、Xception[11]和 Densenet[11]。异常检测步骤常用的机器学习算法包括：一分类支持向量机(One-classSVM)[9]、支持向量机(SVM)[10]和归一化方法[11]等。文献[9]使用 VGG-f 模型提取视频帧的深度特征，然后通过一分类 SVM 检测异常行为。文献[11]通过组合 Alex net 的部分网络和额外的卷积网络来提取特征，并构建级联高斯分类器以检测异常行为，保证了检测的准确性，同时提高了检测的速度。文献[10]采用微调后的 VGG、AlexNet 和 Google Lenet 作为特征提取器，将 3 种网络得到的特征向量组成集合来训练多个不同的 SVM，对行为进行分类。研究表明，基于此类预训练 CNN 模型，选择合适的异常检测方法对于提高异常检测性能至关重要。

随着稀疏表示和字典学习方法在一些计算机视觉问题中的成功应用，利用稀疏表示来学习正常行为的字典，将具有较大重构错误的模式视为异常行为。由于深度学习在图像分类中的成功，已经提出了几种基于深度学习的方法来进行视频动作分类。但是，在训练视频中标注异常片段非常耗时。因此，视觉正在利用多种实例学习方法来解决此二进制分类任务。

4. 多实例学习

在传统的机器学习问题中，假设一个实例代表一个唯一的类别。但是，对于实际应用，在一个类别中观察到了多个实例，而仅给出了该类别的一般说明。因此被学者们称为多实例学习(multiple instance learning，MIL)。MIL 的问题在医学图像处理中非常突出，在医学图像处理中，仅用单个标签简单描述图像或大致给出感兴趣区域(region of interest，ROI)。

由于 MIL 问题涉及为一包实例分配单个类别标签的情况，所以可以通过学习预测该包标签的模型来解决。另一个挑战是发现关键实例，该关键实例决定了包的标签。为了解决包分类的主要任务，提出了多种方法，例如组合实例级分类器，测量包之间的相似度和于神经网络的排列不变聚合算子。最近，MIL 与深度学习相结合的想法大大提高了准确性。哈桑等使用基于深度学习的自动编码器来学习正常行为的模型，并利用重建损失来检测异常。Sultani 等使用深度 MIL 排名模型来学习视频片段的异常得分。

在本研究中，遵循这条研究路线，因为它允许应用灵活的转换类别，可以通过反向传播对它们进行端到端训练。与现有方法相反，将异常检测公式化为回归问题。基于标记较弱的训练数据的方法会同时考虑正常行为和异常行为以进行异常检测。为了减轻获取精确的段级标签的困难，利用 MIL 来学习异常模型并在测试过程中检测视频段级异常。

13.1.3 研究意义

综上所述，将智慧视频监控应用于综合管廊具有如下三方面的意义：①对进入廊内的工作人员进行识别，从而对其行为进行监测，保障其操作的规范性；②当发生突发情况时，管理人员清楚地掌握管廊内工作人员的具体状况，从而确保突发情况得到及时有效的处理，并准确指导廊内人员进行安全撤离；③对非法进入廊内的外来人员进行识别，防止其对管廊造成损害。

13.1.4 技术优势

综合管廊视频监控系统具有的技术优势如下：

1. 24h 全天候监控

监控系统自动将视频数据储存，连续记录任意时间段内的各监控区域图像。

2. 储存功能

支持图像回放，监控系统可储存较长时间段的视频数据，对于管廊，一般会储存 30d 左右的视频数据，用于回放查看。尤其当管廊内发生事故（如火灾）后，通过监控系统的回放，可以分析事故的原因，确定事故责任，预防类似事故的出现。

3. 入侵检测功能

监控系统的前端摄像机能够支持移动侦测，管廊内除正常巡检的时间段外，无移动的人员或物体，监控系统可通过采集的不同时间段的画面进行对比，发现可疑人员或物体，及时向监控中心发出报警，提示管廊运行人员有异常情况。

4. 联动功能

管廊中包含多种检测装置（如入侵检测、火灾检测、天然气泄漏检测等），当这些装置发现异常时，均可根据预先设定的方案联动监控系统的前端摄像机，及时将实时画面反馈到监控中心，便于运行人员直观地了解现场情况，有针对性地采取措施。如，当入侵检测装置发出报警时，可联动其附近的摄像机转动，将镜头对准发生入侵的位置。

13.2 算法介绍

在本节中，介绍了基于 CenterNet 的特征提取以及对应的 MIAUC 损失函数。本研究的方法框架如图 13-1 所示。将监视视频分为固定数量的片段，并将这些实例放入包中。无论是正标注包还是负标注包，都可以全面训练人员异常检测模型。

13.2.1 基于 CenterNet 的特征提取

作为一个半封闭的地下空间，综合管廊不仅可容纳许多机电设备，而且还包含各种市政

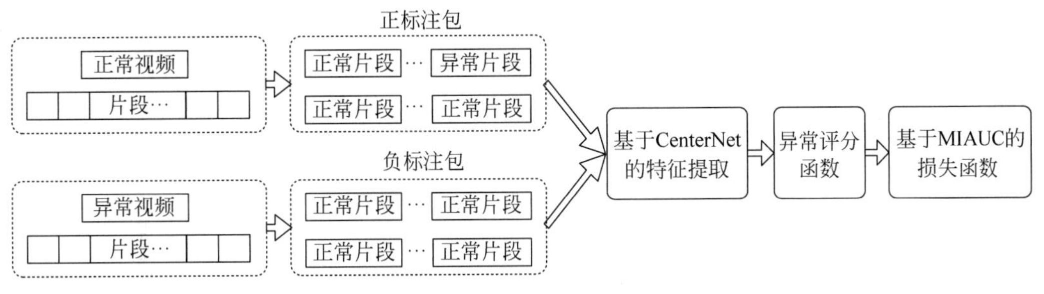

图 13-1　异常人员检测算法结构图

公用管道。因此，日常工作是检查和维护管道。当常规人员在检查期间处理问题时，将需要更长的时间才能留在展厅中。因此，对紧急情况的快速响应有助于有效保护完好的管道和管线，并通过及时撤离确保人员安全。常规的物体检测器通过紧密围绕物体的轴向对准的包围盒来表示每个物体。然后，将物体检测简化为大量潜在物体边界框的图像分类。但是，基于滑动窗口的方法需要枚举所有可能的对象位置和大小，这在计算上是浪费的。因此，需要更简单、更有效的替代方案。

CenterNet 方法结构简单且运行速度非常快。表 13-1 描述了 CenterNet 的性能。因此，在本研究中，利用 CenterNet 提取了每个细分特征。通过将输入图像输入一个完整的卷积网络，即可生成一个热图。此热图中的峰值对应于对象中心。每个峰值处的图像特征可预测对象包围盒的高度和重量。

表 13-1　CenterNet 在不同条件下的效率

方　法	COCO AP	FPS
Resnet-18	28.1%	142
DLA-34	37.4%	52
Hourglass-104	45.1%	1.4

令 $x_1^k, y_1^k, x_2^k, y_2^k$ 表示对象 k 的边界框 c_k。然后，相应的中心点为 $p_k=((x_1^k+x_2^k)/2, (y_1^k+y_2^k)/2)$。使用关键点估计器 $\hat{Y}$ 预测所有中心点，并回归到每个对象 k 的对象大小 $s_k=(x_2^k-x_1^k, y_2^k-y_1^k)$。为了限制计算的标注负担，对所有物体类别使用单个尺寸预测 $\hat{S}\in\mathbf{R}^{\frac{W}{R}\times\frac{H}{R}\times 2}$，其中，$W$ 为输入图像数据的宽度，H 为输入图像数据的深度，R 为输出尺度，本文选用 4，此外，关键点数量为 2。因此，中心点与目标物镜之间的相似性可通过 L_{size} 损失来衡量：

$$L_{\text{size}}=\frac{1}{N}\sum_{k=1}^{N}|\hat{S}_{p_k}-s_k| \tag{13-1}$$

对应的损失函数为

$$L_{\text{det}}=L_k+\lambda_{\text{size}}L_{\text{size}}+\lambda_{\text{off}}L_{\text{off}} \tag{13-2}$$

式中，λ_{size}，λ_{off} 为常数，设 $\lambda_{\text{size}}=0.1$，$\lambda_{\text{off}}=1$。

然后，使用单个网络来预测关键点 $\hat{Y}$、偏移量 $\hat{O}$ 和大小 $\hat{S}$。网络预测每个位置总共有 $C+4$ 个输出。所有输出共享一个通用的全卷积骨干网络。基于上述方法，首先针对每个类别分别提取热图中的峰值。检测所有值大于或等于其 8 个连通邻居的响应，并保持前 100

个峰值。令 $\hat{P}_c$ 为类别 c 的 n 个检测到的中心点的集合 $\hat{P}_c=\{(\hat{x}_i,\hat{y}_i)\}_{i=1}^{n}$。每个关键点位置均由整数坐标$(x_i,y_i)$给出。使用关键点值 $\hat{Y}_{x_i y_i c}$ 作为其检测置信度的度量,并在位置处生成一个边界框。

$$(\hat{x}_i+\delta\hat{x}_i-\hat{w}_i/2,\hat{y}_i+\delta\hat{y}_i-\hat{h}_i/2,\hat{x}_i+\delta\hat{x}_i-\hat{w}_i/2,\hat{y}_i+\delta\hat{y}_i-\hat{h}_i/2) \tag{13-3}$$

式中,$(\delta\hat{x}_i,\delta\hat{y}_i)=\hat{O}_{\hat{x}_i,\hat{y}_i}$ 是偏移预测,$(\hat{w}_i,\hat{h}_i)=\hat{S}_{\hat{x}_i,\hat{y}_i}$ 是尺寸预测。所有输出都是直接从关键点估计产生的,而无须基于 IOU 的非最大值抑制值(non-maxima suppression)或其他后处理。

3D 检测估计每个对象的三维边界框,并且每个中心点需要 3 个附加属性:深度,3D 尺寸和方向。为它们每个添加一个单独的头。深度 d 是每个中心点的单个标量。但是,深度很难直接回归。因此,采用 $d=(\sigma(\hat{d})-1)/\sigma(\hat{d})$ 作为使用输出变换,其中 σ 是 S 型函数。将深度计算为关键点估计器的附加输出通道 $\hat{D}\in[0,1]^{\frac{W}{R}\times\frac{H}{R}}$。它再次使用由 ReLU 分隔的两个卷积层。与以前的模态不同,它在输出层使用反 S 形变换。在进行 S 形变换后,使用原始深度域中的 $L1$ 损失训练深度估计器。对象的 3D 尺寸为 3 个标量。使用单独的水头 $\hat{\Gamma}\in\mathbf{R}^{\frac{W}{R}\times\frac{H}{R}\times 3}$ 和 $L1$ 损耗直接以米为单位回归到它们的绝对值。默认情况下,方向是单个标量。但是,很难回归。将方向表示为具有箱内回归的两个箱。具体来说,使用 8 个标量对方向进行编码,每个方框具有 4 个标量。对于一个仓,两个标量用于 softmax 分类,其余两个标量在每个仓内回归到一个角度。

13.2.2 基于卷积自动编码器的异常评分函数

基于卷积自动编码器的异常评分函数由于异常位于场景中的局部位置,所以本地信息在异常检测上下文中特别重要。因此,使用卷积自动编码器(contractive autoencoder, CAE)来学习从片段中提取的异常分数函数的不同特征。CAE 由 Masci 等提出。其权重在输入中的所有位置之间共享,以保留空间局部性。异常得分函数在该公式中给出。

$$f(v;\theta)=\|v-g(h(v,\theta_f);\theta_g)\|^2 \tag{13-4}$$

式中,$h(\sim;\theta_f)$是用参数 θ_f,$g(\sim;\theta_g)$建模的编码器,而 $\theta=\{\theta_f,\theta_g\}$是异常得分函数的参数。

CAE 的体系结构组织在不同的编码器和解码器层中。在编码器侧,存在三个卷积层和两个池化层,并且在解码器侧具有相同的反向结构。在第一卷积层中,CAE 体系结构由 256 个步幅为 4 的滤镜组成。它生成 256 个特征图,分辨率为 57×37 像素。接下来是第一个池化层,它将生成 256 个特征图,分辨率为 28×18 像素。所有池化层都有一个 2×2 内核,并通过最大池化方法执行子采样。第二和第三卷积层分别具有 128 和 64 个滤波器。最后一个编码器层生成 64 个 14×9 像素的特征图。解码器通过对输入进行反卷积和解卷反顺序来重建输入。最终反卷积层的输出是输入的重构版本。表 13-2 总结了 CAE 各层的细节。

表 13-2　基于 CAE 的异常评分函数结构

层　次	维　度
Input and Conv.	256 × 57 × 37
Pool. 1	256 × 28 × 18
Conv. 2	128 × 28 × 18
Pool. 2	128 × 14 × 9
Conv. 3 and Deconv. 1	64 ×14 × 9
Unpool. 1	128 × 14 ×9
Deconv. 2	128 × 28 × 18
Unpool. 2	256 × 28 × 18
Deconv. 3 and Output	256 × 57 × 37

13.2.3　基于多实例 AUC 的损失函数

MIL 方法不需要准确的时间注释。在 MIL 中，视频中异常事件的精确时间位置是未知的。相反，仅需要指示整个视频中是否存在异常的视频级标签。包含异常的视频标记为正，而没有任何异常的视频标记为负。然后，将一个正视频表示为一个正标注包$\mathcal{B}_a$，其中不同的时间段在包中形成各个实例($v_a^1,v_a^2,\cdots,v_a^m$)，其中 m 是包的数量。假设这些实例中至少有一个包含异常。类似地，负标注视频由负标注包$\mathcal{B}_n$表示，其中该包中的时间段形成负标注实例($v_a^1,v_a^2,\cdots,v_a^m$)。在底片包中，所有实例均未包含异常。曲线下面积(area under curve，AUC)是分类中流行的性能指标。尤其是当一个人不知道分类错误的成本或必须处理不平衡的类别时，AUC 已经成功地衡量了模型区分不同类别事件的能力。受 AUC 概念的启发，该概念计算随机采样的异常实例的异常得分高于随机采样的正常实例的比率，进一步应用 MIL 基于 AUC 的异常检测问题。令 V 表示实例空间，v_a 和 v_n 表示异常和正常视频片段，p_a 和 p_n 是 V 中异常和正常实例的概率分布，p_S 表示正包$\mathcal{B}_a$，$f(v_a)$和 $f(v_n)$的概率分布分别表示范围从 0 到 1 的相应异常评分函数。真实正标注率(TPR)是评分函数 $f(v_a)$将异常实例 v_a 正确分类为异常的比率。

$$\mathrm{TPR}(h)=E_{v_a\sim p_a}[I(f(v_a)>h)] \tag{13-5}$$

式中，h 是阈值，E 是期望值，$I(\lambda)$表示条件为 λ 的指示函数。当 λ 为真时，$I(\lambda)=1$，否则 $I(\lambda)=0$。同时，误报率(FPR)是评分函数 $f(v_n)$将来自 p_n 的随机正常实例错误分类为异常的比率。

$$\mathrm{FPR}(h)=E_{v_n\sim p_n}[I(f(v_n)>h)] \tag{13-6}$$

AUC 是通过绘制所有点对(TPR(h)，FPR(h))形成的曲线下的面积阈值 $h\in[0,1]$。AUC 的积分形式为

$$\mathrm{AUC}=\int_0^1\mathrm{TPR}(h)\mathrm{dFPR}(h)=E_{v_a\sim p_a,v_n\sim p_n}[I(f(v_a)>f(v_n))] \tag{13-7}$$

AUC 的估计值为

$$\widehat{AUC}=\frac{1}{|A||N|}\sum_{v_a\sim p_a}\sum_{v_n\sim p_n}I(f(v_a)>f(v_n)) \tag{13-8}$$

但是，在没有片段级注释的情况下，无法使用该公式。因此，本研究扩展了 AUC 的概

念，并提出了以下多实例正确率（MITPR）和多实例错误率（MIFPR）。MITPR 表示异常得分函数 $f(v_a^i)$将来自 p_S 的随机正标注包中的至少一个实例分类为异常的比率：

$$\mathrm{MITPR}(h)=E_{\mathcal{B}_a\sim p_S}[I(\max_{i\in\mathcal{B}_a}f(v_a^i)>h)] \tag{13-9}$$

MIFPR 表示异常评分函数 $f(v_n^i)$将来自 p_n 的随机负标注数包中至少一个实例分类为异常的比率

$$\mathrm{MIFPR}(h)=E_{\mathcal{B}_n\sim p_n}[I(\max_{i\in\mathcal{B}_n}f(v_n^i)>h)] \tag{13-10}$$

通过比较实例在正向包和负向包中获得最高的异常得分。对应于正标注包中异常评分最高的部分是真实的正标注实例（异常部分）。该段在负标注数包中拥有最高的异常分数是一个负标注实例（正常段），它与异常段最相似，并且可能在实际异常检测中生成错误警报。然后，以 MITPR(h)曲线下面积作为 MIFPR(h)的函数，以与 AUC 相似的方式定义多实例 AUC（MIAUC），如下所示：

$$\mathrm{MIAUC}(h)=E_{\mathcal{B}_a\sim p_S,\mathcal{B}_n\sim p_n}[I(\max_{i\in\mathcal{B}_a}f(v_a^i)>\max_{i\in\mathcal{B}_n}f(v_n^i))] \tag{13-11}$$

MIAUC 是至少一个正包中的所有实例的异常得分高于负标注包中的所有实例。给定 S 为正包的集合，N 为负标注包的集合，MIAUC 的估计值可以如下计算：

$$\widehat{\mathrm{MIAUC}}=\frac{1}{|S||N|}\sum_{\mathcal{B}_a\in S}\sum_{\mathcal{B}_n\in N}I(\max_{i\in\mathcal{B}_a}f(v_a^i)>\max_{i\in\mathcal{B}_n}f(v_n^i)) \tag{13-12}$$

上述损失函数的局限性在于它忽略了异常视频的潜在时间结构。在现实情况中，异常事件通常仅在短时间内发生。在这种情况下，异常包中的实例的分数应该是稀疏的，表明只有少数片段可能包含异常。其次，由于视频是一系列片段，所以异常分数应在各个视频片段之间平稳变化。因此，通过最小化相邻视频片段的得分差异，在时间相邻视频片段的异常得分之间实施时间平滑。通过将稀疏性和平滑度约束合并到实例得分上，损失函数变为式(13-13)，其中$\sum_{i\in\mathcal{B}_a}(f(v_a^i)-f(v_a^{i+1}))$表示时间平滑项，$\sum_{i\in\mathcal{B}_a}f(v_a^i)$表示稀疏项。

$$l(\mathcal{B}_a,\mathcal{B}_n)=\sum_{\mathcal{B}_a\in S}\left[\lambda_1\sum_{i\in\mathcal{B}_a}(f(v_a^i)-f(v_a^{i+1}))+\lambda_2\sum_{i\in\mathcal{B}_a}f(v_a^i)\right]-\frac{1}{|S||N|}\sum_{\mathcal{B}_a\in S}\sum_{\mathcal{B}_n\in N}[I(\max_{i\in\mathcal{B}_a}f(v_a^i)>\max_{i\in\mathcal{B}_n}f(v_n^i))] \tag{13-13}$$

13.3 实验框架

13.3.1 实验数据

截至 2020 年，北京市将建成综合管廊 150～200km，如北京城市副中心、冬奥会、世园会、新机场等重大项目。北京世园会综合管廊于 2019 年 4 月 16 日进行试运营，总长度 7.1km，具有 6 条主要道路设置，包括 1 条主管廊、5 条支管廊，安排热力、燃气、给水、再生水、电力、电信等入廊。整个内外管廊共安装了 291 个摄像头，5min 之内便可以把整个管廊扫描一遍。

基于 2022 年冬季奥运会综合管廊中的视频监控系统，构建了一个大规模数据集来评估的方法。为了确保数据集的质量，丢弃了异常情况不清晰的视频，并通过在综合管廊中进行的手动演示来补充可能的异常事件。通过以上措施，收集了55个异常情况明显的真实监控录像。使用相同的约束，收集了55个普通视频。因此，收集的数据集长度为24h，由110个现实世界的监控视频组成。对于提出的异常检测方法，在训练过程中仅使用视频级别的标签。但是，为了评估其在测试视频上的表现，必须使用时间注释，即每个测试异常视频中异常事件的开始帧和结束帧。因此，为了获得每个异常的确切时间范围，一个视频由多个注释器标记，并且最终的时间注释是不同注释的平均值。数据集分为两部分：由45个正常和40个异常视频组成的训练集，以及由其余10个正常和15个异常视频组成的测试集。训练集和测试集都包含各种异常。此外，某些视频包含多个异常时间。

13.3.2 评估指标

在先前有关异常检测的工作之后，使用AUC来评估方法的性能。为了获得良好的识别算法，AUC的值应尽可能高。

13.3.3 比较方法

将提出的方法与以下5种方法进行了比较：SVDNet、HJE、深度GMM、CCUKL和DS。SVDNet和HJE是完全监督的异常检测方法。旨在通过标记数据对正常和异常行为建模的监督方法，通常设计为检测在训练阶段预定义的特定异常行为。深度GMM是半监督的异常检测方法，只需要正常的视频数据即可进行训练。CCUKL和DS是无监督的异常检测方法，旨在利用从未标记数据中提取的统计属性来学习正常行为和异常行为。

SVDNet是基于奇异向量分解(singular value decomposition，SVD)的深度表示学习过程，具有约束和松弛迭代训练方案，该迭代方案将正交性约束迭代地集成到CNN训练中。

人类联合估计(human joint estimation，HJE)是一种异常行为识别算法，可从测量图中提取人员特征点并将其与支持向量机(support vector machine，SVM)集成。

深度高斯混合模型(deep Gaussian mixture model，GMM)是可扩展的深度生成模型，该方法根据观察到的正常事件构建的，并在彼此之上堆叠多个GMM层。它利用PCANet从3D渐变中提取外观和运动特征。

带聚类约束的无监督内核学习(unsupervised kernel learning with clustering constraint，CCUKL)是用于基于特征空间和支持向量数据描述进行异常检测的无监督内核框架。

优势集(dominant set，DS)聚类方法是一种使用基于支配集的无监督学习框架的异常行为方法。

13.3.4 实施细节

将每个视频分成20个不重叠的片段，并将每个视频片段视为包的一个实例。然后，随机选择30个正标注包和30个负标注包作为小批量。使用Theano Development Team(2016)开发的算法，通过在计算图上通过逆向模式自动微分来计算梯度。然后，如式(13-6)所示计算损失，并运用反向传播方法计算整个批次的损耗。为了获得最佳性能，MIL等级损失中的稀疏性和平滑度约束参数设置为 $\lambda_1 = \lambda_2 = 0.00008$。以上方法的所有设置均与常用训练设置一致。

13.4 实验结果

13.4.1 推荐效率比较

在本节中，首先描述现实数据集上不同方法的定量评估。然后，分析包的规模如何影响模型性能。最后，对误报率进行了调查。评估拟议方法为了评估方法的性能，在真实数据集上进行了实验，表 13-3 给出了 AUC 方面的定量比较。

表 13-3 不同方法的 AUC 比较

分 类	方 法	AUC
全监督	SVDNet	67.49
	HJE	72.83
半监督	MIAUC	84.42
	Deep GMM	69.91
无监督	DS	64.32
	CCUKL	50.36

结果表明，MIAUC 方法实现了 84.42 的 AUC，这明显优于现有方法，并且比第二好的 HJE 高出 15.9%。完全监督和半监督方法的性能总是比非监督方法更好，这表明无监督方法不适合集成管道中的异常检测。这是因为监视视频太长而异常主要发生在短时间内。因此，从这些未经修剪的视频中提取的特征对于无监督方法的区分性还不够高。相比之下，完全监督方法和半监督方法之间的性能差距并不大。但是，完全监督的方法不足以区分正常模式和异常模式。除了对视频的正常部分产生较低的重建误差外，对于异常部分也产生较低的重建误差。

13.4.2 每包实例数敏感性分析

每包实例数是一个关键参数，代表每个包中包含的实例数。在异常检测中，每个包的实例数越小越好。原因是对于一定长度的视频，注释越准确，其提供的信息越多。如果一个包中只有一个实例，则建议的方法对应于完全监督的方法。但是，在训练视频中标注异常片段是复杂且耗时的。此外，在现实世界的视频监视系统中，可用视频可能会受到环境的限制。

因此，进行了精心设计的实验以发现每包中实例数量的最佳个数，并重复进行 10 次实验以获得平均 AUC。将每包中实例数量设置为 5～50，步长为 5。图 13-2 给出了相应的结果。随着行李袋尺寸的减小，AUC 显著增加。高于阈值 20，性能开始趋于稳定。根据配对 t 检验，当每包中实例数量为 20 时，AUC 达到 84.42，这与最佳性能（$N=10$）在统计学上没有差异（5%的水平）。这表明，在某种程度上，提出的算法放宽了对包规模的限制。

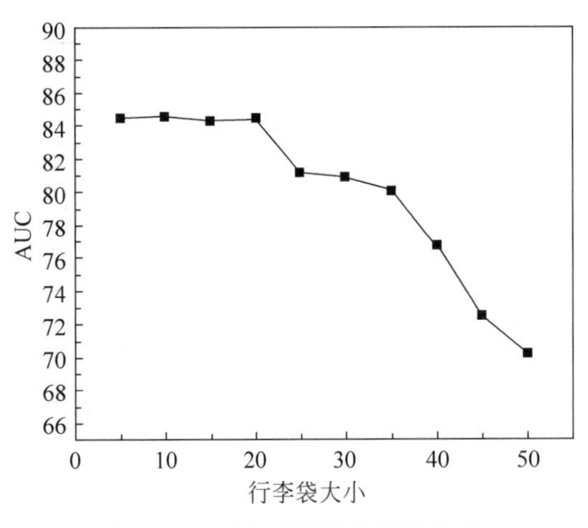

图 13-2 每包实例数敏感度分析

13.4.3 误报率分析

在现实世界的视频监视系统中，普通视频构成了监视视频数据的主要部分。正如伊索寓言中“狼来了”的故事一样，如果视频监视系统始终将正常视频报告为异常，则工作人员将不再信任警报。因此，实际的异常检测方法应该对普通视频具有较低的误报率。基于这种理念，评估了本研究的方法和其他方法在普通视频数据集上的性能。表 13-4 给出了在 50% 阈值时不同方法的误报率。这证明了提出的方法具有比其他方法低得多的误报率，这表明了在实践中的普遍实用性。这验证了在训练过程中同时使用异常视频和正常视频有助于了解的 MIAUC 模型的更多正常模式。

表 13-4 在正常测试数据集中的误报率比较

分 类	方 法	误报率
全监督	SVDNet	8.4
	HJE	7.6
半监督	MIAUC	3.9
	Deep GMM	4.7
无监督	DS	16.3
	CCUKL	21.2

13.5 应用方案

13.5.1 应用方案综述

监控系统根据管廊内前端摄像机的数量，选择不同的应用方案，保证监控系统布局合理，经济高效。

1. 简约型方案

当管廊主体长度较短，防火分区(一般长度为200m左右)数量较少，前端摄像机数量较少时，由单台网络硬盘录像机即可完成数据储存。现场前端摄像机通过超五类网线或者单模光纤连接到现场设备间内的联网交换机，网络可采用星型网络。简约型方案现场配置见图13-3。网络硬盘录像机亦与联网交换机相连，视频数据由现场网络硬盘录像机储存，通过单模光纤上传至监控中心。监控中心设置视频工作站、核心交换机，视频数据上传至监控中心，通过视频工作站配套的显示器查看现场视频图像。前端摄像机支持“移动侦测”功能，当画面出现异常时，例如舱室内发生火灾现象，可通过网络硬盘录像机向监控中心值班人员报警发出火灾报警，由火焰探测器输出开关量联动管廊内的自动灭火系统。

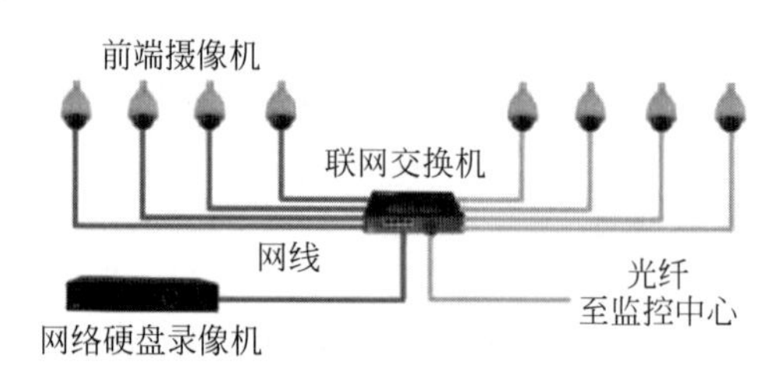

图13-3　简约型方案现场配置

该方案的特点是监控系统结构简单，配置灵活，视频数据本地储存，网络通信量小，但监控系统规模受网络硬盘录像机容量限制，没有扩展能力，仅适合小型监控系统。

2. 集中型方案

当管廊主体较长，防火分区较多时，每两个防火分区设有一个设备间，每个设备间仅设置一套联网交换机用于数据远传，不设置网络硬盘录像机。现场前端摄像机采用星型网络连接到设备间内的联网交换机，汇总后与其他联网交换机组网，将数据上传至监控中心。集中型方案现场配置见图13-4。

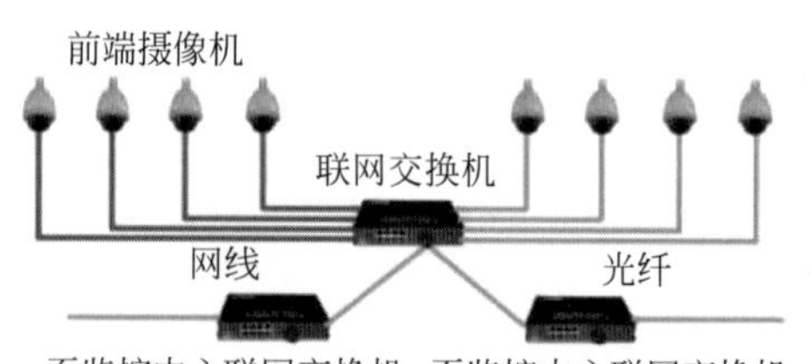

图13-4　集中型方案现场配置

各个设备间的联网交换机与监控中心的联网交换机通过光纤环网互联(不必采用星型网络一对一将光纤引至监控中心)，再与监控中心的核心交换机相连，视频数据通过监控中心的磁盘阵列集中储存，通过监控中心的大屏幕进行显示。

磁盘阵列可采用Windows、Linux、Solaris等操作系统，支持RAID技术(RAID0、1、5、10、50等)、支持多种协议(如视频流协议/NFS/CIFS/FTP/HTTP/AFP/RTSP等)、热插拔硬盘、冗余热备电源等，可靠性高，储存容量大。视频显示采用大屏幕系统，一般为“拼接墙”，屏幕可采用DLP、等离子、液晶等，典型的屏幕数量有2×2、2×4、3×3、4×8等，视频数据通过大屏幕控制器按需要在指定的屏幕区域显示。

该方案的特点是监控系统结构简单，前端摄像机通过现场联网交换机联网，无须本地储存数据，扩展时仅需增加前端摄像机和现场联网交换机即可，储存设备位于监控中心，数据安全性高，易于维护。但本方案网络通信量大[2]，监控系统规模受此限制不能过大，否则会导致成本过高，且容易影响图像传输的质量（如出现图像卡顿、丢失等），故适合中型监控系统。

3. 分布型方案

当管廊主体较长，防火分区较多时，可采用简约型方案的监控系统现场配置（详见图 13-3），通过增加网络硬盘录像机的数量来进行扩展，每两个防火分区设有一个设备间，每个设备间设置一套网络硬盘录像机用于数据本地储存和一套联网交换机用于数据远传。当现场视频监控点比较多时，需要单独建设专用的视频传输网络。位于管廊现场设备间的联网交换机将视频数据集中后，通过光纤环网与监控中心的联网交换机组网，再连接至监控中心的核心交换机，将视频数据上传，最终在监控中心的大屏幕上显示现场画面。分布型方案网络见图 13-5。视频数据储存在现场的各个网络硬盘录像机中，分散了风险，即使单个网络硬盘录像机发生故障，也不会影响其他区域的视频数据储存。

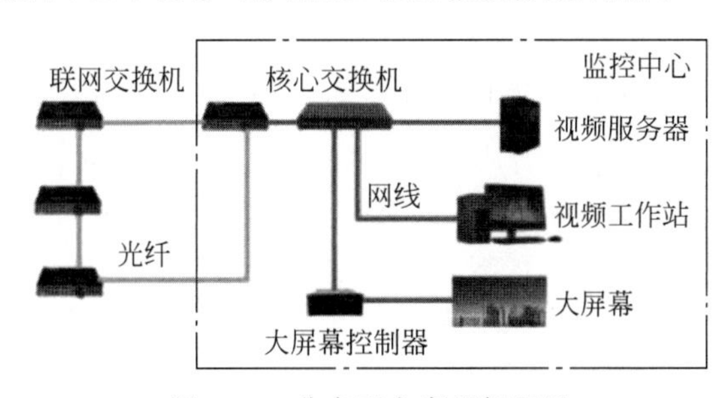

图 13-5　分布型方案现场配置

该方案的特点：既具有简约型方案的优点，同时又解决了网络硬盘录像机的容量限制问题，扩展简单，只需成套增加现场设备即可，适合监控系统分期建设；采用光纤环网连接各套联网交换机，保证网络的可靠性；监控中心根据需要对视频数据远程调用，网络通信量小；视频数据储存为分布式结构，每个设备间的网络硬盘录像机储存自己控制范围内的视频数据，个别储存设备的损坏不会对整个监控系统产生致命的影响，提高了监控系统的可靠性，适合中型或大型监控系统。

13.5.2　应用方案设计

视频监视系统提供有关安全和操作的视觉信息，以满足综合管廊中的有效监视和处置。因此，基于人员异常检测的视频监控系统的设计分为两个层次：工作流设计和与其他系统的交互设计。图 13-6 显示了基于人员异常检测设计的视频监控系统，该视频监控系统应用于 2022 年冬季奥运会的综合管廊中。

将本研究所提出的方法应用于综合管廊中的视频监控系统。基于人员异常检测的视频监控系统由三个模块组成：视频捕获、异常检测、监控显示。

图 13-6 视频监控系统在综合管廊中的应用

视频捕获模块由 291 个摄像机组成，包括子弹头摄像机和半球形摄像机。这些摄像机放置在综合管廊中的关键位置，如上下楼梯、拐角和重要设施。由于子弹型摄像机始终专注于固定视野，所以主要用于监视设施舱。相反，半球型摄像机具有更宽的视角，用于监视管道通道。所有摄像机均具有 H.264 压缩编码的 1080P 标准，并且视频数据的存储时间不少于 15d。另外，由监控摄像机获得的视频数据被均匀地发送到异常检测模块。

异常检测模块处理从视频捕获模块接收的视频数据。根据提出的方法，此任务需要两个视频处理级别。第一级，检测场景中的兴趣区域并提取相应的特征。然后，基于这些特征的图元被生成以描述兴趣区域。第二级，提供有关人员行为的异常评分，并确定行为是否正常。结果被存储并提交给监视显示模块。

监视显示模块显示异常检测模块发送的结果。如果检测到异常事件，则弹出窗口将发出警报。对于正常结果，仅显示实时视频。

基于上述方法，实现了视频监控系统与综合管廊中其他系统的智能链接，包括风扇系统、照明系统、广播系统、电话系统、门禁系统。因此，可以及时针对人员异常采取有效措施，以保证综合管廊的稳定运行和人员安全。当视频监控系统在综合管廊中检测到紧急情况时，人员异常会被分类为预定义的类别，并且站点位于摄像头所在的区域。此外，根据不同类型的人异常将不同的系统链接在一起。图 13-7 和表 13-5 给出了详细信息。

当检测到非法入侵时，将访问控制系统连接起来，并关闭相应区域的访问锁，以防止入侵者进一步深入到综合管廊中。此外，广播系统警告非法入侵者，电话系统通知附近的工作人员赶赴现场。

当检测到人员伤病时，照明系统已连接。因此，异常区域中的紧急照明和分散指示器被打开，并且正常照明系统被关闭。此外，相应区域中所有疏散通道的锁都打开，以确保有效疏散并避免二次事故。开启风扇系统以排放有害气体并冷却集成管道。

由于剩下的 3 种异常(即人员拥挤，快速移动和不规范着装)不会直接造成伤害，并且发生的情况相对较多，所以采取了相应的措施。利用广播系统来警告现场人员，并利用电话系统来指导现场人员进行标准操作。

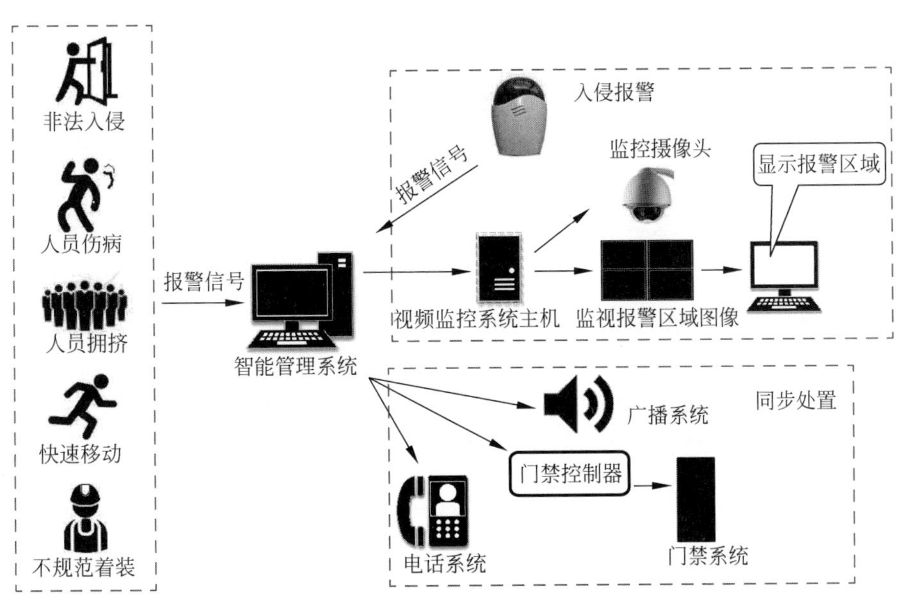

图 13-7　视频监控系统与管廊中其他系统的交互图

表 13-5　异常行为与对应的联动

异常行为	对应联动
非法入侵	广播系统、门禁系统、电话系统
人员伤病	照明系统,门禁系统,风机系统,水泵系统
人员拥挤	广播系统,电话系统
快速移动	广播系统,电话系统
不规范着装	广播系统,电话系统

13.6　总结与展望

随着综合管廊的建设,网络视频监控系统在其中的应用会越来越多,技术方面将会更加成熟,并与管廊内的其他检测系统产生更多的交集。综合管廊规模的扩大带来了非法入侵的风险。采用智慧监管系统对进入综合管廊内部的人员进行识别,是对抗非法入侵的有效方法。

综合管廊包含多个检测系统,如人员通道的出入口控制装置、入侵探测报警装置、电力舱室的火灾检测系统、天然气舱室的气体泄漏检测系统等,当它们中任意一个检测到异常时,都可以联动网络视频监控系统,将图像在监控中心显示,针对不同情况,由运行人员启动相应处理方案。网络视频监控系统与其他系统互相补充,从日常监测到重点检查,从前期预防到后期入侵处理,全方位覆盖,形成一个统一整体,有效地保障综合管廊内设备和管线的安全运行。本研究提出了一种灵活且可解释的 MIL 方法,用于综合管廊中的异常检测。本研究首先将较长的监控视频分为多个部分,然后基于 CenterNet 为每个部分提取功能。受曲线下面积(AUC)概念的启发,进一步将 MIAUC 应用到损失函数模型中,与正常分段相比,该模型鼓励异常分段的得分更高。此外,基于综合管廊中的监视视频,构建了一个新的大规模数据集。最后，通过在真实数据集上进行验证，本研究提出的 MIAUC 优于其他基准方法。由于本研究中将重点放在二进制 MIL 问题上，而多类 MIL 更有趣和更具挑战性，还值得考虑排斥点，即包始终为负的实例，或假定包内实例之间存在依存关系。此外，在今后的研究中，将专注于海量综合管廊监视视频的应用。

参考文献

[1] LECUN Y,BOTTOUL,BENGIOY,et al. Gradient-based learning applied to document recognition [J]. Proceedings of the IEEE,1998,86(11): 2278-2324.

[2] JACKOWSKI A,GEBHARDM,THIETJE R. Head motion and head gesture-based robot control: A usability study[J]. IEEE Transactions on Neural Systems and Rehabilitation Engineering, 2018, 26(1):161-170.

[3] LIANG X B,LIANG W,ZHANG L B, etal. Risk assessment for long-distance gas pipelines in coal mine gobs based on structure entropy weight method and multi-step backward cloud transformation algorithm based on sampling with replacement[J]. Journal of Cleaner Production,2019,227: 218-228.

[4] XIE Z M. Establish the working platforms of safety management system[J]. Journal of Safety Science and Technology,2009,5 (1): 172-175.

[5] MAKANA L O, JEFFERSON I, HUNT D V L, et al. Assessment of the future resilience of sustainable urban sub-surface environments [J]. Tunnelling&Underground Space Technology Incorporating Trenchless Technology Research,2016,55: 21-31.

[6] HAN L X,GUO H F,SU S B,et al. Deep Multi-Instance Multi-Label learning for image annotation [J]. International Journal of Pattern Recognition and Artificial Intelligence,2018,32(3): 1-16.

[7] WANG J,CHENX S,LI S L,et al. About construction and operation present situation of utility tunnel in urban[J]. Journal of Civil Engineering and Management,2018,35(2): 101-109.

[8] KO J. Study on the fire risk prediction assessment due to deterioration contact of combustible cables in underground common utility tunnels[J]. Journal of The Korean Society of Disaster Information, 2015,11(1): 135-147.

[9] SMEUREANU S,ONESCURT I, POPESCUM, et al. Deep Appearance Features for Abnormal Behavior Detection in video[C]//International Conference Image Analysis and Processing, 2017: 779-789.

[10] SINGH K,RAJORA S,SHWAKARMA D K V,et al. Crowd Anomaly Detection Using aggregation of ensembles of fine-Tuned ConvNets[J]. Neurocomputing,2020,371: 188-198.

[11] NAZARE T S,DE MELLO R F,PONTI M A. Are pre-trained CNNs good feature extractors for anomaly detection in surveillance videos? [J]. arXiv: Computer Vision and Pattern Recognition. 2018: 1-6.

第14章

基于融合通信技术的综合管廊综合调度指挥

14.1 融合通信系统关键技术

14.1.1 融合通信系统研究必要性

在当今信息化时代中，随着通信技术应用的不断深入，信息传递变得快捷和高效，各种各样的通信设备的使用方便了人们的日常生产生活。但在综合管廊地下空间中，由于管廊主体结构对通信信号的屏蔽，大多数管廊内没有运营商无线信号覆盖，这使得入廊人员之间的沟通交流非常不便，不利于廊内工作开展，工作效率因沟通不畅而变得低效。管理人员在日常管理和应急指挥中也无法及时和廊内人员进行通信，不利于人员安全保障和日常工作开展。同时在进行廊内巡检时，对数据的记录也无法采用实时方式，不能做到快速高效地获得内部信息，这也就无法保证数据的真实可靠性。目前采用的通信方式，无法解决因使用通信范围或建筑结构等因素引起的通信信号无法覆盖的问题，无法实时联络到保安、工程、操作及服务人员，在工作场所内无固定位置的工作人员无法实时完成工作职责。这样在有情况的时候，就无法及时、高效处理突发事件，更无法最大限度减少可能造成的损失。尤其是在紧急事件中无法做到无处不通、一呼百应、呼之即来，无法快速组织调度人员进行逃生、抢险、救援等工作，无法有效实施应急处置，存在着安全隐患。在综合管廊内还需要对人员进行定位，目前综合管廊内是无法实现GPS定位的，现有综合管廊内采用的方式是每80m设置一个摄像头，采用监控的方式进行。但是这种方式，在距离稍远些的情况，是无法辨认前方人员的情况，是运动是静止或者具体是哪个人。

基于综合管廊内需求的高效率和安全性，目前市面上也有一些方案实现了。主要是两个方案，一个是通信方式，一个是室内定位。就目前采用的通信方式大都是采用固定语音电话，每100m安装一部，这种方案成本高，且廊内人员使用不便，当情况发生时候，无法做到及时有效的进行消息的传播扩散。同时也有采用智慧线方式的，这种方式通过无线通信的形式，能够进行及时有效通信，也能够进行人员定位和外部入侵检测，但是成本较高，每千米的成本价格在40万元左右。目前综合管廊系统中是同类数据走单独通道的方式，其中包括数据链路、视频网络以及无线数据部分，都是分别通过各自的链路进行传输。而现在通过融合通信可以将数据通过同一平台进行展示输出。

融合通信平台是基于公有云或私有云平台的全IP构架系统，与4G/5G、有线网以及各类专网技术完美融合后，可轻松完成大范围不同人员统一通信指挥，实现全员协同通信、实时视频指挥、资源GIS管控和图形化任务交互；系统具有良好的兼容性、实用性、安全性和可靠性，在异地异网情况下实现全部功能的统一部署和管理；系统实现了平战结合，为应急指挥提供了最广泛的通信能力、最丰富的基础决策信息、最有力的执行手段。

14.1.2 市场分析

融合通信是以IP通信为基础，以VOIP、视频通信、多媒体会议、协同办公、通信录以及即时通信等为核心业务能力，无论用户在哪儿都可以接入到网络享有统一通信的各种服务；统一通信平台还可以使用户通过多样化的终端、以IP为核心的统一控制和承载网以及融合的业务平台实现各类通信的统一和用户体验的统一。统一通信能够适应不同行业甚至不同企业的通信需求，与企业的应用相结合，如可以与OA/CRM系统、邮件、办公软件以及第三方应用的集成等。融合通信有三大特点：①业务融合（视频、话音和数据）；②电信、互联网、IT三个领域交互；③企业应用特点显著。

仅以综合管廊行业分析，市场前景广阔。住建部会同财政部开展中央财政支持综合管廊试点工作，确定包头等10个城市为试点城市，计划到2022年建设综合管廊800km。2015年1月，住建部等五部门联合发出通知，要求在全国范围内开展地下管线普查，此后决定开展中央财政支持综合管廊试点工作，并对试点城市给予专项资金补助，通过试点示范带动全国建设综合管廊的积极性。2015年试点的10个城市总投资351亿元，其中中央财政投入102亿元，地方政府投入56亿元，拉动社会投资约193亿元。2021年有25个城市入选全国综合管廊试点城市。未来全国共有69个城市在建综合管廊约1000km，总投资约880亿元。

我国目前综合管廊规模较小，国内一线城市与发达国家主要城市相比存在较大差距，但随着国家对综合管廊建设重要性认识加强，从这两年开始全国大范围推广综合管廊建设。随着政府不断尝试，突破机制、资金、规划等问题，未来一段时间内，我国综合管廊将以超常规的速度发展。综合管廊融合通信系统也会有广阔的应用前景。

融合通信系统不仅可以应用于综合管廊场景，还能应用于金融行业、电信行业、工矿、智慧城市、智能交通以及冶金能源行业中。在地铁中也可以使用融合通信，在这方面也已经有应用的案例，华为就将融合通信系统应用于上海地铁。采用双中心独立建设，在灾害发生时能够保障轨道交通系统高可靠的要求，为列车运行、调度指挥、设备维护、防灾报警等专业场景提供安全可靠的迅速通信能力，保证通信的实时、迅速、畅通、无阻塞。当发生突发事件时能迅速转换为防灾救援和事故紧急处理的指挥通信系统。同时还能够简化运维，降低运营成本。主要是针对话务交换设备，既有线路的程控交换机到了生命周期之后，也逐步替换为接入网关及专用调度终端设备，实现各线路标准归一、资源共享、体验一致的建设目标，节省成本。所以融合通信系统可以应用于各个环境。

14.1.3 竞品分析

在综合管廊内既具备通信功能又具备室内定位的系统还包括智慧线系统。智慧线系统具有无线通信与精确定位的线缆型通信设备，通过线缆铺设实现无线收发、数据传输、电源供电，线缆在使用中可接、可分叉，铺设到的地方可形成高质量的无线信号覆盖。智慧线最早应用于矿山等领域，实现地下空间的人员定位、无线通信、数据传输。

与智慧线系统相似，融合通信系统也可用于地下空间的人员定位、无线通信等功能。相比较而言融合通信系统具有建设成本低、功能更强大的特点，更适合用于综合管廊内的运营管理，具体对比情况如下：

1. 建设成本对比

智慧线系统采用专用通信电缆铺设，由于通信和定位距离的限制，需要用到通信和定位的地方必须铺设电缆。这种专用通信电缆造价比较高，因而工程建设成本比较高。根据世园会综合管廊建设情况评估，该系统线缆费用约 40 万元/km，建设成本随着综合管廊长度呈线性增长。

融合通信系统主要通过布设 AP 基站进行通信，另外需要通过蓝牙标签辅助完成更精确的定位。目前综合管廊内每 200m 布设定向 AP 基站，每 20～50m 布设蓝牙标签，设备间、办公区布设全向 AP 基站。由于系统采用通用的 AP 基站和蓝牙标签，整体设备成本比较低，除了后台系统及移动终端，廊内设备成本不到 5 万元/km。

世园会项目中采用融合通信系统比智慧线系统节约将近 1/2 成本。另外世园会外也将接入统一系统中，采用融合通信系统不需要增加后台成本，只需增加现场设备和部分终端，成本不到 80 万元，而智慧线则超过 200 万元。

2. 定位能力对比

智慧线系统用线缆进行定位，其本质也是蓝牙技术，原理上两者定位精度可以做成相同（约 5m），但由于综合管廊内的人员管理不需要太高精度，所以在融合通信方案中，为了降低成本，蓝牙标签布设距离为 20～50m，其精度为 20～50m。

智慧线系统支持无卡定位功能，融合通信系统具有无卡定位功能，需要通过入侵检测及视频监控补充。无卡定位功能在综合管廊内仅应用于外部人员入侵后，如何快速找到入侵人员的位置，融合通信系统需要通过其他方法变相实现。

智慧线系统不具备室外定位功能，融合通信系统具有室外和室内定位能力。使得融合通信系统在管理人员时可以做到持续跟踪，这在综合管廊外部巡检和人员还没进入廊体时非常有用。

3. 通信能力对比

智慧线系统只支持语音无线通信，并且由于通信带宽受限，同时通话数量不超过 16 个/km。

融合通信系统支持集群对讲、语音调度、视频调度、视频会议、数据调度等多媒体调度功能，支持有线、无线数据网络、3G/4G 数据网络的融合，实现跨不同网络之间终端设备语音、视频和消息通信；通过语音网关设备还可以接入普通程控电话。目前综合管廊设计中融合通信系统，将固定语音、广播都接入到了一起，成为完整的融合通信设备。融合通信具有跨网的通信能力，在未来建设中可将城管委、综合管廊公司、管线单位、多条综合管廊组成一套完整的多层级的指挥调度协调通信系统，实现语音、视频和消息通信的多媒体通信。

融合通信在综合管廊内建立了宽带无线覆盖网络，可实现同时几十组人员对讲通话、视频通话和视频会议，不受网络带宽限制。并且在廊内覆盖的无线网络还支持廊内的工作人员巡检APP数据传输，以及机器人设备的数据传输。

4. 集成能力对比

智慧线系统仅实现室内人员定位、语音通话。融合通信系统可以实现室内外混合的人员定位、多媒体通信(语音、视频和消息)，并且将固定语音、广播融为一体，并在廊内提供了宽带无线数据通信网络，可以承载无线数据通信应用。

5. 施工方案对比

智慧线系统施工需要在所有需要的地方布设线缆，实施简单，但分散的地方也需要用线缆连接。

融合通信系统每200m布设AP基站，分散的地方独立布设基站，通过数据网络连接即可运行，可以跨区域布设。

6. 日常使用对比

智慧线系统两类设备：定位标签和手持终端。但手持终端上不能使用巡检APP，如果需要使用数据传输，需要单独建立AP基站。入廊人员发放定位标签或手持终端，另外需要发放普通安全帽。

融合通信系统两类设备：智能安全帽和手持终端。入廊人员发放智能安全帽或者是手持终端和普通安全帽。智能安全帽给维护、施工或应急抢险工作人员使用，手持终端给巡检、指挥调度人员使用。相对于智慧线系统，融合通信系统终端更适合日常使用，并且具有更强的通信功能。

14.1.4 系统搭建

1. 系统构成

本系统可通过各种数据通信网络对行业用户的各种类型通信终端进行调度，如通过有线IP网络实现对有线、无线调度话机进行语音调度，对固定点监控摄像头、可视电话、单兵设备进行视频调度；通过PSTN、GSM、CDMA网络实现对外线电话进行远程语音调度；通过集群对讲网络实现对对讲终端的调度；通过3G、4G、5G网络实现对远程一线人员进行远程音视频调度；通过无线宽带网络实现对多媒体移动手持终端进行音视频调度。系统还可与传统通信系统进行对接，实现系统的无缝对接，满足客户的多种使用场景，并降低系统改造成本。

系统整体拓扑图如图14-1所示。系统由融合通信管理主机、录音录像存储主机、融合通信调度台、各类接入网关和各类终端组成。

融合通信管理主机实现语音视频的调度和管理。

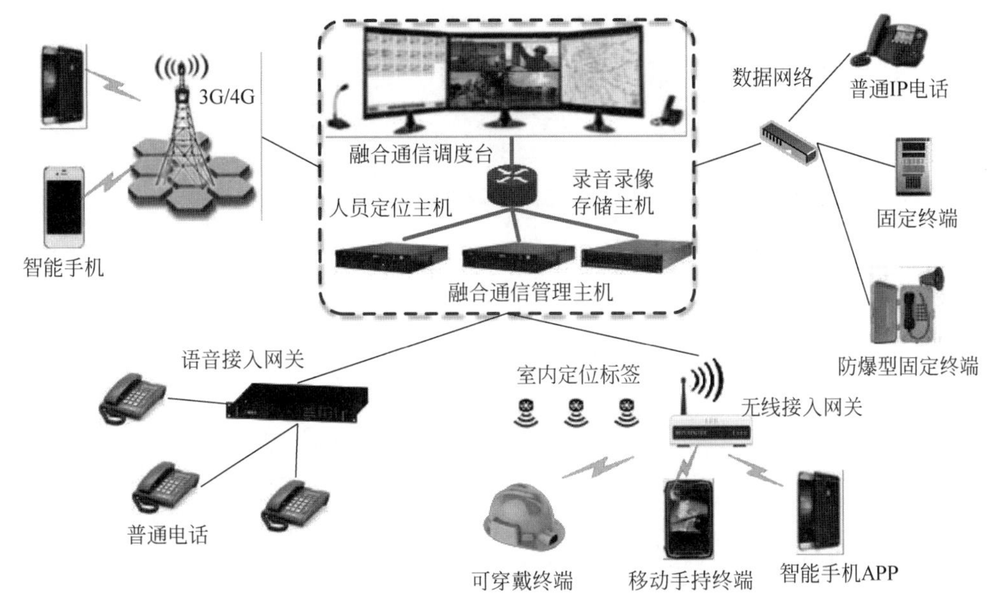

图 14-1 系统整体拓扑图

录音录像存储主机实现应用中的录音和录像，可根据实际需求进行配置。

融合通信调度台主要包括语音调度、视频调度、业务应用调度模块，这些模块既可以单独部署，也可以统一部署。

各类接入网关主要包括语音接入网关、无线接入网关等，语音接入网关实现与传统模拟电话系统对接。

系统可接入的终端包括：融合通信固定终端、普通 IP 电话、融合通信手持终端、融合通信可穿戴终端、安装融合通信 APP 的智能手机等，还可通过语音接入普通电话设备。

室内定位标签用于实现终端在室内定位，可支持蓝牙、WIFI 等不同方式。

2. 融合通信系统部署说明

融合通信部署逻辑如图 14-2 所示。在监控中心安装部署了大屏系统、音响系统、大型会议室终端、多媒体集群调度台、GIS 调度台、调音台等设备，指挥中心通过 HDM1 视频连接线将调度台与大屏连接起来，现场视频终端回传的视频可以被推送到大屏上显示；多媒体集群调度台通过音频线连接到调音台，再从调音台连接到音响设备，使现场终端的语音也可以和指挥中心互通，领导通过指挥中心调音系统和终端用户实时对话，提高了指挥中心对各终端用户现场的实时监控和指挥。指挥中心管理员可以将分控中心任意用户、现场终端任意用户发起集群对讲，同时还可以任意将非对讲组中的成员添加到对讲组中，指挥中心配有专用的对讲操作器，方便、快捷、高效指挥音响系统，优质、高清音频，可带来最佳的语音外放质量。

多媒体调度台高度集成了电容触控操作屏、专业手柄、对讲话筒、专业扬声器、高清摄像头等设备，可与指挥中心部署的大屏显示设备、音响设备、中央控制设备等完美结合，轻松实现专业的音视频指挥调度操作。

机房服务架构设计：

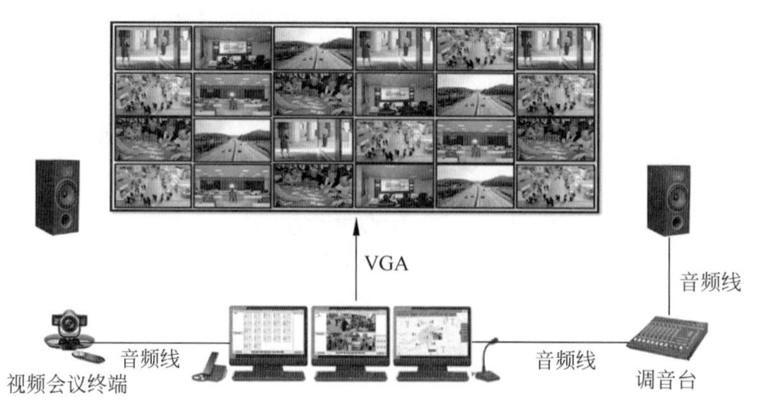

图 14-2　融合通信部署逻辑

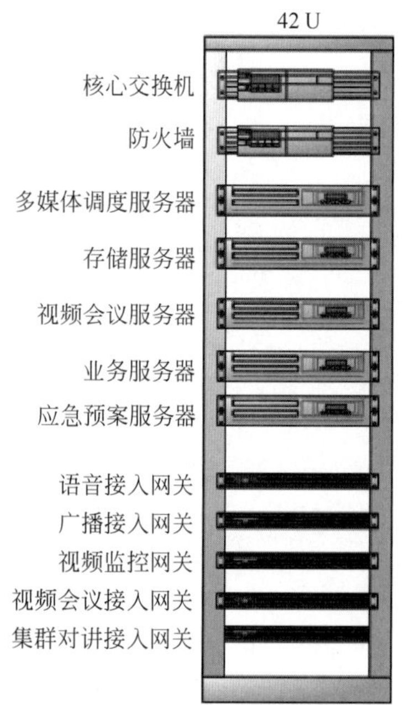

图 14-3　机房服务架构设计

机房服务架构设计如图 14-3 所示，其中核心服务器组主要包括多媒体调度服务器、视频会议服务器、存储服务器、业务服务器、应急预案服务器，实现前端设备的融合通信和应急指挥。

多媒体调度服务器能够实现相关部门与现场人员语音、视频、数据的双向可视化交互，实现高效远程决策、实时调度和应急处置，轻松完成各种语音、视频调度。

视频会议服务器采用最新的 DSP 芯片技术，实现无损的高清质量，提供 1080P 全高清视频及 AAC 高清音频，并且可以将视频监控和移动视频接入到视频会议中，实现固定点与移动点的视频会商决策。

存储服务器实现各类存储媒体的存储、查询、下载和播放功能。

业务服务器实现业务系统与通信系统的联动应急指挥。

应急预案服务器以日常应急指挥流程为依据，将应急过程电子化、数据化，实现日常的应急演练。

语音接入网关支持模拟语音网关和数字语音网关，模拟语音网关可以将传统电话接入和部署在 IP 系统上，数字语音网关可以作为与传统交换机互联的传输设备。

视频监控网关专为多地点分布式监控系统所设计，面向嵌入式数字硬盘录像机、网络视频服务器、网络摄像机等网络视频监控设备所提供的统一视频接入和视频转码服务。支持以太网、3G、4G、WiFi 等多种传输方式。

广播接入网关可以将各种制式的广播系统接入到多媒体集群调度系统网络当中，从而实现多媒体远程广播、远程音频采集及其他多媒体调度功能的业务需求。

视频会议接入网关可以实现不同地点的多媒体移动手持终端通过多媒体调度台推送到大屏上显示，同时可将指挥中心的会议情况实时显示到分指挥中心大屏和现场用户的终端上，会议视频系统的联动。

集群对讲接入网关部署在分指挥中心或临时指挥中心，可以实现 IP 网络和模拟集群、

TETRA 数字集群、短波电台、GOTA 数字集群等集群网络互通，能最大限度地满足行业用户的各项通信需求和业务拓展。基于 WEB 配置可以最大程度的降低用户操作复杂度，既可兼容基于 SIP 协议，又可兼容无线、有线集群，并实现对其他类型对讲系统之间的互联互通，以及集群对讲系统和其他通信终端的互联互通。

14.1.5 融合通信系统需求

1. 语音融合功能

融合通信系统可把用户已经部署的多种语音通信系统接入进来，如图 14-4 所示，如行政电话系统、对讲系统、扩音广播系统、PSTN、卫星电话、移动电话网、3G/4G 系统、无线专网系统、单兵等。实现多种通信系统的集中接入、集中管理、集中调度，并可实现不同通信系统之间的互联互通。

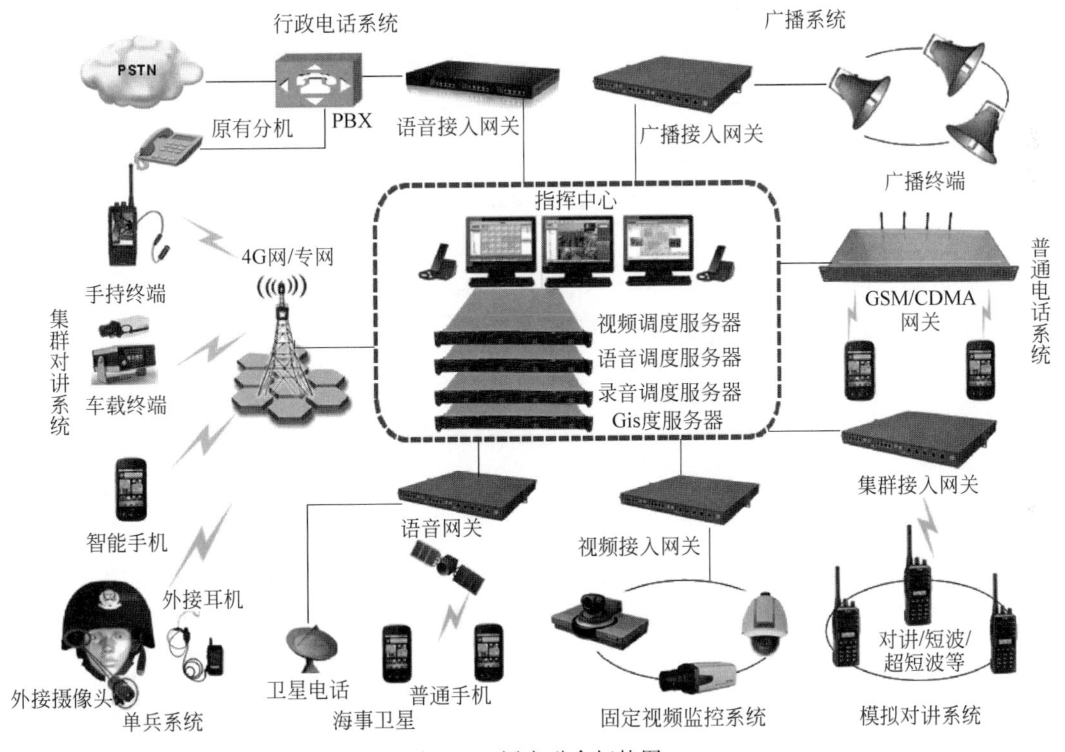

图 14-4 语音融合拓扑图

1）支持多用户的呼叫并发功能，包括调度台用户

2）支持多级分布式级联部署

融合通信系统实现有线和无线宽带上的 IP 语音调度，如图 14-5 所示，能清楚地了解到每一个人员在线、未在线、通话中的情况，可进行更广域的人员部署，跨区域、跨系统亦能轻松实现调度。

语音融合功能主要包括强插、强拆、代接、通话转移、监听、通话队列、禁话、通话记录、调度会议、调度广播、短消息（如 SIP）、临时组保存、录音（录音服务器）、录音（调度机）、录音（调度台）、成员列表显示如表 14-1 所示。

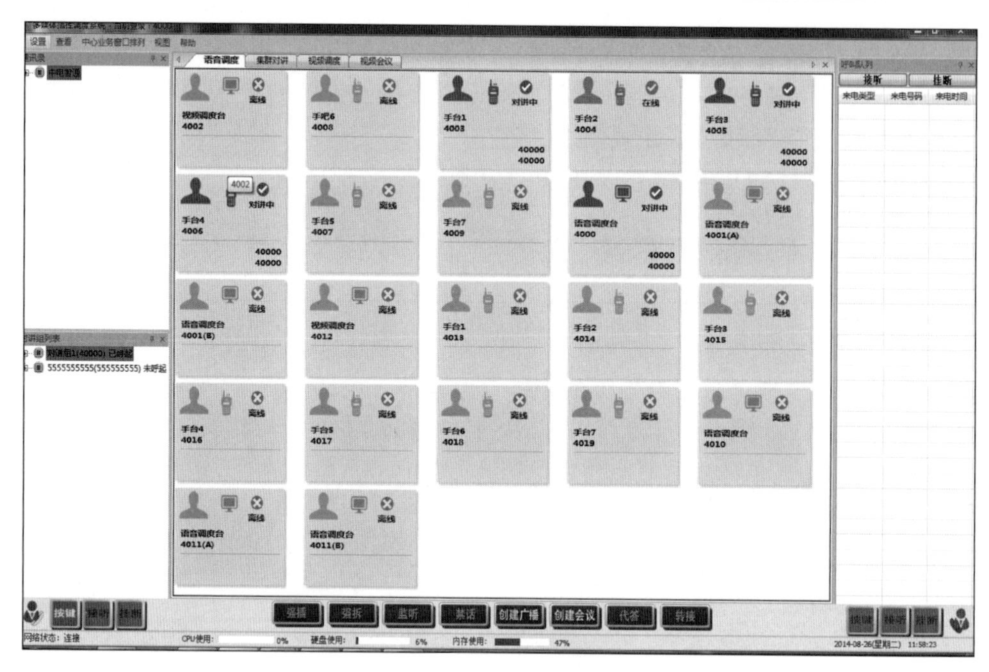

图 14-5 语音调度台

表 14-1 语音融合功能

语音融合功能	具 体 内 容
强插	具有强插权限的终端 A 在呼叫某分机 B，而该分机在与 C 通话时(或调度台直接选择某一通话线路)，执行强插，可直接插入该通话话路进行三方通话
强拆	具有强拆权限的终端 A 在呼叫某分机 B，而该分机在与 C 通话时(或调度台直接选择某一个正在通话的用户)，执行强拆，可以挂断 C 后建立与 B 的通话
代接	当终端的同组成员中某分机正在振铃，但该分机无人接听，终端可通过代答操作直接接起该分机的来电
通话转移	用户 A 和 B 在通话中，A 选择转接目标 C 后执行通话转移功能，将通话转接给目标 C，然后 A 挂机；B 被保留听保留音，C 振铃响应，C 应答后 B 和 C 建立通话
监听	具有监听权限的终端，可直接进入到选中成员的通话中，在不影响双方通话的情况下进行监听
通话队列	当同时有多个用户呼入时，自动进行来电排队，调度员可以根据来电自行决定接听顺序
禁话	具有禁话权限的用户，可将暂时无人使用或需被禁止使用的分机号码设置为禁话。被禁话的分机无法接听也无法拨打电话
通话记录	显示已拨、已接、未接通话的记录
调度会议	调度员可以在调度台上选择一个组(固定组或者临时组)，然后执行“会议”操作，组内所有成员会收到会议呼叫，应答后加入会议
调度广播	调度员可以在调度台上选择一个组(固定组或者临时组)，然后执行“广播”操作，组内所有成员会收到广播呼叫，收到广播呼叫的终端自动应答该呼叫，接听广播内容。该操作只能由调度台发起。可以语音广播，也可以播放事先录制好的语音文件。广播是单工通话
短消息(如 SIP)	SIP 终端之间可以发送基于 SIP 的文字短消息，如调度台可以发短消息给 IP 话机、PDA、手机等。调度台支持短消息群发

续表

语音融合功能	具 体 内 容
临时组保存	调度员建立的临时组,下次登录时还可保留
录音(录音服务器)	调度台执行录音后,录音服务器进行录音操作,录音文件保存到录音服务器上
录音(调度机)	调度台执行录音后,调度机进行录音操作,录音文件保存到调度机上
录音(调度台)	调度台执行录音后,录音文件保存在调度台本地
成员列表显示	可以以列表方式显示系统中所有成员,该显示方式适合大容量用户的显示

2. 对讲融合功能

融合通信系统通过部署专用集群对讲接入网关,把不同制式、不同频点(信道)、不同厂家的集群系统统一接入到IP网络中,从而实现对讲融合,如图14-6所示通过多媒体调度台实现统一调度,并实现不同类型对讲系统之间的互联互通,以及集群对讲系统和其他各类通信系统终端的互联互通。

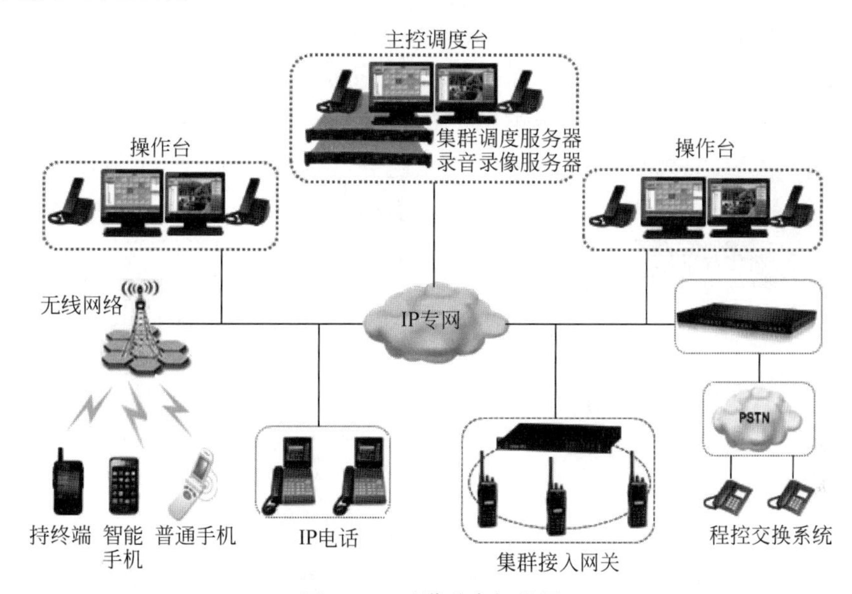

图14-6 对讲融合拓扑图

(1) 可以将普通手机、手机客户端软件、普通办公电话等终端放入同一个对讲中。

(2) 实现一键呼叫、一呼百应、话权申请、动态建组、迟后进入、切换对机组、踢出对讲、追呼、话权释放等功能。

(3) 具有动态建组功能,可以将不同频点、不同通信设备组建新的对讲组,实现一按即讲功能。

可以实现IP网络、卫星系统、3G、4G等各种通信方式,将不同地域、地处不同区域、不同制式的对讲系统互联互通。

如表14-2所示,对讲融合功能主要有PTT申请、切换对讲组、追呼、踢出对讲组、话权释放、加入对讲、结束对讲、呼入对讲。

表 14-2 对讲融合功能

对讲融合功能	具体内容
PTT 申请	调度台申请发起对讲，如何获取 PTT 话权，则可以进行发言
切换对讲组	调度台在不同对讲组之间进行切换
追呼	对不在对讲组的成员进行追呼，将该成员呼入对讲中
踢出对讲组	将该组内的成员踢出对讲组
话权释放	调度台释放话权
加入对讲	调度台加入已经发起的对讲中
结束对讲	调度台结束已经发起的对讲
呼入对讲	将外线号码呼入对讲中

3. 视频融合功能

融合通信系统支持丰富的视频融合功能，如图 14-7 所示，将有线(无线)视频、视频监控、视频会商和指挥调度融于一体，实现了强大的视频融合功能，满足了应急状况下的音视频的高度统一和快速响应的需求。通过多媒体调度台对任意移动终端或固定视频信息进行统一管理，可以对这些视频进行录像、抓拍，可以将实时的视频和图片对系统内任意用户进行分发、转发，真正实现视频信息的扁平化和快速协同共享。

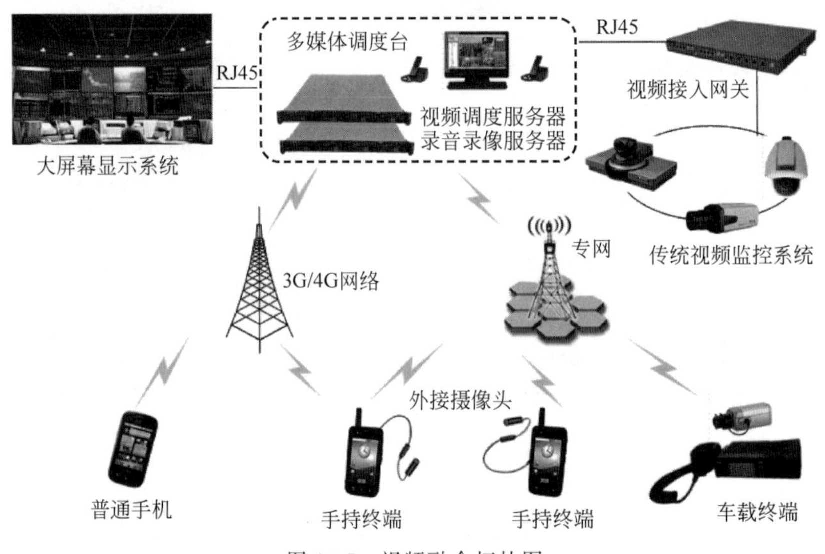

图 14-7 视频融合拓扑图

此外，移动视频与视频监控、视频会议系统形成了有效的互补，为快速处置提供了多视角的决策依据。

融合通信系统可以把用户已经部署的多种视频通信系统接入进来，如 3G/4G 视频系统、无线专网系统、固定视频监控系统、单兵、视频会议等。可实现多种视频通信系统的集中接入、集中管理、集中调度，并可实现不同视频通信系统之间的相互转发、分发。

融合通信系统可以将不同网络制式的终端通过 IP 网络接入到融合通信系统中，调度台可以将不同的视频终端上传上来的视频、图片进行分发、转发给其他终端。同时终端和终端之间也可以不通过调度台进行视频、图片的转发、分发，这样就可以实现指挥中心对各终端进行统一的指挥管控。

融合通信系统可以实现基于IP网络的视频会议功能，系统将各类视频终端统一融合到平台中，实现不同地点、不同人员、不同终端的融合会议。

(1) 支持多路视频并发回传功能；

(2) 支持视频分发、转发等功能；

(3) 支持图片的远程抓拍；

(4) 图片分发转发功能，采用点到多点的视频转发技术；

(5) 实现多路视频转发能力；

(6) 终端和终端之间可以实现双向视频呼叫；

(7) 支持SIP协议；

(8) 支持移动手机的视频会议功能；

(9) 可以通过视频接入网关，将固定视频监控、MCU等设备加入移动视频会议中；

(10) 采用混合码率方式，适合无线网络的不同信号情况。

4. 视频回传功能

视频回传是融合通信系统的主要功能，如图14-8所示，可以通过多媒体移动手持终端和加载系统软件的智能手机实现，随时将现场工作情况实时回传到指挥中心，指挥中心收到终端回传的视频后，从视频中快速定位现场的关键信息，指挥中心领导通过语音操控器一对一或一对多通信方式快速指导。

图14-8　视频回传拓扑图

多媒体移动手持终端在视频回传时，还可以根据现场情况主动抓拍图片，并上传到指挥中心主控台上，在指挥中心调度台调度状态记录区可以看到图片的上传、下载过程，调度员可以点击调度台上图片显示窗口查看图片。

5. 图片上传功能

图片上传是融合通信系统的一个主要功能，如图14-9所示，可以通过多媒体移动手持终端和加载系统软件的智能手机实现，随时将现场工作情况以图片的方式快速上传到指挥中心，指挥中心收到终端上传的图片后，从图片中快速定位现场的关键信息，指挥中心领导通过语音操控器一对一或一对多通信方式快速指导。

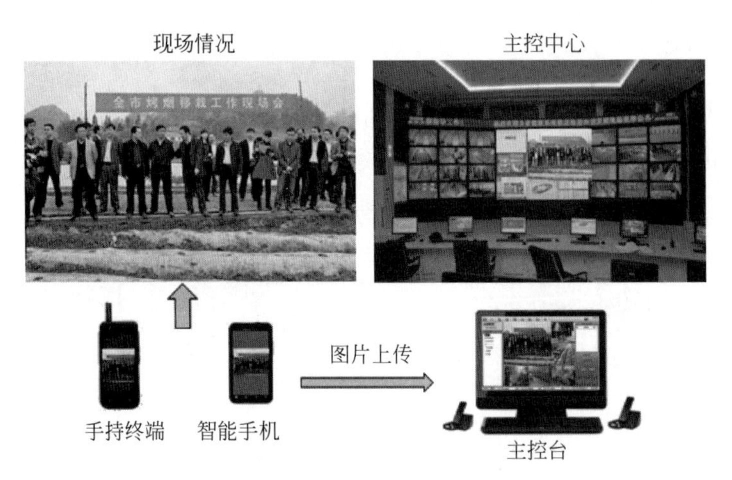

图 14-9　图片上传拓扑图

调度台还可以将本地拍照、远程抓拍、终端主动上传的图片实时推送到大屏上显示，同时还可以将这些有效图片分发、转发给其他终端来实现数据信息共享，也实现指挥中心对各终端的实时、统一、高效的指挥调度。

6. 视频、图片分发功能

指挥中心调度台可以实现视频分发、图片的分发等功能如图 14-10 所示。在调度台的调度状态区能看到图片、视频的调度详细记录。在图片显示窗口中能查看本地拍照、远程抓拍，终端抓拍上传的所有图片。同时调度台也可以对这些图片分发转发给终端用户（当前在线用户）。终端接收完调度台分发的图片即可点击预览。

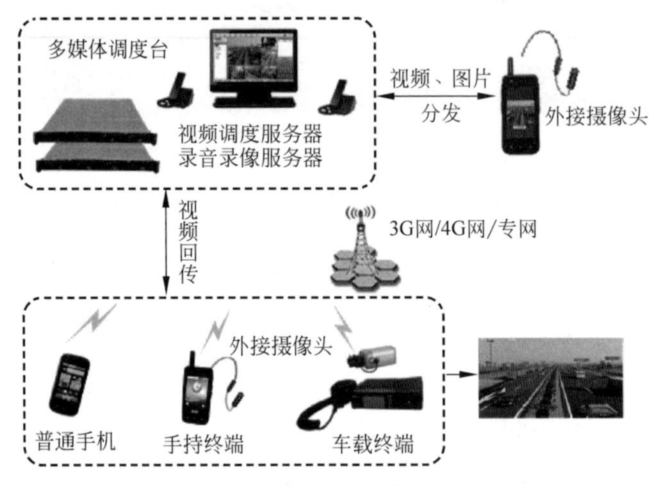

图 14-10　视频、图片分发拓扑图

7. 点对点视频功能

现场点对点视频功能，如图 14-11 所示，支持基于无线网络的手持终端、智能终端的图像采集和传输。领导可以任意、随机查看终端现场图像信息。同时指挥中心通过大型会议终端将会场情况实时推送到终端上显示，提高了现场用户和指挥中心异地的同步会议。

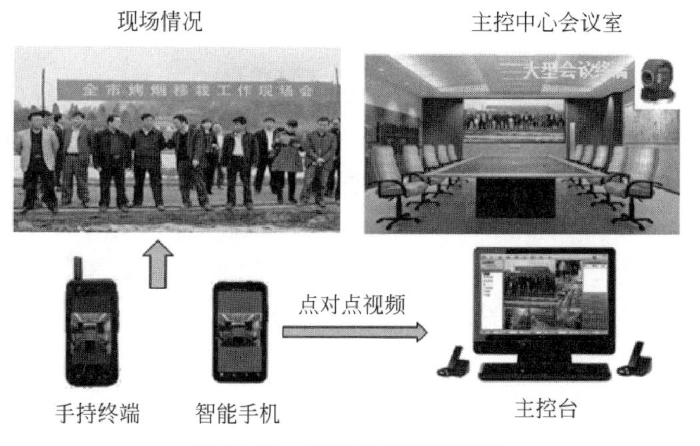

图 14-11　点对点视频拓扑图

8. 视频会商功能

融合通信系统视频会议功能实现对视频会议的创建、结束、追呼、踢出、本地录像等功能。视频会议系统通过有线(无线)网络,可以将在各个地点(如现场、指挥中心)的各类终端设备(如视频会议终端、移动终端、智能手机、视频监控摄像头),将各类人员(指挥人员、专家、领导、现场人员)添加到会议中,实现设备、地点、人员之间的互联互通,如图 14-12 所示。

图 14-12　视频会商

(1) 会议创建:选择参会人员,创建会议后,系统向终端发起会议请求。当终端用户接受会议请求之后,参加到视频会议中。拒绝会议请求和没有接收到会议请求的人无法参与到视频会议中。

(2) 结束会议:当会议结束之后,调度台可以手动关闭视频会议。

(3) 追呼:利用“追呼”功能,调度台可以在视频会议过程中,将任意一终端用户添加到视频会议中。

(4) 踢出会议:调度台可以将参与视频会议的人员踢出会议。

(5) 本地录像:调度台可以对整个视频会议进行录像存储,以便事后查看。

9. GIS 功能

系统可以向用户展示直观、生动、丰富的地理信息,通过多按钮设置,进行地图的放大、缩小、平移、测距、测面积、标记、全貌等功能操作。任意拖动地图,通过比例尺的选择,对目标地点实现精准化定位、查询和标记,标记形式包括位置点标记、路线标记、热点区域(圆形、矩形、多边形)标记、文本标记等。

系统可实现多图层展示,基础图层、人员图层、车辆图层、资源图层、固定点视频图层、集结点图层、路线规划图层、火灾报警图层、环境监测图层(图 14-13),并可根据客户需求,对图层进行定制化设计和开发。

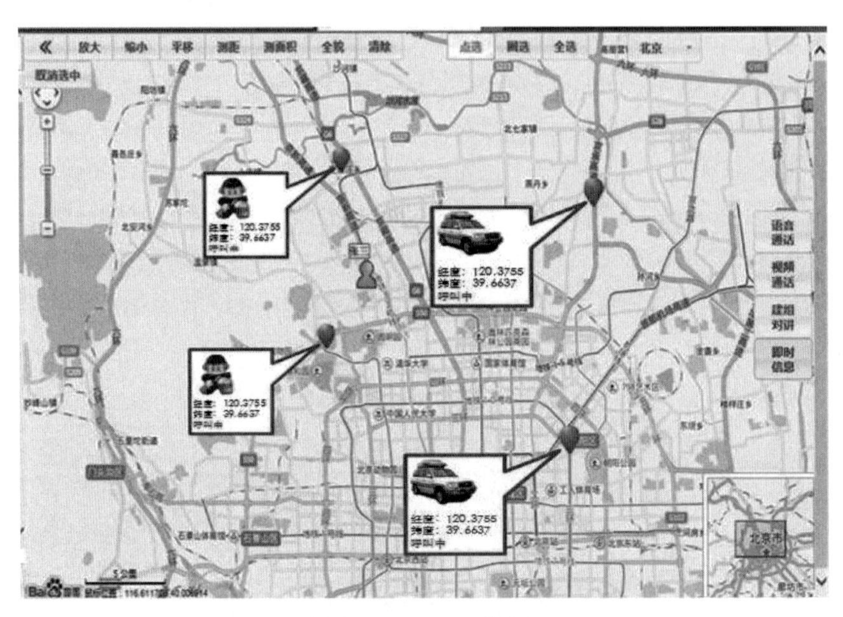

图 14-13 GIS 功能

(1) 用户在移动过程中,通过多媒体移动手持终端上的 GIS 平台可以查看其他终端的位置,对现场人员和分中心可以在地图界面进行单呼、对讲组呼、视频通话、指令下发等操作。

(2) 当突发事故发生时,可通过终端直接对附近终端发起集群对讲。

(3) 实现基于公网的集群对讲功能和调度功能;实现基于 GIS 的图形展示和调度功能。

(4) 实现地理信息展示,形象地将人员、车辆、固定视频设备同时标识在地图上,实现基于位置的实时语音和视频调度操作。实现基于地图的动态重组,建立临时组发起会。

(5) 室内快速定位:支持 GPS 定位+基站定位双模式,当没有 GPS 卫星坐标时,自动切换到基站定位模式,1s 内定位到位置信息,快速定位。

(6) 区域限制:地图上直观地将固定点摄像头、多媒体移动手持终端、车载终端等标注出来,可以对某一范围进行圈选(矩形选择),查看这一范围内的终端状态和所有视频信息。

(7) 告警设置:对车载终端实现更准确的位置管理,对监控范围内的车辆船舶越界、闯入、偏离、自动触发报警。

(8) 轨迹监控：对移动终端的路线进行记录，通过宽带无线网络传统输入指挥中心，并在GIS地图上显示出来；通过测试工具测量出来任意两个终端的距离，寻找事故点最近的终端位置，进行就近增援。

(9) GIS地图指挥界面需要在大屏进行显示。现场人员或者分中心的实时视频需要回传到指挥中心，显示在GIS界面中。

(10) 指挥中心可以看到分中心的GIS指挥调度界面，以了解指挥调度情况。

(11) 指挥中心的会场情况也可以根据需要发送给需要查看的现场人员或者分中心。

(12) 主控台不通过地图界面，而是通过融合通信系统可以更简便地对所有人员进行组织和调度。对于没有或者不能汇报GPS位置信息的人员或者在地图上不便显示的人员可以更好地调度，并覆盖所有人员。

10. 终端设备功能

1) 智能安全帽设备

智能安全帽设备为综合管廊运维人员提供安全、智能保障，具备照明、与监控中心实时视频、对讲、拍照、调度以及SOS一键求助功能，如图14-14所示。

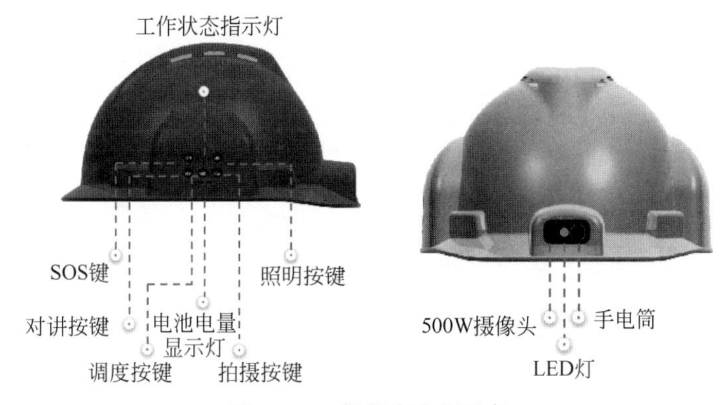

图14-14　智能安全帽设备

2) 移动终端设备

移动终端为运维人员提供便捷办公，具备融合通信所涉及的照明、与监控中心实时视频、对讲、拍照、调度以及SOS一键求助功能，还可实现定制化巡检任务、维修维护功能，实现与平台的联动。

14.2 BIM应用

14.2.1 平台BIM数据要求

1. 平台接入BIM总体要求

平台支持BIM软件导入数据，成为支持综合管廊运维系统应用的平台数据。其支持的BIM软件有Revit、Civil3D、Microstation等。将BIM数据导入平台的处理方式有通过相关插件或单独工具直接导入。这些能够导入运维平台的 BIM 数据需要合乎一定的建模规范，在运维平台应用中为了便于运维管理，对 BIM 也有一定的要求，本部分旨在编写一套 BIM 建模规范，便于 BIM 数据导入平台及 BIM 数据在运维系统中的应用。

综合管廊运维 BIM 设计交付，除执行本规范的规定外，尚应符合国家现行的有关标准、规范的规定。

平台支持 Max 软件导入平台，Max 模型数据转换成平台可以用的 FDB 或者 TDBX 瓦片格式，除此之外，支持 shp 格式的矢量数据以及影像数据应用于该系统。

2. 大场景数据

大场景数据基本由地面、树木、河流、山体、建筑等构成，该部分数据主要作为场景展示与定位，模型一般使用 Max 手工建模的数据，将其转换为 CityMaker 平台通用的 FDB 格式或者 TDBX 格式。

3. BIM 综合管廊数据

BIM 模型根据 Category 类别建立图层，在 BIM 数据中添加模型属性字段，用来进行业务数据管理，具体参照下方规范。

4. 二维地图数据

二维地图数据主要包含矢量数据(*.shp)和影像数据(*.tif)。

矢量数据主要包含：

单点几何类型：标志性景观、注记点等；

单线几何类型：道路中心线、逃生路径、综合管廊中心线等；

单面几何类型：建筑投影面、水系、地块分布等；

影像数据主要包括：项目区域的正射影像图(DOM)和数字高程图(DEM)。

5. 其他数据要求

各类型数据所对应的坐标系要统一。

14.2.2 BIM 建设需求分析

1. 数据分类与存储

系统通过数据库平台统一管理模型数据、文档数据、图形数据。数据库型号，综合管廊智能运维管理系统支持的数据种类和基本要求如下：

三维模型数据：支持常见 BIM/GIS 模型数据(*.rvt、*.3ds、*.osgb 等，包含但不限于以上几种，具体格式由发包人指定)导入导出数据库、查询显示、管理等，同时支持模型与照明设备、风机、水泵、门禁等联动管控；支持与视频监控、各类传感器的实时联动显示；

文档数据：支持包括常见格式文档(word 文档、excel 表格、文本部分档、pdf 文档、网页文档等)导入导出数据库、查看、编辑等；

视频数据：支持常见视频监控厂商提供通信协议，由发包人确定，并支持入库管理；

图片数据：支持综合管廊日常管理过程中产生的图像及图档数据的查看与管理，如CAD设计图、关键帧视频截图等。

2. 信息共享

综合管廊智能运维管理系统基于统一的数据库管理，信息共享包含两方面的内容：一是系统内部模块间共享及数据接口，另一方面指系统与外部业务数据共享，即根据管线单位要求，将数据以指定形式报送，具体来说如下：

模型数据：根据各管线单位需求将系统模型以指定格式导出，并兼容已有的模型数据（*.rvt、*.3ds、*.osgb 等，包含但不限于以上几种，具体格式由发包人指定）；

文档数据：根据各管线单位需求将日常管理、设备运营监测数据以指定格式报送给各管线单位，同时各管线单位提供的数据可直接导入系统存储入库；

视频档案数据：根据各管线单位管理需求，从指定视频数截取关键帧配以说明（或者截图特定视频）形成指定格式视频档案报送至各单位，同时各管线单位提供的数据可直接导入系统存储入库；

图片档案数据：根据各管线单位需求将日常管理、设备运营监测数据生成图档文件，以指定格式报送给各管线单位，同时各管线单位提供的数据可直接导入系统存储入库；

上述指定格式由发包人协同各管线单位根据实际需求制定。

3. 数据管理

数据管理涵盖综合管廊业务管理数据、设备信息管理及系统运行中产生的数据等，具体功能如下：

日常业务管理：入廊企业信息查询，管线建档、查询、编辑；

入廊空间及容量管理：查询、统计综合管廊剩余空间及管线容纳率；

系统数据管理：对系统运维产生的传感器、视频监控、设备运行状态等数据进行存储、查询、编辑。

14.2.3 BIM模型建设标准

BIM模型建设标准参见附录D，在综合管廊行业使用此标准，利于后续接入其他综合管廊项目，在建设期和运维期均适用此标准，为后续的建模提供了依据。

14.2.4 BIM现场应用案例

BIM最先应用在世园会，如图14-15所示，利用BIM构建了世园会地面场景，真实地模拟了世园会场景区域，可视化效果逼真。

BIM构建了廊内的附属设施、智能设备，可分层级查看，将世园会分为世园会地上、世园会内综合管廊、世园会外综合管廊、世园会设备点，实现综合管廊可视化信息查看。图14-16为水信电舱，图14-17体现了防火分隔门，图14-18为世园会信舱，图14-19为廊内设备点。

图 14-15　世园会场景区域

图 14-16　水信电舱

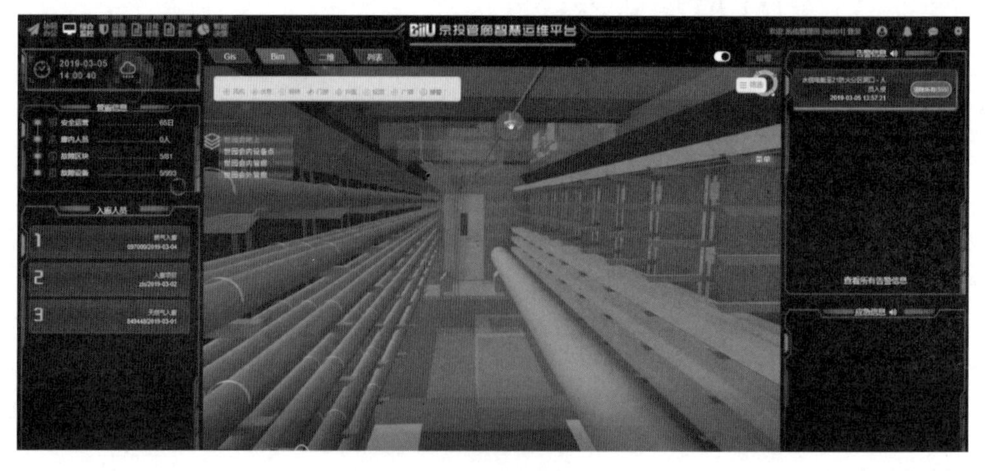

图 14-17　防火分隔门

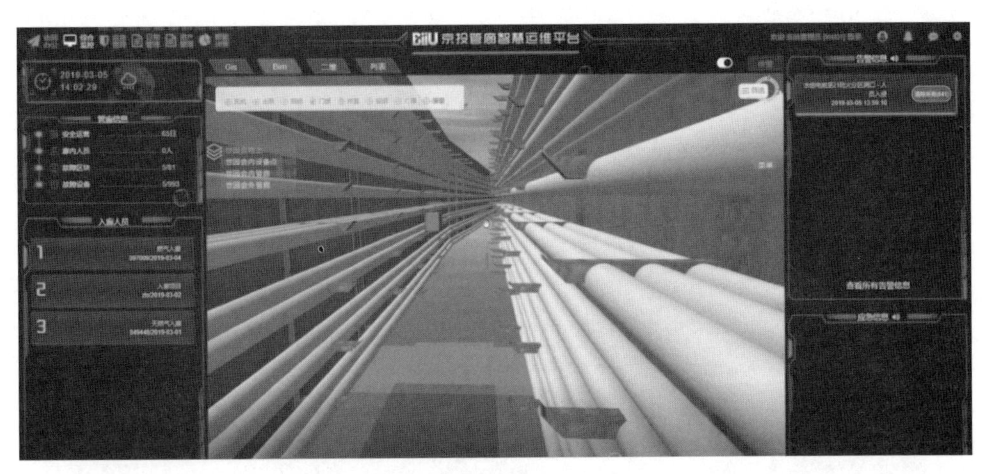

图 14-18　世园会信舱

图 14-19　廊内设备点

图 14-20 为联动设备功能,可查看设备运行状态并可实现远程联动。

图 14-20　联动设备功能

图 14-21 为综合管廊俯视图。

图 14-21 综合管廊俯视图

可通过剖面图(图 14-22、图 14-23)查看某项目舱室情况。

图 14-22 舱室情况剖面 1

图 14-23 舱室情况剖面 2

综合管廊云服务平台方案

15.1 系统关键技术选型

15.1.1 BIM 技术介绍

1. BIM 技术的特点

BIM 技术的定义包括以下四方面的内容：

(1) BIM 是对建筑设施空间位置、物理特性和功能特征的一种数字化表达。它以三维几何模型为基础，集成了建筑设施的其他参数化信息，包含物理信息、功能信息和性能信息，这些信息能够通过开放式标准实现互通、互用。

(2) BIM 是一个共享的知识资源，为建筑设施全生命周期提供一个信息共享平台。在项目的任一阶段，各相关部门人员都能从该共享平台上获取他们所需要的信息。平台数据的共享特征保证了数据的连续性、及时性、可靠性和一致性，为该项目从概念设计到拆除报废的全生命周期中所有工作和决策提供可靠依据。

(3) BIM 是一种应用于项目设计、建造、运营的数字化管理方法和协同工作过程。数字化的管理方法能够保证项目执行过程中的决策都是有据可依的；协同的工作过程能够使各参与方互通信息、相互协作，减少不必要的纠纷，提高工作效率。

(4) BIM 也是一种信息化技术，以计算机技术为基础，需要不同的信息化软件作为支撑。项目不同阶段中，各参与方均可以通过 BIM 软件平台在 BIM 模型中进行信息的提取、更新和删除等操作。被修改的 BIM 在项目中是被共享的，这样能够提高项目设计、建造和运行的效率和水平。

从以上 BIM 技术定义的四方面来看，BIM 技术应具有以下特性：基于计算机的直观性、可分析性、可共享性、可管理性。这里所说的“基于计算机”是指 BIM 技术的使用是要依靠计算机的，相对比人工处理，计算机对数据的处理能力更强，对信息的存储能力更强。

“直观性”是指利用 BIM 技术，工程信息可以在计算机上实现更直观的展现，不同于传统 CAD 的二维图纸，BIM 技术可以将工程信息进行 3D、4D 甚至 ND 的展现，除了工程结构信息之外，BIM技术可以将进度、成本等信息也纳入到模型中，使工程项目的管理更加高效。

“可分析性”是指计算机可以对BIM进行各种分析，因为BIM并不仅仅是形状的展现，模型中各构件都是参数化的，包含着非常详细的工程信息，可以进行工程量、造价、能耗、光照等方面的分析。

“可共享性”是指BIM可以利用计算机在各专业之间实现信息共享。例如，在设计阶段，建筑、结构、给排水、暖通空调、电气等各专业之间共享几何形状等基础数据，避免重复建模。

“可管理性”是指便于对工程相关信息进行管理，因为参数化的BIM中可以存储构件的材料信息、施工方法信息、合同信息等，并将这些信息与三维几何模型相结合。从建筑组成要素入手很容易找到需要的信息，所以这些优势都可以提高项目管理的效率和水平。

2. BIM技术深度应用分析

BIM技术随着信息技术的进步而不断地发展，但是它的应用还存在着许多问题需要解决，无论是BIM应用软件，还是BIM相关标准或者是BIM技术应用模式都需要不断完善。但是，也应该看到，过去几年中，BIM技术在我国建设工程领域得到了许多突破性进展。随着我国BIM技术应用案例的日益增多，开发BIM技术的最大价值是一个非常值得研究的课题。从目前的工程实践上看，单独使用BIM技术的案例逐渐减少，而将BIM技术与其他专业进行集成后，将BIM软件进行二次开发的深度应用案例逐渐增多。也就是出现了“BIM＋”的特点。BIM的深度应用呈现出以下五种趋势：多阶段、集成化、多角度、协同化和普及化(图15-1)。

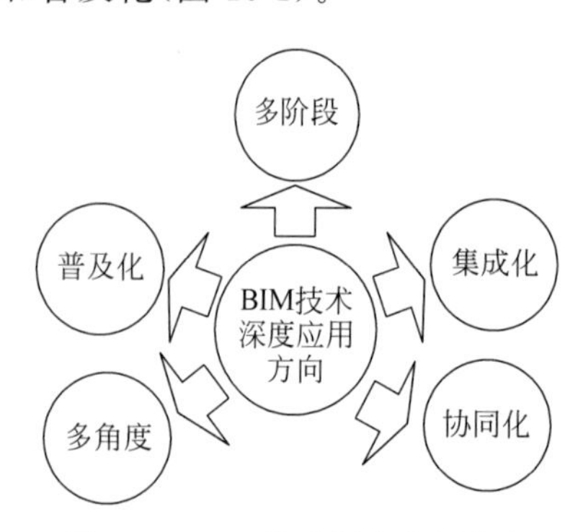

图15-1 BIM技术深度应用方向

多阶段应用是指从聚焦设计阶段应用向施工阶段甚至运维阶段深化应用延伸。长期以来，工程项目人员将BIM应用到项目的规划设计阶段，BIM仅仅作为一个辅助建筑设计的工具而存在。在设计阶段应用BIM的案例较多，应用历史也比较长。而近年来，工程承包商将BIM引入项目的施工阶段，进行模拟施工和碰撞检测等方面的应用，取得了良好的经济效果。施工阶段涉及多个利益相关者和多种施工专业，对他们之间的相互协调和信息传递要求比较高，而BIM技术给施工管理提供了一个有效的信息传递手段和管理工具。目前，将BIM技术应用到项目的运维管理中的案例较少，处于探索期，是将来一个重要的发展方向。

集成化应用是指从单业务应用向多业务集成应用转变。BIM技术单业务应用是指为解决某个业务问题，局部的使用BIM技术。这种做法在一些设计院和工程承包商中非常常见，他们将BIM软件仅仅作为辅助设计或者辅助施工的工具，进行能源消耗分析或者施工方案模拟。而多业务应用则是要打破局部各业务之间的界线，使用统一数据接口的方法，使不同阶段的BIM能够信息共享，使多业务之间能够共享BIM，减少重复工作量。

多角度应用是指从单纯技术应用向与项目管理集成应用转变。BIM技术可以辅助进行项目管理，它不仅能解决技术问题，也能够在项目管理中发挥作用。BIM 是一个资源共享的平台，它能够将各方面的数据（成本、进度、质量等）有机地结合在一起，从而消除项目管理过程中各方信息不对称的现象，同时也给项目管理者提供了一个更加全面的管理视角，辅助管理者在尽可能穷尽信息的基础上制定管理决策。

协同化应用是指从单机应用向基于网络的多方协同应用转变。物联网、机器学习、大数据、云计算、移动 IT 等新技术的发展和普及将会给建设项目管理带来巨大的改变。它们能够使工程项目的信息得到及时采集、进一步分析、精确分配，形成了“云存储＋客户端”的应用模式。互联网技术的发展给 BIM 技术的深度应用带来了许多机遇，它能够改变信息的获取和存储方式，与 BIM 技术形成优势互补。信息获取方面，物联网和大数据技术可以将海量的信息提供给 BIM 平台，而 BIM 平台发挥协调作用，汇总这些信息。信息存储方面改变了以前传统的存储方式，使用云技术将数据上传至远程服务器进行存储，需要时进行高速下载，将需要的信息下载到 BIM 平台上，这样的存储方式更加稳定、可靠。

普及化应用是指从标志性项目应用向一般项目应用延伸。在我国，BIM 技术最初仅使用在一些标志性工程中，如国家会展中心项目、天津 117 大厦项目、上海中心大厦项目、广州周大福金融中心（东塔）项目等。但是随着 BIM 相关软件的不断成熟、国内企业对 BIM 技术认识的不断加深和国家相关部门的大力推广，越来越多的建设项目开始采用 BIM 技术，尤其是各地政府开始在基础设施领域的积极推广，使得应用 BIM 技术的项目种类不断增多，除了传统的房屋建筑之外，市政工程中的应用也在不断发展。

3. BIM 在综合管廊运维中的适用性

1）技术适用性

（1）BIM 体系的信息包容度和协调管理

信息是运维管理的基础，BIM 可以集成项目从设计、施工、运营、维护各阶段全过程的信息，为项目运维管理提供一个数字化平台。将 BIM 技术应用于综合管廊的运维管理，有助于实现项目全生命周期的信息集成。运营过程中项目信息也可以很方便地进行修改和添加，便于项目信息的及时更新，有利于实现可持续的运维管理。综合管廊项目复杂性还体现在综合管廊中涉及的各专业设备复杂，专业程度较高，BIM 技术不仅能够将综合管廊建筑、结构等信息进行集成，而且对综合管廊中的电力、通信、给排水、供暖、燃气等设备信息进行集成，从根本上解决运营管理过程中信息无法共享、信息断层等问题。集成的统一信息源的建立保证了信息传递的准确性和及时性，给综合管廊的运维管理提供了可靠的数据来源。

（2）基于 BIM 的动态可视化管理

BIM 提供了可视化的管理平台，使管理人员形象、直观、清晰地掌握综合管廊内部的结构和设备的相关情况。与综合管廊内监控系统的集成能够展现更加丰富的信息，使管理人员能够根据监控和 BIM 将需要采取维护措施的结构或者设施的位置、材料、施工方法等信息对应起来，而且 3D 可视化的模型比传统的二维图纸更加容易理解，所以该平台能够帮助管理人员快速清楚地了解项目内部设施的位置和运行状态等信息，能够大大提高管理效率。

2）经济适用性

经济适用性主要是指采取新的管理系统之后项目的成本和收益状况，根据 McGraw-

Hill 公司的意向调查报告[1]指出，软件购置成本和人员培训是影响 BIM 被企业采纳并使用的最重要的因素。综合管廊运维管理中很大的一部分内容是综合管廊内的设备管理。设备的管理过程又包括设备的购买、使用、维修、改造、更新、报废等过程，每个过程都会产生一定的成本，如设备的维修费用、改造费用等。而且由于当前设备管理技术落后，往往需要大量的技术人员进行巡视和检修，检修工作也一般发生在设备出现故障之后，很难对设备的运行状态有一个很好的预测，这些因素都增加了综合管廊运维的成本。信息化的管理方式能够提高综合管廊的智能化水平，降低人工成本。基于 BIM 平台的信息化管理系统能够对综合管廊结构和设备的状态进行准确的预测，减少严重灾害发生的风险，带来一些隐性的、无法准确估算的经济效益。如通过基于 BIM 平台的信息化管理系统可以对综合管廊内的水管爆裂、火灾或有毒气体等灾害进行预测，能够有效防止综合管廊内工作人员的人身安全受到危害。通过以上分析标明，在综合管廊运维管理中，基于 BIM 平台的信息化管理系统所带来的经济效益和潜在效益远远大于 BIM 软件的采购成本和综合管廊事故所带来的巨大损失。

3）环境适用性

当下 BIM 技术在国内外都有良好的应用背景和应用案例，BIM 技术在建筑项目的全生命周期的使用也有了进一步发展的趋势。BIM 的核心建模软件近年来有着非常迅速的发展，以 Autodesk、Bently 和 Graphisoft 等公司为典型代表的软件公司开发了一系列适应不同工程和不同专业的 BIM 建模软件，如 AutodeskRevit、Navisworks、ArchiCAD、Projectwise、Digitalproject、TeklaStructure、VisualSimulation、EstimatingVisual、VirtualConstruction 等。BIM 技术应用到建设项目的运营阶段也就是基于 BIM 的设施管理近年来发展迅速。由澳大利亚皇家建筑师学会公布的一项针对 BIM 的设施管理的研究表明[2]，数字化的设计文件对建筑设施的运维管理意义重大，它能够协助管理者在运用数学方法进行精确计算的基础上制定管理措施，提高管理效率。该研究还重点阐述了将 BIM 作为设施管理数据库的集成框架的可能性，BIM 在悉尼歌剧院设施管理项目中的应用就是一个成功的案例[3]。

综合管廊作为城市的生命线，内部敷设有大量的市政管网设施，管理起来比较复杂，适合运用 BIM 平台来集成数据信息，协调不同管理部门，梳理管理流程，提高管理效率。

由此可见，在国内外建筑行业中，BIM 技术的相关软件开发工作进展迅速，BIM 技术在建筑设施管理中的应用也有着很多成功的案例，这些都为 BIM 技术应用到综合管廊项目的运维管理中打下了基础，所以 BIM 技术在综合管廊运维中的应用有着良好的发展环境和应用条件。

15.1.2 传感器网络设计

利用 ZigBee 双向无线通信技术低功耗、低成本、网络容量大和高强健性的优点构建由 ZigBee 网络和远程监控中心组成的无线监测传感器网络系统。针对 ZigBee 网络不同的功能设备，分别设计采集节点和主控节点的硬件电路，并通过 RF 天线的设计提高通信质量、扩展网络覆盖面积。在网络节点硬件设计平台上，设计开发工 EEE802.12.4 标准的应用层与节点应用平台接口，组建 Star 网络实现温度实时监测与数据通道。最后，建立信息系统数据库、远程监控中心客户端程序和客户查询终端，利用 DART 接口连接 ZigBee 网络，进而汇集温度监测信息，进行数据库存储和温度分析，整合信息以及提供监督查询，如图 15-2 所示。

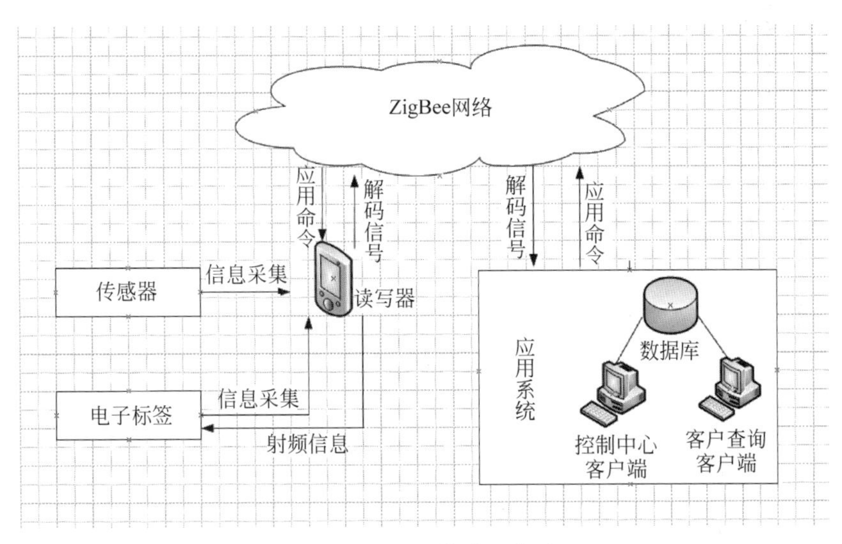

图 15-2 无线传输网络图

15.1.3 视频压缩技术

视频压缩是视频监控系统的核心技术，尤其是基于网络传输的远程数字监控系统，它直接影响视频的存储、传输和播放等环节。视频监控系统中视频压缩方法应根据监控系统的性质、结构和要求来选取，如实时性要求、图像质量要求和传输的鲁棒性要求等。目前还没有专用的数字视频监控系统视频压缩标准，在监控系统中，视频压缩软硬件通常采用某种国际压缩标准，常用的有 M-JPEG、MPEG-1、MPEG-2、MPEG-4、H.263、H.264 等。

1. 视频压缩技术标准的特性

视频压缩技术标准应该具备以下特性：

互用性(interoperability)：应确保不同厂商的编解码器能无缝地在一起工作；

创新(innovation)：应比先前的标准更好；

竞争(competion)：应为厂商基于技术优点上的竞争提供足够的灵活性，只标准化比特码流语法语义和参考解码器；

独立(independence)：不依赖于传输和存储媒体，应为广泛应用提供足够的灵活性；

兼容(compatibility)：前向(forward)兼容，应能解码先前标准生成的比特码流；后向(backward)兼容，前代解码器应能部分解码新的比特码流。

2. 视频压缩技术

1959 年香农(Shannon)创立的信息率失真理论奠定了信息编码的理论基础[4]。此后，视频(图像)压缩编码理论和方法都有很大的发展，主要有预测编码、变换编码、统计编码三大经典编码方法。预测编码的基本思想是：根据数据的统计特性得到预测值，然后传输图像像素与其预测值的差值信号，使传输的码率降低，达到压缩的目的。变换编码的基本思想是：由于数字图像像素间存在高度相关性，所以可以进行某种变换来消除这种相关性。变换编码不直接对空域图像像素编码，而是先将它变换到频域，得到一组变换系数。虽然变换并不对数据进行压缩，但经过变换后，能量相对集中，通过后续的量化、编码就能达到压缩的目的。变换编码方法中的离散余弦变换(discrete cosine transform，DCT)和小波变换(wavelet)在视频(图像)压缩中得到了广泛应用。统计编码的基本思想是：根据信息码字出现概率的分布特征而进行压缩编码，寻找概率与码字长度间的最优匹配。统计编码主要针对无记忆信源，它又可分为定长码和变长码(variable length code，VLC)，Huffman 编码和算术编码是两种常见的变长码字编码方法。

20 世纪 80 年代后期以来，一种基于 DCT 变换和运动补偿的混合编码方案在视频压缩中得到了广泛应用，并逐步形成了一系列国际标准，如 H. 261、H. 263、MPEG-1、MPEG-2、MPEG-4 等。这些标准都有相似的编码原理，它们都将图像看成二维波形，利用 DCT 变换消除图像空间域上的冗余，以运动估计与运动补偿消除运动图像时间域上的冗余，从而达到压缩数据的目的。其基本框图如图 15-3 所示。

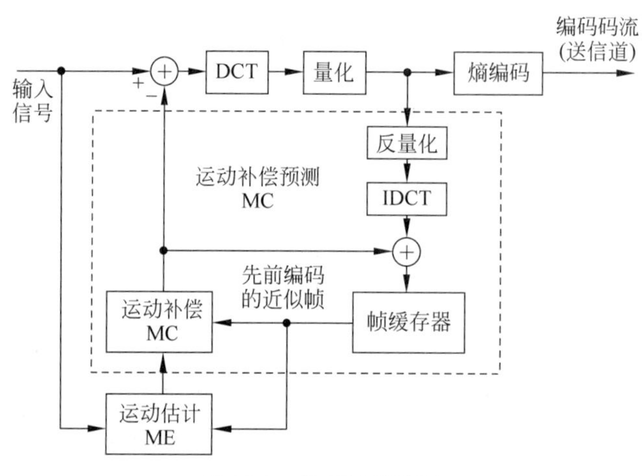

图 15-3　数据压缩框图

3. 视频压缩原理

视频压缩通过减少和去除冗余视频数据的方式，达到有效发送和存储数字视频文件的目的。在压缩过程中，需要应用压缩算法对源视频进行压缩以创建压缩文件，以便进行传输和存储。要想播放压缩文件，则需要应用相反的解压缩算法对视频进行还原，还原后的视频内容与原始的源视频内容几乎完全相同。压缩、发送、解压缩和显示文件所需的时间称为延时。在相同处理能力下，压缩算法越高级，延时就越长。

视频编解码器(编码器/解码器)是指两个协同运行的压缩-解压算法。使用不同标准的视频编解码器通常彼此之间互不兼容；也就是说，使用一种标准进行压缩的视频内容无法使用另外一种标准进行解压缩。例如，MPEG-4 Part 2 解码器就不能与 H. 264 编码器协同运行。这是因为一种算法无法正确地对另外一个算法的输出信号进行解码，然而我们可以在同一软件或硬件中使用多种不同的算法，以支持对多种格式的文件进行压缩。

由于不同的视频压缩标准会使用不同的方法来减少数据量，所以压缩结果在比特率、质量和延时方面也各不相同。

此外，由于编码器的设计者可能会选择使用某个标准所定义的不同工具集，所以，即使是使用相同压缩标准的编码器之间，其压缩结果也可能会存在差异。不过，只要编码器的输出信号符合标准的格式以及解码器的要求，就可以采用不同的实施方式。这是非常有利的，因为不同的实施方式可实现不同的目标，满足不同的预算要求。对用于管理光介质存储的非实时专业软件编码器来说，应该能够比用于视频会议的集成在手持设备中的实时硬件编码器提供质量更高的编码视频。因此，即使是某个指定的标准也无法保证提供指定的比特率或质量。而且，如果不事先确定实施方式，一个标准就无法与其他标准进行正确的性能对比，甚至也无法与同一标准的其他实施方式进行正确的性能对比。

与编码器不同，解码器必须实施某个标准的所有必需部分，才能对符合标准的比特流进行解码。这是因为标准中明确规定了解压缩算法应如何对压缩视频的每个比特进行还原。图 15-4 是在相同图像质量水平下，采用下列视频标准的比特率对比：M-JPEG、MPEG-4 Part 2(无运动补偿)、MPEG-4 Part 2(有运动补偿)和 H.264(基准类)。

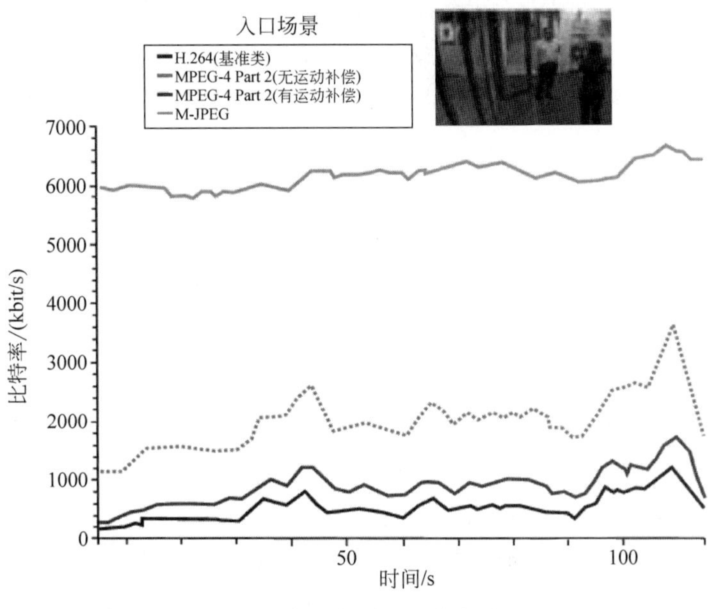

图 15-4　视频标准的比特率对比

对于视频序列样本来说，使用 H.264 编码器能够比使用有运动补偿的 MPEG-4 编码器降低 50%的比特率。在没有运动补偿的情况下，H.264 编码器的效率至少比 MPEG-4 编码器高 3 倍，比 M-JPEG 编码器高 6 倍。

4. 压缩标准的选择

通常情况下，H.26X 标准侧重于视频和音频信息的数据压缩效率，以适合调整该系统在特定码率下传输，MPEG 系列标准则倾向于控制质量而不是控制码率。MPEG 系列和 H.26X 标准在核心算法上相似，都采用了混合编码结构，不同之处主要在于文法结构和针对不同应用的技术细节的优化。

具体来说，M-JPEG、MPEG-1 和 MPEG-2 算法复杂度低，软硬件实现简单，实时性高，而且解码图像质量比较高，MPEG-1 和 MPEG-2 压缩的图像分别可以达到 VCD 和 DVD 的清晰度，但是由于压缩性能和容错性能的限制，M-JPEG、MPEG-1 和 MPEG-2 对传输信道的要求比较高，较适合于以专用网络和以太网等信道质量较好传输速率较高的网络构建的视频监控系统。

MPEG-4(指 MPEG-4SP 和 MPEG-4ASP)、H. 263(包括 H. 263＋和 H. 263＋＋)和 H. 264 标准中都具有面向网络传输的特性，其传输码率可以在一个较宽的范围内变化，具有较高的抗误码和抗丢包性能，因而既可以用于宽带视频传输也可以用于 PSDN、无线网络等低速率和易受干扰信道中的视频通信。MPEG-4(SP 和 ASP)与 H. 263 相比在压缩性能上相差不大，但 MPEG-4 基于内容的编码算法使得其与其他标准相比更适于需要与视频进行交互的场合。H. 264 是目前各方面性能最好的视频压缩标准但算法复杂度也最高。MPEG-4、H. 263 和 H. 264 的较高的算法复杂度影响了其编解码的实时性。

视频压缩技术的发展推动了视频监控系统的发展，但同时视频监控系统对视频压缩技术的要求也越来越高。MPEG-1 和 MPEG-2 在监控系统中逐渐被 MPEG-4、H. 263 等标准取代。目前 MPEG-4 和 MPEG-4 ASP 在视频监控系统中应用较多。作为一种新的压缩标准，H. 264 在编码效率、图像质量、网络适应性和抗误码性等方面都取得了成功。虽然 H. 264 算法复杂，实现困难，但随着集成电路技术和通信技术的发展，以及其自身的不断优化，它的应用将会越来越广泛。

压缩比的情况如表 15-1 所示。

表 15-1　视频标准压缩比

视频标准	压缩比
H. 264	102∶1
MPEG-4	50∶1 左右
M-JPEG	10∶1～15∶1

由表 15-1 可以总结出 3 种压缩技术的压缩性能 H. 264 的压缩比最大，其次为 MPEG(其中 MPEG-4 的压缩比大于 MPEG-2)，最后压缩比最小的为 M-JPEG 视频格式。

根据以上分析，对 H. 264、MPEG-4、M-JPEG 进行比较，结果如表 15-2 所示。

表 15-2　3 种视频标准的比较

项　目	H. 264	MPEG-4	M-JPEG
同码率画质	优	中	差
复杂度	高	中	低
网络传输速度	快	中	慢
成本	高	中	低

例如在 Bitrate100kbps 时，H. 264 大约比 MPEG-4 好 3dB(约 2 倍)，更比 M-JPEG 好约 10dB(约 10 倍)，换句话说，同样容量的硬盘，在存储画质及速率一样的情况下，使用 H. 264 标准可以比使用 MPEG-4 标准多储存 2 倍的时间，比使用 M-JPEG 标准多储存 10 倍的时间。

下面结合项目可视化系统的需求对各种标准再进行比较：

(1) 画质：综合管廊智能运行维护管理可视化系统要求在尽可能低的存储量情况下获得好的图像质量和低带宽图像快速传输率。而在同样的 Bitrate 下，使用 H. 264 标准的画质是最好的，而且在相同的图像质量下，H.264 可比 H.263 节约 50%左右的码率。

(2) 兼容性：综合管廊智能运行维护管理可视化系统要兼容各个企业不同的视频采集设备和传输设备。H.264 标准的应用目标范围相对其他几种标准较宽，可以满足不同格式图像、不同传输速率、不同分辨率以及不同传输(存储)场合的需求。

(3) 传输方式：综合管廊智能运行维护管理可视化系统的数据传输方式分为定点有线传输和无线传输两部分，这就要求视频压缩标准能同时适用于有线传输和无线传输。M-JPEG-1 标准主要应用于局域网视频传输，MPEG-2 不适合在不稳定的信道和低速率信道中传输质量较高的视频，MPEG-4 虽然适合于无线视频通信，但其各种面向对象的交互功能没有很好的实现。H.264 在压缩性能、容错性和网络适应性等方面都要优于其他的压缩标准，能够很好地适应 IP 和无线网络的应用。

(4) 实时性：综合管廊智能运行维护管理可视化系统的主要任务就是对整个过程进行实时的监控，所以对实时性要求较高。M-JPEG、MPEG-1 和 MPEG-2 算法复杂度低、软硬件实现简单、实时性高，但是由于压缩性能和容错性能的限制，这些标准较适合于以专用网络和以太网等信道质量较好传输速率较高的网络构建的视频监控系统。MPEG-4、H.263 和 H.264 的较高的算法复杂度影响了其编解码的实时性，但 H.264 是目前各方面性能最好的视频压缩标准。

(5) 应用情况：综合管廊智能运行维护管理可视化系统主要功能是监控，要求所采用的视频压缩标准在监控系统中已经有成熟的应用。MPEG-1 和 MPEG-2 在监控系统中逐渐被 MPEG-4、H.263 等标准取代。H.264 能以较低的数据速率传送基于联网协议(IP)的视频流，在视频质量、压缩效率和数据包恢复丢失等方面，超越了现有的 MPEG-2、MPEG-4 和 H.26x 视频通信标准，在图像帧率和数据速率选择上有很大的柔韧性，十分适用于监控系统。

(6) 成本：在项目中，由于需要实现全程可视化追溯，视频数据等海量数据的存储、传输都是亟待解决的问题。在不影响图像质量的情况下，与采用 M-JPEG 和 MPEG-4Part 2 标准相比，H.264 编码器可使数字视频文件的大小分别减少 80%和 50%以上。这意味着视频文件所需的网络带宽和存储空间将大大降低，能大大节省用户的下载时间和数据流量费用。

另外，H.264 标准被视作下一代视频编解码应用的最佳实现之一，被普遍认为会是将来更具竞争力的标准。该标准将被更广泛地接受，成为统一性的全球标准，可以降低项目总体应用成本。H.264 全球支持厂家众多，产业链已经成熟，已经达到了大规模商业部署的条件，采用该标准对系统相应设备的选择及未来的升级来说最为方便。

基于以上分析，决定选用 H.164 标准作为该项目可视化系统中的视频的压缩标准。

5. H.264 视频压缩标准

H.264 是一个需要许可证才能使用的开放标准，可支持最当今市场上最高效的视频压缩技术。在不影响图像质量的情况下，与采用 M-JPEG 和 MPEG-4Part 2 标准相比，H.264 编码器可使数字视频文件的大小分别减少 80%和 50%以上。这意味着视频文件所需的网络带宽和存储空间将大大降低。或者从另一个角度来说，在某一特定比特率下，视频图像质量将得到显著提高。

1) H.264 类别和等级

参与制定 H.264 标准的联合组织致力于创建一个简单明了的解决方案，最大限度地限制选项和特性的数量。和其他视频标准一样，H.264 标准的一个重要方面是通过类别(算法特性集)和等级(性能等级)中提供的功能,以最佳的方式支持常见应用和通用格式。

H.264 有 7 个类别,每个类别都针对某一类特定的应用。此外,每个类别都定义了编码器能够使用哪些特性集,并限制了解码器在实施方面的复杂性。

网络摄像机和视频编码器最有可能使用的是基准类别,此类别主要针对计算资源有限的应用。对于嵌入在网络视频产品中的实时编码器来说,在特定的可用性能下,基准类别最为适用。此类别能够实现低延时,这对监控视频来说是一个很重要的要求,而且对于支持 PTZ 网络摄像机实现实时的平移/倾斜/缩放(PTZ)控制来说尤为重要。

H.264 分为 11 个功能等级,对性能、带宽和内存需求进行了限制。每个等级都规定了从 QCIF 到 HDTV 等各种分辨率所对应的比特率和编码速率(每秒宏块数)。分辨率越高,要求的等级就越高。

根据 H.264 的不同类别,编码器会使用不同类型的帧,如 I 帧、P 帧和 B 帧。在 H.264 基准类中,仅使用 I 帧和 P 帧。由于基准类没有使用 B 帧,所以可以实现低延时,因此是网络摄像机和视频编码器的理想选择。

2) 减少数据量的基本方法

可以通过各种方法在一个图像帧内或者在一系列帧之间减少视频数据量。在某个图像帧内,只需要删除不必要的信息就可以减少数据量,但这样做会导致图像的分辨率下降。

在一系列的帧内,可以通过差分编码这样的方法来减少视频数据量,包括 H.264 在内的大多数视频压缩标准都采用这种方法。在差分编码中,会将一个帧与参考帧(即前面的 I 帧或 P 帧)进行对比,然后只对那些相对于参考帧来说发生了变化的像素进行编码。通过这种方法,可以降低需要进行编码和发送的像素值。

对 M-JPEG 格式来说,图 15-5 中的 3 个图像分别作为独立的图像(I 帧)进行编码和发送,彼此之间互不依赖。

对差分编码(包括 H.264 在内的大多数视频压缩标准都采用这种方法)来说,只有第一个图像(I 帧)是将全帧图像信息进行编码。在后面的两个图像(P 帧)中,其静态部分(即房子)将参考第一个图像,而仅对运动部分(即正在跑步的人)使用运动矢量进行编码,从而减少发送和存储的信息量,如图 15-6 所示。

图 15-5 像素 1

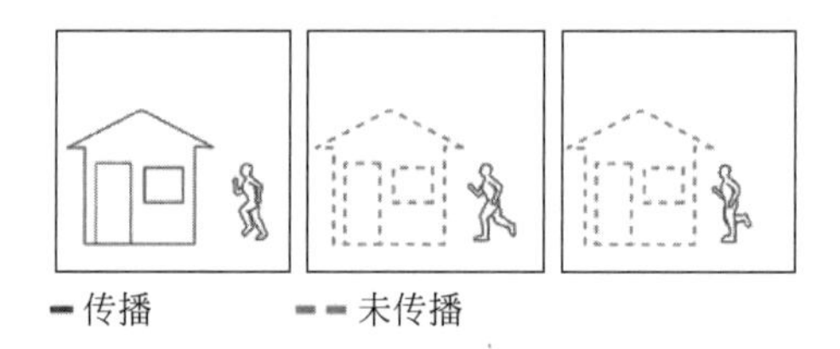

图 15-6 像素 2

如果是根据像素块(宏块)而不是单个的像素来检测差别并进行差分编码,还可以进一步减少需要编码的信息量;因此,可以对更大的区域进行对比,而只需对那些存在重大差别的块进行编码。此外,对发生更改的区域位置进行标记的相关开销也将大大降低。

然而,如果视频中存在大量物体运动的话,差分编码将无法显著减少数据量。这时,可以采用基于块的运动补偿技术。基于块的运动补偿考虑到视频序列中构成新帧的大量信息都可以在前面的帧中找到,但可能会在不同的位置上。所以,这种技术将一个帧分为一系列的宏块。然后,通过在参考帧中查找匹配块的方式,逐块地构建或者“预测”一个新帧(例如

P 帧)。如果发现匹配的块,编码器只需要对参考帧中发现匹配块的位置进行编码。与对块的实际内容进行编码相比,只对运动矢量进行编码可以减少所占用的数据位。

3) H.264 的效率

H.264 将视频压缩技术提升到一个新的高度。在 H.264 中,将通过新的高级帧内预测方法对 I 帧进行编码。

这种方法通过对帧中每个宏块内较小的像素块进行连续预测,可以大大减少 I 帧所占的数据位并保持较高的质量。这一点可通过在与进行帧内编码的新 4×4 像素块相邻接的前几个编码像素中,寻找匹配的像素来实现。通过重复利用已编码的像素值,可以极大地减少需要编码的位数。新的帧内预测功能是 H.264 技术的关键部分,实验证明,这种方法非常有效。与只使用 I 帧的 M-JPEG 视频流相比,只使用 I 帧的 H.264 视频流的文件大小要小得多,如表 15-3 所示。

表 15-3 帧内预测模式

在这种模式中,上方像素块中的 4 个底部像素被垂直复制至经过帧内编码的宏块中	在这种模式中,左边像素块中的最右侧 4 个像素被水平复制至经过帧内编码的宏块中	在这种模式中,上方像素块中的 8 个底部像素被沿对角线方向复制至经过帧内编码的宏块中

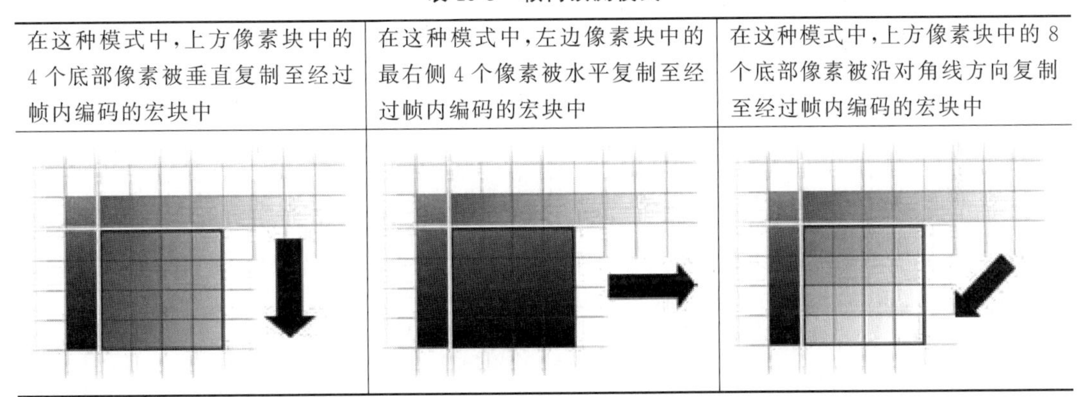

对 P 帧和 B 帧进行编码时所采用的基于块的运动补偿,在 H.264 中也得到了改进。H.264 编码器可以在一个或多个参考帧的少数或众多区域内,以低至子像素的精度搜索匹配的块。为了提高匹配率,可以对块的大小和形状进行调整。在参考帧中,对于找不到匹配块的区域,将会使用帧内编码的宏块。H.264 基于块的运动补偿具有高度的灵活性,非常适合人群比较拥挤的监控场所,因为它能够保证较高的质量,以满足严格的应用要求。运动补偿是视频编码器要求最严格的一个方面,H.264 编码器实施运动补偿的不同方式以及其实施程度,将会影响视频压缩的效率。

对于 H.264,通过使用环内去块效应滤波器,可以减少在使用 M-JPEG 和 MPEG 标准(而不是 H.264 标准)的高度压缩视频中通常出现的图像模糊现象。此过滤器能够通过自适应强度使块边缘变得平滑,从而确保输出几乎完美无缺的解压缩视频。

15.1.4 分布异构数据的集成与共享技术

针对大规模网络环境数据类型多样化,为了增加系统的灵活性和可扩展性,在按需数据集成框架中,采用了基于适配器技术的异构数据的抽取、转换和加载策略。本书主要针对大规模网络环境中数据类型的特点,定义支持广泛数据类型的中间数据格式,提出定义良好的适配器架构,支持方便地扩展与更新适配器,并开发了关系数据库适配器、XML 适配器、文本部分件适配器、电子表格适配器等。

1. 异构数据转换

在异构的数据中，关系型的数据，如关系型数据库、结构化文件、半结构化文件之间可以相互转换，如图 15-7 所示。

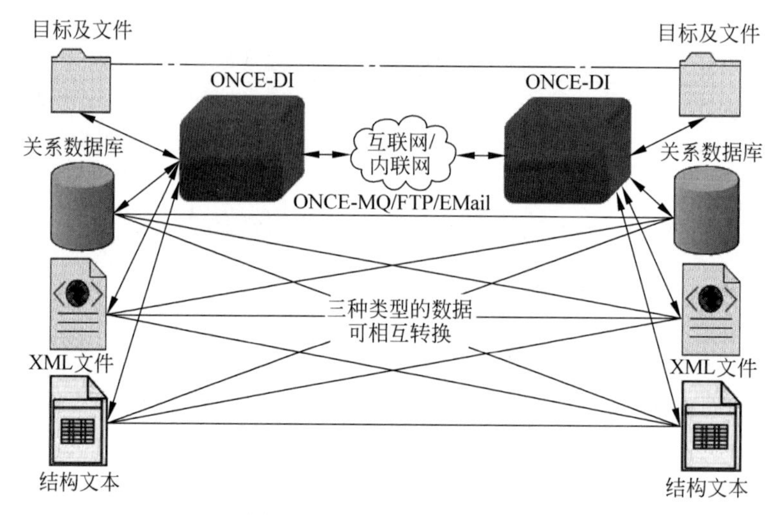

图 15-7 关系型数据的转换

要完成异构数据之间的转换，需要将抽取到的数据转换为公共数据表示，然后再转换为目的数据格式。我们用 XML 文件表示公共数据，其 DTD 如下：

数据交换时公共数据表示的 DTD：

```
<!DOCTYPE DATADEFINE [
<!ELEMENT COLUMNS (column * )>
<!ELEMENT column (name,destname,SQLType,NativeSQLType,Precision,Scale,Nullability,Identity,
Value)>
<!ELEMENT dataflag( # PCDATA)>
<!ELEMENT record(dataflag,value >
<!ELEMENT value any >
<!ELEMENT name ( # PCDATA)>
<!ELEMENT destname ( # PCDATA)>
<!ELEMENT SQLType ( # PCDATA)>
<!ELEMENT NativeSQLType ( # PCDATA)>
<!ELEMENT Precision ( # PCDATA)>
<!ELEMENT Scale ( # PCDATA)>
<!ELEMENT Nullability ( # PCDATA)>
<!ELEMENT Identity ( # PCDATA)>
<!ELEMENT Value ( # PCDATA)>
<!ELEMENT DATA (record * )>
]>
```

下面具体介绍，关系型数据库、XML 文件、结构化文本、普通文件如何转化为公共数据表示，如何完成相互间的转换。

1）关系数据库

对于关系数据库中的数据，由于已经是结构化数据，可以很方便地转换到公共数据表示，需要做的工作是处理一些数据库系统之间在数据类型上的差异性。在公共数据表示中采用了ODBC的数据类型规范。各个数据库将各自的SQL类型，先转化为ODBC数据类型，在目的端，各个数据库驱动，自动将ODBC数据类型转化为本地数据库类型。对数据库系统之间在数据类型上的差异，单独做映射表处理。经过实验，我们给出了主流数据库间数据类型的对应关系。

如表15-4所示是主流数据库数据类型的转换：

表 15-4　主流数据库数据类型的转换

ODBC数据类型	是否支持	SQL Server类型	Sybase类型	Oracle类型	Access类型
SQL _ UNKNOWN _TYPE	×				
SQL_CHAR	√	CHAR	CHAR	CHAR NCHAR ROWID UROWID	
SQL_NUMERIC	√	NUMERIC	NUMERIC		CURRENCY（货币）
SQL_DECIMAL	√	DECIMAL MONEY SMALLMONEY	DECIMAL MONEY SMALLMONEY	NUMBER	
SQL_INTEGER	√	INT	INT		INTEGER（数字）（自动编号）
SQL_SMALLINT	√	SMALLINT	SMALLINT		
SQL_FLOAT	√	FLOAT	FLOAT		
SQL_REAL	√	REAL	REAL		
SQL_DOUBLE	√			FLOAT	
SQL_DATETIME	√				
SQL_TIME	√				
SQL_TIMESTAMP	√	DATETIME SMALLDATE TIME	DATETIME SMALLDATE TIME	DATE	DATETIME（日期/时间）
SQL_VARCHAR	√	VARCHAR	NCHAR NVARCHAR VARCHAR	VARCHAR2 NVARCHAR2	VARCHAR（文本）
SQL _LONGVARCHAR	×	TEXT	TEXT	LONG CLOB NCLOB	LONGCHAR（备注）
SQL_BINARY	√	BINARY TIMESTAMP	BINARY		
SQL_VARBINARY	√	VARBINARY	VARBINARY	RAW	
SQL _ LONGVARBINARY	×	IMAGE	IMAGE	LONGRAW BLOB BFILE	LONGBINARY（OLE对象）

续表

ODBC 数据类型	是否支持	SQL Server 类型	Sybase 类型	Oracle 类型	Access 类型
SQL_BIGINT	√	BIGINT			
SQL_TINYINT	√	TINYINT	TINYINT		
SQL_BIT	√	BIT	BIT		BOOL（是/否）
其他	×				

从表 15-4 中可以看到，对于没有对应关系的数据类型，在进行转换时需要自己做映射表，把类似的数据类型对应上。例如：SQL_NUMERIC 在 Oracle 数据库中就没有于其对应的类型，这样，如果想把 SQL Server 中的 NUMERIC 类型，转换成 Oracle 中的 NUMBER 类型，Oracle 的 ODBC 驱动就不能自动转换，这时需要我们自己做映射，将 SQL_NUMERIC 映射为 SQL_DECIMAL，Oracle 驱动根据 SQL_DECIMAL 便可以找到 number 类型。

2）结构化文件

XML 文件，关系型文本。可以分析出文件中数据关系模式，带有 schma 的 XML 文件，直接从 schma 中获取数据类型信息。关系型文本可以从记录中预分析，再人为修改。根据分析出的数据类型，查找映射表，转换为 ODBC 数据类型后，可实现与数据库间的转换。

3）半结构化文件

对于普通文件来说，系统无法识别每个文件所包含的内容，所以统一将它们称为无结构数据，但是对于目录信息，它们是半结构化的。数据集成系统不仅可以传输一个文件，还可以传输整个目录(包含内部的文件和子目录)。在处理时，系统将目录信息转换为结构化的公共数据表示，包含文件全路径、文件内容、文件操作三列信息，其中文件内容是一个二进制大字段(BLOB)，包含文件中的实际数据；对于单独的一个文件，也用这种方式来描述，只是只有一条记录；普通文件，包括子目录，在转换为公共数据表示后，可以将普通文件保存到数据库中。

普通文件对应的公共数据表示举例：

```
<columns>
<column>
<name>filename</name>
<dest_name>filename</dest_name>
<type>12</type>
<native_type/>
<precision>50</precision>
<scale>0</scale>
<nullability>1</nullability>
<identity>0</identity>
<value/>
</column>
<column>
<name>IncFlag</name>
<dest_name>IncFlag</dest_name>
<type>1</type>
```

```
<native_type/>
<precision>1</precision>
<scale>0</scale>
<nullability>1</nullability>
<identity>0</identity>
<value/>
</column>
<column>
<name>filecontent</name>
<dest_name>filecontent</dest_name>
<type>-4</type>
<native_type/>
<precision>0</precision>
<scale>0</scale>
<nullability>1</nullability>
<identity>0</identity>
<value/>
</column>
```

2. 数据冲突处理

在数据转换过程中，要想实现严格的等价转换是比较困难的。必须要确定两种模型中所存在的各种语法和语义上的冲突，这些冲突可能包括：

1）命名冲突

源数据源的标识符可能是目的数源的保留字。两个语义相同但名字不同的称同义异名冲突的保留字。如两个语义相同但名字不同的称同义异名冲突。

2）主键冲突

往一个关系表中插入两个具有相同主键的记录，产生主键冲突。

3）类型冲突

两个语义相同但数据类型不同的属性冲突称数据类型冲突，如student1.id#表示为9位整型数字，student2.id#表示为11位字符串。

4）格式冲突

同一种数据类型可能有不同的表示方法和语义差异。

5）精度冲突

数据精度冲突：数据类型冲突中数据表现为一一对应，而数据精度冲突表现为一对多对应关系，如Marks字段被表示为1～100的整型数字，Grades字段被表示为{A，B，C，D，E}。当Marks字段到Grades字段映射时，会发生精度冲突。

6）其他冲突

不同数据库的大对象类型存在不同的约束，而且存在一些特殊类型。如SQL SERVER中一个表中有多于一个TEXT或IMAGE的字段时，出现错误。而ORACLE也不允许一个表中的BLOB和LONG类型多于一个。

3. 数据冲突解决方案

不同的数据冲突类型需要采用相应的解决办法来处理，下面对前面提到的各种类型的数据冲突解决方案进行详细说明。

1）命名冲突

可以通过在目的端修改名字解决。

2）主键冲突

提供几种冲突解决方式：

用新收到的记录覆盖原有记录。

拒绝新收到的一条记录。

拒绝新收到的所有记录。

存储新收到的数据前删除原有的所有记录。

3）数据类型冲突

除了数据库 ODBC 驱动，自动转换为本地 SQL 类型外，提供映射表。例如：SQL_NUMERIC 在 Oracle 数据库中就没有与其对应的类型，这样，如果想把 SQL Server 中的 NUMERIC 类型，转换成 Oracle 中的 NUMBER 类型，Oracle 的 ODBC 驱动就不能自动转换，这时需要我们自己做映射，将 SQL_NUMERIC 映射为 SQL_DECIMAL，Oracle 驱动根据 SQL_DECIMAL 便可以找到 number 类型。

4）格式冲突

对于格式冲突，可以根据 ODBC SQL 类型从数据源的驱动程序中取出相对应的数据源的数据类型后，对一些特定的类型进行特殊的处理。对于字符型数据中含有“,”字符的情况，在数据转换过程中需通过转义符作特殊处理，否则会把它误当作字符串分隔符。

5）数据精度冲突

对于不同数据库的同一数据类型的精度冲突，类型转换中将 ODBC SQL 类型和精度结合起来决定源数据类型和目标数据类型的映射关系。找出目的数据源中与源数据源类型的精度最匹配的数据类型作为缺省的映射关系。

6）其他冲突

以上三种类型的数据冲突，仅包含一一对应的映射关系，命名冲突和数据类型冲突可以在数据加载之前展现给用户，稍加干预之后即可解决。然而对于数据精度冲突、模式表示冲突和丢失数据项冲突来说，对应关系较为复杂，在界面上很难展现给用户。因此，我们考虑提供给用户数据源处理的接口，用户以动态链接库的形式提供对数据源的前处理和后处理，系统根据用户需求动态加载用户的库文件，完成符合用户要求的数据转换。

4. 基于适配器技术的异构数据访问

数据资源的访问与抽取是数据共享与协同中的首要关键环节。目前，随着信息化工作的深入开展，除传统的数据库等形式的数据资源外，还有大量的应用系统的数据资源需要被集成与访问，并且有不断增长的趋势。为了实现对大量不同类别数据源访问，往往采用适配器技术。

适配器(adapter)是一种常见设计模式[5]，它把一个类的接口转换成客户期望的另一个接口，使得类之间不因为接口不兼容而不能协同工作，使用适配器技术可以大大节省用于开发接口与修改接口的时间。在数据集成中，通过为不同数据源编写适配器，就可以在集成过程中使用统一接口来访问各种数据源。这是一种灵活的具有扩展性的机制，但工作量大。

但是，由于数据源的多样性、异构性，使适配器也变得多样、复杂。对每种数据源都重新开发一个适配器，既增加了开发难度，也增加了开发工作量。为此，我们提出了一个通用的适配器开发框架，将可复用的复杂功能封装起来，留出扩展接口。当开发一个新适配器时，只实现扩展接口，这样提高了开发效率。

基础库：提供统一的访问接口，包括：

(1) 数据源的连接；

(2) 数据的读取；

(3) 数据的保存；

(4) 增量获取；

(5) 数据源对象生成；

(6) 与 SERVER 交互，获得适配器的一些信息(如数据源信息、数据源模式信息等)；

(7) 日志管理。

扩展接口：提供与具体数据源相关的特殊接口。对于数据库数据源，不同数据库需要实现各自的扩展接口，如主外键的获得、主键冲突错误的判断、ODBC 数据类型的匹配等。

对于不同的数据库，实现了基础库的通用功能。并把基础封装为静态库。当开发一个新的数据库适配器时，引用该静态库，只实现数据库扩展的接口。这些接口往往通过 ODBC 接口获得的结果是不同的，需要在各自的适配器中，单独实现。开发完的适配器编译成动态库的形式，在服务器端动态加载和卸载。

系统在通用框架的基础上，提供了多种数据源适配器：主流数据库(Oracle、SQL Server、Sybase、db2、Mysql、Access、Foxpro、Oscar、Openbase 等)、XML 文件、关系型文本、EXCEL 文件、普通文件。

5. 数据传输路由机制方面

基于 OnceDI 系统，开发了支持多种数据源数据分发的发布/订阅系统 OnceDI/PS。该系统由代理服务器和集成代理两部分组成，其体系结构如图 15-8 所示。代理服务器系统采用分层的可配置的可扩展体系结构。

1) 代理服务器的结构

根据发布/订阅系统的可扩展的设计需求，系统的代理服务器的主体功能采用分层结构(Ben and Guo. 2003)，系统自上而下分为 6 层，分别为发布/订阅接口层、数据模型和语义转换层、匹配引擎层、路由和调度层、覆盖网络管理层以及传输层。每层建立在下层提供的功能基础之上，并向上层提供清晰定义的接口。层间彼此独立，每层的实现容易被不同的实现替换。

发布/订阅接口层提供了 Pub/Sub 中间件的元数据、事件、订阅和通知的发布的 API 接口。

数据模型和语义转换层负责维护元数据模型、语义事件模型和语义订阅模型，实现数据的语义转换，并对系统的元数据和订阅进行管理，并维护系统的公共词汇表和映射函数库。其中，语义上下文协调器利用公共词汇表和映射函数库，既实现了数据源发布的订阅、元数据和事件从本地语义上下文到系统公共上下文的转换，又实现了通知从系统公共上下文到数据源本地上下文的转换。

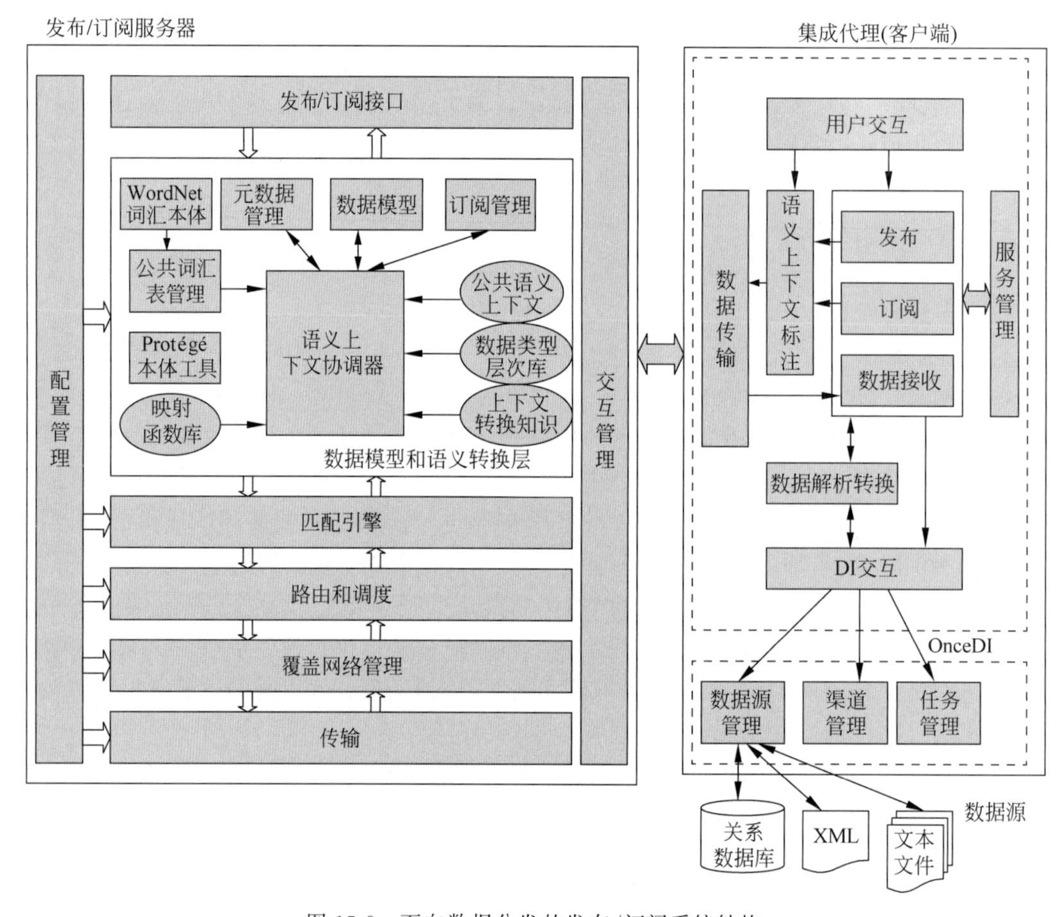

图 15-8 面向数据分发的发布/订阅系统结构

匹配引擎层通过匹配引擎来进行有效的事件匹配；通过高效的事件匹配算法，快速找到事件满足的所有订阅。

路由和调度层负责元数据、订阅和发布数据的转发等。它负责消息路由决策，根据元数据和订阅来改变相应的路由表，并转发消息。路由层提供了支持不同的路由算法的组件集合。调度模块负责从等待发送的事件队列中，找到优先级最高的事件发送。

覆盖网络管理层是逻辑上在支撑的网络层上的虚拟的通信结构，该层的主要任务是维护代理服务器网络的拓扑结构，处理覆盖网络的状态更新信息，并处理覆盖网络节点的加入、离开等动态变化。系统提供了对无环图和 Mesh 网络的实现。

传输层是代表支撑网络的单播通信服务，提供代理服务器之间的可靠消息传输。该层负责与物理网络层的协调：从覆盖网络层来的消息需要序列化，并通过确定的协议发送到特定的网络地址；从物理网络层来的消息需要被反序列化传递到上层。传输层采用的通信协议是 UDP 或 TCP。

另外配置管理是系统的辅助设施，它实现对服务器的系统配置，根据应用和系统需求来配置传输协议、覆盖网络结构、路由策略、调度算法和事件匹配算法等。交互管理负责与 DI 代理子系统（发布代理/订阅代理）交互；用于获取传输模块收到的消息，并根据消息类型分发给上下文协调器进行数据转换，然后相应发给订阅管理、元数据管理或匹配引擎模块执行相应的处理；对于通知消息，它根据订阅者信息，然后与 DI 代理的数据传输模块协作完成通知的分发。

OnceDI/PS 系统的代理服务器子系统采用了分层的模块化设计。层之间的标准化接口限制被改动层的改动代码的影响只局限于一层，不用改变其他层就可以适应被改变层，独立层实现容易被语义上等价的实现替换，这样提高了系统的局部依赖性、可移植性和可替换性。

2）集成代理的结构

集成代理（DIProxy）一方面负责和数据源相连，抽取数据、元数据和加载用户感兴趣的数据；另一方面，向代理服务器发布订阅、元数据和事件（从数据源抽取的数据）。集成代理子系统按角色可分为发布方代理和订阅方代理。用户通过 DIProxy 与代理覆盖网络进行信息交互，完成数据的发布、订阅等请求。作为发布方代理，通过指定待发布的数据源、元数据和数据发布周期等发布属性，向代理服务器发布元数据；然后按照指定的规则来定期抽取数据，实现数据的发布。作为订阅方代理，通过指定订阅条件，向代理服务器提交数据订阅请求，实现数据订阅；当感兴趣的数据到达时，负责根据指定的加载策略，加载到相应的数据源中。

在 OnceDI/PS 系统中，在已有 OnceDI 的基础上设计实现了集成代理子系统，使得用户方便地以发布/订阅的方式进行数据分发。DI 集成代理子系统由用户交互、发布、订阅、数据接收、数据传输、语义上下文标注、DI 交互和 OnceDI 服务器等模块组成。DI 交互模块实现了与 OnceDI Server 的交互，包括：

（1）DI 配置管理：创建和维护发布/订阅相关的配置，包括创建与发布相关的发送数据源、发送渠道和发送任务，创建与订阅相关的接收数据源、接收渠道和接收任务；

（2）抽取发布数据源的元数据；

（3）关联管理：维护接收到的数据的模式和订阅者（接收数据源模式）的关联关系。数据传输提供 DIProxy 与代理服务器间的消息通信服务，用于将元数据、数据、订阅和查询以一定的传输方式发送到代理服务器，包括 TCP、UDP 等传输方式。

数据解析转换模块负责完成 OnceDI 的数据格式（XML 格式）和系统中间格式的相互解析转换。语义上下文标注模块负责完成对原始元数据、原始事件和原始订阅的语义上下文的标注，转化为扩充本地上下文的元数据、本地语义事件和本地语义订阅。数据接收模块用于实现数据接收功能，它接收来自代理服务器的通知，并根据订阅时指定的加载策略，向相应的数据源加载。发布模块负责元数据的发布和数据的发布；同时维护数据发布与发送任务的关联关系；当发布元数据时，从发布数据源抽取获得元数据信息，通过传输模块，将元数据发布到代理服务器；通过与 DI 交互模块协作，生成与发布相关的 DI 服务器的配置；数据发布子模块将来自发布数据源的数据转化为 OnceDI 内部格式的数据，并按照数据模型生成相应的事件，向代理服务器发布；它提供了增量数据发布功能。订阅模块负责订阅的发布、取消和查询等功能；同时维护订阅与接收任务的关联关系；当发布订阅时，根据数据模型创建订阅，通过与传输模块的协作，将订阅发送到代理服务器上；通过与 DI 交互模块协作，生成该订阅的加载策略和相连的 DI 服务器上的配置。用户交互模块负责实现用户与系统的交互，将用户的操作命令解析，翻译成发布、订阅或查询请求，触发相应的发布、订阅模块执行。OnceDI Server 实现从关系数据库、文本部分件和应用程序等多种异构的数据源中抽取、转换和加载数据等功能。

3）系统部署环境

本节对 OnceDI/PS 系统的部署环境进行介绍。OnceDI/PS 系统包括三类实体：数据源、DI 集成代理和代理服务器。数据源通常包括关系数据库、文本文件、XML 文件和电子表格等。代理服务器位于有线网络之上，多台代理服务器相互连接，在逻辑上构成 OnceDI/PS 系统的应用层代理服务器覆盖网络，对外向数据发布者和订阅者提供基于发布/订阅的数据分发功能。代理服务器覆盖网络是发布/订阅系统的核心，各代理服务器节点之间是对等的关系，通过 TCP/IP 协议进行通信。每个代理服务器节点只维护与其相邻服务器节点的拓扑信息，包括相邻节点的标识、访问路径以及来自相邻服务器节点的订阅和元数据信息等。面向大规模数据分发的发布/订阅系统的分布式部署结构如图 15-9 所示。

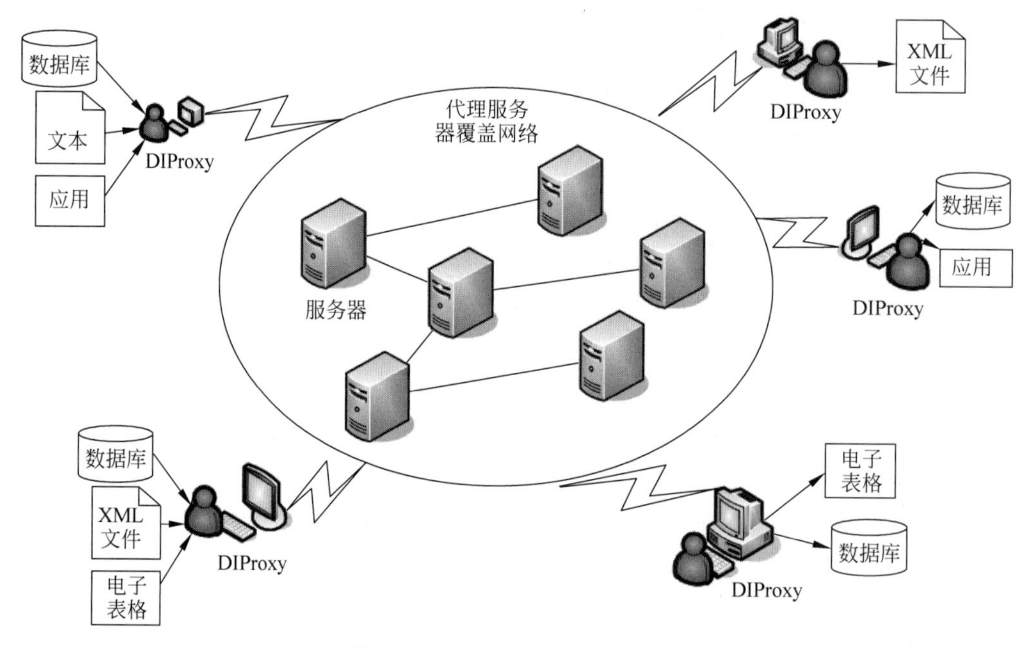

图 15-9 OnceDI/PS 的部署结构

15.1.5 监控数据集成共享平台

1. 概述

随着企业和政府信息化程度的加深，电子商务(e-commerce)和电子政务(e-government)的迅猛发展，企业和政府机构的业务管理系统越来越多，不同的应用系统之间以及不同地域之间的分支机构需要交换信息。典型的应用场景如分层管理模式，它是在国家政府机关和大型企业中普遍采用的一种管理模式，如政府机关包括中央、省、市、县等若干级，大型企业一般又分为总公司、分公司和管理厂等层次，为了加强上级机关/企业对下级的管理和各级机关/企业之间互通信息的需求，各级机构之间需要及时、可靠地交换大量的数据信息，最常见的形式有每月初下级机关/企业将上月月报数据传送到上级，每年初上级将上年年报数据传送到下级。这些数据可能是不同的系统产生的，如财务系统、人事系统等，这些系统产生的数据可能是异构的，但又是需要彼此交互的，因此这些机关和企业迫切需要在本机构内，建立一个数据传输和集成的平台。另外数据集成平台可以在企业信息系统的企业应用集成(EAI)实施中,作为EAI的数据集成部分。集成的信息种类包括公文、数据、报表等,信息的格式各不相同,如关系数据库、Excel电子表格、文本文件和XML文件等,因此,在应用系统之间数据集成时面临着如下挑战:

(1) 多个不同分支机构的各个应用系统之间如何有效地交换数据和相互协调,特别是用户数据的同步;

(2) 跨地域的分支机构之间如何安全、可靠、高效地传输数据信息;

(3) 多种不同格式的数据,如何进行有效的映射和转换,集成在一起;

(4) 如何进行数据集成的快速构建和实施,并且使系统具有高可扩展性,以满足不断变化的市场需求。

OnceDI是企业内部或企业之间利用内网(Intranet)或互联网(Internet)进行数据集成的中间件;为数据库、文件系统等异构数据源提供包含提取、转换、传输和存储等操作的数据集成服务;系统基于消息通信、FTP以及Email等多种传输方式,可以自动、方便、快捷地实现数据的复制和上传下达,完成基于数据的应用集成。

数据集成中间件OnceDI 2.0已经具备了比较完善的对数据进行抽取、传输和加载的功能,能够完成数据库、XML文件和文本文件之间的数据传送和集成功能。但OnceDI 2.0的功能还有一定的局限性,它缺少对流程管理、系统监控的支持,没有提供安全高效的数据传输机制,缺少可视化的流程和ETL Job建模工具,数据质量控制和数据转换功能还比较弱。

因此本版本提供了控制中心服务器,增加了流程控制管理、系统监控功能;并开发了可视化的流程和ETL Job建模工具,便于数据集成系统的快速构建、部署和实施;通过数据质量控制工具和数据转换函数设计器增强数据质量控制和数据转换功能;另外通过数字证书进行关键信息的加密,保证传输数据的完整性、防伪造;通过对传输数据加密保证信息传输渠道的安全;通过增加压缩/解压缩机制,提高信息传输的效率。

2. 系统功能

如图15-10所示,“提供者”收集用户通过门户访问业务系统生成的各种业务数据存储在业务资源库中,其中业务资源库分为公开资源库和交换资源库。提供者将交换资源库中的数据提供给“中心环境”,由“中心环境”的管理人员对“提供者”提供的交换资源进行管理和维护并将数据存储在共享资源库中,“使用者”通过门户系统从“中心环境”查看并下载想要的数据,也可以把自己想要交换的资源提供到“中心环境”以便其他人查看和下载所需数据,从而实现了数据的交换共享。

该数据集成平台自上而下分为三层,流程控制层、数据处理层和数据通信层,如图15-11所示。流程控制层主要包括流程设计、部署、调度、执行和监控等功能;数据处理层包括数据抽取、质量控制、实例转换、冲突处理和数据加载等功能。数据通信层提供加密/解密、压缩/解压缩、签名/认证等功能,从而提供安全有效的通信渠道。

3. 系统架构

OnceDI 3.0的体系结构如图15-12所示,它主要由DI服务器、控制中心服务器和客户端管理工具三部分组成。

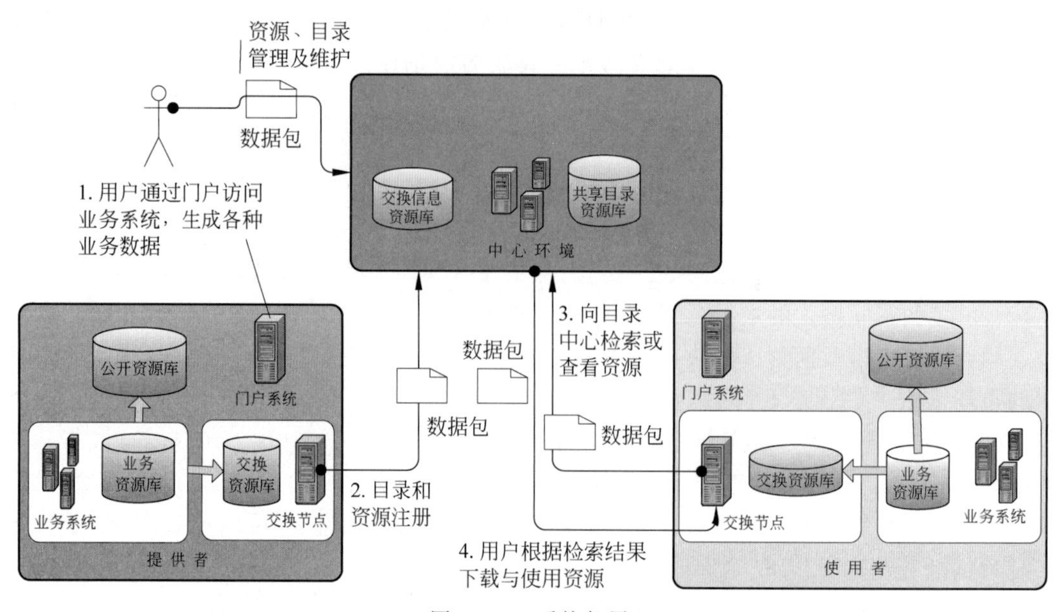

图 15-10　系统部署

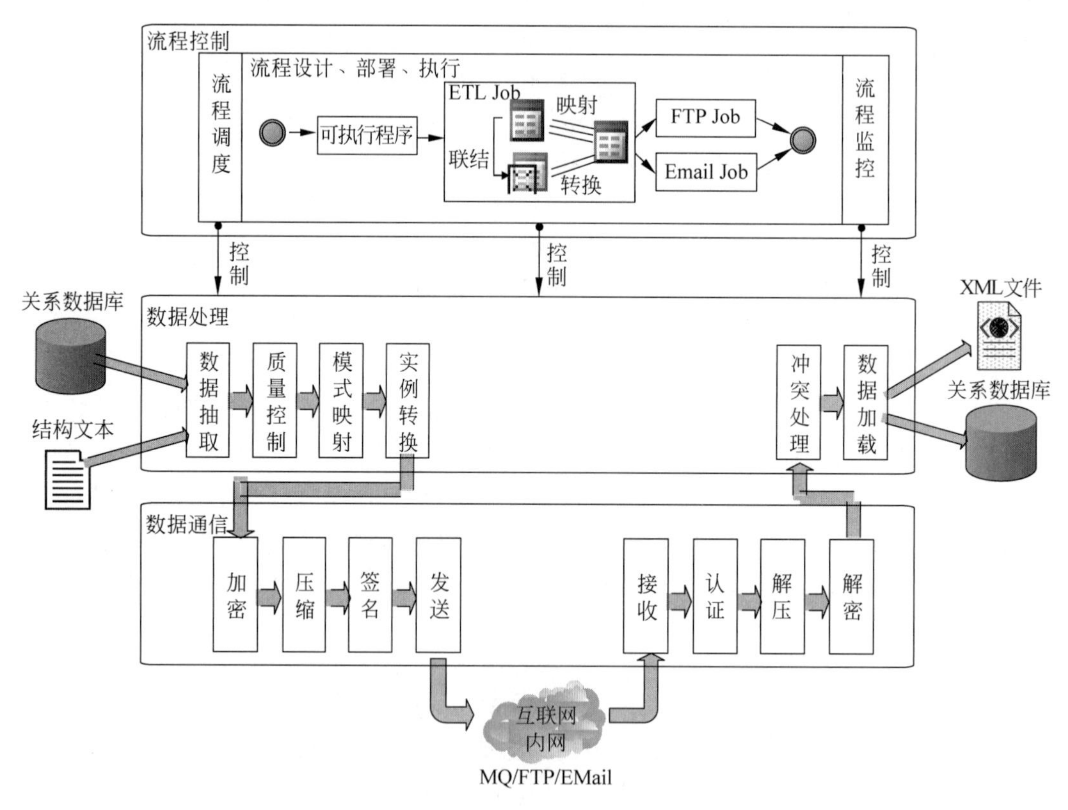

图 15-11　系统功能示意图

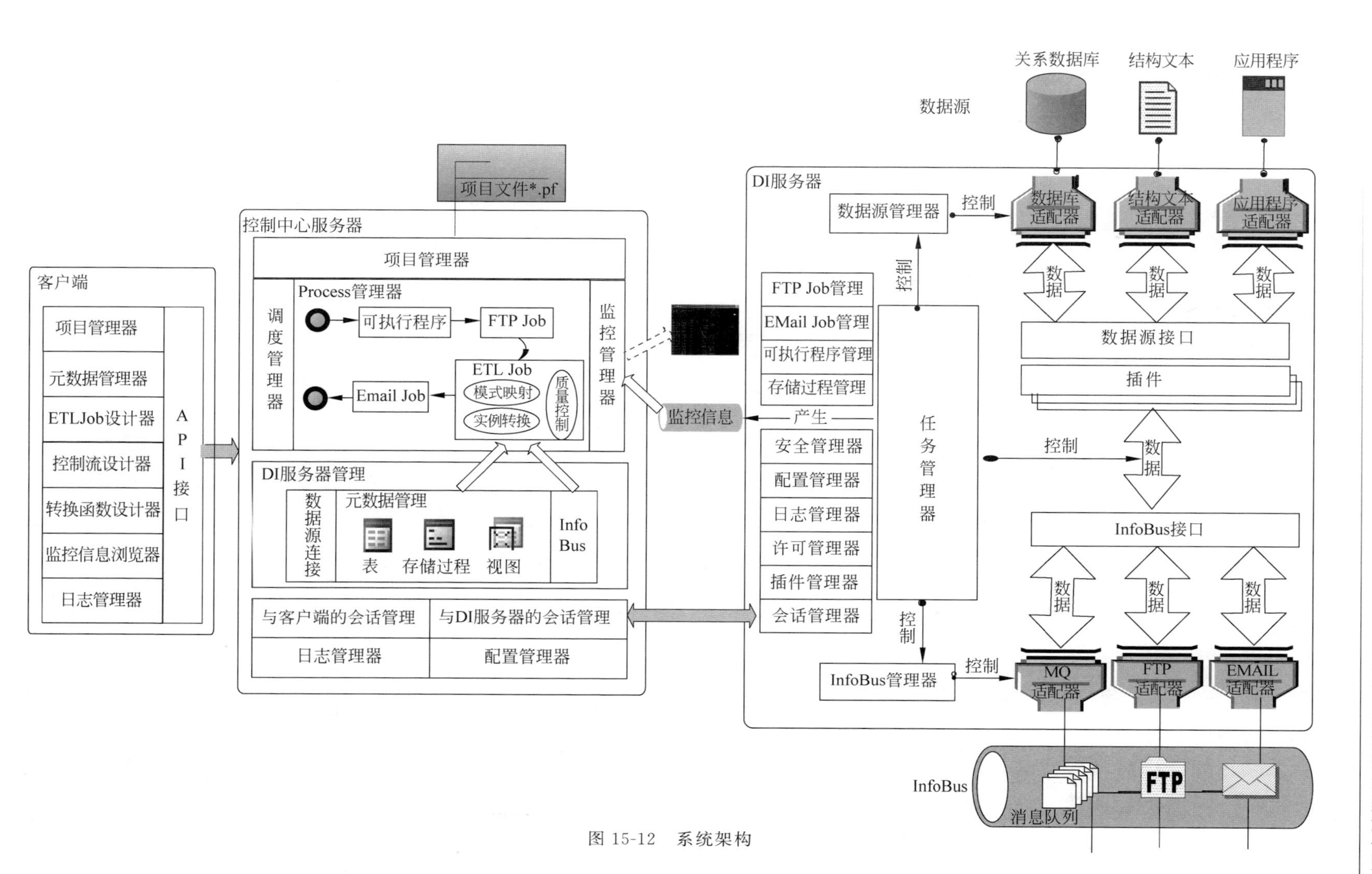

客户端
项目管理器
元数据管理器
ETLJob设计器
控制流设计器
转换函数设计器
监控信息浏览器
日志管理器
API接口
项目文件*.pf
控制中心服务器
项目管理器
调度管理器
Process管理器
可执行程序
FTP Job
ETL Job
模式映射
实例转换
质量控制
Email Job
监控管理器
DI服务器管理
数据源连接
元数据管理
表
存储过程
视图
Info Bus
与客户端的会话管理
与DI服务器的会话管理
日志管理器
配置管理器
监控信息
数据源
关系数据库
结构文本
应用程序
DI服务器
数据源管理器
控制
数据库适配器
结构文本适配器
应用程序适配器
数据
数据源接口
插件
FTP Job管理
EMail Job管理
可执行程序管理
存储过程管理
产生
安全管理器
配置管理器
日志管理器
许可管理器
插件管理器
会话管理器
任务管理器
InfoBus接口
InfoBus管理器
MQ适配器
FTP适配器
EMAIL适配器
InfoBus
消息队列
FTP

图 15-12 系统架构

1）DI 服务器特点

（1）提供几类 Process Job 的管理器，包括 FTP Job 管理器、Email Job 理器、可执行程序管理器和存储过程管理器。在 2.0 版本中，在任务制定中进行该类动作的定义，在任务执行结束后触发该类动作，没有进行对象的持久化管理。为了适应控制流的需要，在 DI 服务器中增加 Process Job 的管理器，便于控制流的设计和执行，也可以对 Process Job 复用。

（2）为适应流程监控的需要，DI 服务器要产生任务和数据源的执行信息，实时传送入监控信息渠道，供控制中心服务器获取并显示。因此，需要在任务、数据源的执行线程中设置监控信息产生点，由独立线程处理产生的监控信息。

（3）为控制流程的推进执行，控制中心服务器需要及时获取 DI 服务器中任务的执行状态，与控制中心服务器主动查询 DI 服务器的状态相比，由 DI 服务器主动告知控制中心服务器可节省通信开销。因此，在控制中心服务器与 DI 服务器建立会话后，DI 服务器也要与控制中心服务器建立会话，以实现状态信息的及时传送。

2）控制中心服务器

控制中心服务器主要实现数据流的流转控制，其核心模块包括：

DI 服务器管理：负责注册、管理多个 DI 服务器，以控制 DI 服务器中数据的流转和 Process Job 的执行。

数据源连接管理：每个 DI 服务器可以进行多个数据源的连接，控制中心服务器通过数据源的连接获取表、存储过程和视图等元数据信息，以进行 ETL Job 的设计。

元数据管理：负责管理由数据源连接获取到的元数据，元数据在控制中心持久化保存，只有控制中心服务器重新获取元数据时才进行更新。

ETL Job 管理：负责管理由元数据设计得到的模式映射、实例转换和质量控制信息，以及 ETL Job 到 DI 服务器中任务、数据源和 InfoBus 对象的转换。

Process 管理：负责管理控制流程的创建、修改、删除、执行和终止。

调度管理：负责多个控制流程执行的调度，可按确定时间点、确定时间间隔等方式。

监控管理：负责接收 DI 服务器产生的监控信息，实时显示到监控界面。

项目管理：负责组织同一主题的多个控制流程，可持久化保存和迁移部署。

会话管理：负责与客户端、DI 服务器的连接。

日志管理：负责管理控制中心服务器的日志信息。

3）客户端

客户端管理工具通过 API 接口管理控制中心服务器，主要包括项目管理器、元数据管理器、ETL Job 设计器、控制流设计器、转换函数设计器、监控信息浏览器和日志管理器等管理工具。

4. 线程结构

DI 服务器和控制中心服务器需要监听和处理用户请求、监听接收渠道、调度流程执行等操作，使用不同的线程来完成相应的工作将提高系统的执行效益，但是线程创建过多，会影响系统的运行。

在 DI 服务器中，需要创建的线程有：

一个控制中心连接监听线程，它负责监听控制中心请求连接的端口，一旦有请求到达，它将生成一个新的命令处理线程来负责处理。该线程在系统中有且只有一个，并且贯穿系统运行的整个过程，在系统启动时产生，在系统退出时终止。

若干个命令处理线程，负责处理控制中心一次连接过程中的所有请求，它在控制中心发出连接请求(connect)时由控制中心连接监听线程创建，当请求连接结束(disconnect)时终止。

一个调度轮循线程，负责轮循系统中所有的自动执行任务和接收渠道，正确激活自动任务的执行和渠道的检查。该线程在系统中有且只有一个，并且贯穿系统运行的整个过程，在系统服务启动时产生，在系统服务停止时终止。

若干个任务处理线程，负责完成一个任务的一次执行过程(包括发送任务的执行和接收任务的执行)，数目随系统运行动态变化，处理完毕即结束。

若干个渠道检查线程，负责完成一个渠道的一次数据检查过程，数目随系统运行动态变化，处理完毕即结束。

在控制中心服务器中，需要创建的线程有：

一个客户连接监听线程，它负责监听客户请求连接的端口，一旦有请求到达，它将生成一个新的命令处理线程来负责处理。该线程在系统中有且只有一个，并且贯穿系统运行的整个过程，在系统启动时产生，在系统退出时终止。

若干个命令处理线程，负责处理客户一次连接过程中的所有请求，它在客户发出连接请求时由客户连接监听线程创建，当请求连接结束时终止。

若干个流程执行线程，负责完成一个流程的一次执行过程，数目随系统运行动态变化，处理完毕即结束。

一个调度轮循线程，负责轮循系统中所有的自动执行流程，正确激活自动流程的执行。该线程在系统中有且只有一个，并且贯穿系统运行的整个过程，在系统服务启动时产生，在系统服务停止时终止。

一个监控信息处理线程，负责从监控信息渠道中获取监控信息，供客户端显示给用户。

5. 系统边界

在系统中，服务器之间的数据传输将通过其他通信系统来完成，这部分功能不属于DI。另外，对于数据字典的管理也是通过XML文件来实现，DI只需要进行XML的读写访问，不需要考虑数据的存储和管理。这样，服务器在运行过程中需要与数据源(包括关系数据库、Excel电子表格、文本文件、XML文件和普通文件)、通信系统(包括消息通信中间件MQ、FTP服务器、Email服务器)以及数据字典进行交互。

对于关系数据库，系统对数据库的访问方式由各个适配器决定；

(1) 对于各种文件，系统将通过Windows的文件操作接口进行交互；

(2) 对于消息通信中间件MQ(OnceMQ、MSMQ)，系统将通过MQ的客户端接口进行交互；

(3) 对于数据字典，系统将通过XML DOM接口进行交互。

15.1.6 综合管廊智能运行维护管理系统门户技术

1. 概述

研究门户系统的访问控制、灵活的页面布置、单点登录等功能，为各种服务提供一个统一的访问入口点，从这个统一的入口可以访问那些孤立的、互不兼容的服务，所有的用户都可以通过单一的入口访问他们需要的信息。在服务门户中，提供服务描述、发布、发现、组合、协同、管理等功能。

2. 系统功能

1）个性化内容过滤与展示

OncePortal 可以集成来自 Internet、XML 文档、数据库以及应用系统等不同来源、格式的信息，并统一显示在同一页面之中。基于 OncePortal 中的用户和角色，可以对信息和系统中集成的应用进行过滤。这样，一方面使得信息只能传达到具有权限的用户手中，另一方面也使得信息的获得更为方面，避免由信息量过大导致的信息湮灭现象。

2）灵活的页面布局

OncePortal 具有非常灵活的页面布局能力。每个 OncePortal 页面由一个 Portlet 集合构成。Portlet 集合中可以包含多个 Portlet 和其他的 Portlet 集合。每个 Portlet 集合可以选择标签、菜单和任意行列三种布局方式。由于 Portlet 集合可以嵌套以及行列布局的多样性，OncePortal 可以满足各种复杂的页面布局需求。系统还允许用户对布局方式自行扩充。

3）方便的界面编辑

OncePortal 用户可以通过可视化的方式动态调整自己的页面布局。使用系统提供的下拉列表和按钮，可以对布局方式、显示风格、Portlet 在页面中的行列位置及页面内容进行修改。系统会实时给出调整后显示预览。当用户确认修改后新的页面配置将立刻生效。

4）八种类型应用的包装

使用 OncePortal 提供的 Portlet 定制向导功能，可以将现有的应用直接包装为 Portlet，从而直接在 Portal 中使用。系统目前支持 JSP、HTML、RSS、Database、XML、Image、Applet、ActiveX 八种类型的封装。Portlet 定制采用向导风格的图形化界面，用户在给出 Portlet 名称、标题、类别、访问参数、安全控制属性等参数后，系统将自动生成对应 Portlet，并将其加入系统可用 Portlet 列表。用户可以在界面编辑中加入该 Portlet，从而完成对该应用的集成。

5）强大可扩展的单点登录

OncePortal 实现了对集成应用的单点登录能力。单点登录基于用户映射的思想。每个需要单点登录的应用，用户在使用前需要完成应用的注册和用户的注册。注册完成后，用户在登录到 OncePortal 后，访问相应应用无需再次输入登录验证信息。系统支持 Basic、Request、Form 等多种验证方式，并允许用户扩充。

6）基于角色的访问控制

OncePortal 使用 LDAP 实现资源的管理，并基于角色进行资源的访问控制。访问控制中主要概念包括用户、角色、安全控制条目和权限。系统的用户属于一定的角色，而安全控制条目定义了不同角色所具有的权限。OncePortal 中的权限有 View、Edit、Customize、Print、Maximize、Minimize 和 Help 七种权限。最后通过将安全控制指定给 Portlet，实现对 Portlet 的访问控制。

7）多种实用的内置 Portlet

系统内置提供系统管理、内容集成、信息发布、协作、工具五种类型的 Portlet。系统管理类主要包括用户管理、角色管理、安全控制管理、Portlet 管理、应用管理等；内容集成类主要包括 W3C 新闻、Microsoft MSDN 新闻、CSDN 新闻等；信息发布包括新浪新闻、天气预报、股票查询等；协作类包括 POP3 邮件、公告板等；工具类包括文档查看器、图片查看器、Google 搜索、百度搜索等。附录 D 给出了 OncePortal 内置的 Portlet 清单。用户在安装 OncePortal 完成后，可直接将这些 Portlet 添加到页面使用。

8）轻量级内容管理

OncePortal 实现了一个轻量级的内容管理系统，集内容采集、创建、编审、发布、可视化模板管理、授权管理、版本控制为一体。基于内容管理系统可以快速地构建一个满足多方面需求的门户网站，并且能够对网站的内容和展示进行及时的发布和方便的更新，从而简化门户网站的创建和维护。

3. 系统实现架构

OncePortal 设计的基本原则是实现一个扩展性良好的 Portal 核心框架。根据实际的企业需求，在 Portal 基本平台的基础上，重点解决个性化访问与应用集成问题。OncePortal 的基本构成分为 Portal 服务器、Portlet 容器、服务支撑及扩展应用四部分，如图 15-13 所示。

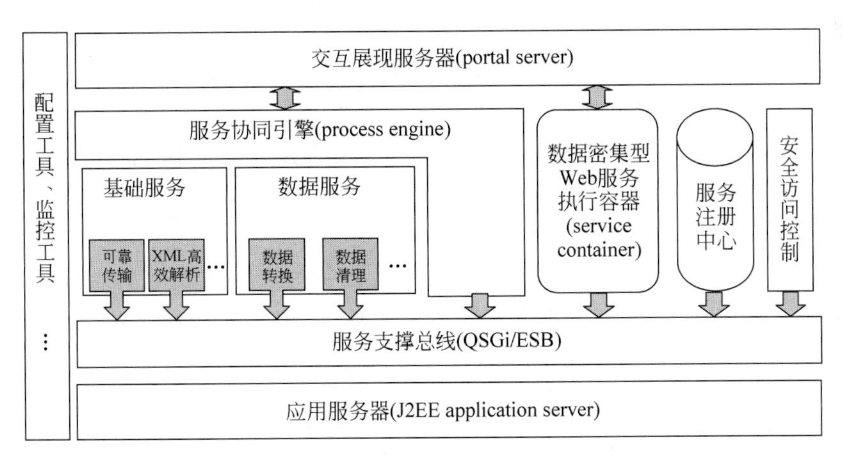

图 15-13　数据服务协同及门户支撑系统

1）符合规范的可扩展门户框架

体系结构设计的关键是保证系统具有良好的可扩展性。OncePortal 的设计中通过两个基本的设计原则保证了系统的可扩展能力。

(1) 开放。系统的开放性主要体现为对规范和标准的支持。目前在EIP技术领域已经存在若干规范和标准,通过支持这些规范和标准将使得系统能够容易地集成不同来源的产品,在产品组装级提高系统的可扩展能力。

(2) 灵活。系统的灵活性要求系统内部各组件具有可配置能力,可以灵活地替换或更新,从而在产品内部组件级提高系统的可扩展能力。

OncePortal中的开放性主要体现为对J2EE、Portlet规范和WSRP(Web Service for Remote Portlet)规范的支持。OncePortal自身是一个符合J2EE规范的Web应用,可以方便地运行在任何符合J2EE规范的Web应用服务器之上。对Portlet规范和WSRP规范的支持使得OncePortal可以方便地部署不同来源的符合规范的Portlet,实现工作台的功能扩展.

OncePortal工作台的灵活性实现借鉴了操作系统的微内核思想和基于构件的开发思想。通过抽取工作台中最基本的功能形成一个内核,而其他功能则封装在各个相互独立的组件内,从而允许用户根据实际的需求对这些组件进行定制和扩充。如图15-13所示,基于J2EE应用服务器,OncePortal工作台由微内核、Portal服务器、Portlet容器、服务和工具五部分构成。

2) 基于MVC模式的页面构建

现有门户系统通常提供了有限的页面风格和布局能力,如Portlet的边框、图案和按钮的风格,而且提供的布局能力有限,不能完全满足应用的需求。

OncePortal基于MVC模式实现了灵活的页面构建。每个用户对应一个配置文件,配置文件定义了该用户具有的页面设置。每个页面设置指定了该页面中包含的内容服务及每个服务对应的状态信息。由于个性化服务的需要,每个内容服务对象还需要指定针对该用户的服务属性设置。例如不同的用户使用同一个股票服务时订阅的股票代码可能是不同的。

在控制层,OncePortal采用类似Struts的机制,每个用户动作定义一个Action,并提交给事件处理Servlet。

在视图层,OncePortal提供标签、菜单和行列三种基本的页面布局。用户可以定制或选择系统内置的针对每种页面布局的视图表现。页面布局中可以包含各种服务的HTML视图。由于三种页面布局可以互相嵌套并且每个层次的页面布局实例都可以选择不同的布局策略和风格,所以OncePortal能够支持非常复杂的布局样式,实现完全的可定制能力。

3) 基于单点登录的应用整合

与通常的B/S结构Web应用不同,工作台环境下的应用具有以下特殊性:①各应用需要能够在表示层集成,统一在同一个浏览器界面中展现;②各应用相对独立,但是又需要使用工作台提供的服务实现彼此之间的协作;③现有成熟应用需要能够以某种简单的方式直接在工作台环境中使用。

为满足以上特殊性需求,在OncePortal中提出了面向集成的多层次应用体系结构。该结构将工作台环境下的应用分解为模板和业务两部分。其中业务有应用组件和组件包装两种实现方法。

应用组件实现了特定的业务需求,如订单处理、日程计划等。它由4个可分布的层次组件构成:用户、工作台、业务、资源。用户层组件实现标准的Portlet用户界面接口,从而使得应用组件可以在模板环境中加载、使用和管理，此外为适应不同的客户端设备，用户层组件需要提供针对不同模板的输出。工作台组件提供基于工作台底层服务的应用支撑能力，如缓存、协作等。业务层组件提供应用组件的业务逻辑实现，通常由EJB实现。资源层主要处理资源访问与数据持久化动作。

组件包装器可以在外部程序上增加智能的Java封装，使其实现与应用组件相同的接口，从而可以在模板中加载、使用和管理。被包装组件可以与OncePortal运行于同一个JVM，也可以处于不同的JVM。组件包装器特别适用于对已有系统的集成场景。组件包装器实现的难点在于与被包装应用之间的会话维护。在OncePortal中采用了工作台端会话贮留和页面地址动态改写技术。即当用户通过OncePortal访问包装系统时，由OncePortal与该应用首先建立会话，并在工作台服务器端保留该会话信息，同时自动对返回页面进行改写，与会话相关链接统一由OncePortal处理，然后将界面显示信息返回给工作台客户端。

OncePortal中的应用整合涵盖单点登录、权限整合和界面集成三部分。考虑到目前实际的应用需求，OncePortal采用基于用户映射的原则，从而可以做到在尽量不影响现存应用系统的前提下，实现应用的整合。整合后，原有的用户系统、权限管理等功能将没有任何变化，从而有效保护现有投资。对整合应用的访问可以通过包装后的Portlet实现，也可以通过系统内置Portlet实现单点登录访问。

OncePortal提供了基于系统进行应用开发所需的开放、完备的二次开发框架。主要包括单点登录应用验证接口、拖拉剪贴应用开发接口、Portlet应用协作开发接口和应用数据管理接口。使用这些接口，用户可以实现应用集成验证方式的扩展，实现Portlet间的剪贴、拖拉和协作以及对Portlet应用使用的数据的管理。

15.2　综合管廊智能运行维护管理系统设计

15.2.1　综合管廊智能运行维护管理系统分析

1. 功能需求分析

综合管廊是城市的“生命线”，它的运行状态关乎着城市供水、供电、热力、燃气、通信等生活必需品的供给状况，所以一个智能化的监控系统来对综合管廊内的管廊结构、空间环境、设备设施的安全和运行状况进行实时的监控十分重要。

目前综合管廊的监控系统是多个独立监控系统的集合，通过不同的监控系统的传感器收集信息，然后将信息传输到控制中心进行处理和分配的工作方式。基于BIM的综合管廊运维管理系统能够将原有的综合管廊的监控系统集成与综合管廊的BIM模型之中，使监控信息与综合管廊结构和设备信息一一对应，实现可视化的管理平台。

综合管廊由于内部敷设多个专业的管线，再加上内部各种维护和监控设备，使得整个工程信息量比较大，适合使用BIM工具进行信息的集成和管理。BIM技术不仅能够将综合管廊进行三维建模，而且可以将各个部位和各种管线的材料信息、施工方法、施工单位等信息进行集成。综合管廊管理人员在BIM中点击某个构件或者设备的时候，能够清晰地看到该构件的所有相关信息。一旦发生事故时，综合管廊管理人员可以迅速对事故点的设备和结构进行定位，并且可以根据BIM模型中的相关信息制定抢修方案、安排抢修人员。基于以上分析，结合综合管廊的项目运维特点，在BIM技术的基础上，提出开发综合管廊运维管理模型，该模型的功能需求总结如下：

（1）综合管廊信息的实时采集。通过已经成熟运作的综合管廊监控系统进行综合管廊内部结构、管线和各种专业设备的信息采集；通过巡检人员、维修人员、成本管理人员、合同管理人员等及时上传相关信息。同时BIM的信息也要随着综合管廊的检修和维护进行及时的信息更新。

（2）有效的信息集成和分配。综合管廊设计专业单位较多，除了综合管廊运维单位之外还有许多其他专业单位。运维单位负责对综合管廊公共环境进行管控，各专业单位负责对各个专业管线进行管控。各部门之间既存在从属于本单位的专业信息，同时他们之间也要做到部分信息共享，既不能因为综合管廊公共环境影响各专业管线的正常运营，也不能因为某个专业管线影响综合管廊整体的正常运营。所以，信息应该在运维单位和各专业单位之间能合理的进行集成和分配，找到各单位之间信息的共享性和保密性之间的平衡点。

（3）可视化的信息管理。能够将综合管廊信息进行可视化的表达，不仅要求展示出三维的空间位置，还要可视化的展示综合管廊内设备/管线的运行状态、成本控制状态、合同纠纷状态、安全状态等信息。能够实现综合管廊内设备/管线的基本信息的快速查询，整合多方信息的输入，方便管理者对综合管廊信息的实时掌握。能够将监控信息与BIM三维模型信息一一对应，方便管理人员对综合管廊各个部位的运行状况有清晰的了解。

（4）自动安全监测和报警。依靠综合管廊环境监控系统及时收集综合管廊内的温度、湿度、含氧量等环境状况，对综合管廊内环境安全进行监测和报警；依靠设备监控系统及时收集设备运行状况，对综合管廊内水管爆管和火灾等易发生的灾害进行监测和报警。一旦发生设备故障或其他灾害，管理人员能够通过该管理平台及时掌握事故地点的详细状况（事故位置、灾害程度、事故点设备信息、相关对应维修人员和维护单位），以制定应急措施。

2. 数据分析

在建筑设备管理领域，一般将设备的管理按照管理内容进行划分，包括设备基本信息管理、运维信息管理、合同信息管理和成本信息管理四类。基本信息是指设备的基础属性，包括名称、规格、编号等信息；运维信息是指设备的运维过程中产生的信息，包括维修记录、运行状态记录等信息；合同信息是指订立的设备合同的相关信息，包括合同名称、签约单位、合同金额、付款方式等；成本信息指设备运维过程中产生的成本和折旧信息，包括购置成本、维修成本、保养成本等。以上信息共同构成了设备运维管理中需要重点管理的信息内容。城市综合管廊的运维管理主要是针对综合管廊的内部环境和综合管廊内设置/敷设的设备/管线的管理，本项目借鉴建筑设备管理的理论，结合综合管廊项目特点，将综合管廊的运维管理内容划分为以下六个部分：设备/管线的基本信息管理、安全管理、维护管理、成本管理、合同管理和管理方信息管理。其中增加的安全相关信息主要依靠综合管廊监控系统进行获取，管理方信息是指使用该运维管理平台的各参与方的管理人员信息。综合管廊运维管理模型的构建就针对以上六个部分的管理内容进行。针对以上对功能需求的分析和管理内容的分类，每个部分管理内容都需要对应的数据，其中安全信息依靠综合管廊监控系统进行收集，其他方面的信息则集成于BIM管理平台。

3. 综合管廊监控数据

综合管廊监控系统分为五大子系统，分别是火灾监控系统、视频监控系统、环境监控系统、安全防范系统及设备监控系统。五大子系统的收集的监控数据总结如下：

（1）火灾监控系统的终端传感器为烟感火灾探测器。使用烟感而不是热感探测器的原因是，综合管廊内电力电缆故障引起绝缘层受热冒烟，进而引起明火是综合管廊内引起火灾的主要诱因。在综合管廊内还应设置手动火灾报警按钮，以便于巡检人员发现火情第一时间报警，报警信号接入区域火灾自动报警系统。每200m设置一个防火分区，每个防火分区内间隔14m布置一个烟感火灾探测器。以上传感器收集的信号均接入消防系统监控主机进行处理。

（2）视频监控系统负责收集综合管廊内的视频信息，为控制中心管理人员提供有关综合管廊的安全、防灾、救灾以及内部设施运行等方面的视觉信息。管理人员可以自由切换综合管廊内任意位置的实时画面，同时当某个部位出现险情时，该部位的视频画面也会随着报警被自动切换到控制中心的视频画面中。

（3）环境监控系统主要监测综合管廊内的环境质量状况以保证综合管廊内设备的正常运行和工作人员的安全，监测的指标包括温度、湿度、含氧量。当监测指标超出设定的标准时（温度高于40℃，湿度高于90%），该区段的机械通风装置会被启动，强制换气。以上指标通过综合管廊内设置的多通道气体检测装置进行收集和处理，探测器的环境信息一方面被上传控制中心，另一方面上传至可编程逻辑控制器（programmable logic controller，PLC），由PLC控制器的预先编码程序判断是否需要启动综合管廊通风装置。另外，在每个防火分区的地坪低处安装液位开关，用来监测水位信号，当水位离地坪30cm以上时，进行报警并开启排水泵进行排水。

（4）安全防范系统用来防止外来人员违法进入综合管廊内部。在综合管廊的每个投料口和通风口等位置安装双光束红外对射探测器，并在投料口和入孔井盖处设置门磁开关。当外部人员进入时，探测器向监控中心发出信号，使监控中心视频画面自动切换至该入口，并发出语音报警信号。

（5）设备监控系统主要对综合管廊内的用电设备高、低压开关柜，照明系统的控制柜等的开关以及运行状况进行监控。其他各专业管线的监控需要专门的监控设备，由各专业管线单位负责监控。

4. BIM管理平台数据

综合管廊运维管理模型中的BIM管理平台需求数据包括三维模型数据、综合管廊内的各专业设备/管线数据和管理方信息。

1）三维模型数据

（1）建筑部分的长、宽、高等空间尺寸；出入口、卸料口、进风口、排风口；复杂节点，内部装修等；

（2）结构部分的基础、梁、板、柱等；

（3）机电部分的照明、通风、排水、监控系统。

2）综合管廊内的各专业管线和其他设备信息

（1）设备/管线基本信息：设备编号（ID）、设备名称、规格类型、生产厂家、安装位置和性能等；

（2）运行维护信息：维护状态、维护历史等；

（3）合同信息：设备供应商和保修期、管线所属单位等；

（4）成本信息：购置成本、安装成本、维护成本和折旧额等。

3）管理方信息

运维管理平台的各参与方的管理人员信息，包括管理人员姓名、编号、所属单位等。

以上数据可从综合管廊的施工图纸、合同文件等资料中进行提取。BIM可以在综合管廊的运维阶段进行建模，更为合理的方式是在设计、施工阶段均使用BIM工具进行建设管理，在运维阶段可以在原有的BIM基础上进行进一步修改并加以使用。

15.2.2 综合管廊智能运行维护管理系统设计

1. 综合管廊智能运行维护管理系统设计原则

本章试图构建出基于BIM的城市综合管理运维管理系统，来解决综合管廊的运维管理问题。基于该系统的使用探讨运维管理模式，实现综合管廊内设备/管线的可视化管理，以提高综合管廊的运维效率。本章是对该运维管理系统所做的概念设计和系统的初步开发，为以后系统的进一步开发打下基础，而并不是为了开发出一个成熟的可以商业化应用的系统软件直接应用于实际工程。

基于BIM的综合管廊运维管理系统的设计原则为以下几点：

（1）动态性。综合管廊内的设备设施复杂，各项条件状况也处在时刻的变化中，要保证运维管理系统的有效性就必须实时了解综合管廊内的各项信息指标，并将其在系统中动态的展现。同时，对于综合管廊内各项信息的修改、添加、删除也要及时地在系统中更新，让管理者能时刻了解综合管廊内的最新状况。

（2）准确性。准确的数据传递和数据传递的高效性、完整性是保证该管理系统达到高效管理、预防灾害、降低运维风险的目的的基础条件。数据越准确，数据传输越及时，管理系统就会对综合管廊内的故障和灾害的发生做出越准确及时的响应。因此，数据的准确性和实时性是运维管理系统有效性的重要保障。

（3）模块化。根据运维管理系统各部分的管理对象、管理手段和功能不同，同时结合具体项目的特殊要求，针对性开发和具体应用，可以将运维管理系统分为相互独立又相互联系的应用模块，在保证应用功能的独立性的同时保证整个运维管理系统的有效运行和综合管理。

2. 系统架构

基于BIM的综合管廊运维管理系统是以BIM系统为信息基础，将综合管廊内各种设备/管线的信息以定义构件属性的形式整合到BIM系统中，进行管线/设备信息集成。之后使用BIM软件的相关工具进行信息的快速查询和统计。同时，将监控系统数据与BIM系统进行集成，将综合管廊内的监控数据可视化的在BIM系统中展现，发挥监控系统的安全预警功能，在发生设备事故和灾害时，能够及时报警，方便管理人员将实时的灾害状况与

BIM 系统信息相对应查看，制定相应处置对策。要实现以上目标需要管理者对大量的信息进行及时准确的处理，该系统的任务就是将综合管廊运维管理中涉及的大量管理信息集成于数据库中存储，并进行清晰、有条理的展示。这里的管理信息既包括 BIM 系统中的空间位置信息和构件信息，又包括综合管廊的其他设备信息和综合管廊环境信息。本章中所建立的数据库就是为了存储和展示以上这些不同来源、不同种类的管理信息。通过以上的思路分析，本章明确了基于 BIM 的综合管廊运维管理的实现模块由三个部分构成，分别是 BIM 可视化系统、监控系统、运行维护管理系统数据库。三个模块之间信息的无障碍互通需要通过应用程序编程接口（API）来实现，所以系统整体结构如图 15-14 所示。

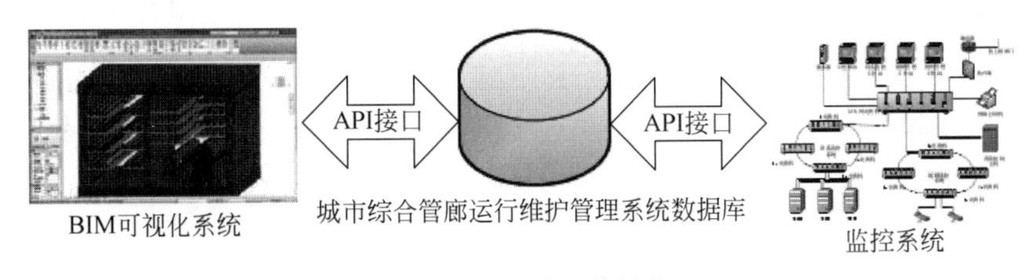

图 15-14　系统整体结构

本章的综合管廊运维管理系统由以上 BIM 可视化系统、监控系统和运行维护管理系统数据库三大模块构成。整个系统以 BIM 可视化系统为基础，因此首先要利用 RevitArchitecture 和 MEP 等 BIM 建模软件构建出综合管廊及内部设备/管线的 3D 系统，并添加构件信息。BIM 系统的特点是可以进行三维表达，相对于二维图纸对项目环境的表达更加直截了当，管理者也更容易理解和接受这种表达方式。BIM 系统建成之后，需要建立基于 BIM 系统的综合管廊运行维护管理数据库，本部分利用 Access 数据库工具进行该数据库的结构设计。Access 数据库的建立比较简单，通过建立表格、定义关键字、定义表间关系等操作即可完成数据库创建。数据库中的部分表格可以经由 Revit 软件导入，将 Revit 中的开放数据库连接（open database connectivity，ODBC）导出的 ODBC 格式数据导入 Access 数据库中即可创建初始数据库。该数据库还需要进行进一步扩充，将其他 BIM 系统没有包含的信息（如各种维护信息、供应商信息、日常保养记录、使用管理手册、合同信息、成本信息等）导入到数据库中，方便管理者进行综合管理（安全管理、经济分析、合同管理、成本管理等）。最后，将综合管廊监控系统收集的信息导入到综合管廊运维数据库中，包括综合管廊特定位置的火灾信息、视频信息、温度、湿度、含氧量、外来人员侵入信息、设备运行信息等，以上监控系统的数据是需要实时更新的数据。至此，一个完整的综合管廊运维管理数据库便构建完成，完成了对信息的统一存储，方便进行相关分析，辅助管理决策的制定。基于以上的探讨，本项目构建了基于 BIM 的综合管廊运维管理系统，如图 15-15 所示。

3. 运维管理可视化系统

基于 BIM 的综合管廊运维管理系统主要包括 BIM 可视化系统、综合管廊运行维护管理系统数据库和综合管廊监控系统共 3 个模块。其中 BIM 可视化系统提供综合管廊运维管理的可视化管理平台，综合管廊运行维护管理系统数据库集成综合管廊和综合管廊内设备/管线的所有相关信息，监控系统则负责实时采集数据，更新综合管廊运维数据库。3 个模块相辅相成，互相进行信息的交互和共享，本部分重点介绍 BIM 综合管廊可视化系统。

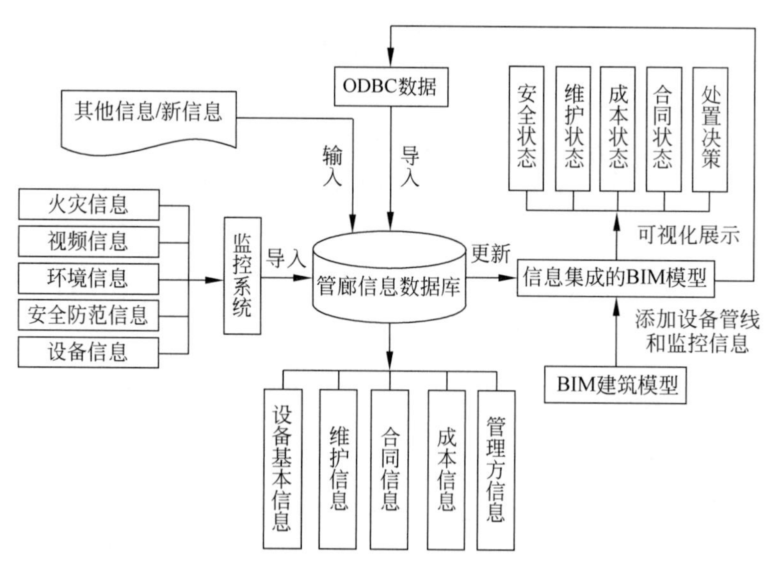

图 15-15　综合管廊运维管理系统

基于 BIM 的综合管廊运维管理可视化系统的应用架构如图 15-16 所示。

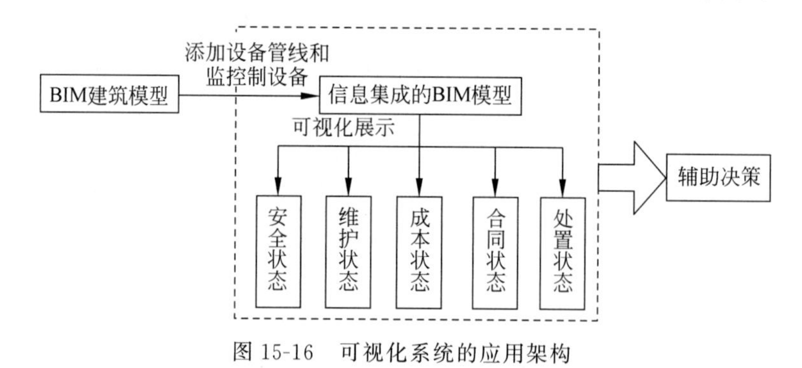

图 15-16　可视化系统的应用架构

1）运维管理可视化系统应用架构

BIM 综合管廊运维管理可视化系统主要用于综合管廊信息的可视化展示，是实现可视化管理的工具，可以实现对综合管廊各类数据的查询与统计。另外，参与运维管理的各个单位均可以通过该平台对相关信息实现实时访问和查询，被授权者还可以对系统中的信息实现删除、添加和更新等操作。首先利用 BIM 软件(本章使用 Autodesk Revit)进行综合管廊以及内部设备/管线的 3D 建模，并将设备/管线的基本信息、维护信息、成本信息、合同信息等添加到对应的每一个设备/管线的属性中。同时，在对应位置输入监控系统各传感器信息，包括火灾信息、环境信息、安全信息和设备信息。当某个位置发生险情时，还可以自动调用该处视频信息。通过 BIM 系统将以上信息整合，形成信息集成的 BIM 系统。管理者可以通过该可视化平台对综合管廊内任意结构部位或者设备/管线进行准确定位，对想要了解的部分进行 360°无死角查看。对于综合管廊内的设备/管线，除可以获取外观和空间位置信息之外，该平台对相关故障部位覆盖不同的颜色或者图案来表达其当下的不同状态(运维状态、成本控制状态、合同纠纷状态等)，利用这种直观的方式来辅助管理者的管理和决策。

2）BIM 系统的建立与信息集成

利用 Revit Architecture 和 MEP 软件构建综合管廊 BIM 系统，呈现出与实际状况相同的三维空间效果。本项目的运维系统将综合管廊按照防火分区（每 200m）分成若干段进行分段管理，按照收尾相接的顺序给每个防火分区进行编号，以此为基本单位进行综合管廊的运维管理。

（1）将设备/管线相关信息通过定义构件属性的方式整合到 BIM 系统中。整合的设备/管线相关信息包括基本信息（设备/管线编号、名称、类别、类型等）、维护信息（维护状态、维护历史、维修单位、维修人员等）、合同信息（纠纷状态、供应商、保修期等）、成本信息（购置成本、安装成本、维护成本、折旧额等）。

（2）将监控系统数据整合到 BIM 系统中，用来确认综合管廊内的安全状态。监控系统信息包括火灾信息（是否发生火灾），环境信息（温度、湿度、含氧量等），安全防范信息（是否有外来人员入侵），设备信息（是否运行正常）。另外视频监控用来在发生险情时及时切换灾害位置视频画面，方便管理人员直观判断灾害发生严重程度，制定应对策略。在这样一个集成信息的 BIM 系统中，管理者可以方便快捷的查询任一设备或者管线的相关运维信息。也可以查看系统中任意部位的监控信息，对综合管廊的安全状况做出判断。

3）运维信息可视化表达

综合管廊内敷设着多个单位的专业管线，同时还设置有各种电气化设备，如通风系统、照明系统、监控系统等。设备和管线的维护管理工作量较大，本章中构建的 BIM 综合管廊运维管理系统可以将管线/设备信息进行可视化的表达，提高管理信息化程度，提高管理效率。经过 BIM 建模阶段之后，形成信息集成的 BIM 系统。在该系统基础上对其展示方式进行定义，将综合管廊内的设备/管线的不同状态用颜色和图案进行区分，来表达不同的安全状态、运行维护状态、合同纠纷状态、成本控制状态，并对处置决策提出建议，使综合管廊内设备/管线的状态一目了然，帮助管理者快速定位需要重点维护或者进行其他操作的设备/管线。该系统的表达方式和实现过程如下：

（1）综合管廊内安全状态的可视化。综合管廊内的安全状态的监控主要依靠综合管廊内的监控系统，根据第 2 章的分析，监控系统分为五大子系统（火灾监控系统、视频监控系统、环境监控系统、安全防范系统、设备监控系统），各子系统依靠不同的传感器收集综合管廊内的各项数据。信息集成的 BIM 系统能够将传感器的位置进行三维展示，并通过不同的颜色状态表达不同的信息。以综合管廊内的火灾监控系统为例，传感器位置显示红色代表探测到火灾，绿色代表环境正常，黑色代表探测器故障。其他各子系统的展示形式与火灾监控系统类似。当综合管廊某个位置发生险情时，该区域的视频画面将被自动切换至监控中心，以进一步确认灾害情况，并制定处理措施。

（2）设备和管线运行维护状态可视化。设备和管线的运行维护状态信息主要采用不同的颜色在 BIM 系统中进行可视化表达。本章设定，原始颜色（灰色）表示设备或管线正常运行，红色表示设备或管线出现故障，黄色表示设备或管线正在维修或保养中。

（3）设备和管线成本信息可视化。综合管廊内的设备和管线的成本信息主要分为成本超支、成本警戒（未超支但是超过成本警戒线）和成本未超支。其中：成本超支以橙色标识，成本警戒用蓝色标识。

（4）设备和管线合同信息可视化。综合管廊内的设备和管线的合同信息主要指合同纠纷状况，本章用紫色代表设备或者管线存在合同纠纷，不存在合同纠纷的设备或管线则不做标记，点击系统中的合同或管线还可以查询合同的具体信息，包括合同金额、签订时间等信息。

(5) 设备和管线处置决策可视化。对于综合管廊内设备和管线的处置一般包括维修、改造、更新、报废等活动，这些活动也可以用不同的颜色分别来进行对应表达。

4) 运维管理信息的快速查询与统计

综合管廊运维管理系统中 BIM 是一个集成的信息平台，管理人员可以在该平台中对综合管廊内的信息进行全方位、实时的掌握。本项目中应用的 BIM 软件(Revit)可以集成综合管廊项目以及内部的设备和管线的所有信息，管理人员可以通过查询系统各构件的属性来获得以上信息。另外，Revit 软件可以对系统中的设备和管线的信息进行统计，生成明细表，并最终导出 EXCEL 表格，供管理人员查询和使用。

15.3 数据分布式存储设计方案

15.3.1 综合管廊智能运行维护管理数据量统计与分析

在项目中，视频数据等海量数据的存储、传输都是亟待解决的问题，下面对综合管廊智能运行维护管理过程实现全程可视化管理的存储量以及带宽要求进行了估算，并以此为依据提出相应数据存储方式的解决方案。

1. 存储量估算

根据数据传输方式的不同，将数据分为定点有线传输和无线传输两部分。数据存储容量总需求为定点传输和无线传输的数据总和，根据上述估算，综合管廊智能运行维护管理所有企业平均每天的数据存储容量总需求约 95Gb，如果数据存储 6 个月，则需要约 17Tb 的存储容量。存储空间的设计不应低于此标准。

2. 带宽估算

总控中心的存储服务器主要是备份前端所有企业的上传数据，因此主要考虑的是下行带宽，根据单个企业的上行网络带宽需求，每个企业至少要上传 2.738Mbps 的码流到中心存储服务器，因此按照当前规模计算，总控中心存储服务器的下行带宽至少需要 40Mbps 才能满足需求。

15.3.2 分布式存储原则

在本章系统中，由于需要实现全程可视化追溯，综合管廊日常运维的视频和监控信息等海量数据的存储、传输都是亟待解决的问题，下面依据对综合管廊智能运行维护管理过程实现全程可视化产生的存储量以及带宽要求进行的估算，提出相应数据存储方式的解决方案。

根据存储量和带宽的估算，若采用集中式存储模式，对总控中心的要求较高，实施难度较大，因此本项目决定采用分布式存储方案。

分布式存储，就是将数据分散存储在多台独立的设备上。传统的网络存储方式是集中式存储，即在集中的存储服务器存放所有数据，将数据存储在某个或多个特定的节点上，这样存储服务器成为系统性能的瓶颈，同时也是可靠性和安全性的焦点，不能满足大规模存储应用的需要。分布式网络存储系统采用可扩展的系统结构，利用多台存储服务器分担存储负荷，并根据存储总量决定存储服务器的数量，利用位置服务器定位存储信息，将这些分散的存储资源构成一个虚拟的存储设备，数据分散存储在企业的各个角落。

本章系统规划应用于北京市综合管廊智能运行维护管理相关的所有企业，系统运行将会产生海量数据。海量的数据按照结构化程度来分，可以大致分为结构化数据、非结构化数据、半结构化数据。

一般而言，数据量越大，相应的服务器也会要求更多，集中式存储方式无论对成本控制还是节电问题都存在很多弊端。而应用分布式存储有很多的好处，包括系统开放性和可扩展性。“开放性”是指组件之间可以不断开放地交互，“可扩展性”是指系统可以容易地根据用户、资源和计算实体的数目变化而进行相应的改变。因此，相对于集中存储方式，分布式系统能获得更大的规模和更强的能力。

分布式系统要发挥其实际优势，首先必须是可靠的，但是，同时运行的组件之间进行交互具有一定的复杂性，这个目标通常不容易实现。要使分布式系统真正地可靠，它必须拥有以下特性：

(1) 容错性：系统能在组件出错时恢复并一直执行正确的指令。

(2) 高可用性：系统能对数据操作进行恢复，从而使得它在系统运行出错的情况，也可以重新开始提供服务。

(3) 自我恢复：错误修复以后，组件能自我重启并重新加入系统。

(4) 一致性保持：系统能协调多个组件的运作，而这些组件是并发运行的且随时会出现故障。这些问题都会使分布式系统出现“非分布式”的情况，即不同的组件不能保持一致性，各个组件好像单机的情况，维护不同的数据。

(5) 可扩展性：即使是系统的规模增大，它也能正确地运行。

(6) 可预计的性能：系统能提供预期的响应时间。

(7) 安全性：系统对数据和服务的访问提供认证。

15.3.3 分布存储方式

基于上述分布式存储原则，本系统采用二级分布式存储方式，若实现视频数据的实时上传需要不低于 3Mbps 的带宽支持，这样必须采用无线传输方式，成本高昂，因此视频数据存储在本地，即二级监控中心。其他一切信息，如信息和温湿度信息等，均全部上传至总控中心存储。同时，为了保证总控中心对二级监控中心的控制，二级监控中心需实时上传录像关键帧到总控中心。

1. 总控中心

如图 15-17 所示，总控中心是整个系统的核心，存储视频信息以外的任何信息，包括温湿度信息和视频关键帧图像，主要配置包括电视墙、视频解码器、存储服务器、认证服务器、流媒体服务器。其中：视频解码器完成对数字视频的解压缩，存储服务器存储并统一管理整个系统的数据，认证服务器对访问者身份进行认证，流媒体转发服务器。

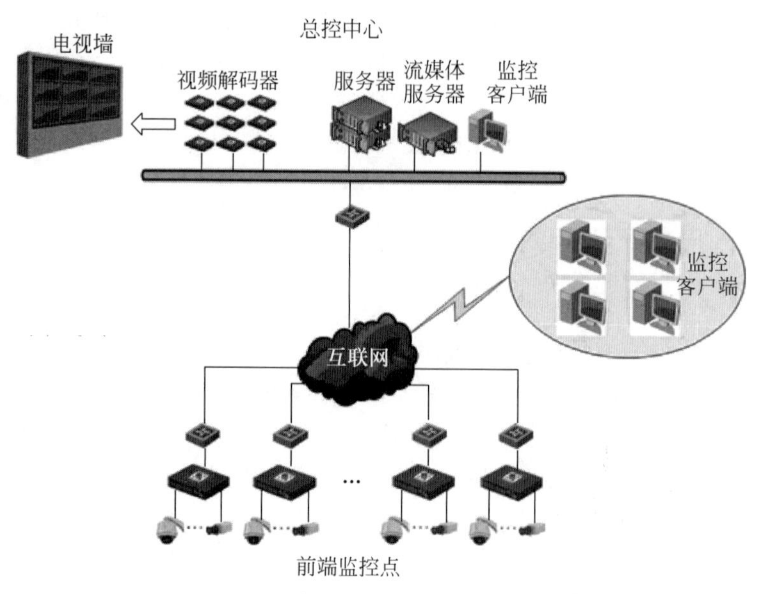

图 15-17 总控中心配置图

在网络存储方案中，每台网络视频服务器均占有一个 IP，如果希望通过互联网来进行远程监控，则网络视频服务器的 IP 地址必须是公网 IP，在通常情况，公网 IP 地址都是稀有资源；另外远程监控受到网络容量的限制以及网络拥塞的影响，带宽通常不能保证，给远程监控带来了不便，而现在的流媒体网关可以解决这两个问题。

流媒体网关是一个嵌入式的硬件设备，所有的报文转发均是基于硬件转发（如果是软件转发，性能达不到要求），转发能力可以达到 1Gbps 以上。该流媒体网关的主要功能包括：

(1) 支持 NAT 转换功能。网络地址转换（network address translation，NAT）属接入广域网（WAN）技术，是一种将私有（保留）地址转化为合法 IP 地址的转换技术，它被广泛应用于各种类型互联网接入方式和各种类型的网络中。NAT 不仅完美地解决了 lP 地址不足的问题，而且还能够有效地避免来自网络外部的攻击，隐藏并保护网络内部的计算机。

(2) 支持视频分发功能。当多个远程监控的用户访问同一台网络视频服务器的时候，均需要向流媒体网关发请求，然后流媒体网关再向网络视频服务器发出请求，当流媒体网关收到网络视频服务器的数据后（注意视频服务器与流媒体网关之间的数据流只有一份）再负责分发给远端的多个监控用户。

(3) 支持视频点播服务。远端用户可以通过流媒体网关完成视频点播的功能。

2. 二级监控中心

二级监控中心主要存储视频信息，并将流程中的关键帧图像传输到总控中心，主要设备包括电视墙、数字矩阵、存储服务器及相应的监控前端。

其中：数字矩阵将视频图像从任意一个输入通道切换到任意一个输出通道显示，即将前端设备的视频流输入显示到监控中心的电视墙上，用于完成输出、切换、存储、转发、远程控制视频等功能。

监控前端主要由摄像头、视频录像机组成，其中视频录像机可以带硬盘，该硬盘主要是用于网络不畅时，暂时对音视频数据进行保存，或者保存需要在前端保存的一些重要数据。并对重要监控点进行视频录像并实现本地存储，同时上传关键帧图像到总控中心存储。而对于视频和温湿度信息，则直接通过 GPRS 传输到总控中心。各个监控点通过专线联入互联网，构成一个基于 TERNET 的远程监控网络。

15.3.4 分布式调用

关于数据调用要考虑到平台的无关性，由于整个信息平台是基于分布式的系统，其主要的数据存储特征是视频信息零散存储在各个客户端，客户端通过广域网来交换数据，因此在数据调用时必然要考虑不同的操作系统、编程语言、不同的机型等因素，要实现代码的无缝移植。同时，还要提高系统的性能，要求保证系统的可靠以及高效运行。

本系统的数据存储方式是在总控中心存储温湿度信息，而二级监控中心的存储数据大部分是视频信息，因此对于网络传输性能要求较高，但是若要实现视频数据的实时上传，需要不低于 3Mbps 的带宽支持，这样必须采用无线传输方式，成本高昂。因此，该系统采用分布式网络存储、调用模式，很好地解决了网络带宽瓶颈等问题。

1. 调用机制概述

谈及分布式系统的调用机制是指：不同监控平台的数据流，通过调用的方式在各个部件之间传递流动。该监控系统中，在作为服务器端的总控中心平台的管理服务器中部署程序，给客户端一些远程接口，客户端通过调用服务器的程序来处理业务逻辑，同时只拿到它们想要的数据。远程调用的流程如图 15-18 所示。

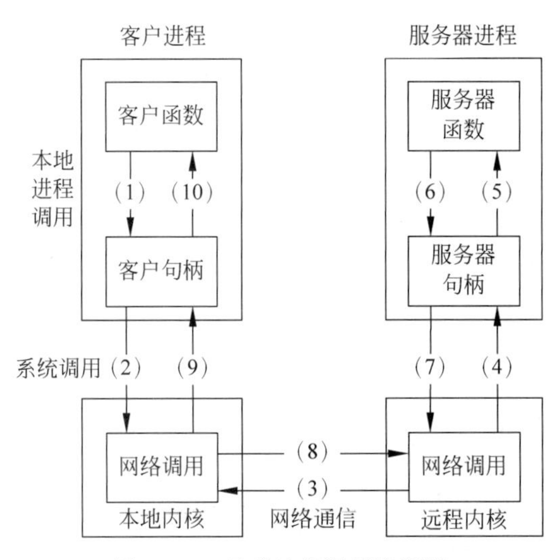

图 15-18　远程过程调用流程图

远程调用在分布式系统中广泛使用。一般在客户端含有适于各种开发语言的接口定义以及相应的编译器，远程调用语句经过编译器翻译成对服务器的调用码，由通信机制传送给服务器，再由服务器端将这些调用码翻译成局部的进程调用，以完成远程服务。远程调用的实现还包括一个实时库，用于实现网络通信。

2. 总控中心与二级监控中心的数据调用

当总控中心需要对本地的视频信息进行监控时，通过管理服务器发送指令，通过管廊维护信息或者关键帧的信息，去调用相关的视频信息，并将查询结果通过解码器转换视频格式后，显示在电视墙上。至于在总控中心集中存储的温湿度信息、其他信息，则可以通过GPRS网络直接访问、监控、查看，此时存储视频信息的企业相当于一个节点，对总控中心的服务器通过HTTP协议进行。基本流程表现为：企业先通过HTTP访问服务器，表现方式为一般的Web页面；然后总控中心的管理服务器、流媒体服务器将这些节点请求发送给服务器内的数据库，数据库分配给该请求一个响应的URL值，同时对数据库请求进行解析，再将结果返回给各企业。

3. 各监控中心的数据共享

企业通过调用总控中心管理服务器上的登录页面，声明它确定的IP地址以及共享的视频信息，服务器把该IP地址以及共享信息记录到数据库中。假如执行成功，则服务器返回成功的验证信息；假如失败，则返回包含失败原因的文档。当企业要删除过时的视频信息时，需要调用服务器上的删除页面，管理服务器中相应模块根据该企业的IP地址等信息，从数据库中删除其对应的记录，主要是指关键帧以及视频信息的相应编码。

涉及综合管廊智能运行维护管理的各企业如果想了解当前的其他企业的情况，也是先发送请求给总控中心，由它来查询数据库，将查询结果返回给该企业，查询结果主要包括被查询企业的IP地址、所有数据的信息，因此企业就可以得到当前的其他企业的连接信息，进而通过广域网与其他企业直接通信。

4. 终端用户的数据调用

该综合管廊智能运行维护管理链的终端用户是管线单位，管线单位也是通过HTTP协议，登陆广域网与该监控系统进行数据查询调用。管线单位根据需求信息，发送指令到总控中心的服务器，管理服务器通过编译，查询内部数据库，其信息的展现方式表现为Web静态页面，管线单位再根据自身需要，看是否要浏览视频信息，其视频信息的数据调用方式类似于总控中心调用企业本地视频数据。如果有多个用户同时登录系统，总控中心的流媒体服务器支持分流，能提供较好的并发性。

15.3.5 数据耦合

本系统数据存储方式定为分布式存储方式，因此，系统在进行数据调用时所涉及的数据具有数据量大、来源不同、格式及性质不同等特点，如何把这些数据在逻辑上或物理上有机地集成到一个统一的监控平台是我们必须解决的问题。在数据集成领域，已有许多成熟的框架可以利用。目前，通常采用联邦式，基于中间件模型和数据仓库等方法来构造集成的系统。

1. 数据集成相关技术分析及选择

联邦数据库系统是多数据库系统的一种，它是建立在各个成员数据库系统的集成基础上，将分散在各个不同地方的数据连接起来，它能协调不同的DBMS间的不同需求，让一个系统的用户可以存取另外一个系统中的数据，能在对现有数据库系统的操作影响最小的情况下向用户提供一种用单一查询来对多个数据库进行数据存取的机制。

联邦数据库系统的体系结构如图15-19所示。

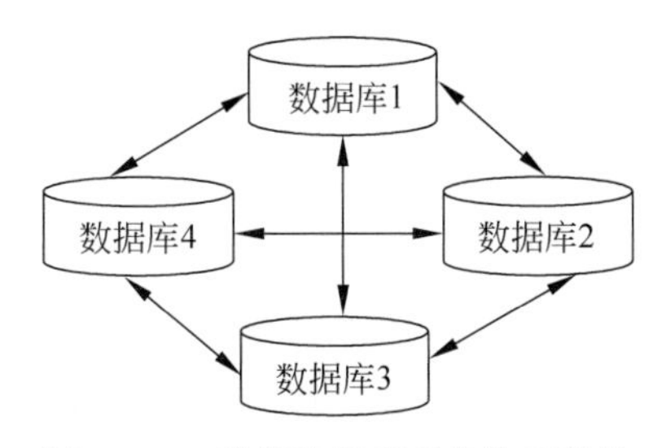

图15-19 联邦数据库系统体系结构

数据仓库技术是在企业管理和决策中面向主题的、集成的、与时间相关的和不可修改的数据集合。它可以将各种数据整合在一个中央存储库中，其存储库中包括了不同类型、不同领域、不同结构的多种数据。为了便于数据提取和分析，需要对数据仓库中的数据进行重新整理和排列。当数据被导入数据仓库后，借助一些数据库连接和操作工具，比如联机分析处理(on-line analytical processing，OLAP)工具，基于角色的访问控制方法，使得不同类型和权限的用户可以轻松操作数据库并得到所需的数据。数据仓库所满足的是决策的分析需求，数据仓库对已集中的数据进行深度分析以挖掘历史数据中隐含的趋势走向。

数据仓库技术的体系结构如图15-20所示。

中间件模式通过统一的全局数据模型来访问异构的数据库、遗留系统、Web资源等。中间件位于异构数据源系统(数据层)和应用程序(应用层)之间，向下协调各数据源系统，向上为访问集成数据的应用提供统一数据模式和数据访问的通用接口。各数据源的应用仍然完成它们的任务，中间件系统则主要集中为异构数据源提供一个高层次检索服务。

中间件模式的体系结构如图15-21所示。

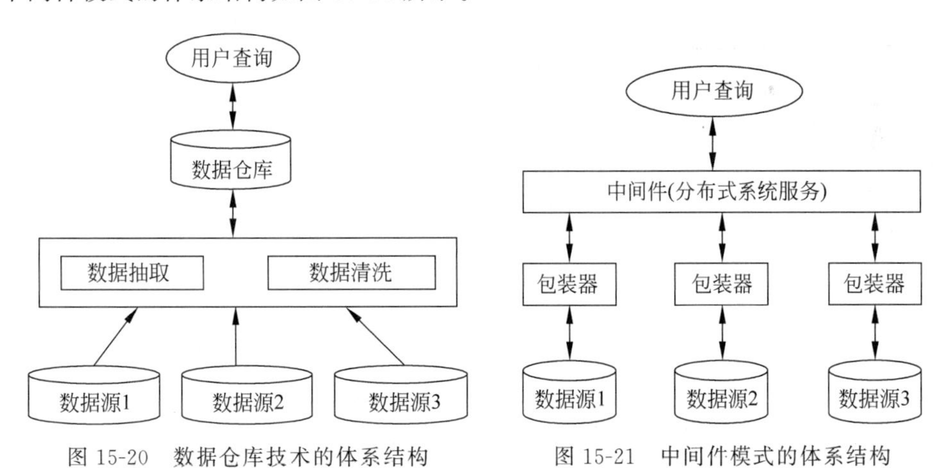

图15-20 数据仓库技术的体系结构

图15-21 中间件模式的体系结构

联邦数据库系统、数据仓库技术、中间件模式3种方法都在一定程度上解决了应用数据的共享和互通的问题，但是，就本章的具体情况而言：

1) 我们不选择联邦数据库系统的集成方法

因为本项目所要集成的系统都很多、很大。而联邦数据库系统进行集成时，数据源要映射到每一个数据模式，当集成的系统很大时，对实际开发将带来巨大的困难。而且，它只能在一定的限制条件下实现，难以完成各种数据源间灵活的数据集成，建立时间长，硬件开销大。

2）我们不选择数据仓库技术的集成方法

因为，它是在另外一个层面上表达数据之间的共享，它主要是为了针对企业某个应用领域提出的一种数据集成方法，也就是为企业提供数据挖掘和决策支持的系统。但是成功地实施一个数据仓库项目，通常需要很长的时间。如果数据更新不及时，则不能满足实时性要求高的数据集成。而按照本章的要求，我们所采集到的大量视频、温湿度等信息都必须完全可视化，实时性要求是非常高的。数据仓库技术不能满足本章的高实时性要求。

3）我们选择中间件模式的集成方法

因为，它是目前非常流行的数据集成方法，通过在中间层提供一个统一的数据逻辑视图来隐藏底层的数据细节，使得用户可以把集成数据源看为一个统一的整体。中间件模式能够隐藏底层的数据细节，不需要改变原始数据的存储和管理方式，它提供给用户的是一个全局模式，用户可以不必知道数据源的位置、结构及访问方法而实现对该数据源的访问，这就可以保护示范的综合管廊智能运行维护管理企业现有系统，使一些敏感数据更加安全。而且该方法能为异构数据源提供一个高层次检索服务，可以满足本章系统在网络上提供一个公共平台以供查询、监督的要求。综上所述，中间件模式完全可以满足本项目在数据集成方面的要求，所以我们选择中间件模式来完成本章的数据集成工作。

2. 数据集成中间件设计

XML 具有适于异构应用间的数据共享、可以进行数据检索和提供多语种支持等优点。它能够提供一种连接关系数据库、面向对象数据库和其他数据库管理系统的纽带。XML 文档本身的节点是一种有若干节点组成的属性结构，这种特点使得数据更适宜于用面向对象格式来存储，同时也有利于面向对象语言调用 XML 编程接口访问 XML 节点。使得 XML 成为目前多数信息集成框架的首选。本系统数据集成中间件的设计也是基于 XML 技术。

本章总控中心的管理服务器所发布的网站会提供一个可供查询的平台，是关于数据集成工作的。大体的设计思路是，将基于全局模式的查询转换为基于各局部数据源的模式查询，它的查询执行引擎再通过各数据源的包装器将结果抽取出来，最后由中间件将结果集成并返回给用户。

整个中间件模型体系结构分为三层，分别是数据源层、集成中间件层、应用层。如图 15-22 所示。

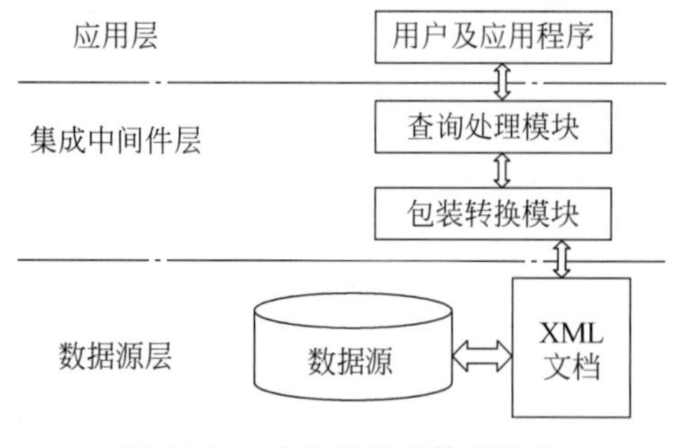

图 15-22 中间件模型体系结构

1）数据源层

数据源层处于最底层，是系统的数据提供者，在此应该包括各种类型的数据库（关系数据库和面向对象的数据库）、文件、多媒体等信息。

2）集成中间件层

集成中间件层向下协调各数据库系统，向上为访问集成数据的应用提供统一的数据模式和数据访问的通用接口，提供必要的数据转换功能或工具，进行数据与 XML 格式的相互转换,将数据存储到 XML 数据空间中,并维持 XML 数据空间与各异构数据源之间的映射关系。

3) 应用层

应用层即用户界面层,根据具体的应用和用户计算环境,采用合适的信息访问技术或应用软件。应用层可以 Web 浏览器或专用的客户端,对集成数据的应用服务器层进行数据访问。无论应用是 C/S 模式还是 B/S 模式,只要遵循接口层的接口规范,即可以有效地、透明地操作底层各类数据源。

集成中间件层是整个模型最重要的一层,是实现异构数据集成的关键,系统接收用户的查询,并返回查询的结果。

中间件层、运行的流程如图 15-23 所示。

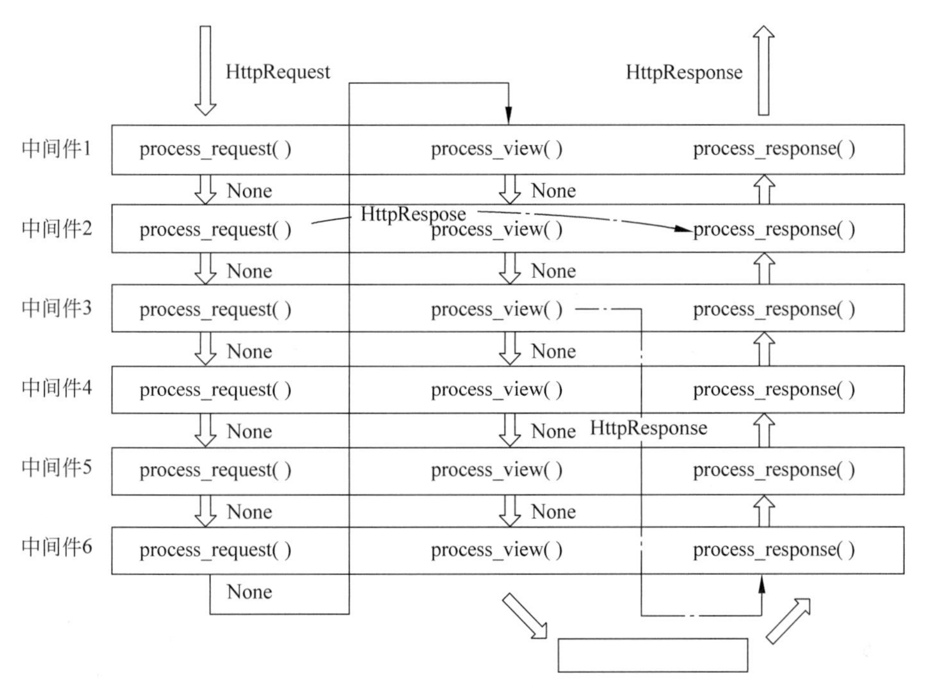

图 15-23 中间件运行流程

整个流程有 5 个主要的步骤如下:

(1) 解析用户的查询(XPath 语句),并分解成对异构数据库的查询;

(2) 将查询条件转化成访问参数,并访问异构数据库;

(3) 获取异构数据库返回的 SQL 结果并转化成 XML 文档;

(4) 对各个数据库提供的查询结果 XML 文档作集成处理,即合并不完整的数据和过滤重复及敏感数据。并将集成结果返回给应用层;

(5) 给用户返回查询结果。

本系统所利用的 XML 和中间件技术整合综合管廊智能运行维护管理异构数据是一种独立的系统软件或服务程序,并不需要改变原始数据的存储和管理方式。既解决了异构数据集成的问题,又能很好地保护示范企业的投资。采用中间件技术,系统可以把关键性的示范企业逻辑存放封装在中间件中,而不是放在客户端的程序中。既可以封装企业内部业务逻辑,也可以封装企业的敏感数据,提高了系统的安全性。中间件可以直接将数据计算和数据处理封装起来，集中处理数据，这样就解决了系统的瓶颈问题，大大提升了应用系统的性能。所以，基于XML的中间件系统能很好地适用于本系统的数据集成工作。

15.4 数据库设计

该数据库（暂定数据库名称为“综合管廊智能运行维护管理”，编码为ZHGLZNYXWHGL）中至少应包含十张表。这十张基础表格分别是WZXXB（位置信息表）、LNHJZTB（廊内环境状态表）、GLXGDDYB（各类型管道对应表）、ZHZSB（灾害追溯表）、CPLCXXXXLB（产品流程详细信息列表）、TCSB（探测设备）、WHJL（维护记录）、SXJ（摄像机）、CGQ（传感器）、BJXXDJB（报警信息登记表）。

15.4.1 数据库需求分析

综合管廊数据库能够为综合管廊管理人员提供管理信息，能够导入综合管廊监控系统收集的数据，并将监控信息以及综合管廊其他设备和管线的信息进行整理。信息整合的最终目的是对BIM模型进行及时的更新，将信息可视化地展示给管理人员。该数据库能够实现综合管廊设备和管线的基本信息管理、安全管理、运行维护管理、成本管理、合同管理、管理方信息管理等功能。对综合管廊的各方面信息进行全方位、多角度整理，使信息的交流和共享更加便捷高效。

本项目采用Oracle是由Oracle公司发布的一款关系数据库管理软件。它具有强大的数据管理功能，可以手工输入数据也可以从其他数据源提取信息并生成表单，方便使用者进行查询、编辑等操作。Access数据库支持ODBC，所以能够实现与BIM模型数据库的互联。Access数据库操作简单，界面简洁明了，适用于中小型数据库系统的开发，可以作为本项目的数据库开发工具。

综合管廊运维管理数据库主要包括综合管廊和设备/管线的基本信息管理、安全管理、成本管理、合同管理和管理方信息管理六大功能模块。各功能模块具体包含的信息和功能如下：

（1）设备/管线基本信息管理包括设备/管线的基本信息（如设备/管线的编号、名称、规格、生产厂家以及使用手册等文件管理）、所属单位信息（如电力公司、热力公司、自来水公司、排水公司、天然气公司等单位信息）。

（2）安全管理包括监控系统信息管理（如火灾监控、视频监控、环境监控、安全防范和设备监控等）、巡检信息管理（巡检工人在巡检过程中的安全信息登记）。

（3）设备/管线维护管理包括维修信息管理（维修人员、维修单位、维修记录，维修手册等）、运行状态管理（运行状态记录）。

（4）成本信息管理包括设备/管线的购置成本和维修成本等项目的信息管理，并将实际成本与计划成本进行对比，及时对成本警戒和超支状况进行提醒。

（5）合同信息管理包括对合同文件的管理（如合同电子文档、图纸、附件等资料）和合同纠纷管理。

（6）管理方信息管理包括综合管廊各参与方员工的信息（如姓名、性别、工号、所属单位等）和用户权限的管理。

以上信息均可以通过该数据库进行添加、修改、删除和查询等操作，还可以生成报表进行打印，以方便留存档案。

15.4.2　数据库结构设计

本章的数据库结构设计采用 Oracle 数据库工具。该数据库中的数据表根据数据库的六大功能模块分别进行设计，另外还包括 BIM 中导出的各种数据表，共同构成了综合管廊运维管理数据库。以下按照功能模块介绍结构：

(1) 设备/管线基本信息表包括设备/管线表、类型表、综合管廊信息表、安装单位资料表和供应商资料表五个表格。

(2) 安全管理信息表包括火灾监控信息表、视频监控信息表、环境监控信息表、安全防范信息表、设备监控信息表和巡检信息表。

(3) 设备/管线维护管理信息表包括维修信息表和运行状态信息表。

(4) 成本管理信息表包括设备/管线的购置和维修保养等成本信息。

(5) 合同管理信息表包括合同文件管理和合同纠纷状况等信息。

(6) 管理方信息表包括部门资料表、员工信息表和用户表。

15.4.3　综合管廊运维数据库应用

综合管廊运维数据库是进行数据存储和共享的中介，能够整合综合管廊信息，监控信息和设备/管线的基本信息等。该数据库的运用能够提高管理人员的管理效率，提供方便快捷的查询、统计、上传、打印等服务。综合管廊的运维数据库的应用可以概括为以下几个方面：

1. 不同单位管理人员的系统登录

综合管廊项目所涉及的不同专业的单位众多，除了综合管廊管理单位之外还有各管线的运营单位。不同单位在该数据库中的权限是不同的，例如，供电公司只能查看电力系统的相关设备/管线，而不能查询其他单位的设备/管线信息。该数据库中存储着各单位以及各单位员工的详细信息，系统根据登录账号和密码自动给用户分配权限。用户登录成功后，可使用数据库的六大功能模块进行各方面的信息查询和管理。

2. 安全信息管理

综合管廊的安全信息主要通过监控系统获取，同时以人工巡检作为辅助手段。监控系统一方面能够收集综合管廊内部各项安全指标，并提供给该运维数据库，实现安全信息的实时更新，使相关管理人员实时掌握综合管廊内部安全状态。另一方面，综合管廊内出现险情，监控系统能够实现自动报警功能，提醒相关单位管理人员采取应对措施，及时排除险情。安全管理系统还能够储存综合管廊内的安全信息，为事故后的追责工作提供依据。

3. 其他方面信息管理

综合管廊的设备/管线基本信息管理、维护管理、合同管理、成本管理和管理方信息管理等功能均有对应的模块进行处理，相关管理人员被系统授权之后可以登录该数据库系统对相关信息进行查询、添加、删除、打印等操作。各管线运营单位之间的信息是互相独立的，而各管线运营单位和综合管廊管理单位之间的信息要实现部分共享，这有利于综合管廊管理单位对各管线运营单位的协调和管控，也有利于各管线运营单位及时掌握综合管廊的运营状况，制定进一步的经营策略。

15.5 系统外部接口分析与设计

15.5.1 程序系统中的接口方法

1. 远程功能调用(romote function call,RFC)

可以实现在一个系统中远程调用另一个系统中的功能程序模块。

2. ALE/IDocs

可以用于任何电子数据交换(electronic data interchange,EDI)系统，可以创建或接受信息数据。

3. 基于 XML 的 Web Service 整合

通过将内部功能组件或业务服务按 Web 服务标准打包成 Web 服务组件，来实现应用系统之间的程序功能调用。该方法在现有的各种异构软件系统平台的基础上构建一个通用的、与系统平台和语言无关的技术层面。各种不同平台之上的应用信息系统依靠这个技术层面来实施彼此间的连接和集成，可以避免大量应用程序的开发，极大地降低集成成本的消耗。另外，使用 Web Services 作为系统与外部系统交流的接口，方便新业务系统的引入，能够使系统间保持松耦合性，保持较高的可扩展性，极好地解决了大型企业内系统的应用集成需求问题，为异构系统的整合提供了有力的支持，对各级应用系统间的交互管理提供了保障。

15.5.2 视频采集系统原理及接口设计

视频采集系统原理如图 15-24 所示。摄像头输出标准的复合模拟视频信号经过钳位放大(EL4089)、同步信号分离(LM1881)、自增益控制以及 A/D 转换后，输出 YUV422 的数字信号，行、场同步信号，奇偶场信号以及像素时钟信号等图像数据。图像输入横块将横拟

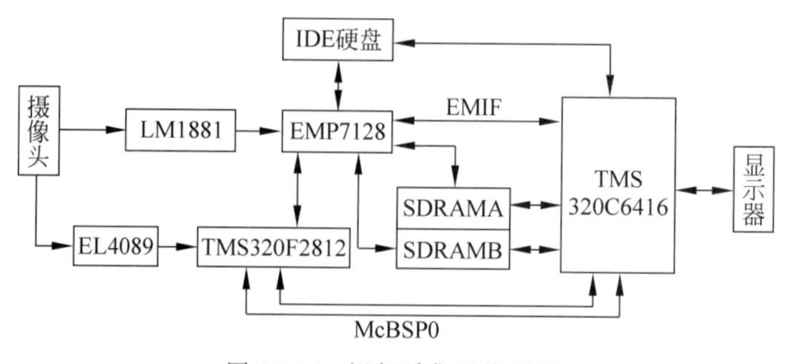

图 15-24 视频采集系统原理

视频信号进行行、场同步分离，并将行、场同步信号输出到CPLD(EMP7128)作为基准信号。CPLD作为逻辑时序控制器，用于完成数字视频信号的存储与时序控制，并以中断方式通知DSP(TMS3-20F2812)读取数据。DSP将SDRAM中的视频数据读出，并写入大容量的IDE硬盘存储器中，实现视频数据的存储；根据存储的图像算法，对图像进行校正、滤波、压缩、分割、特征提取以及识别等处理。最后，将处理后的视频信号传送给显示器实时显示。

15.6　硬件设计

根据综合管廊智能运行维护管理的业务流程分析，列出需要的设备，需要采集的信息以及信息的流向。以下详细介绍一下电子标签阅读设备(表15-5)。

对综合管廊环境指标进行电子信息记录的设备。若公司已经使用这些数字化设备，可以在本系统中直接利用，无需额外投资。这些设备通常包括条码扫描枪、数字称重仪、数字体积测量仪、RFID读写器、条形码和RFID标签等。

表15-5　固定式设备

<table>
<tr><th>产品型号</th><th>产品图像</th></tr>
<tr><td>固定式读写器</td><td></td></tr>
<tr><td colspan="2">产品说明</td></tr>
<tr><td colspan="2">一体化结构设计，外形小巧，安装简单方便；内置16dBi高增益线极化天线，可远距离读写快速移动的标签；同时兼容6B、6C双协议；广谱跳频工作模式，具备超强的抗干扰能力；多读写器同步功能；多编程语言开发包，升级方便；接口丰富，且可定制</td></tr>
<tr><td colspan="2">产品参数</td></tr>
<tr><td>工作频段：902～928MHz/ 920MHz～925MHz
符合标准：ISO 18000-6B、EPC Class 1、EPC Class 1 GEN 2
工作方式：广谱跳频(FHSS)或定频，可由软件设置
天线：内置16dBi天线，可额外加一个天线
最大RF输出功率：30dBm
输出调节范围：20～30dBm，可由配套工具软件调节
读卡方式：定时自动读卡、外触发控制读卡或软件发命令读卡，读卡方式可设置
读/写卡距离：大于8m，写卡距离为读卡的70%(依天线性能而定)
读卡速度：100张/s</td><td>电源：DC 5V
工作温度：−10℃～+55℃(−14°F～+131°F)
储存温度：−20℃～+85℃(−4°F～+185°F)</td></tr>
</table>

表 15-6 手持式设备

手持式读写设备		
产品参数		
外观	尺寸	14.6cm 长×7.4cm 宽×2.6cm 厚
	重量	270～380g(根据配置)
操作系统		Microsoft Windows ce 5.0(中文版)
中央处理器		Intel Bulverde PXA270 520MHz
内存		128MB RAM/256MB ROM
显示器		3.5* TFT LCD,256K Color LCD QVGA 分辨率(240W×320L)带有背光灯
RFID	协议	HF 13.56MHz(ISO 15693,14443A/B,MIFARE) UHF 866MHz～954MHz(EPC Class 1 Gen2,ISO/IEC 18000－6C)
	极化方式	圆极化
	发射功率	≤0.6W(e.r.p)
	天线增益	3dBi
	占用带宽	≤250kHz
	频率	920～925kHz
	标签数据速率	640kbit/s
	调制方式	PR-ASK
	最大读标签距离	5m(根据标签和环境)
	最大写标签距离	2m(根据标签和环境)
	水平读标签角度范围	2～5m
	垂直读标签角度范围	2～5m
	标签读写角度	360°(全向)
扫描器		lD(LASER)&2D(CCD)OPTION 任选
GSM/GPRS		语音和数据通信,并有 EGSN900、GSM1800、GSM1900 三个频段
无线局域网		IEEE 802,11b/g
GPS		Sirf3,内置
照相机		130 万像素
按键		20＋1 阿拉伯数字键、两个扫描按钮、电源按钮
输入/输出		RS-232 和,USB1.1 标准接口
电池		主电池：3.7V 锂电池,4400mAh(可反复使用) 备用电池：200mAh Li-Poly(断电时可临时保存数据)
耐用性		1.5m 高度的水泥地面跌落测试,可承受三个方向,六面,跌落冲击
音频		扬声器、麦克风、耳机连接器
托架		单槽串行或 USB 带有备份电池充电器
连续工作时间		8h
工作温度		－20～50℃

续表

工业防护标准	IP65 防水防尘
储存温度	－30～60℃
湿度	5％～95％
支持接口协议	TCP/IP

参考文献

[1] JR N W,AJONES S,MBERNSTEIN H. McGraw Hill Construction SmartMarket Report on BIM [R]. New York: McGraw Hill,2008.

[2] 澳大利亚皇家建筑师学会. Adopting BIM for facilities management Solutions for managing the Sydney Opera House[Z]. 墨尔本：澳大利亚建筑创新研究中心,2007.

[3] 王荣,PATRICK X W,张淼,等. 澳大利亚 BIM 技术发展与实施应用概述[J]. 土木建筑工程信息技术,2020,12(1)：22-29.

[4] SHANNON C E. Coding Theorems for a Discrete Source with a Fidelity Criterion[J]. IRE Conv. Rec,1959(7)：142-163.

[5] 周飞菲. Java 中的适配器模式[J]. 科技信息(学术研究),2007(16)：170＋169.

附　　录

附录 A　北京综合管廊运维风险评价调查问卷

尊敬的专家：

您好！为了进一步探究综合管廊运维风险评价的有效办法，从而采取更为科学合理的规避措施服务于综合管廊的运维过程，我们开展了本次调查工作。非常感谢您能够作为专家代表参加调查，请您结合您的工作经验以及北京市通州运河核心区北环环隧综合管廊的实际情况，对问卷所列各风险因素进行真实完整的评价。本次调查问卷由四部分组成：①北京市通州运河核心区北环环隧综合管廊基本介绍；②问卷填写说明；③调查表；④意见与建议。

本调查不记名，数据由后台统一处理，仅用于科研工作。

能倾听您的宝贵意见，我们感到十分荣幸！再次感谢您的支持！

（一）北京市通州运河核心区北环环隧综合管廊基本介绍

本研究选取北京市通州运河核心区北环环隧综合管廊作为工程算例，对提出的评价方法与模型进行实例分析。下面对该综合管廊做基本介绍，请您仔细阅读，了解其实际情况。

北京市通州运河核心区北环隧道综合管廊是北京市通州区（北京副中心）北环环隧综合管廊系统，全长 2.7km，是北京市首个兼具城市道路交通与市政职能的地下三层环廊。北环环隧深埋在通州区北关北街、新华东路、永顺南街、北关中路地下，主隧道长 1.5km，结构总宽 16.55m，高 12.9m，包含行车道层、设备夹层、综合管廊层。附图 A-1 所示为其地理位置情况。

附图 A-1　地理位置情况

附图 A-2 所示为管廊内部，廊内照明设备完善，指示标识清楚，路面平整，管线清晰。管廊包含一组由多条管道连接的垃圾处理设备，是中国首条区域真空垃圾回收舱。此外，综合管廊打造了智能停车系统，服务于商务区的临时车辆，实现快捷停车。

附图 A-2　综合管廊内部情况

（二）问卷填写说明

请您仔细阅读下列综合管廊风险因素表、风险可能性（概率）评价表、风险严重程度评价表、风险综合评价标准（矩阵）评价表，了解评价标准。

附表 A-1　综合管廊运维风险指标

目　标　层	准　则　层	指　标　层
综合管廊运维风险指标体系 A	管理层面 B_1	管理职责是否明确 C_1 规章制度是否健全 C_2 人员安全意识情况 C_3 人员培训情况 C_4 组织协调与应急能力情况 C_5
	管廊本体 B_2	设计施工是否符合运维要求 C_6 不均匀沉降 C_7
	入廊管线 B_3	管道引起的爆炸火灾 C_8 阀门管件安装维护是否及时 C_9 管道腐蚀 C_{10} 管道渗漏 C_{11}
	环境因素 B_4	地震、洪水、泥石流等自然灾害 C_{12} 城市修建、道路开挖等第三方施工 C_{13} 管廊内部环境 C_{14} 人员、动物非法入侵 C_{15}
	设备设施 B_5	通风照明消防设施是否完善 C_{16} 通信信号是否畅通 C_{17} 地上地下信息是否联动 C_{18} 设备设施是否简陋 C_{19}

附表 A-2　综合管廊运维风险可能性评价表

评　分	可能性	说　明
5	极大	在未来 12 个月内，这项风险几乎肯定会出现至少 1 次
4	可能	在未来 12 个月内，这项风险极可能出现 1 次
3	偶尔	在未来 2～10 年内，这项风险可能出现至少 1 次
2	少见	这项风险出现的可能性较低，但仍有出现可能
1	罕见	这项风险在未来出现的可能性极低，基本无出现可能

附表 A-3　综合管廊运维风险严重性评价表

评　分	损失程度	说　明
5	灾难	令管廊失去继续运作的能力
4	重大	对于管廊完成其日常运营计划和目标造成重大影响（几乎不能达成）
3	中等	对于管廊完成其日常运营计划和目标的过程在一定程度上造成阻碍（达成 60%及以下）
2	轻微	对于企业在争取完成其策略性计划和目标，只造成轻微影响（达成 80%及以上）
1	近乎没有	影响程度十分轻微

附表 A-4　综合管廊运维风险综合评价标准（矩阵）

严重度	5	5（较小）	10（适中）	15（较大）	20（大）	25（大）
	4	4（较小）	8（适中）	12（较大）	16（大）	20（大）
	3	3（较小）	6（适中）	9（适中）	12（较大）	15（较大）
	2	2（小）	4（适中）	6（适中）	8（适中）	10（适中）
	1	1（小）	2（小）	3（较小）	4（较小）	5（较小）
		1	2	3	4	5
		可能性				

（三）调查表

基本信息

请您在题目后面的括号中填上您选择的答案。

1. 您所在单位的类型是(　　)

A. 政府机关　B. 高校或科研机构　C. 设计单位　D. 施工单位

E. 管廊运维管理单位

2. 您的职称是(　　)

A. 无职称　　B. 助理级　　C. 中级　　D. 高级

E. 正高级

3. 您的工作年限是(　　)

A. 1～2年　　B. 3～5年　　C. 6～9年　　D. 10年及以上

4. 您是否参与过综合管廊建设项目(　　)

A. 是　　B. 否

风险因素评价表

请您结合问卷说明部分中的附表A-2、附表A-3，分别自行评价出附表A-1对应风险指标的风险概率得分以及风险严重程度得分，相乘得到综合得分后，根据附表A-4的评价矩阵兑换得到最终综合评价等级，并在表中对应的等级列打√。

附表A-5　风险因素评价表

风险指标		综合评价等级				
		大	较大	适中	较小	小
管理层面	管理职责是否明确					
	规章制度是否健全					
	人员安全意识情况					
	人员培训情况					
	组织协调与应急能力情况					
管廊本体	设计施工是否符合运维要求					
	不均匀沉降					
入廊管线	管道引起的爆炸火灾					
	阀门管件安装维护是否及时					
	管道腐蚀					
	管道渗漏					
环境因素	地震、洪水、泥石流等自然灾害					
	城市修建，道路开挖等第三方施工					
	管廊内部环境					
	人员、动物非法入侵					
设备设施	通风照明消防设施是否完善					
	通信信号是否畅通					
	地上地下信息是否联动					
	设备设施是否简陋					

(四) 意见与建议

如果您对本调研问卷及调研的问题有相关建议与意见，或对本研究的指标选取以及评价体系有其他看法，请您填写在下方空白处。

最后，再次感谢您的协助！

附录 B　2019 年度各省市管廊建设长度

城市/省份	天然气管道/km	供水管道/km	城市排水管道/km
北京市	29 150	20 384	18 000
上海市	32 095	38 869	21 800
天津市	29 802	20 294	22 100
重庆市	23 613	20 159	20 800
山西省	22 102	12 133	11 000
河北省	35 355	20 399	19 600
湖南省	22 191	34 851	19 600
湖北省	38 957	43 066	30 800
四川省	57 055	48 423	38 300
贵州省	7 816	17 094	10 000
内蒙古自治区	10 145	12 051	13 800
辽宁省	27 540	36 769	22 700
吉林省	13 137	13 580	12 400
黑龙江省	10 709	17 895	12 400
江苏省	89 338	109 316	83 900
浙江省	47 523	76 115	51 200
安徽省	29 577	32 601	33 300
福建省	12 258	28 853	18 100
江西省	16 197	23 541	17 600
山东省	70 631	57 028	67 700
广西壮族自治区	8 456	22 001	17 600
海南省	4 127	9 522	5 700
西藏自治区	3 459	18 85	800
云南省	7 904	15 527	15 400
甘肃省	3 817	6 539	7 300
宁夏回族自治区	6 906	2 993	2 200
新疆维吾尔自治区	15 434	12060	9 100
河南省	29 204	27 811	27 900
青海省	2 500	2 976	3 300
广东省	39 436	124 879	98 600
陕西省	21 514	10 469	11 000

附录 C　程序代码

ID3 算法：

```
def calcEnt(dataSet):
numEntries = len(dataSet)
```

```
labelCounts = {}
    for featVec in dataSet:
currentLabel = featVec[ - 1]
        if currentLabel not in labelCounts.keys():
labelCounts[currentLabel] = 0
labelCounts[currentLabel] += 1
    Ent = 0.0
    for key in labelCounts:
        prob = float(labelCounts[key]) / numEntries
        Ent = Ent - prob * log(prob,2)
    return Ent



def splitDataSet(dataSet,axis,value):
retDataSet = []
    for featVec in dataSet:
        if featVec[axis] == value:
reducedFeatVec = featVec[: axis]
reducedFeatVec.extend(featVec[axis + 1: ])
retDataSet.append(reducedFeatVec)
    return retDataSet

def calcEnt(dataSet,weight):
labelCounts = {}
i = 0
    for featVec in dataSet:
        label = featVec[ - 1]
        if label not in labelCounts.keys():
labelCounts[label] = 0
labelCounts[label] += weight[i]
i += 1
    Ent = 0.0
    for key in labelCounts.keys():
p_i = float(labelCounts[key] / sum(weight))
        Ent -= p_i * log(p_i,2)
    return Ent
```

改进前的 C4.5：

```
def splitDataSet(dataSet,weight,axis,value,countmissvalue):
returnSet = []
returnweight = []
i = 0
    for featVec in dataSet:
        if featVec[axis] == '?' and (not countmissvalue):
            continue
        if countmissvalue and featVec[axis] == '?':
retVec = featVec[: axis]
retVec.extend(featVec[axis + 1: ])
returnSet.append(retVec)
```

```
        if featVec[axis] == value:
retVec = featVec[: axis]
retVec.extend(featVec[axis + 1: ])
returnSet.append(retVec)
returnweight.append(weight[i])
i += 1
    return returnSet,returnweight


def splitDataSet_for_dec(dataSet,axis,value,small,countmissvalue):
returnSet = []
    for featVec in dataSet:
        if featVec[axis] == '?' and (not countmissvalue):
            continue
        if countmissvalue and featVec[axis] == '?':
retVec = featVec[: axis]
retVec.extend(featVec[axis + 1: ])
returnSet.append(retVec)
        if (small and featVec[axis] <= value) or ((not small) and featVec[axis] > value):
retVec = featVec[: axis]
retVec.extend(featVec[axis + 1: ])
returnSet.append(retVec)
return returnSet
```

改进后的 C4.5：

```
def seperateMissValue():
    data,labels = getDataSet()
full_data = []                          #存放没有缺失值的数据
miss_data = []                          #存放有缺失值的数据
miss_value_row = []                     #存放有缺失值数据的行数

    for i in range(len(data)):
        if '?' not in data[i]:
full_data.append(data[i])
        else:
miss_data.append(data[i])
miss_value_row.append(i)
    #print(full_data)
    #print(miss_data)                   #有缺失数据的行
    #print(miss_value_row)
    return full_data,miss_data,miss_value_row

#找到每行缺失值对应的 label 序号
def getMissValueLabel():
miss_data = seperateMissValue()[1]
miss_labels_num = []                    #存放空值对应的 label 序号
    # 得到有缺失值的 label 的序号
    for i in range(len(miss_data)):
        for j in range(len(miss_data[i])):
            if miss_data[i][j] == '?':
```

```
miss_labels_num.append(j)
    #print(miss_labels_num)
    return miss_labels_num
#getMissValueLabel()

#得到每个属性的所有类型
def getAttributeType():
    data,labels = getDataSet()
unique_attribute = []                #存放每个 attribute 的所有类型
    #每一个属性下的类型
    for i in range(len(labels)):
attributedata = [attribute[i] for attribute in data]   # 获取第 i 列的所有数据
        attribute0 = []
        for j in range(len(attributedata)):
            if attributedata[j] == '?':
                continue
            else:
                if attributedata[j] not in attribute0:
                    attribute0.append(attributedata[j])
unique_attribute.append(attribute0)
    #print(unique_attribute)
    return unique_attribute
#getAttributeType()

#补充缺失值
def findMissValue():
    data,labels = getDataSet()          #data 是含有缺失值的原始数据
full_data,miss_data,miss_value_row = seperateMissValue()  #miss_value_row 是缺失值所在的
行数
miss_labels_num = getMissValueLabel() #缺失值所在的列数
unique_attribute = getAttributeType() #每个属性出现的类型

    #求缺失值
    for i in range(len(miss_data)):     #含有缺失值的行数(缺失值的个数)
type_num = len(unique_attribute[miss_labels_num[i]])   #该缺失值对应属性类的个数
missvalue_row = miss_value_row[i]       #该缺失值所在的行
missvalue_column = miss_labels_num[i] #该缺失值所在的列
probability_list = {}                 #该缺失值对应属性每个类的出现的可能性

        type = {}                       #该属性每个类别的个数
        column = [value[missvalue_column] for value in data]   #缺失值那列的所有值

        for n in range(len(column)):    #该缺失值每个类别的个数
            if column[n] == '?':
                continue
            else:
                if column[n] not in type:
                    type[column[n]] = 1
                else:
                    type[column[n]] = type[column[n]] + 1
        #print(type)
```

```
        for j in range(type_num):      #循环缺失值的每一个类
            probability = 1.0
for k in range(len(labels)):           #data 的列
                num0 = 0
                if k != missvalue_colunm:
for m in range(len(data)):             #data 的行
                    if data[m][k] == data[missvalue_row][k] and data[m][missvalue_colunm]
== unique_attribute[missvalue_colunm][j]:
                            num0 = num0 + 1
                    else:
                        continue
                    propbality1 = (num0 + 1) / (len(data) + len(unique_attribute[k]))
#每一列概率
                    probability = probability * propbality1

            probability = probability * type[unique_attribute[missvalue_colunm][j]]
#乘上先验概率,该类型在此列出现的概率
            #print(probability)
probability_list[unique_attribute[missvalue_colunm][j]] = probability  #该类型对应的
概率
            #print(probability_list)
            data[missvalue_row][missvalue_colunm] = max(probability_list,key = probability
_list.get)                             #将缺失值补充成出现概率较大的类型

    #print(data)
    for i in range(len(data)):
        data[i].insert(10,data[i][0])
        data[i].remove(data[i][0])
    #print(data)
    return data,labels
findMissValue()
```

附录 D BIM 建模规范

1 总则

本标准主要介绍 BIM 建模规范、GIS 数据标准、手工建模规范等。通过该手册,读者可以方便地了解 BIM 建模以及手工模型规范及工艺标准,生产符合此规范的数据。

1.1 目的

为了贯彻国家新一代信息技术的战略性新兴产业政策,促进工程建设信息技术发展,提升综合管廊运维 BIM 设计成果交付的规范化、标准化水平,充分实现其在项目运维阶段的应用价值,特制定本标准。

本手册面向的读者为 BIM 建模人员、MAX 建模人员以及 GIS 数据处理人员。通过阅读该手册,可以了解整个项目的数据规范。

1.2 范围

本标准适用于综合管廊运维 BIM 交付物的编制与管理，本标准也可用于相关 BIM 设计交付物的完整性与深度评估。制定综合管廊运维信息模型的相关标准，应遵守本标准的规定。标准版本为 1.1。

1.3 概述

平台支持 BIM 软件导入平台，成为支持综合管廊运维系统应用的平台数据。其支持的 BIM 软件有 Revit、Civil3D、Microstation 等。将 BIM 数据导入平台的处理方式是通过相关插件或单独工具直接导入。这些能够导入运维平台的 BIM 需要合乎一定的建模规范，在运维平台应用中为了便于运维管理，对 BIM 也有一定的要求，本部分旨在编写一套 BIM 建模规范，以便于 BIM 数据导入平台及 BIM 数据在运维系统中的应用。

综合管廊运维 BIM 设计交付，除执行本规范的规定外，尚应符合国家现行的有关标准、规范的规定。

平台支持 MAX 软件导入平台，Max 模型数据转换成平台可以用 FDB 或者 TDBX 瓦片格式；除此之外，平台支持 shp 格式的矢量数据，以及影像数据应用于该系统。

2 项目数据总体要求

2.1 大场景数据

大场景数据基本由地面、树木、河流、山体、建筑等构成，该部分数据主要作为场景展示与定位，模型一般使用 Max 手工建模的数据，将其转换为 CityMaker 平台通用的 FDB 格式或者 TDBX 格式。

2.2 BIM 综合管廊数据

BIM 根据 Category 类别建立图层，在 BIM 数据中添加模型属性字段，用来和业务数据管理，具体参照下列规范。

2.3 二维地图数据

二维地图数据主要包含矢量数据(*.shp)和影像数据(*.tif)。

矢量数据主要包含：

单点几何类型：标志性景观、注记点等；

单线几何类型：道路中心线、逃生路径、综合管廊中心线等；

单面几何类型：建筑投影面、水系、地块分布等；

影像数据主要包括：项目区域的正射影像图(DOM)和数字高程图(DEM)。

2.4 其他数据要求

各类型数据所对应的坐标系要统一。

3 max 建模规范

3.1 模型制作要求及原则

1) 模型要求及规范

(1) 模型的单位要在制作前设置好，以避免建筑尺寸不对，缩放后影响建筑的尺度感。

(2) 城市三维模型的制作必须参照基础地形图的坐标。

(3) 城市三维模型的位置必须保持与基础地形图文件中的建筑位置一致，严格按照建筑基线进行制作。

(4) 制作城市三维模型过程中应开启捕捉工具，以保证模型结合点紧密结合，禁止出现漏缝现象。

(5) 城市三维模型制作基线属性必须采用 line 直线形式，点属性采用 Corner 形式，不能使用 Bezier 形式。

(6) 城市三维模型中栏杆等细节模型采用面、片模型结合 Alpha 通道纹理贴图方式进行制作。

2) 贴图要求及规格

使用 Standard 标准材质，材质类型使用 Blinn。除 Diffuse 通道后可加贴图外其他通道不能加贴图，其他参数也不能调节，用 Max 默认设置，如附图 D-1 所示。

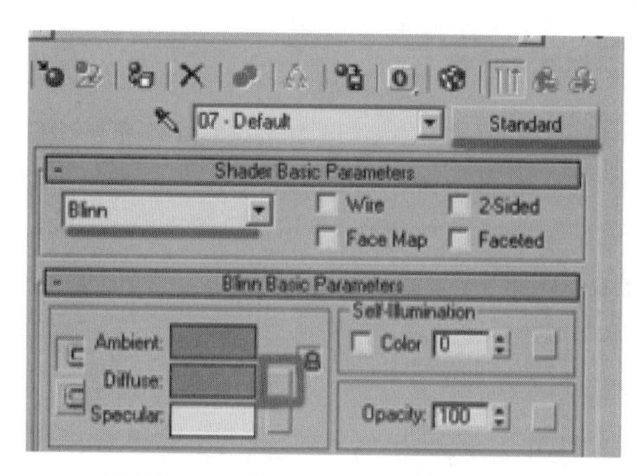

附图 D-1 使用 Standard 标准材质

不能在 Max 材质编辑器中对贴图进行裁切，如附图 D-2 所示。

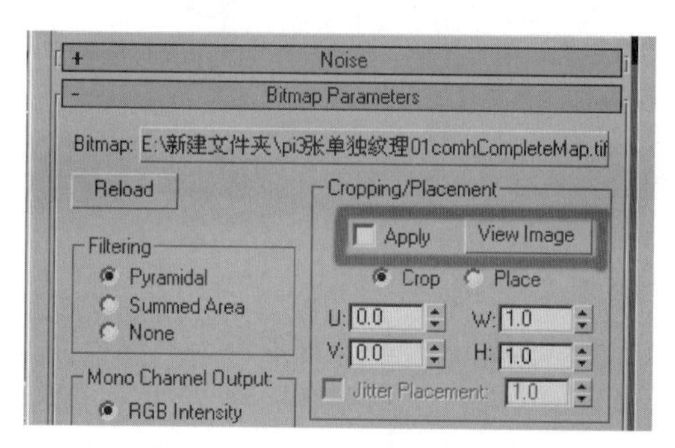

附图 D-2 不能在 Max 材质编辑器中对贴图进行裁切

贴图使用 tif 文件格式，工程中贴图文件命名不能含有空格。贴图长宽方向必须符合 2 的幂次方。如 32×32、64×64 等。贴图最大尺寸不要超过 512×512，最小尺寸不要小于 16×16。不要出现 16×512　32×512　64×512 等类似贴图，如附图 D-3 所示。

表现建筑栏杆等镂空贴图时要建一个 Alpha 通道，全透明物体(栏杆等)为黑色；Alpha 通道不允许有灰色。烘焙时不支持双面贴图。制作栏杆等模型时要用带透明通道的贴图表现，如附图 D-4 所示。

模型贴图坐标不能出现拉伸现象，不能出现 UVW 坐标丢失，如附图 D-5 所示。

模型完成后不能出现贴图丢失的情况，要对贴图重新指定，如附图 D-6 所示。

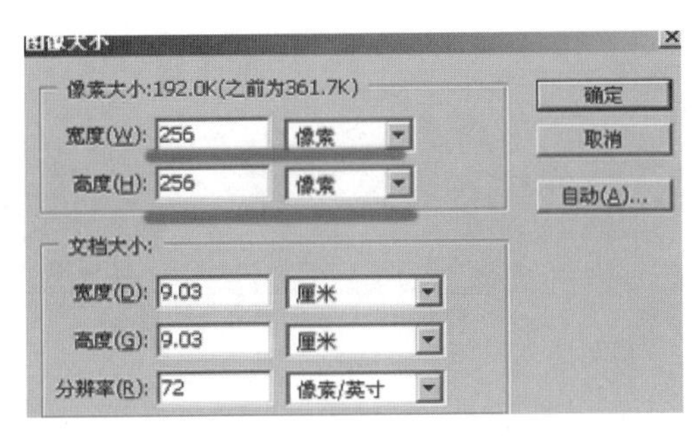

附图 D-3　贴图像素大小

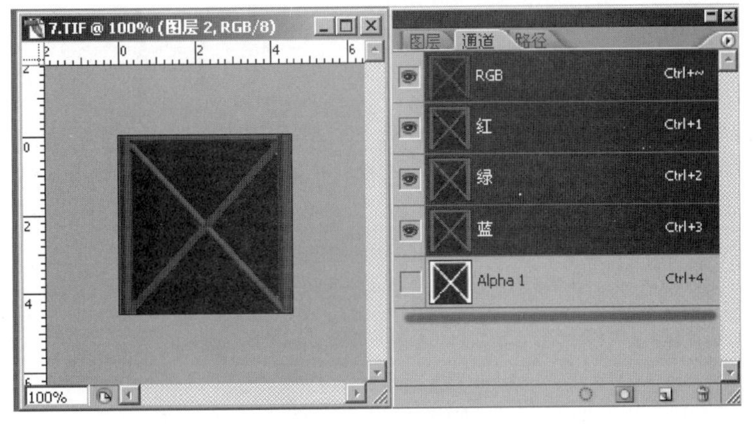

附图 D-4　Alpha 通道

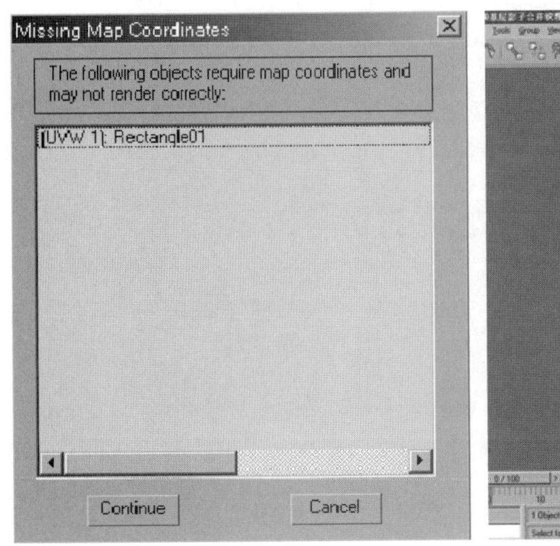

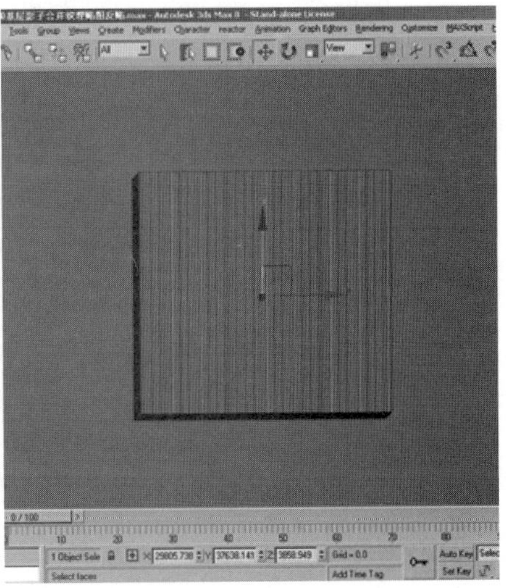

附图 D-5　坐标要求

模型完成后要清除在模型中未使用的材质与贴图。制作贴图时,应首先将贴图尺寸定好,避免完成后再改变图像大小,导致图像模糊。

保证贴图的透视关系矫正准确,所有贴图的门窗、层高线、字体、建筑立面等必须保持横平竖直,清晰可见,如附图 D-7 所示。

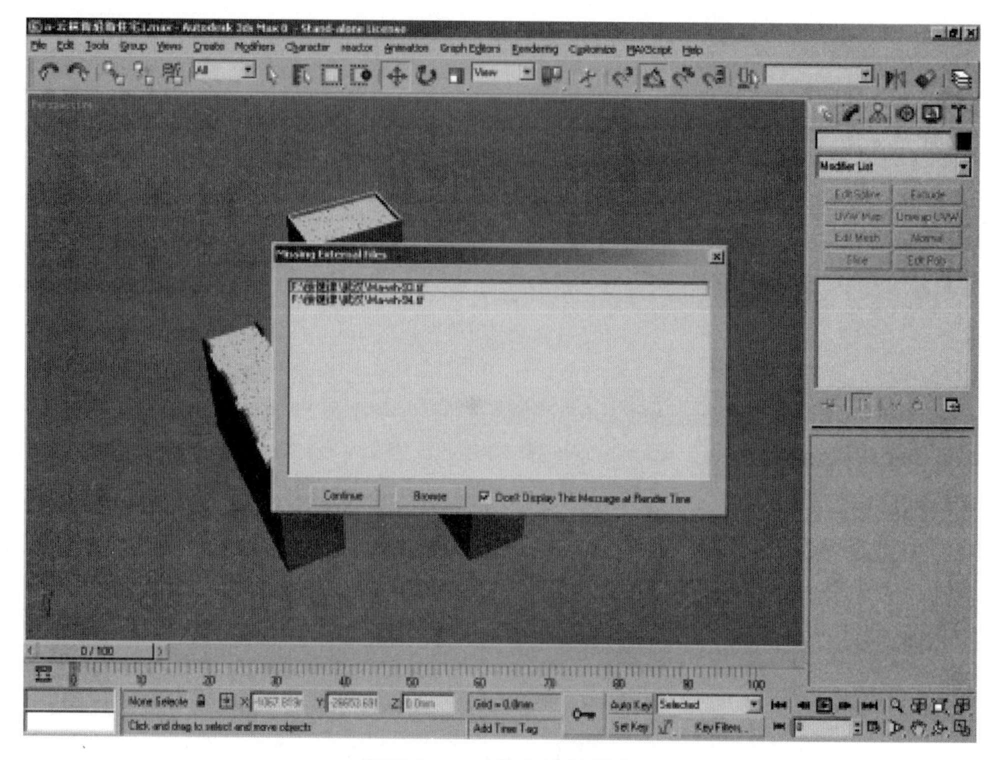

附图 D-6　对贴图重新指定

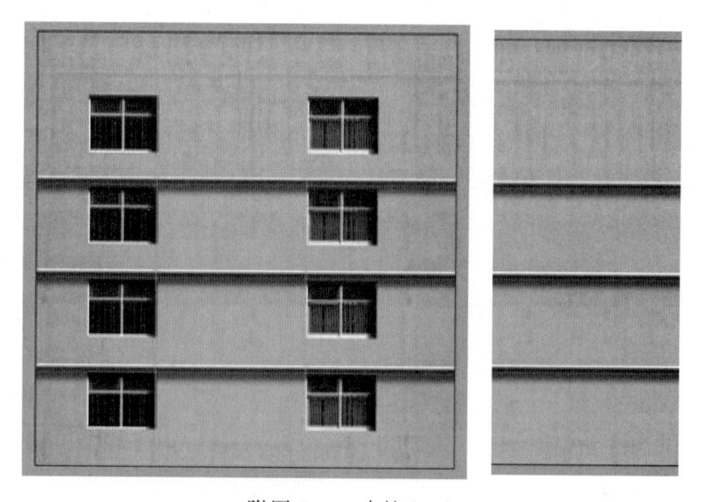

附图 D-7　建筑立面

贴图如有眩光的必须对眩光进行效果处理，如附图 D-8 所示。

文字贴图在保证文字清晰可辨的情况下最大限度地缩小贴图。（参考：单排五字用 256×128 的贴图清晰可辨，用 128×64 的模糊可辨。）

贴图不清晰的情况下要手工勾画出门窗的轮廓，表现出门窗的清晰效果。（注：单层单窗或双窗的楼房主体重复贴图小于或等于 128×128 的，门窗需要勾画。单层多窗的楼房主体重复贴图小于或等于 256×256 的，门窗需要勾画。底商贴图小于 256×256 的，门窗需要勾画。）如附图 D-9 所示。

附图 D-8 眩光处理

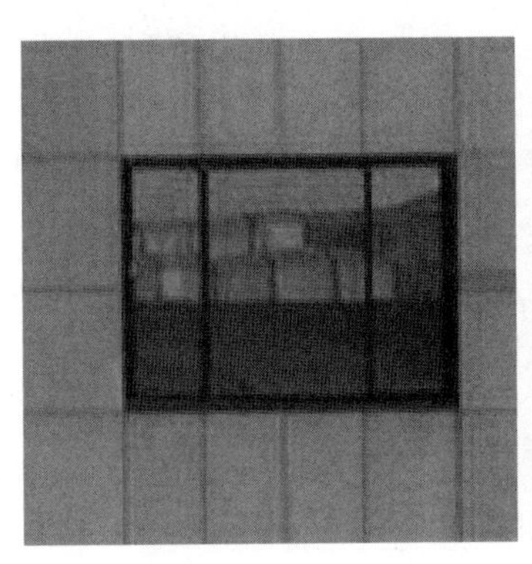

附图 D-9 门窗勾画

3.2 数据一致性处理

三维模型应采用统一的数据格式进行存储(MAX. TIFF,OSG,DDS),数据格式的升级应保持向下兼容。

对于采用烘焙技术处理的纹理,应保证所有模型的光照效果和阴影方向的一致。

不同细节层次三维模型的几何模型和纹理应保持一致,细节层次越高,纹理分辨率也应越高。相邻细节层次的二维模型应具有相似的几何特征和视觉外观。

数据格式的转换应完整保留三维模型的几何信息、材质信息及贴图方式,不应出现信息丢失的现象。

4 BIM 建模规范

4.1 总体要求

各参与单位应按照 BIM 建模规范进行 BIM 建模工作,严格遵从该规范关于基本原则、构件命名、模型配色、属性信息输入的规定,从而使得 BIM 技术在综合管廊运维应用上实现规范化、高效化。

4.2 建模目标

各参与单位协作,根据综合管廊运营的应用需求建立能够真实、完整反映设计意图、满足精度要求的 BIM。模型能够满足综合管廊运维管理应用的要求。

4.3 建模依据

以资料中图纸和文档为数据来源进行建模,资料包括但不限于工程勘察资料(含环境调查资料、管线、物探资料)、设计文件(含各阶段的图纸、文件、变更资料等)、设施设备信息表、施工方案(包括施工组织、场地布置等)、当地的相关规范和标准。

4.4 BIM 深度

BIM 深度应按不同专业划分,包括建筑、结构、机电专业的 BIM 深度。模型深度应分为几何和非几何两个信息维度。每个信息维度分为 3 个等级区间。见 5.5 节。

BIM 深度等级可按需要选择不同专业和信息维度的深度等级进行组合。其表达方式为:专业 BIM 深度等级=[GIm,NGIn],其中,GIm 是该专业的几何信息深度等级;NGIn 是该专业的非几何信息深度等级;m 和 n 的取值区间在[1.0~5.0]。

此外,BIM 深度等级还可按需要选择专业 BIM 深度等级进行组合。其表达方式为:BIM 深度等级={专业 BIM 深度等级}。

4.5 专业 BIM 模型深度等级

4.5.1 建筑专业 BIM 深度应符合建筑专业几何信息深度等级表(附表 D-1)和建筑专业非几何信息深度等级表(附表 D-2)的规定。

附表 D-1 建筑专业几何信息深度等级表

序号	信息内容	深度等级(m)		
		1.0	2.0	3.0
1	场地边界(用地红线、高程、正北)、地坪、场地道路等	√	√	√
2	建筑主体外观形状,如体量、形状、定位信息	√	√	√
3	实际完成的建筑构件的几何尺寸、定位信息,如楼地面、柱、外墙、内墙、门窗、楼梯、管井、吊顶		√	√
4	建筑主要细节几何尺寸、定位信息,如栏杆、扶手、装饰构件、功能性构件		√	√
5	建筑构件深化几何尺寸、定位信息,如构造柱、过梁、设备基础、排水沟、集水坑			√
6	建筑构件隐蔽工程与预留孔洞的几何尺寸、定位信息			√

附表 D-2 建筑专业非几何信息深度等级表

序号	信息内容	深度等级(n)		
		1.0	2.0	3.0
1	场地:地理位置、坐标、地质条件、气候条件、项目信息	√	√	√
2	主要技术经济指标,如建筑总面积、占地面积、建筑层数	√	√	√
3	建筑类别与等级,如防火类别、防火等级、防水防潮等级	√	√	√
4	建筑房间与空间功能,如使用人数、各种参数要求	√	√	√
5	排水沟、挡土墙、护坡、小品材质等级,参数要求		√	√
6	门窗,如物理性能、材质、等级、工艺要求		√	√
7	安全、防护、防盗设施,如设计参数、材质、工艺要求		√	√

续表

序　号	信 息 内 容	深度等级(*n*)		
		1.0	2.0	3.0
8	工程量统计信息		√	√
9	建筑构件采购信息		√	√
10	建筑构件安装信息、构造信息			√
11	建筑物的相关运维信息			√

4.5.2　结构专业　BIM深度应符合结构专业几何信息深度等级表(附表D-3)和结构专业非几何信息深度等级表(附表D-4)的规定。

附表 D-3　结构专业几何信息深度等级表

序　号	信 息 内 容	深度等级(*m*)		
		1.0	2.0	3.0
1	结构体系的初步表达,结构设缝	√	√	√
2	结构层数,结构高度,结构跨度	√	√	√
3	实际完成的主要结构构件的几何尺寸、定位信息,如结构梁、板、柱、墙、水平及竖向支撑等	√	√	√
4	基础的类型及几何尺寸、定位信息,如桩、筏板、独立基础、拉梁、防水板		√	√
5	主要结构洞的几何尺寸、定位信息		√	√
6	次要结构构件深化几何尺寸、定位信息,如楼梯、坡道、排水沟、集水坑、管沟、节点构造、次要的预留孔洞		√	√
7	复杂节点的几何尺寸、定位信息			√
8	预埋件、焊接件的几何尺寸、定位信息			√

附表 D-4　结构专业非几何信息深度等级表

序　号	信 息 内 容	深度等级(*n*)		
		1.0	2.0	3.0
1	项目结构基本信息,如设计使用年限、场地类别、抗震等级、结构安全等级、结构体系	√	√	√
2	构件材质信息,如混凝土等级、钢材强度等级、抗渗要求	√	√	√
3	结构荷载信息,楼面恒活荷载	√	√	√
4	防火、防腐信息,耐久性要求,如钢筋混凝土保护层厚度		√	√
5	特殊构件性能信息,如隔震装置、消能器		√	√
6	工程量统计信息		√	√
7	结构构件采购信息		√	√
8	结构构件安装信息、构造信息			√
9	实际完成结构构件的几何尺寸、定位信息			√
10	建筑物的相关运维信息			√

4.5.3 机电专业 BIM深度应符合机电专业几何信息深度等级表(附表D-5)和机电专业非几何信息深度等级表(附表D-6)的规定。

附表 D-5 机电专业几何信息深度等级表

序号	信息内容	深度等级(*m*)		
		1.0	2.0	3.0
1	所有机房及设备的几何尺寸、定位信息	√	√	√
2	所有主干管几何尺寸、定位信息,如管道、风管、桥架	√	√	√
3	支管的几何尺寸、定位信息	√	√	√
4	管井内管线连接几何尺寸、定位信息		√	√
5	设备机房内设备定位信息和管线连接		√	√
6	末端设备定位信息和管线连接,如风口、灯具、烟感器		√	√
7	管道及管线装置的定位信息,如主要阀门、计量表、开关			√
8	细部深化构件的几何尺寸、定位信息			√
9	支吊架、管道连接件、阀门的几何尺寸、定位信息			√
10	定制加工的机电设备、管线构件及配件的几何尺寸、定位信息			√
11	实际完成的机电设备、管线构件及配件的几何尺寸、定位信息			√

附表 D-6 机电专业非几何信息深度等级表

序号	信息内容	深度等级(*n*)		
		1.0	2.0	3.0
1	系统选用方式及相关参数	√	√	√
2	机房的隔声、防水、防火要求	√	√	√
3	所有设备性能参数数据	√	√	√
4	系统信息和数据,如市政水、燃气、冷热源、供电电源、通信、有线电视等外线条件		√	√
5	管道管材、保温材质信息		√	√
6	主要设备统计信息		√	√
7	管道连接方式及材质		√	√
8	系统详细配置信息		√	√
9	工程量统计信息		√	√
10	采购设备详细信息		√	√
11	安装完成管线信息		√	√
12	设备管理信息			√
13	运维分析所需的数据、系统逻辑信息			√

4.6 模型系统划分

建筑的模型系统划分可参照附表D-7,实操中可根据建筑情况适当增减,必要时也可增加第三或更多级子系统。

附表 D-7　建筑模型系统划分

分　类	一 级 系 统	二级子系统（或构件）
室外工程	红线内外线及构筑物系统	室外给水系统
		室外中水系统
		室外污水系统
		室外废水系统
		室外雨水系统
		室外消防系统
		室外热力系统
		室外蒸汽系统
		室外燃气系统
		室外强电系统
		室外弱电系统
外维护结构	外墙系统	门窗系统
		外饰面板系统
		内饰面板系统
		隔热保温系统
		防水密闭系统
	屋面系统	面层做法
		设备基础
		雨水口
结构	地基基础系统	地下室外墙
		基础
		底板
	竖向结构系统	管廊主体（含管片）
		混凝土柱
		剪力墙
	水平楼面结构系统	钢梁
		混凝土梁
		组合楼板
		混凝土楼板
	特殊结构系统	楼梯
		设备基础
		预埋件
建筑	非承重墙系统	防火隔墙
		砌块墙
		轻钢龙骨内隔墙
		玻璃隔墙
		轻质隔墙
		特殊隔墙

续表

分　类	一级系统	二级子系统(或构件)
建筑	门窗系统	普通门
		防火门
		防火卷帘门
		普通窗
		百叶窗
	楼梯系统	疏散楼梯
		公共楼梯
		钢梯
		台阶
	设备用房及井道系统	
	楼面系统	楼面装修
		楼面分格
	吊顶系统	
	内墙饰面系统	
	栏杆隔断系统	栏杆扶手
		玻璃栏板隔断
	机电设施末端系统	
	标识系统	场地标识
		室内标识
	照明系统	室内照明系统
机电设备	暖通	冷热源系统
		空调水系统
		空调风系统
		通风系统
	给排水	生活给水系统
		中水系统
		热水系统
		污水系统
		废水系统
		雨水系统
		消防水系统
	强电系统	电力系统
		照明系统
		防雷接地系统
	弱电系统	火灾报警及联动控制系统
		电气火灾监控系统
		背景音乐及公共广播系统
		安全防范系统
		通信接入及综合布线系统
		有线电视及卫星电视系统
		建筑设备监控系统

续表

分　类	一 级 系 统	二级子系统(或构件)
机电设备	弱电系统	智能灯光系统
		能耗计量系统
		信息发布显示系统
		电力监控系统
		会议系统
属性	几何控制系统	基础控制系统
		结构控制系统
		表皮控制系统
		装修控制系统

4.7　建模基本要求

4.7.1　建模软件

建模软件统一采用 Autodesk Revit 2017 或 Microstation。

为了便于模型导入平台,此规范统一要求建模软件采用 Revit、Civil3D 或 Microstation。

4.7.2　基本原则

1) 坐标系统

坐标系统与规划设计总图保持一致。

2) 项目单位

所有模型均使用 mm 作为项目单位,有效位数为三位。

3) 标高系统

采用绝对标高,与规划设计总图保持一致。

4.7.3　模型拆分

由于 Revit 对大模型的承载能力有限,建模过程中可按照子项范围、位置(站厅、站台)、专业、系统、子系统拆分模型(参与方可按自身建模习惯划分),最终将各拆分模型按需求合并,以此提高建模效率。拆分原则:

1) 按分区;

2) 按子项;

3) 按构件,如墙、楼梯、楼板等。

4.7.4　模型配色

对市政管线、用地规划控制线颜色进行统一规定,场地环境中建(构)筑物的配色尽量与真实环境一致。

4.7.5　模型绘制注意事项

关于柱、墙、梁、板、楼梯等规则构件,建模时应当用对应的族构件独立绘制(附图 D-10),不得用“内建模型”进行整体拉伸(附图 D-11)。

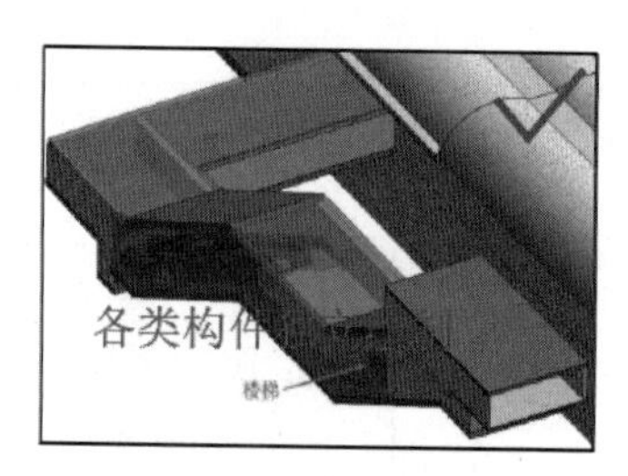

附图 D-10 正确方法

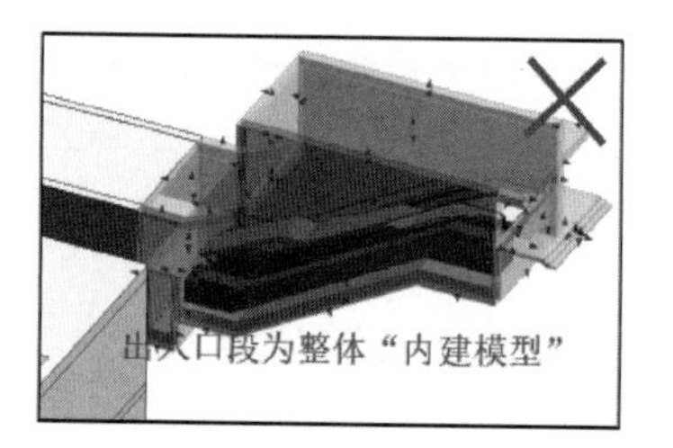

附图 D-11 错误方法

4.7.6 模型自检

1）检查要点

（1）提交内容是否与要求一致；

（2）提交成果格式是否与要求一致；

（3）BIM 是否满足相应阶段精度需求；

（4）各阶段 BIM 与提交图纸是否相符；

（5）现阶段 BIM 是否满足下一阶段应用条件及信息；

（6）各阶段 BIM 的基础信息是否完备。

2）模型质量检查方法

（1）目视检查：确保没有多余的模型组件，检查设计意图是否被遵循；

（2）冲突检查：由冲突检测软件检测两个（或多个）模型之间是否有冲突问题；

（3）标准检查：确保该模型遵循团队商定的标准。

3）模型检查内容

要求梁、板、柱的截面尺寸与定位尺寸须与图纸一致；综合管廊内梁底标高需要与设计要求一致。

（1）构件重叠检查

建模时避免同类构件重叠情况发生。不合规情况如附图 D-12 与附图 D-13 所示。

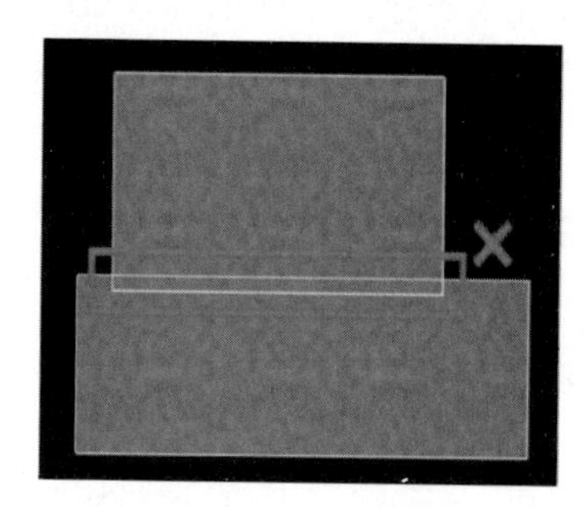

附图 D-12 部分重叠情况

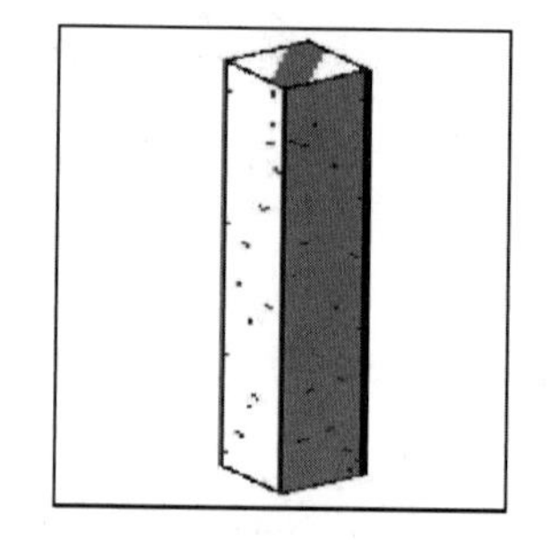

附图 D-13 柱与柱完全重叠

（2）线性构件封闭性检查

线性构件图元（墙、梁、条基、基础梁等线性构件）应拉通绘制，以保证造价算量的准确性。线性图元不合规情况如附图 D-14 所示。

4）坐标系统检查

必须查看模型坐标（至少选取两点）并与设计总图进行对比，保证模型所含坐标信息的

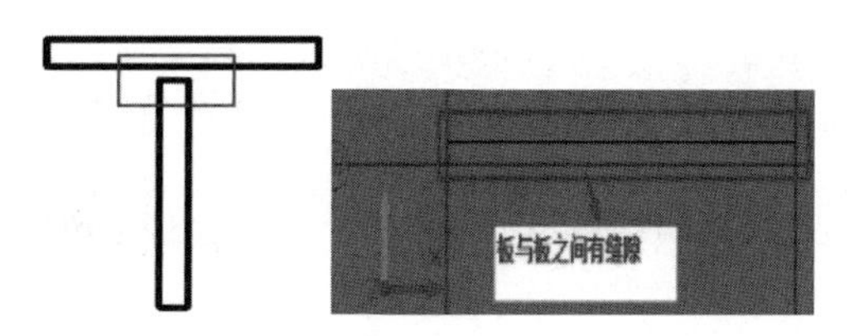

附图 D-14　线性图元不合规情况

正确性。

4.7.7　模型轻量化处理

以 Revit 文件为例,为了减少 Revit 文件的大小以及删除多余的信息,在模型交付的时候,需要对 Revit 文件进行清理。模型清理包含两个方面:外部链接文件和内部多余的族构件、模板等。

1) 清除外部链接文件

通过管理面板下"管理链接"中删除多余的外部链接模型和参考图纸,如附图 D-15 所示。

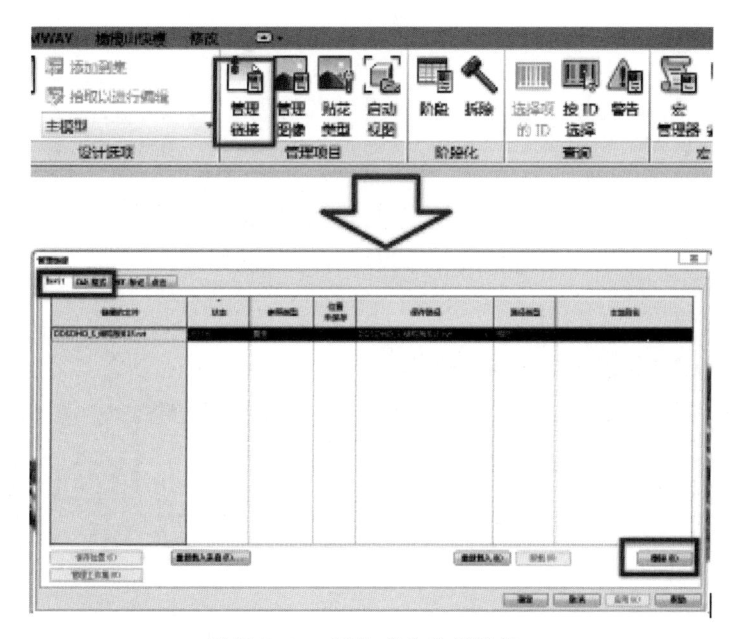

附图 D-15　清除多余外部链接

2) 清除多余的内部构件

通过管理面板下"清除未使用项"来清理多余的族构件、模型组和样式,如附图 D-16 所示。

3) 清除多余视图样板

通过"视图"——"视图样板"——"查看样板设置"来清除多余的视图样板,如附图 D-17 所示。

4.8　单个个体模型建模规范

(1) 单个个体模型结构不宜过于复杂

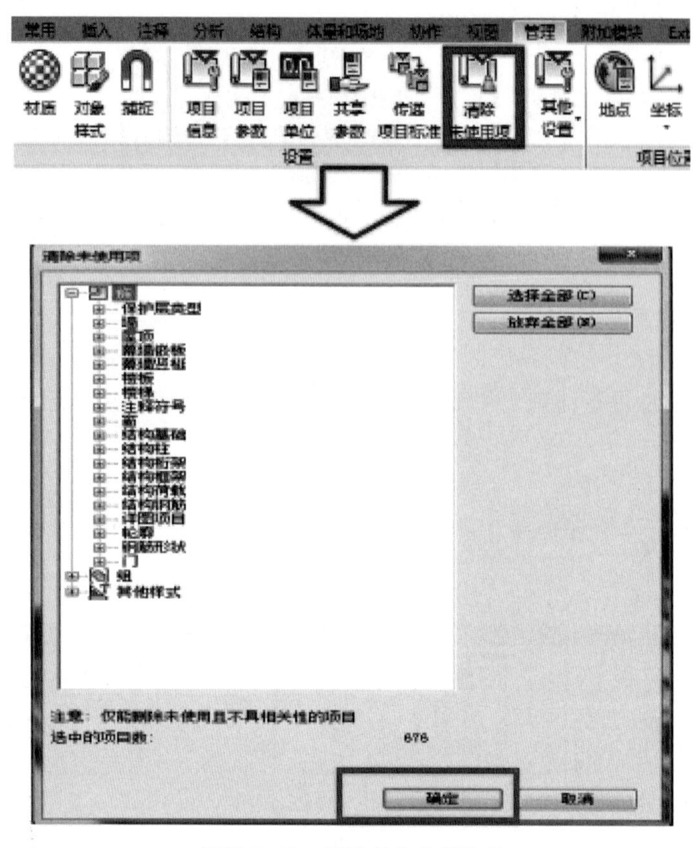

附图 D-16　清除多余内部构件

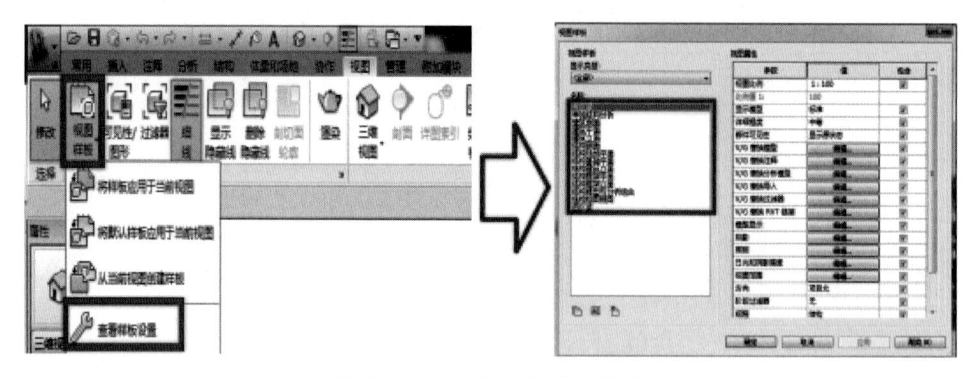

附图 D-17　清除多余试图样板

比方说整个防火分区的廊体、管道、管线等应做适当的拆分。三角面个数应小于 10 万，大于 10 万面的模型应进行拆分。

(2) BIM 建模粒度

以符合 GIS 应用如系统运维管理为目标，BIM 建模应以单个个体为单位进行建模，如摄像头、照明设备、消防设备、传感器设备等。

(3) 综合管廊建模时，以一个防火分区为一段单独建模，单个模型的长度不应大于 20m。

(4) 不支持贴花模式的模型导出。

(5) 不支持凸凹问题模型导出。

4.9 运维系统模型建模规范

根据运维管理应用需求,模型分为不同类型并隶属不同的运维系统,如给排水系统、通风系统、消防系统、监控系统等。根据模型类型不同,建模时应分别建立不同图层。模型类型归纳为:廊体、管线、管道、管件、楼板、防火门及各类设备等。现分别对不同类型模型的建模规范做出总结。

4.9.1 廊体

(1) 主要包括墙体、楼板等,建模时,以一个防火区域为单位单独建模,每段模型的长度不应大于 20m,大于 20m 的综合管廊应拆分后建模。

(2) 综合管廊属性信息应包括材质类型(如混凝土),所属类型(墙、楼板等)。

4.9.2 管线

(1) 管线类型有电缆、光缆等。管线模型属性信息应包含的内容有管线类型、权属单位、尺寸、材质等。

(2) 管线配件等需独立为一个图层。

4.9.3 管道、管件

(1) 管道属性信息应包括管道类型、材质、权属单位、尺寸等。

(2) 管道附件等可单独一个图层建模。

(3) 管件属性信息包括管件所属类型、管件类型等。

4.9.4 设备

设备主要包括机械设备、安全设备、照明设备、火警设备、通风设备、排水设备、通信设备等,其主要类型有排风机、送风机、水泵、电子井盖、红外枪式摄像机、半球摄像机、固定电话、入侵报警探测器、各类传感器、各类箱柜等。

机械设备主要包括支墩、支架等;安全设备主要包括红外枪式摄像机、半球摄像机、入侵报警探测器等;照明设备主要包括灯等;火警设备主要包括温湿探测器、手动报警按钮、烟感器等;通风设备主要包括排风机、送风机等;排水设备主要包括水泵、电子井盖等;通信设备主要包括固定电话、呼叫设备等。

(1) 以单个设备为单位进行建模,同类设备为一个图层。

(2) 设备属性信息应该包含设备厂家、设备型号、规格参数、保修期等。

4.9.5 属性字段编码规范要求

要求所有模型包含唯一标示、类别、子类别以及各自的属性信息字段。统一各类设备的属性字段,如果某类设备不具备某一属性,可为空,统一模型属性字段如附表 D-8 所示,未列出字段由 BIM 自定义:

附表 D-8 模型属性字段

字段名称	中文名称	说明
Name	模型名称	自定义
UniqueId	模型唯一标示	BIM 自动生成
DevId	位置编码	参见 4.9.5 中 1)位置编码规则

续表

字段名称	中文名称	说明
DevType	设备类型	BIM 自定义
CabinId	舱室 ID	参见 4.9.5 中 2)舱室编码规则
RegionId	防火分区 ID	参见 4.9.5 中 3)防火分区编码规则
RegionName	防火分区名称	参见 4.9.5 中 3)防火分区编码规则
Category	模型所属类别	参见 4.9.5 中 4)类别与子类别规则
Family	模型所属子类别	参见 4.9.5 中 4)类别与子类别规则

1）位置编码规则

DevId 位置编码的规则：设备分类编码-舱室－XXX 序列号。

设备分类编码：01010101，八位数字组成，参照设备编码。

燃气舱：RQ

热力舱：RL

综合舱(水信电舱)：S

电力舱：DL

设备间：SB

投料口：TL

出入口：CR

集水坑：JS

若有新增的舱室，按照舱室拼音简称命名。

序列号：同类设备在同一舱室内从 001 开始

示例如附表 D-9 所示。

附表 D-9 位置编码规则示例

设备位置	设备名称	设备分类编码	DevID	DevType
燃气舱	枪机 1-R-1	10060103	10060103-RQ-001	VCamera
	C2-RQ	09010107	09010107-RQ-001	CH4
	O2-RQ	09010108	09010108-RQ-001	O2
	W2-RQ	09010106	09010106-RQ-001	TH
	枪机 1-R-2	10060103	10060103-RQ-002	VCamera
热力舱	枪机 1-RL-1	10060103	10060103-RL-001	VCamera
	枪机 1-RL-2	10060103	10060103-RL-002	VCamera
	C2-RL	09010107	09010107-RL-001	CH4
	H2-RL	09010105	09010105-RL-001	H2S
	O2-RL	09010108	09010108-RL-001	O2
	W2-RL	09010106	09010106-RL-001	TH
	枪机 1-RL-3	10060103	10060103-RL-003	VCamera

续表

设备位置	设备名称	设备分类编码	DevID	DevType
水信电舱	枪机 1-S-1	10060103	10060103-S-001	VCamera
	枪机 1-S-2	10060103	10060103-S-002	VCamera
	C2-S	09010107	09010107-S-001	CH4
	H2-S	09010105	09010105-S-001	H2S
	O2-S	09010108	09010108-S-001	O2
	W2-S	09010106	09010106-S-001	TH
	枪机 1-S-3	10060103	10060103-S-003	VCamera

2）舱室编码规则

CabinId 舱室 ID 的编码规则如下：

编码解析：

世园会舱室（World Horticultural Exhibitions Cabin）：WHEC-

冬奥会舱室（Winter Olympic Games Cabin）：WOGC-

新机场舱室（Airport Cabin）：AIRC-

若有新增的舱室，按照序号向下排列。

综合舱：01

热力舱：02

燃气舱：03

电力舱：04

设备间：05

投料口：06

出入口：07

集水坑：08

示例：舱室命名规则如附表 D-10 所示。

附表 D-10 舱室命名规则

舱室名称	舱室对应的编码
综合舱	WOGC-01
热力舱	WOGC-02
燃气舱	WOGC-03
电力舱	WOGC-04
设备间	WOGC-05
投料口	WOGC-06
出入口	WOGC-07
集水坑	WOGC-08

3）防火分区编码规则

RegionId 防火分区 ID 编码规则如下：

编码解析：

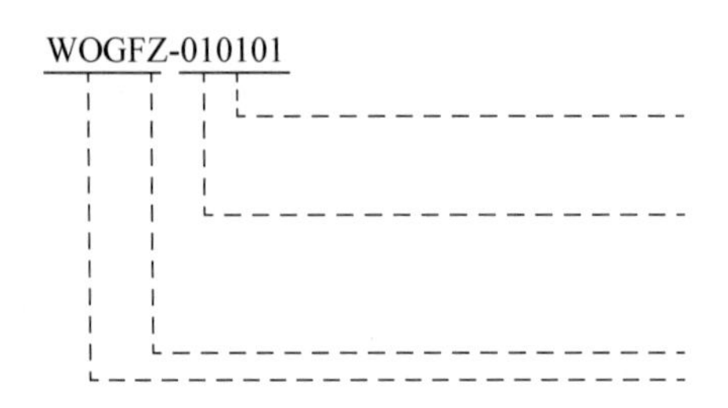

世园会防火分区（World Horticultural Exhibitions fire zone）园内：WHEFZ-01

世园会防火分区（World Horticultural Exhibitions fire zone）园外：WHEFZ-02

冬奥会防火分区（Winter Olympic Games fire zone）：WOGFZ-01

新机场防火分区（Airport fire zone fire zone）：AIRFZ-01

综合舱：01

热力舱：02

燃气舱：03

电力舱：04

设备间：05

投料口：06

出入口：07

集水坑：08

后续新增的区域命名方式同上。

示例如附表 D-11 所示。

附表 D-11 新增区域命名示例

防火分区名称	防火分区编码
综合舱 01＃分区	WOGFZ-010101
综合舱 02＃分区	WOGFZ-010102
综合舱 03＃分区	WOGFZ-010103

4）类别与子类别规则

综合管理中 Category 类别与 Family 子类别规则定义如附表 D-12 所示。

BIM 根据 Category 类别建立图层。

附表 D-12 Category 类别与 Family 子类别规则定义

Category 类别	Family 子类别
墙体	墙体
屋顶	屋顶
楼板	楼板
加强版	加强版
楼梯	楼梯

续表

Category 类别	Family 子类别
护栏	护栏
出入口	人员进出口
	逃生口
	通风口
	出线口
支架	管线支架
	配线架
管线	燃气管道
	热力管道
	电力管线
	通信管线
	给水管
	排水管
消防系统设备	烟感探测器
	温感探测器
	气体灭火装置
	超细干粉
	消防电话
	灭火器箱
给排水系统设备	液位计
照明系统设备	常规照明设备
	应急照明末端设备
可燃气体系统设备	可燃气体监控主机柜
	可燃气体探测器
通风系统设备	单速风机
	双速风机
	排风机
	送风机
	电动组合风阀
	片式消声器
	电动阀
	通风控制器
供电系统设备	变电站
	配电设备
环境系统设备	H_2S 检测仪
	温湿度检测仪
	CH_4 检测仪
	氧气检测仪
入侵报警系统设备	红外微波双鉴探头
	声光报警器
出入口控制系统设备	门禁终端箱
	门禁管理主机

续表

Category 类别	Family 子类别
融合通信系统设备	AP
	蓝牙定位标签
	语音通信
电子井盖报警系统设备	电子井盖及井盖控制器
通用设备	配电柜
	控制柜
	控制箱
	服务器
	主机
其他	自定义